COURS DE GÉOMÉTRIE DE LA FACULTÉ DES SCIENCES.

LEÇONS SUR LA THÉORIE GÉNÉRALE DES SURFACES

ET LES

APPLICATIONS GÉOMÉTRIQUES DU CALCUL INFINITÉSIMAL,

PAR

GASTON DARBOUX,

MEMBRE DE L'INSTITUT,
DOYEN DE LA FACULTÉ DES SCIENCES.

TROISIÈME PARTIE.

LIGNES GÉODÉSIQUES ET COURBURE GÉODÉSIQUE.
PARAMÈTRES DIFFÉRENTIELS.
DÉFORMATION DES SURFACES.

PARIS,

GAUTHIER-VILLARS ET FILS, IMPRIMEURS-LIBRAIRES
DE L'ÉCOLE POLYTECHNIQUE, DU BUREAU DES LONGITUDES,
Quai des Grands-Augustins, 55.

1894

LEÇONS

SUR LA THÉORIE GÉNÉRALE

DES SURFACES.

PARIS. — IMPRIMERIE GAUTHIER-VILLARS ET FILS,
Quai des Grands-Augustins, 55.

COURS DE GÉOMÉTRIE DE LA FACULTÉ DES SCIENCES.

LEÇONS
SUR LA THÉORIE GÉNÉRALE
DES SURFACES
ET LES APPLICATIONS GÉOMÉTRIQUES DU CALCUL INFINITÉSIMAL,

PAR

GASTON DARBOUX,

MEMBRE DE L'INSTITUT,
DOYEN DE LA FACULTÉ DES SCIENCES.

TROISIÈME PARTIE.

LIGNES GÉODÉSIQUES ET COURBURE GÉODÉSIQUE.
PARAMÈTRES DIFFÉRENTIELS.
DÉFORMATION DES SURFACES.

PARIS,

GAUTHIER-VILLARS ET FILS, IMPRIMEURS-LIBRAIRES
DE L'ÉCOLE POLYTECHNIQUE, DU BUREAU DES LONGITUDES,
Quai des Grands-Augustins, 55.

1894

PRÉFACE.

Les deux Livres dont se compose cette *troisième Partie* sont d'étendue très inégale.

Le Livre VI, qui traite des *lignes géodésiques et de la courbure géodésique,* contient l'exposé des recherches les plus récentes relatives à la détermination des lignes géodésiques, à la courbure géodésique, au plus court chemin entre deux points d'une même surface; il se termine par l'étude des triangles géodésiques et la démonstration du célèbre théorème de Gauss relatif à ces triangles.

Le Livre VII, qui est consacré tout entier à l'étude de *la déformation des surfaces,* débute par un exposé de la belle théorie des *paramètres différentiels* que l'on doit à M. Beltrami. Après avoir indiqué comment on reconnaît si deux surfaces sont applicables l'une sur l'autre, comment on forme l'équation aux dérivées partielles dont dépend la détermination des surfaces applicables sur une surface donnée, j'applique les propositions générales à l'étude de la déformation des surfaces réglées, à la démonstration des relations que M. Weingarten a établies entre les surfaces applicables sur les surfaces de révolution et celles pour lesquelles les rayons de courbure principaux sont fonctions l'un de l'autre. Je signalerai aussi un théorème fondamental établissant une relation entre les systèmes cycliques et la théorie de la déformation.

Les vingt-huit premières feuilles de cette Partie ont paru depuis trois ans. J'espérais pouvoir terminer mon Ouvrage par l'étude de la déformation infiniment petite; mais cette théorie a pris un tel développement dans mes leçons, depuis 1882, que j'ai dû me résoudre à la réserver pour une quatrième Partie.

Cette quatrième Partie est presque entièrement terminée et l'impression en est déjà commencée.

Il me reste à remercier encore MM. Morin, Goursat, Kœnigs, Raffy, Cosserat, qui ont bien voulu me prêter leur concours le plus empressé pour la revision des épreuves. G. D.

10 juillet 1894.

ERRATA.

Première Partie.

Page 3, ligne 5, *au lieu de* $a''c''$, *lisez* $a''b''$.

Page 10, *au lieu de* $q\,ds$, *lisez* $-q\,ds$.

Page 16, changer les signes des premiers membres des équations (21).

Page 27, équation (19) dans le 3ᵉ membre, *au lieu de* γ, *lisez* $-\gamma$.

Page 72, ligne 8, *au lieu de* formules (4), *lisez* formules (2).

Page 96, ligne 18, *au lieu de* n° 65, *lisez* n° 66.

Page 148, formule (2), *au lieu de* λ, *lisez* λ^2.

Page 149, note, 1ʳᵉ ligne, *au lieu de* $m\,du + n\,dv^2$, *lisez* $(m\,du + n\,dv)^2$.

Page 220, formule (27) dans le dénominateur, *au lieu de* $\left(\sum \frac{\partial\psi}{\partial x_k}\right)^2$, *lisez* $\sum\left(\frac{\partial\psi}{\partial x_k}\right)^2$.

Page 225, ligne 1, *au lieu de* R, *lisez* r.

Page 254, ajouter $+p$ dans le premier membre de la 3ᵉ équation.

Page 269, ligne 14 à partir du bas, *au lieu de* sphère, *lisez* surface.

Page 282, dans la formule qui termine le n° 184, rétablir $du\,dv$ en facteur dans le second membre.

Page 290, formules (19), et page 291, formules (21) et (22), changer le signe de y.

Page 297, formule (4), dans la deuxième intégrale, *au lieu de* $1 + \alpha_1 u_1$, *lisez* $1 + \alpha_1 u$.

Page 327, formules (16), *au lieu de* $r = r_1$, *lisez* $r = \lambda r_1$.

Page 334, ligne 16, *au lieu de* $\mathfrak{G}_1(v)\mathfrak{G}(v_1)$, *lisez* $\mathfrak{G}(v)\mathfrak{G}_1(v_1)$.

Page 336, dans le second membre de la 4ᵉ ligne de formules, *au lieu de*

$$\mathfrak{F}\left(\frac{mu+n}{-n_0+m_0}\right)\mathfrak{F}_1\left(\frac{m_0u_1+n_1}{-nn_1+m}\right),$$

lisez

$$\mathfrak{F}\left(\frac{mu+n}{-n_0u+m_0}\right)\mathfrak{F}_1\left(\frac{m_0u_1+n_0}{-nu_1+m}\right).$$

Page 336, *au lieu de la* deuxième équation (26), *lisez*

$$\mathfrak{F}_1(u_1) = \frac{(mm_0+nn_0)^2}{(m-nu_1)^4}\,\mathfrak{F}_1\left(\frac{m_0u_1+n_0}{-nu_1+m}\right)e^{-i\lambda}.$$

Page 337, 3ᵉ ligne, *au lieu de* m_0, *lisez* m'.

Deuxième Partie.

Page 35, ligne 11, *au lieu de* $-hA_i$, *lisez* hA_i.

Page 179, ligne 6 à partir du bas, *au lieu de* $\frac{X}{X'}$, *lisez* $\frac{X'}{X}$.

Page 194, ligne 6, *au lieu de*

$$z_1 = AB, \qquad z_4 = A_1B_1,$$

lisez

$$z_1 = AA_1, \qquad z_4 = BB_1.$$

Page 332, ligne 13, *au lieu de* (21), *lisez* (31).

Page 433, ligne 9, au lieu de *troisième*, lisez *quatrième*.

Troisième Partie.

Page 66, lignes 8 et 9 du titre, *supprimez* que l'on peut déterminer par des quadratures.

Page 73, ligne 5 en remontant, après *par des quadratures*, ajouter ou *par l'intégration d'une équation différentielle de forme déterminée.*

Page 74, ligne 2, *au lieu de* $e^{(m+1)v''}$, *lisez* $e^{(m+1)v'}$.

Page 157, ligne 13 du titre, *supprimez le mot* six.

Page 288, ligne 3, au lieu de *applicable*, lisez *applicables*.

Page 328, ligne 3, formule (39), *au lieu de* x, y, z dans les seconds membres, *lisez* x_1, y_1, z_1.

Page 399, ligne 10, au lieu de *parallèles* Ox, lisez *parallèles à* Ox.

THÉORIE GÉNÉRALE
DES SURFACES.

TROISIÈME PARTIE.

LIVRE VI.
LIGNES GÉODÉSIQUES ET COURBURE GÉODÉSIQUE.

CHAPITRE I.
DÉTERMINATION DES GÉODÉSIQUES PAR LA MÉTHODE DE JACOBI.

Surfaces de révolution; lignes géodésiques. — Équation de Clairaut. — Détermination des surfaces pour lesquelles les géodésiques sont généralement fermées; celles de ces surfaces qui ont un équateur sont applicables sur la sphère. — Géodésiques des surfaces dont l'élément linéaire est réductible à la forme étudiée par M. Liouville

$$ds^2 = (U - V)(U_1^2\,du^2 + V_1^2\,dv^2).$$

Forme géométrique que l'on peut donner à l'intégrale première. — Première application au plan et à la sphère. — Géodésiques de l'ellipsoïde; leur discussion sommaire et leur division en trois espèces. — Propositions géométriques se rapportant à l'élément linéaire de Liouville; coniques géodésiques isothermes; familles de courbes qui peuvent être regardées de deux manières différentes comme formées de coniques géodésiques. — Extension de divers théorèmes de Graves et de M. Chasles.

578. Nous avons vu [II, p. 428] que si l'élément linéaire d'une surface est donné sous sa forme la plus générale

$$(1)\qquad ds^2 = E\,du^2 + 2F\,du\,dv + G\,dv^2,$$

la détermination des lignes géodésiques de la surface se ramène à celle d'une solution, contenant une constante arbitraire C, de l'équation

$$(2) \qquad \Delta\theta = \frac{Eq^2 - 2Fpq + Gp^2}{EG - F^2} = 1,$$

où p et q désignent, selon l'usage, les dérivées partielles $\frac{\partial\theta}{\partial u}$, $\frac{\partial\theta}{\partial v}$. Alors l'équation générale d'une ligne géodésique sera

$$(3) \qquad \frac{\partial\theta}{\partial C} = C',$$

C' désignant une nouvelle constante; et, en chaque point de cette ligne, on aura

$$(4) \qquad p = E\frac{du}{ds} + F\frac{dv}{ds}, \qquad q = F\frac{du}{ds} + G\frac{dv}{ds},$$

les différentielles du, dv, ds se rapportant à un déplacement sur la ligne géodésique.

579. Une solution θ satisfaisant à la condition que nous venons d'indiquer s'obtient presque immédiatement dans quelques cas simples, que nous allons étudier en premier lieu.

Supposons d'abord que E, F, G dépendent de la seule variable u; auquel cas, on le reconnaît aisément, l'élément linéaire (1) convient à une surface applicable sur une surface de révolution. On pourra prendre alors

$$\theta = Cv + \varphi(u),$$

C désignant une constante; et l'équation (2) fera connaître $\varphi'(u)$, d'où l'on déduira par une quadrature la fonction $\varphi(u)$ et, par suite, la fonction θ. On trouve ainsi

$$(5) \qquad \theta = Cv + \int \frac{CF + \sqrt{EG - F^2}\sqrt{G - C^2}}{G}\, du,$$

et il suffira de porter cette valeur de θ dans l'équation (3) pour obtenir l'équation générale des lignes géodésiques.

580. Considérons, par exemple, une surface de révolution dont l'élément linéaire soit donné sous la forme

$$ds^2 = du^2 + r^2\, dv^2,$$

où r est une fonction de u; u désignera l'arc du méridien compté à partir d'une origine fixe et r le rayon du parallèle passant par le point de coordonnées u, v. On aura ici, en mettant a au lieu de C,

$$\theta = av + \int \sqrt{r^2 - a^2}\,\frac{du}{r}, \tag{6}$$

et l'équation générale des géodésiques sera

$$v = a\int \frac{du}{r\sqrt{r^2 - a^2}} + a', \tag{7}$$

avec les deux constantes arbitraires a et a'.

L'équation différentielle du premier ordre

$$dv = \frac{a\,du}{r\sqrt{r^2 - a^2}} \tag{8}$$

des lignes géodésiques qui correspondent à la même valeur de a peut se mettre sous la forme élégante

$$r \sin\omega = a, \tag{9}$$

ω désignant l'angle que fait en chaque point la ligne géodésique avec le méridien de la surface. Cette dernière relation, qui est due à Clairaut et qui est très utile pour la discussion, n'est d'ailleurs qu'une conséquence du théorème des moments lorsqu'on regarde la ligne géodésique comme la trajectoire d'un point qui n'est soumis à aucune force.

Il résulte immédiatement de la formule (7) que toutes les géodésiques qui correspondent à la même valeur de a et à des valeurs différentes de a' sont les différentes positions que prend l'une d'elles en tournant autour de l'axe. Les trajectoires orthogonales de ces différentes positions s'obtiennent en égalant à une constante la fonction θ définie par l'équation (6).

Sous l'une ou l'autre de ses formes (8) ou (9), l'intégrale première admet une solution singulière qu'il faudra évidemment rejeter. En faisant, par exemple,

$$du = 0, \qquad r = a,$$

on obtiendrait un parallèle quelconque de la surface. Or il est évident *a priori* qu'un parallèle ne peut devenir une ligne géodésique que dans le cas où son plan coupe la surface à angle droit, le rayon du parallèle passant alors, en général, par un maximum ou un minimum.

581. Sans nous arrêter à expliquer comment s'est introduite cette solution étrangère, nous remarquerons que les équations (8) et (9) rendent possible une discussion générale de la ligne géodésique. On verra aisément que, si le méridien a des branches infinies, il y a des lignes géodésiques qui s'étendent elles-mêmes à l'infini. Elles deviennent généralement asymptotes à une section plane parallèle à l'axe; mais elles peuvent aussi tourner indéfiniment autour de cet axe, comme il arrive dans le cylindre et dans le paraboloïde de révolution. S'il y a sur la surface un parallèle minimum, il y aura généralement des lignes géodésiques se rapprochant indéfiniment de ce parallèle, sans jamais se confondre avec lui. C'est ce qui a lieu pour l'hyperboloïde de révolution ([1]). Dans ce qui va suivre, nous nous contenterons d'examiner le cas particulièrement intéressant où la surface admet un parallèle maximum, et nous allons montrer qu'il existe une infinité de lignes géodésiques dont le cours se déroule tout entier dans la zone qui contient ce parallèle.

582. Soit MM' (*fig.* 37) le parallèle maximum de rayon OM = R et soient PP', QQ' deux parallèles de rayon égal à a qui limiteront une zone, divisée en deux parties généralement inégales par le parallèle MM'. Il est évident que les lignes géodésiques, toutes égales, définies par l'équation

$$v = \int \frac{a\,du}{\pm r\sqrt{r^2 - a^2}} + \text{const.}$$

([1]) On pourra consulter, dans le bel Ouvrage de M. G.-H. Halphen, une étude développée des lignes géodésiques des surfaces de révolution du second degré. Voir *Traité des fonctions elliptiques et de leurs applications*, t. II, Chap. VI. Dans le cas de l'hyperboloïde de révolution à une nappe, il y a trois espèces différentes de lignes géodésiques. Les unes sont tangentes à un parallèle de la surface, les autres rencontrent sous un angle fini tous les parallèles et le cercle de gorge; enfin, la troisième espèce est formée de géodésiques asymptotes au cercle de gorge.

sont comprises dans la zone que nous venons de définir et tangentes aux deux parallèles PP', QQ'. Imaginons, par exemple, qu'on

Fig. 37.

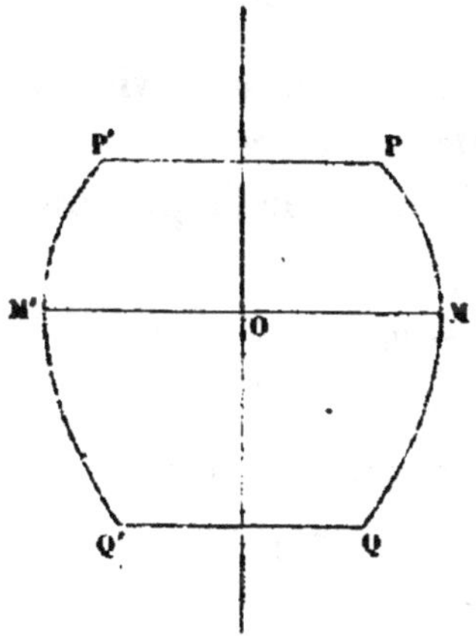

parte d'un point p situé sur le parallèle PP', en attribuant le signe + au radical. Dans la zone limitée par PP' et MM', r ira en croissant et, si l'on désigne par v_0 la valeur initiale de v, on aura

(10) $$v - v_0 = \int_a^r \frac{a\,du}{r\sqrt{r^2 - a^2}};$$

du, étant la différentielle de l'arc du méridien, sera défini par une équation de la forme

(11) $$du = \varphi(r)\,dr,$$

et v s'obtiendra par la quadrature précédente. Cette formule (10) sera valable tant que r ne dépassera pas R. Pour $r = \mathrm{R}$, on aura une valeur v_1 de v définie par l'équation

(12) $$v_1 - v_0 = \int_a^{\mathrm{R}} \frac{a\,\varphi(r)\,dr}{r\sqrt{r^2 - a^2}}.$$

Lorsque la ligne géodésique pénétrera dans la zone MM'QQ', r ira en diminuant. On aura ici

(13) $$du = -\psi(r)\,dr,$$

$\psi(r)$ étant une fonction qui sera distincte de $\varphi(r)$ tant que MM' ne sera pas un plan de symétrie, un *équateur* de la surface; et l'équation de la ligne géodésique dans cette zone sera

$$(14)\qquad v - v_1 = -\int_R^r \frac{a\,\psi(r)\,dr}{r\sqrt{r^2-a^2}}.$$

Pour $r=a$, la ligne géodésique deviendra tangente en un certain point q au parallèle inférieur et la valeur v_2 de v correspondante à ce point sera définie par l'équation

$$v_2 - v_1 = -\int_R^a \frac{a\,\psi(r)\,dr}{r\sqrt{r^2-a^2}}.$$

Par suite, l'angle Ω compris entre les méridiens passant par le point final q et le point initial p de la ligne géodésique aura pour valeur

$$(15)\qquad \Omega = v_2 - v_0 = \int_a^R \frac{a[\varphi(r)+\psi(r)]\,dr}{r\sqrt{r^2-a^2}}.$$

Pour obtenir le cours ultérieur de la ligne géodésique, il suffira évidemment de prendre la symétrique de la portion trouvée par rapport au plan méridien passant par q, puis de faire tourner l'ensemble des deux portions ainsi obtenues autour de l'axe de la surface successivement des angles 2Ω, 4Ω, 6Ω, ..., de sorte que la ligne géodésique se composera d'une suite de segments égaux disposés symétriquement autour de l'axe. Ces segments seront en nombre illimité tant que le rapport de Ω au nombre π ne sera pas un nombre commensurable.

On sait que, sur la sphère, les lignes géodésiques sont toutes fermées. Proposons-nous de trouver toutes les surfaces jouissant de la même propriété. Elles devront avoir, on le reconnaîtra aisément, au moins un parallèle maximum; et, pour que les lignes géodésiques demeurant dans le voisinage de ce parallèle soient toutes fermées, il faudra que l'angle Ω défini par la formule (15) soit dans un rapport commensurable à π pour toutes les valeurs de a. Cette condition exige évidemment que l'angle Ω *soit indépendant de a*. On devra donc avoir

$$(16)\qquad \int_a^R \frac{a[\varphi(r)+\psi(r)]\,dr}{r\sqrt{r^2-a^2}.} = m\pi,$$

m désignant un nombre commensurable constant. Nous sommes ainsi conduits au problème d'Analyse suivant : Déterminer la fonction $\varphi(r)+\psi(r)$ de telle manière que l'équation précédente ait lieu, au moins pour toutes les valeurs de a suffisamment voisines de R.

Par un changement de notations on ramène le problème précédent à celui qui est résolu dans la théorie des courbes tautochrones.

Posons

$$(17)\qquad \frac{1}{r^2}=z+\frac{1}{R^2},\qquad \frac{1}{a^2}=\alpha+\frac{1}{R^2},\qquad r[\varphi(r)+\psi(r)]=2\theta(z).$$

L'intégrale précédente prend la forme

$$\int_0^\alpha \frac{\theta(z)\,dz}{\sqrt{\alpha-z}};$$

et, pour qu'elle soit indépendante de α, il faut que l'on ait, comme on sait,

$$\theta(z)=\frac{C}{\sqrt{z}}.$$

En revenant aux notations primitives, on trouvera ici

$$\varphi(r)+\psi(r)=\frac{2CR}{\sqrt{R^2-r^2}}.$$

On aura d'ailleurs

$$\Omega=\int_0^\alpha \frac{C\,dz}{\sqrt{z(\alpha-z)}}=C\pi.$$

Il suffira donc de prendre $C=m$, m étant un nombre commensurable, et l'on aura l'équation de condition

$$(18)\qquad \varphi(r)+\psi(r)=\frac{2mR}{\sqrt{R^2-r^2}}.$$

Cette équation admet une interprétation géométrique. Remarquons que les intégrales

$$\int_r^R \varphi(r)\,dr,\qquad \int_r^R \psi(r)\,dr$$

désignent les arcs du méridien comptés à partir du parallèle MM', le premier dans la zone supérieure, le second dans la zone inférieure. En désignant par s, s' ces deux arcs, la formule (18) nous donne

$$(19)\qquad s + s' = 2m\mathrm{R}\,\mathrm{arc}\cos\frac{r}{\mathrm{R}}.$$

Ainsi, pour que les lignes géodésiques soient fermées, il faut que *l'arc du méridien compris entre deux parallèles égaux soit égal à m fois l'expression que l'on obtiendrait si l'on remplaçait la surface par une sphère de rayon* R.

Dans le cas où le parallèle maximum est un plan de symétrie, on a

$$s' = s;$$

l'équation (19) nous donne

$$s = m\mathrm{R}\,\mathrm{arc}\cos\frac{r}{\mathrm{R}},$$

$$r = \mathrm{R}\cos\frac{s}{m\mathrm{R}},$$

et l'élément linéaire de la surface de révolution prend la forme

$$ds^2 = du^2 + \mathrm{R}^2\cos^2\frac{u}{m\mathrm{R}}\,dv^2.$$

Posons

$$(20)\qquad u = m\mathrm{R}u', \qquad v = mv',$$

l'élément linéaire deviendra

$$(21)\qquad ds^2 = m^2\mathrm{R}^2(du'^2 + \cos^2 u'\,dv'^2).$$

Sous cette forme, on reconnaît immédiatement qu'il convient à une surface de révolution applicable sur la sphère de rayon $m\mathrm{R}$. La condition que m soit un nombre commensurable s'interprète géométriquement de la manière suivante.

Considérons une surface de révolution comme composée d'un nombre illimité de feuillets superposés, engendrés par la rotation indéfinie du méridien. Alors un point de cette surface aura une infinité de systèmes de coordonnées u, v; u, $v+2\pi$; ..., u, $v+2h\pi$: ..., suivant qu'on le considérera comme appartenant au premier, au second feuillet ou au feuillet de rang $h+1$. D'après cela, les formules (20) feront correspondre à un point (u, v) de la surface de révolution un point (u', v') de la sphère défini par les équations

$$u' = \frac{u}{mR}, \qquad v' = \frac{v + 2h\pi}{m}, \tag{22}$$

h étant un entier quelconque. Or, si m est incommensurable, les valeurs obtenues de v' correspondent toutes à des points distincts de la sphère; au contraire, si m est commensurable, ces valeurs de v' ne conviennent qu'à un nombre limité de points. Comme le même résultat se retrouve dans la transformation inverse, nous pouvons énoncer le théorème suivant :

Les seules surfaces de révolution, ayant un équateur, pour lesquelles les lignes géodésiques soient toujours fermées, sont la sphère et les surfaces qui sont applicables sur la sphère de telle manière qu'à chaque point de l'une des surfaces correspondent des points en nombre limité de l'autre (¹).

583. Considérons maintenant l'élément linéaire défini par la formule générale

$$ds^2 = (U - V)(U_1^2\, du^2 + V_1^2\, dv^2), \tag{23}$$

où U, U_1 désignent des fonctions de u et V, V_1 des fonctions de v. On pourrait, sans restreindre la généralité, supposer $U_1 = V_1 = 1$; mais nous garderons la forme précédente, parce qu'elle est la plus commode pour les applications. Remarquons d'ailleurs qu'elle comprend comme cas particulier celle qui convient aux surfaces de révolution; il suffira d'y remplacer V par une constante. En choisissant convenablement les différentes fonctions, on retrouvera aussi, nous l'avons déjà remarqué [I, p. 157], l'élément linéaire de l'ellipsoïde à trois axes inégaux rapporté à ses lignes de courbure. C'est à Jacobi que l'on doit, nous l'avons déjà dit, la détermination des lignes géodésiques de cette dernière surface. M. Liouville, qui a, le premier, considéré l'élément linéaire (23) sous sa forme la plus générale, a pu lui appliquer, sans avoir besoin de la modifier, la méthode si simple de Jacobi.

(¹) Au n° 77 nous avons étudié d'une manière générale les surfaces de révolution applicables sur la sphère.

L'équation qu'il s'agit d'intégrer est ici

$$(24)\qquad \Delta\theta = \frac{1}{U-V}\left[\frac{1}{U_1^2}\left(\frac{\partial\theta}{\partial u}\right)^2 + \frac{1}{V_1^2}\left(\frac{\partial\theta}{\partial v}\right)^2\right] = 1.$$

Écrivons-la comme il suit

$$-\frac{1}{U_1^2}\left(\frac{\partial\theta}{\partial u}\right)^2 + U = \frac{1}{V_1^2}\left(\frac{\partial\theta}{\partial v}\right)^2 + V;$$

nous reconnaîtrons immédiatement qu'elle admet une infinité de solutions qui sont la somme d'une fonction de u et d'une fonction de v. Pour de telles solutions, en effet, la valeur commune des deux membres de l'équation précédente ne peut dépendre ni de v ni de u et doit, par suite, se réduire à une constante, que nous désignerons par a. On trouve ainsi

$$(25)\qquad \left(\frac{\partial\theta}{\partial u}\right)^2 = U_1^2(U-a), \qquad \left(\frac{\partial\theta}{\partial v}\right)^2 = V_1^2(a-V),$$

ce qui donne

$$(26)\qquad \theta = \int U_1\sqrt{U-a}\,du + \int V_1\sqrt{a-V}\,dv,$$

les radicaux $\sqrt{U-a}$, $\sqrt{a-V}$ étant pris avec des signes quelconques.

Il suffira maintenant de prendre la dérivée de θ par rapport à a et l'on sera conduit à l'équation générale des lignes géodésiques

$$(27)\qquad \int\frac{U_1\,du}{\sqrt{U-a}} - \int\frac{V_1\,dv}{\sqrt{a-V}} = a'.$$

Si l'on différentie cette équation, on obtient la relation

$$(28)\qquad \frac{U_1\,du}{\sqrt{U-a}} - \frac{V_1\,dv}{\sqrt{a-V}} = 0,$$

qui peut être regardée comme une intégrale première de l'équation différentielle des lignes géodésiques.

M. Liouville a montré qu'on peut la transformer d'une manière élégante en introduisant l'angle ω que fait, en chaque point, la ligne géodésique avec la courbe coordonnée de paramètre v. On a, en effet (n° 499),

$$ds\cos\omega = U_1\sqrt{U-V}\,du, \qquad ds\sin\omega = V_1\sqrt{U-V}\,dv;$$

ce qui permet de remplacer l'équation (28) par la suivante

$$(29)\qquad \frac{\cos\omega}{\sqrt{U-a}} = \frac{\sin\omega}{\sqrt{a-V}}.$$

En résolvant par rapport à la constante, on trouvera

$$(30)\qquad a = U\sin^2\omega + V\cos^2\omega.$$

Cette forme de l'intégrale première correspond à l'équation (9) de Clairaut; elle est très souvent employée.

584. On aurait pu obtenir les résultats précédents par l'emploi d'un élégant artifice de calcul. Reprenons l'expression de l'élément linéaire

$$ds^2 = (U-V)(U_1^2\,du^2 + V_1^2\,dv^2),$$

qu'on peut mettre sous la forme

$$ds^2 = [(\sqrt{U-a})^2 + (\sqrt{a-V})^2][(U_1\,du)^2 + (V_1\,dv)^2].$$

On a ainsi le produit de deux sommes de carrés. En appliquant une formule bien connue, on peut transformer ce produit en une somme de carrés, ce qui donne

$$ds^2 = (U_1\sqrt{U-a}\,du + V_1\sqrt{a-V}\,dv)^2 + (V_1\sqrt{U-a}\,dv - U_1\sqrt{a-V}\,du)^2.$$

Posons

$$(31)\qquad \begin{cases} U_1\sqrt{U-a}\,du + V_1\sqrt{a-V}\,dv = d\theta, \\ \dfrac{U_1\,du}{\sqrt{U-a}} - \dfrac{V_1\,dv}{\sqrt{a-V}} = d\theta_1: \end{cases}$$

il viendra

$$(32)\qquad ds^2 = d\theta^2 + (U-a)(a-V)\,d\theta_1^2.$$

Cette formule met immédiatement en évidence les lignes géodésiques ($\theta_1 =$ const.) et leurs trajectoires orthogonales ($\theta =$ const.). On retrouve ainsi dans toute leur généralité les résultats précédents : l'équation de la ligne géodésique est

$$(33)\qquad \frac{U_1\,du}{\sqrt{U-a}} - \frac{V_1\,dv}{\sqrt{a-V}} = 0;$$

la différentielle de son arc est définie par la formule

$$(33)'\quad ds = d\theta = U_1\sqrt{U-a}\,du + V_1\sqrt{a-V}\,dv = \frac{UU_1\,du}{\sqrt{U-a}} - \frac{VV_1\,dv}{\sqrt{a-V}},$$

qui ramène le calcul de cet arc à celui de deux quadratures. Les deux équations précédentes nous donnent encore les relations

$$(34)\qquad \frac{U_1\,du}{\sqrt{U-a}} = \frac{V_1\,dv}{\sqrt{a-V}} = \frac{ds}{U-V},$$

qui feront connaître les valeurs de $\frac{du}{ds}$, $\frac{dv}{ds}$.

585. Parmi les surfaces dont l'élément linéaire est réductible à la forme (23), nous avons précédemment signalé le plan, la sphère [II, p. 422] et les surfaces du second degré [I, p. 157, ou II, p. 379]. Appliquons à ces surfaces la proposition générale que nous venons d'établir.

Soit d'abord

$$(35)\qquad ds^2 = (\mu^2-\nu^2)\left[\frac{d\mu^2}{\mu^2-c^2} + \frac{d\nu^2}{c^2-\nu^2}\right]$$

l'élément linéaire du plan, rapporté à des coordonnées elliptiques. En appliquant la formule (33), on voit que l'équation

$$(36)\qquad \frac{d\mu}{\sqrt{(\mu^2-c^2)(\mu^2-\alpha)}} - \frac{d\nu}{\sqrt{(\nu^2-c^2)(\nu^2-\alpha)}} = 0,$$

où α désigne une constante arbitraire, représentera une géodésique du plan, c'est-à-dire une ligne droite.

Cette droite ne sera réelle que si la constante α est positive et l'on reconnaîtra aisément qu'elle est tangente à la conique homofocale de paramètre $\sqrt{\alpha}$. Ainsi *l'équation différentielle précédente, qui n'est autre que l'équation d'Euler, admet pour intégrale générale l'équation en coordonnées elliptiques d'une droite tangente à la conique homofocale de paramètre* $\sqrt{\alpha}$.

Ce résultat est dû à Lagrange, qui l'a donné dans son étude sur le problème des deux centres fixes ([1]). Il avait alors un grand

---

([1]) Voir *Mécanique analytique*, seconde Partie, Section VII, Chap. III, n° 81. Pour être tout à fait exact, nous devons dire que Lagrange obtient un résultat un peu plus général et retrouve l'équation d'Euler dans le cas où les trois forces qu'il considère se réduisent à une seule émanant d'un centre fixe et proportionnelle à la distance.

intérêt; car il constituait la première intégration de l'équation d'Euler obtenue en dehors des méthodes purement analytiques.

Remarquons d'ailleurs que l'équation (33)' nous donnera ici

$$(37)\qquad ds = \frac{\mu^2\, d\mu}{\sqrt{(\mu^2 - c^2)(\mu^2 - \alpha)}} - \frac{\nu^2\, d\nu}{\sqrt{(\nu^2 - c^2)(\nu^2 - \alpha)}};$$

et cette relation, qui fait connaître par des quadratures la longueur d'un segment de ligne droite, équivaut au théorème d'addition pour les intégrales elliptiques de seconde espèce.

Le lecteur établira aisément des résultats analogues en déterminant les lignes géodésiques de la sphère au moyen de la forme que nous avons donnée [II, p. 422]

$$ds^2 = (\cos 2\mu - \cos 2\nu)\left(\frac{d\mu^2}{\cos 2\mu - \cos 2c} + \frac{d\nu^2}{\cos 2c - \cos 2\nu}\right)$$

pour l'élément linéaire de cette surface rapportée à des coordonnées elliptiques.

Une seule différence mérite d'être signalée entre ce cas et le précédent : la formule relative à l'arc d'une ligne géodésique donnera, pour la sphère, le théorème d'addition des intégrales elliptiques de *troisième espèce*.

586. Considérons maintenant une surface du second degré et choisissons, pour fixer les idées, un ellipsoïde à trois axes inégaux. Si l'on conserve toutes les notations déjà employées au n° 459 [II, p. 296] et si β désigne le paramètre de cet ellipsoïde, l'équation de l'ellipsoïde sera

$$(38)\qquad \frac{x^2}{a-\beta} + \frac{y^2}{b-\beta} + \frac{z^2}{c-\beta} - 1 = 0,$$

et l'élément linéaire de cette surface sera donné par la formule

$$(39)\qquad ds^2 = (\rho - \rho_1)\left[\frac{\rho - \beta}{f(\rho)}\, d\rho^2 - \frac{\rho_1 - \beta}{f(\rho_1)}\, d\rho_1^2\right],$$

$f(\rho)$ ayant pour valeur

$$(40)\qquad f(\rho) = 4(a-\rho)(b-\rho)(c-\rho).$$

On déduit de là, par l'application des formules précédentes, que l'équation générale d'une ligne géodésique sera

$$(41)\qquad \sqrt{\frac{\rho-\beta}{f(\rho)(\rho-\alpha)}}\,d\rho-\sqrt{\frac{\rho_1-\beta}{f(\rho_1)(\rho_1-\alpha)}}\,d\rho_1=0,$$

α désignant une constante arbitraire, et que l'arc de cette ligne aura pour différentielle

$$(42)\qquad ds=\rho\sqrt{\frac{\rho-\beta}{f(\rho)(\rho-\alpha)}}\,d\rho-\rho_1\sqrt{\frac{\rho_1-\beta}{f(\rho_1)(\rho_1-\alpha)}}\,d\rho_1.$$

Ces résultats sont bien d'accord avec ceux que nous avons obtenus au n° 462. ρ, paramètre des hyperboloïdes à deux nappes, est compris entre a et b. On a donc

$$f(\rho)>0,\qquad \rho-\beta>0.$$

De même, le paramètre ρ_1 des hyperboloïdes à deux nappes, compris entre b et c, nous donne les inégalités

$$f(\rho_1)<0,\qquad \rho_1-\beta>0.$$

Il faudra donc, pour que ds soit réel, que l'on ait

$$\rho-\alpha>0,\qquad \rho_1-\alpha<0;$$

et, par suite, la constante α devra être comprise entre a et c. Cette condition pouvait être prévue; α, nous l'avons vu aux n°s 461 et 462, est le paramètre de la surface homofocale à laquelle est circonscrite la développable formée par les tangentes de la ligne géodésique. Comme une droite ne peut être tangente à deux ellipsoïdes homofocaux, il faut que α soit le paramètre d'un hyperboloïde et, par suite, compris entre a et c. De là résulte une classification naturelle des lignes géodésiques de l'ellipsoïde, suivant que α sera inférieur, égal, ou supérieur à b. Si α est inférieur à b, la développable formée par les tangentes de la géodésique sera circonscrite à un hyperboloïde à une nappe. Si α est supérieur à b, elle le sera à un hyperboloïde à deux nappes. Enfin, dans le cas intermédiaire où α est égal à b, les tangentes de la géodésique iront toutes rencontrer la focale hyperbolique. On suit alors aisément le cours de la ligne géodésique, qui va passer par deux des quatre ombilics où cette focale rencontre l'ellipsoïde; et ces deux ombilics sont diamétralement opposés.

Ainsi *toutes les lignes géodésiques qui passent par un ombilic vont passer par l'ombilic diamétralement opposé.*

Si α est différent de b, on peut encore se rendre compte, soit par les équations, soit par la Géométrie, de la forme générale de la ligne géodésique. Supposons, pour fixer les idées,

$$\alpha < b.$$

Alors on aura les limites suivantes pour ρ et pour ρ_1

$$b < \rho < a, \qquad c < \rho_1 < \alpha.$$

Lorsque ρ_1 devient égal à α, l'équation différentielle (41) nous donne

$$d\rho_1 = 0;$$

par suite, la géodésique doit être tangente à la ligne de courbure de paramètre α. Cette ligne se compose de deux traits fermés diamétralement opposés, décrits autour de deux ombilics comme une ellipse autour de ses foyers; et la ligne géodésique, placée dans la zone annulaire comprise entre ces deux courbes fermées, se dirigera de l'une à l'autre en leur devenant successivement tangente. Si on la prolonge indéfiniment, elle ne se fermera pas, en général, et fera un nombre illimité de fois le tour de cette zone ellipsoïdale, dans laquelle elle est assujettie à demeurer. On peut établir ces résultats de la manière la plus nette au moyen de l'artifice suivant.

Écrivons les équations

$$(43)\qquad \frac{ds}{\rho-\rho_1} = \sqrt{\frac{\rho-\beta}{f(\rho)(\rho-\alpha)}}\,d\rho = \sqrt{\frac{\rho_1-\beta}{f(\rho_1)(\rho_1-\alpha)}}\,d\rho_1,$$

qui se déduisent des formules (41) et (42) et où l'on prendra les radicaux avec un signe déterminé : elles feront connaître le signe des différentielles $d\rho$ et $d\rho_1$ lorsqu'on suppose ds positive, par exemple. Il est vrai que les signes des radicaux peuvent changer lorsque ρ ou ρ_1 atteignent les limites entre lesquelles ces paramètres doivent varier. Pour éviter ces difficultés, posons

$$(44)\qquad \rho = b\cos^2\varphi + a\sin^2\varphi,$$

$$(45)\qquad \rho_1 = c\cos^2\psi + \alpha\sin^2\psi,$$

ce qui permettra bien d'obtenir, pour des valeurs réelles de φ ou de ψ, toutes les valeurs de ρ et de ρ_1 comprises dans les limites assignées plus haut. Les équations (43) prendront la forme

$$ds = \frac{d\varphi}{\sqrt{F(\varphi)}} = \frac{d\psi}{\sqrt{F_1(\psi)}}, \tag{46}$$

$\sqrt{F(\varphi)}$, $\sqrt{F_1(\psi)}$ étant des radicaux *qui ne pourront plus s'annuler* et conserveront toujours le signe initial. Il suit de là que $d\varphi$ et $d\psi$ ne changeront jamais de signe; et, par suite, φ, ψ, considérées comme fonctions de s, oscilleront d'une manière régulière entre les limites que nous leur avons assignées. Lorsque φ variera, la ligne de courbure du paramètre ρ défini par l'équation (44) se déplacera en se déformant et tournera, toujours dans le même sens, autour de l'axe des z de l'ellipsoïde. Le point décrivant de la géodésique, qui oscille sur la portion de cette ligne comprise entre les deux points où elle coupe la ligne de courbure $\rho_1 = \alpha$, décrira un trait dont la forme générale sera bien celle que nous avons indiquée.

587. Nous terminerons ce Chapitre en faisant connaître quelques propriétés générales qui appartiennent à toutes les surfaces dont l'élément linéaire est déterminé par la formule de Liouville

$$ds^2 = (U - V)(U_1^2\, du^2 + V_1^2\, dv^2), \tag{47}$$

les fonctions U, V, U_1, V_1 conservant toute leur généralité. La première de ces propriétés a été signalée par M. Dini, dans un beau Mémoire sur lequel nous aurons l'occasion de revenir. Nous avons vu (n° 527) que, si l'on rapporte une surface à un système d'ellipses et d'hyperboles géodésiques, l'élément linéaire est déterminé par la formule suivante

$$ds^2 = \frac{du^2}{\sin^2\frac{\omega}{2}} + \frac{dv^2}{\cos^2\frac{\omega}{2}}. \tag{48}$$

Ce système coordonné, qui est orthogonal, peut-il être isotherme? Pour qu'il en soit ainsi, il faudra que l'on ait

$$U_1^2 \sin^2\frac{\omega}{2} = V_1^2 \cos^2\frac{\omega}{2}, \tag{49}$$

U_1 et V_1 désignant des fonctions qui dépendent respectivement de u et de v. Cette équation détermine ω et nous donne pour l'élément linéaire de la surface l'expression

$$ds^2 = \left(\frac{1}{U_1^2} + \frac{1}{V_1^2}\right)(U_1^2\,du^2 + V_1^2\,dv^2), \tag{50}$$

qui rentre bien dans la forme (47), mais qui paraît, au premier abord, en être un cas très particulier. En réalité, les deux formules sont aussi générales l'une que l'autre; nous laisserons au lecteur le soin de l'établir.

Ainsi on peut caractériser l'élément linéaire (47) en disant que les courbes coordonnées forment *un système isotherme d'ellipses et d'hyperboles géodésiques.* C'est là le résultat de M. Dini.

588. La seconde propriété est plus générale que la précédente, qu'elle comprend comme cas limite. On y est conduit en cherchant s'il existe des surfaces pour lesquelles une famille de courbes puisse être considérée *de deux manières différentes* comme formée d'ellipses ou d'hyperboles géodésiques, c'est-à-dire définie de deux manières différentes par une équation de la forme

$$\theta + \sigma = \text{const.}, \tag{51}$$

où θ et σ sont les distances géodésiques à deux courbes fixes.

Il est clair que, si cette propriété appartient à une famille de courbes, elle appartiendra aussi à la famille orthogonale qui est définie par la relation

$$\theta - \sigma = \text{const.}, \tag{52}$$

toutes les fois que la famille proposée l'est par l'équation (51) [II, p. 417]. La question proposée peut donc se ramener à la suivante : *Existe-t-il un système orthogonal qui puisse être regardé de deux manières différentes comme formé d'ellipses et d'hyperboles géodésiques?*

Soit

$$ds^2 = A^2\,du^2 + C^2\,dv^2 \tag{53}$$

l'expression de l'élément linéaire qui convient à ce système orthogonal. Par hypothèse, les équations des deux familles de courbes coordonnées sont les suivantes

$$\theta + \sigma = \text{const.}, \qquad \theta - \sigma = \text{const.},$$

θ et σ étant les distances géodésiques d'un point de la surface à deux courbes fixes; il faudra donc que l'on ait

$$F(\theta+\sigma)=u, \qquad F_1(\theta-\sigma)=v.$$

On déduit de là, en résolvant par rapport à θ et σ,

$$\theta=\varphi(u)+\psi(v), \qquad \sigma=\varphi(u)-\psi(v). \tag{54}$$

Mais θ et σ, étant des distances géodésiques, doivent satisfaire à l'équation aux dérivées partielles caractéristique

$$\Delta\varphi=1. \tag{55}$$

En exprimant qu'il en est ainsi et que cette équation admet les deux solutions θ, σ, on est conduit à l'unique relation

$$\frac{U}{A^2}+\frac{V}{C^2}=1, \tag{56}$$

où l'on a

$$U=\varphi'^2(u), \qquad V=\psi'^2(v); \tag{57}$$

et, réciproquement, toutes les fois que A et C sont liés par une équation de la forme (56), les courbes coordonnées sont des coniques géodésiques, lieux des points tels que la somme ou la différence de leurs distances géodésiques aux deux courbes de base

$$\left\{\begin{aligned}&\int\sqrt{U}\,du+\int\sqrt{V}\,dv=0,\\&\int\sqrt{U}\,du-\int\sqrt{V}\,dv=0\end{aligned}\right. \tag{58}$$

soit constante sur chacune d'elles. Pour que ces courbes coordonnées puissent, de deux manières différentes, être regardées comme des coniques géodésiques, il sera donc nécessaire et suffisant que A et C vérifient deux relations distinctes

$$\frac{U}{A^2}+\frac{V}{C^2}=1, \qquad \frac{U_1}{A^2}+\frac{V_1}{C^2}=1,$$

de même forme que l'équation (56).

Ces équations peuvent être résolues par rapport à A et à C; mais, avant de faire ce calcul, nous remarquerons qu'on peut les combiner linéairement et en déduire l'équation nouvelle

$$\frac{\lambda U + (1-\lambda)U_1}{A^2} + \frac{\lambda V + (1-\lambda)V_1}{C^2} = 1,$$

qui sera de même forme qu'elles, pourvu que λ soit une constante, d'ailleurs quelconque. Ainsi nous pouvons déjà énoncer le théorème suivant :

Lorsqu'un système orthogonal peut être considéré de deux manières distinctes comme formé de coniques géodésiques, il y a une infinité de manières différentes de lui conserver cette propriété.

Si l'on calcule maintenant les valeurs de A et de C pour les porter dans l'élément linéaire, on obtient un résultat que l'on peut écrire comme il suit

$$ds^2 = \left(\frac{U}{U-U_1} + \frac{V}{V_1-V}\right)[(U-U_1)\,du^2 + (V_1-V)\,dv^2].$$

C'est bien là la forme générale étudiée par M. Liouville.

Réciproquement, reprenons cette forme générale (47). Si nous prenons les deux solutions déjà déterminées

$$(59)\qquad \begin{cases} \theta = \int U_1\sqrt{U-a}\,du + \int V_1\sqrt{a-V}\,dv, \\ \sigma = \int U_1\sqrt{U-a}\,du - \int V_1\sqrt{a-V}\,dv \end{cases}$$

de l'équation aux dérivées partielles (55), les courbes coordonnées seront définies par les équations

$$\theta + \sigma = \text{const.}, \qquad \theta - \sigma = \text{const.};$$

et, par suite, elles pourront être regardées d'une infinité de manières comme des coniques géodésiques.

589. La proposition que nous venons d'établir offre le plus grand intérêt : elle fait connaître la véritable origine des théorèmes de Graves et de M. Chasles sur les arcs de coniques à différence rectifiable et elle permet d'étendre ces théorèmes à toutes les surfaces dont l'élément linéaire est donné par la formule de M. Liouville.

Pour mettre cette analogie en évidence, remarquons que, si l'on attribue à la constante a une valeur déterminée dans les formules (59), les géodésiques normales aux courbes parallèles

$$\theta = \text{const.} \qquad \text{ou} \qquad \sigma = \text{const.}$$

sont définies par l'équation

$$\frac{U_1\,du}{\sqrt{U-a}} \pm \frac{V_1\,dv}{\sqrt{a-V}} = 0, \tag{60}$$

obtenue en différentiant par rapport à a la valeur de θ ou de σ (n° 532). Il passe deux de ces lignes par chaque point de la surface et elles y font des angles égaux avec les deux courbes coordonnées. On peut définir géométriquement cette famille de géodésiques de la manière suivante :

Supposons d'abord que la constante a ait été choisie de telle manière que l'une des deux équations

$$U - a = 0, \qquad V - a = 0, \tag{61}$$

la première par exemple, admette une ou plusieurs racines réelles. Soit u_0 une de ces racines; pour $u = u_0$, l'équation différentielle donne

$$du = 0;$$

et, par suite, les géodésiques qui correspondent à la valeur considérée de a sont toutes tangentes à la courbe coordonnée de paramètre u_0. Cette propriété géométrique suffira évidemment à définir l'ensemble de toutes ces géodésiques.

Pour certaines surfaces, telles que l'ellipsoïde ou le plan, l'une des équations (61) admettra toujours une solution réelle; et toutes les familles réelles définies par l'équation (60) seront alors composées de géodésiques tangentes à une des courbes coordonnées. Mais il existe d'autres surfaces pour lesquelles les valeurs de la constante a peuvent être choisies de telle manière qu'aucune des équations (61) n'admette de solution réelle. Envisageons, par exemple, la formule particulière suivante

$$ds^2 = (u^2 + v^2 + h^2)(du^2 + dv^2); \tag{62}$$

l'équation des lignes géodésiques sera ici

$$\frac{du}{\sqrt{u^2 + h^2 - a}} \pm \frac{dv}{\sqrt{a + v^2}} = 0 \tag{63}$$

et, pour toutes les valeurs de a positives et inférieures à h^2, il n'y aura aucune valeur réelle de u ou de v annulant un des dénominateurs. Les lignes géodésiques correspondantes seront réelles, mais elles ne seront tangentes à aucune courbe coordonnée. Nous ramènerons ce cas au précédent en convenant de regarder les géodésiques comme tangentes à une courbe coordonnée imaginaire. En adoptant cette convention, on peut énoncer le résultat suivant.

Les courbes parallèles définies par les équations

$$(64)\quad \begin{cases} \theta = \int U_1\sqrt{U-a}\,du + \int V_1\sqrt{a-V}\,dv = \text{const.}, \\ \sigma = \int U_1\sqrt{U-a}\,du - \int V_1\sqrt{a-V}\,dv = \text{const.} \end{cases}$$

sont les développantes de celle des courbes coordonnées dont le paramètre satisfait à la relation

$$(U-a)(V-a) = 0,$$

et la proposition que nous avons établie plus haut peut s'énoncer comme il suit :

Les courbes coordonnées peuvent être regardées comme des coniques géodésiques lorsqu'on prend pour courbes de bases deux développantes (C), (C') *de l'une quelconque d'entre elles.*

Pour faire dériver de cette remarque le théorème de Graves et de M. Chasles, il suffit de la combiner avec les propriétés des développées. Considérons, par exemple, les géodésiques tangentes à une des courbes coordonnées (u_0) (*fig.* 38) et soient (C), (C') deux développantes de cette courbe, la coupant à angle droit en R et en R'. Soient PQ, P'Q' deux géodésiques se coupant en M. D'après la proposition précédente, la somme

$$MQ + MQ'$$

demeurera constante lorsqu'on se déplacera sur une des deux courbes coordonnées qui passent en M. Or on a, d'après les propriétés des développées,

$$PR = MP + MQ, \qquad P'R' = MP' + MQ'$$

et, par suite,

$$MQ + MQ' = PR + P'R' - MP - MP' = RR' - (MP + MP' - PP').$$

On voit donc que la somme

$$MP + MP' - PP'$$

demeurera constante lorsqu'on se déplacera sur l'une des courbes coordonnées qui passent au point M, sur celle qui se trouve dans l'angle QMR. On démontrerait de la même manière les autres relations, analogues au théorème de Graves, qui se rapportent à des dispositions différentes de la figure.

Fig. 38.

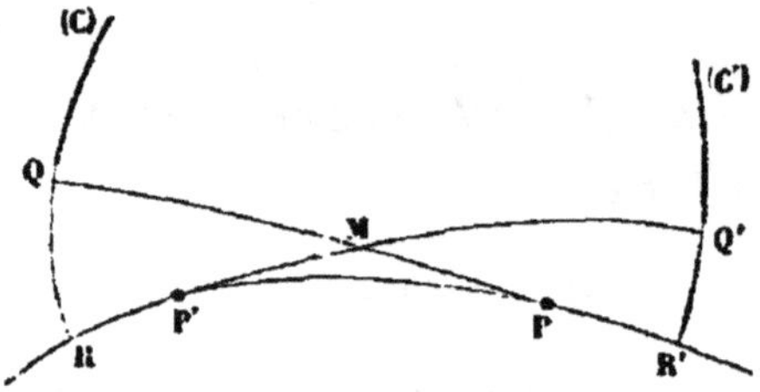

Nous n'insisterons pas davantage sur ces relations géométriques et nous indiquerons, en terminant, une autre généralisation, qui se rattache directement aux propositions de M. Chasles relatives aux polygones inscrits ou circonscrits à des coniques homofocales.

Considérons un polygone variable dont tous les côtés sont des lignes géodésiques tangentes à une même courbe coordonnée et dont tous les sommets moins un décrivent des courbes coordonnées. Le dernier sommet de ce polygone décrira aussi une des courbes coordonnées et il en sera de même des points d'intersection de deux côtés quelconques de ce polygone.

CHAPITRE II.

INTÉGRALES HOMOGÈNES DU PREMIER ET DU SECOND DEGRÉ.

Méthodes régulières pour la détermination des géodésiques. — L'équation différentielle du second ordre des géodésiques remplacée par un système canonique. — Usage que l'on peut faire d'une ou de deux intégrales de ce système. — Intégrales homogènes. — Intégrale du premier degré : elle caractérise les surfaces applicables sur les surfaces de révolution. — Intégrale du second degré. — Il y a deux formes distinctes de l'élément linéaire pour lesquelles on trouve une intégrale du second degré. Pour la première et la plus importante, l'élément linéaire est réductible à la forme de M. Liouville. — Détermination de tous les cas dans lesquels il y a à la fois une intégrale du premier et une intégrale du second degré.

---

590. L'artifice que nous avons employé dans le Chapitre précédent et qui nous a fait connaître les lignes géodésiques pour la forme spéciale de l'élément linéaire considérée par M. Liouville a permis à Jacobi de donner une solution élégante des problèmes les plus importants de la Dynamique du point matériel; mais il semble difficile de l'étendre ou de le généraliser. Il faut donc revenir à la théorie générale et indiquer les méthodes régulières qui permettent de déterminer une solution, contenant une constante arbitraire, de l'équation

(1) $$\Delta\theta = 1.$$

Étant donnée une équation aux dérivées partielles

(2) $$f(u, v, p, q) = 0,$$

la recherche d'une intégrale complète de cette équation se ramène, comme on sait, à la détermination d'une fonction $\varphi(u, v, p, q)$ telle que l'équation (2) et la suivante

(3) $$\varphi(u, v, p, q) = C,$$

où C désigne une constante arbitraire, soient compatibles, c'est-à-dire qu'elles fournissent des valeurs de p et de q satisfaisant à la condition

$$\frac{\partial p}{\partial v} - \frac{\partial q}{\partial u} = 0$$

pour toutes les valeurs de C. D'après cela, si l'on calcule, au moyen des équations (2) et (3), les valeurs des deux dérivées qui entrent dans la relation précédente, on trouvera la condition

$$(4)\qquad (f, \varphi) = \frac{\partial f}{\partial u}\frac{\partial \varphi}{\partial p} - \frac{\partial f}{\partial p}\frac{\partial \varphi}{\partial u} + \frac{\partial f}{\partial v}\frac{\partial \varphi}{\partial q} - \frac{\partial f}{\partial q}\frac{\partial \varphi}{\partial v} = 0,$$

qui ne contient plus C et devra avoir lieu, par conséquent, pour toutes les valeurs de u, v, p, q qui satisfont uniquement à l'équation (2).

Dans le cas spécial qui nous occupe, nous sommes donc conduits à déterminer une fonction φ satisfaisant à l'équation linéaire

$$(5)\qquad (\Delta, \varphi) = 0,$$

pour tous les systèmes de valeurs de u, v, p, q liées par l'équation (1).

L'intégration complète de cette équation linéaire (5) se ramène, comme on sait, à celle du système suivant d'équations différentielles

$$(6)\qquad \frac{du}{\frac{\partial \Delta}{\partial p}} = \frac{dv}{\frac{\partial \Delta}{\partial q}} = \frac{-dp}{\frac{\partial \Delta}{\partial u}} = \frac{-dq}{\frac{\partial \Delta}{\partial v}},$$

qui définit ce que l'on appelle les *caractéristiques* de l'équation aux dérivées partielles (1).

Ce système admet évidemment une première intégrale, Δ, dont la valeur constante doit ici être prise égale à 1. Si l'on en connaît une autre intégrale φ, on pourra achever la solution du problème et déterminer par de simples quadratures les géodésiques de la surface. Mais il est nécessaire de donner quelques développements sur ce point essentiel.

Si l'on combine l'une des équations (6)

$$(7)\qquad \frac{du}{\frac{\partial \Delta}{\partial p}} = \frac{dv}{\frac{\partial \Delta}{\partial q}}$$

avec l'équation de condition

$$\Delta = 1,$$

on en déduira les valeurs suivantes de p et de q

$$(8) \qquad p = E\frac{du}{ds} + F\frac{dv}{ds}, \qquad q = F\frac{du}{ds} + G\frac{dv}{ds},$$

et il suffira de porter ces valeurs dans une autre des équations (6), par exemple dans la suivante

$$\frac{dv}{\frac{\partial\Delta}{\partial q}} = \frac{-dp}{\frac{\partial\Delta}{\partial u}},$$

pour en déduire une équation du second ordre entre u et v. *Cette équation du second ordre, qui tient lieu du système* (6), *sera précisément celle des lignes géodésiques.* Il est aisé de le vérifier presque immédiatement par le calcul direct ; mais on peut aussi le reconnaître par un raisonnement *a priori*.

En effet, si, dans le système (6), on remplace p et q par les dérivées partielles d'une solution quelconque de l'équation aux dérivées partielles (1), on sait, d'après les propriétés générales des équations aux dérivées partielles du premier ordre, que ce système se réduira à la seule équation (7). Or cette équation définit, on le vérifie aisément, les trajectoires orthogonales des courbes $\theta =$ const., et ces trajectoires sont, comme on l'a vu, des lignes géodésiques.

Au reste, on arrive à la même conclusion si l'on traite le problème des lignes géodésiques comme une question de Mécanique. En employant la méthode et les variables d'Hamilton [II, p. 481], on est conduit, pour définir la ligne géodésique, à un système canonique qui donne immédiatement les équations (6).

Ainsi, on peut considérer le système (6) comme tenant lieu de l'équation différentielle du second ordre des lignes géodésiques pourvu que l'on y regarde p et q comme des inconnues auxiliaires, qui sont d'ailleurs définies en fonction de u, v, $\frac{du}{dv}$ par les formules (8). Ce point étant établi, examinons les différents cas qui peuvent se présenter.

591. Supposons d'abord que l'on connaisse deux intégrales distinctes φ et ψ du système (6).

L'élimination de p et de q entre les équations

$$\varphi = C, \quad \psi = C', \quad \Delta = 1$$

donnera l'équation en termes finis, contenant les deux constantes arbitraires C, C', des lignes géodésiques. Cela résulte immédiatement de ce que les trois relations précédentes donnent trois intégrales du système (6).

Si l'on a déterminé une seule intégrale φ, on pourra achever de deux manières différentes la solution du problème proposé. Ou bien on déterminera p et q par les équations

$$\Delta = 1, \quad \varphi = C,$$

et l'on effectuera ensuite la quadrature

$$\theta = \int (p\,du + q\,dv);$$

les lignes géodésiques seront alors définies par l'équation

$$\frac{\partial \theta}{\partial C} = C',$$

où C' désignera une seconde constante. Ou bien on remplacera dans l'équation

$$\varphi = C$$

p et q par leurs expressions (8) en $\frac{du}{ds}$, $\frac{dv}{ds}$, ce qui donnera une intégrale première de l'équation des lignes géodésiques, dont on déterminera ensuite un facteur en appliquant le théorème de Jacobi [II, p. 431].

On ne sait pas intégrer d'une manière générale l'équation linéaire (5). Mais on a obtenu des résultats du plus haut intérêt en se donnant *a priori* certaines formes générales de l'intégrale φ que l'on suppose connue, et en se proposant de déterminer l'élément linéaire par la condition que ces formes puissent conduire à une solution complète du problème proposé.

Remarquons d'abord qu'en faisant usage de l'équation (1) on pourra toujours rendre la fonction φ homogène par rapport aux deux variables p et q. Cette transformation est très avantageuse; car alors l'équation de condition (5) aura également son premier membre homogène par rapport aux mêmes variables. Cette équation sera ainsi réduite à ne contenir que les trois variables u, v, $\frac{p}{q}$, qui peuvent être regardées comme indépendantes; et, par suite, *elle devra avoir lieu identiquement*.

Ainsi nous sommes ramenés à la détermination des intégrales homogènes par rapport à p et à q qui satisfont identiquement à l'équation (5). Il est utile de remarquer que les intégrales de cette nature conservent leur homogénéité et leur degré quand on effectue un changement quelconque de coordonnées.

592. Nous commencerons par les intégrales algébriques et entières ([1]), et nous étudierons en premier lieu le cas où la fonction φ est du premier degré. Supposons que la surface ait été rapportée à des coordonnées symétriques. Alors l'élément linéaire sera défini par la formule

$$ds^2 = 4\lambda\, dx\, dy.$$

L'équation (1) deviendra ici

$$\frac{pq}{\lambda} = 1, \tag{9}$$

et l'on aura

$$\varphi = ap + bq, \tag{10}$$

a et b étant des fonctions inconnues de x et de y. La condition (5) nous donnera

$$\frac{q}{\lambda}\left(p\frac{\partial a}{\partial x} + q\frac{\partial b}{\partial x}\right) + \frac{p}{\lambda}\left(p\frac{\partial a}{\partial y} + q\frac{\partial b}{\partial y}\right) + \frac{apq}{\lambda^2}\frac{\partial \lambda}{\partial x} + \frac{bpq}{\lambda^2}\frac{\partial \lambda}{\partial y} = 0,$$

([1]) Le lecteur reconnaîtra aisément que toute intégrale algébrique et entière, non homogène, conduit à deux intégrales distinctes que l'on obtient en séparant les termes de degré pair par rapport à p et à q des termes de degré impair. Chacune de ces deux intégrales donnera ensuite, par l'emploi de l'équation $\Delta\theta = 1$, une intégrale rationnelle et homogène du même degré.

Dans une Note *Sur les intégrales algébriques des problèmes de Dynamique* insérée, en 1886, au tome CIII des *Comptes rendus*, M. G. Kœnigs a montré que, s'il existe des intégrales algébriques quelconques, il y aura nécessairement des intégrales rationnelles, entières ou fractionnaires. L'étude des cas où il y a des intégrales algébriques irrationnelles se ramène donc à celle des questions que nous allons examiner dans le texte.

et, pour qu'elle soit identiquement vérifiée, il faudra que l'on ait

$$\frac{\partial b}{\partial x} = \frac{\partial a}{\partial y} = 0, \qquad \frac{\partial(a\lambda)}{\partial x} + \frac{\partial(b\lambda)}{\partial y} = 0,$$

ou encore

$$(11) \qquad b = Y, \qquad a = X, \qquad \frac{\partial(\lambda X)}{\partial x} + \frac{\partial(\lambda Y)}{\partial y} = 0,$$

X et Y dépendant respectivement des seules variables x et y.

Or la forme de l'élément linéaire subsiste quand on y effectue une substitution

$$x = \varphi(x_1), \qquad y = \psi(y_1).$$

On reconnaîtra aisément qu'en effectuant ce changement on peut toujours ramener les fonctions X, Y à avoir l'une des valeurs constantes 0 ou 1.

On n'a donc que les deux hypothèses suivantes à examiner :

1° $$a = b = 1,$$

2° $$a = 0, \qquad b = 1.$$

La première nous donne

$$\frac{\partial\lambda}{\partial x} + \frac{\partial\lambda}{\partial y} = 0$$

ou, en intégrant,

$$(12) \qquad \lambda = f(x - y).$$

L'élément linéaire prend la forme

$$(13) \qquad ds^2 = 4f(x - y)\,dx\,dy.$$

La seconde hypothèse donne

$$\frac{\partial\lambda}{\partial y} = 0, \qquad \lambda = f_1(x).$$

L'élément linéaire correspondant

$$ds^2 = 4f_1(x)\,dx\,dy$$

se ramène à celui d'une surface développable par substitution à x de la variable

$$x_1 = 4\int f_1(x)\,dx.$$

On peut donc laisser de côté cette seconde forme de l'élément linéaire, qui devient un cas particulier de la première (13).

Quant à celle-ci, on démontre aisément qu'elle caractérise les surfaces applicables sur une surface de révolution. Posons, en effet,

$$x = \frac{u + iv}{2}, \qquad y = \frac{-u + iv}{2};$$

elle prendra la forme

$$(14) \qquad ds^2 = \varphi(u)(du^2 + dv^2), \qquad \text{où} \qquad \varphi(u) = -f(u),$$

ce qui établit le résultat annoncé. Nous pouvons donc énoncer le théorème suivant, qui est dû à M. Massieu ([1]).

Les surfaces de révolution et celles qui résultent de leur déformation sont les seules pour lesquelles l'équation différentielle des lignes géodésiques admette une intégrale première linéaire et homogène en $\frac{du}{ds}, \frac{dv}{ds}$.

Quand l'élément linéaire est écrit sous la forme (14), l'équation devient

$$(15) \qquad p^2 + q^2 = \varphi(u);$$

l'intégrale linéaire est alors

$$(16) \qquad q = C.$$

([1]) MASSIEU (F.), *Sur les intégrales algébriques des problèmes de Mécanique.* Thèse présentée à la Faculté des Sciences de Paris; Paris, 1861. Dans ce travail, l'auteur s'occupe d'une manière générale des problèmes de Mécanique dans lesquels il y a une fonction des forces; et, suivant la voie ouverte par M. J. Bertrand dans un beau Mémoire inséré en 1857 au *Journal de Liouville,* il recherche les intégrales algébriques par rapport aux vitesses.

M. Massieu, après avoir présenté quelques résultats sur la question envisagée dans toute sa généralité, étudie plus spécialement le mouvement d'un point sur une surface et il définit tous les cas dans lesquels il y a une intégrale du premier ou du second degré par rapport aux vitesses. Il suffit de supposer nulle la fonction des forces pour que ces résultats deviennent immédiatement applicables au problème des lignes géodésiques. On pourra consulter aussi le Mémoire de Bour *Sur l'intégration des équations différentielles partielles du premier et du second ordre* (*Journal de l'École Polytechnique,* XXXIXe Cahier, p. 149; 1862), où les résultats de M. Massieu se trouvent rappelés. Le Chapitre V de ce Mémoire contient une étude sur l'intégration de l'équation générale des lignes géodésiques que nous aurons à citer plus loin.

On a

$$(17)\qquad \begin{cases} p=\sqrt{\varphi(u)-C^2}, \qquad q=C, \\ 0=Cv+\int\sqrt{\varphi(u)-C^2}\,du, \end{cases}$$

et l'on retrouve ainsi, avec de légers changements de notation, le résultat fourni par la première méthode (n° 580).

593. Nous allons maintenant étudier de la même manière le cas où il y a une intégrale φ du second degré par rapport à p et à q. Posons

$$\varphi = ap^2 + 2bpq + cq^2.$$

La condition (5) nous donnera ici

$$(18)\qquad \begin{cases} \left(p^2\frac{\partial a}{\partial x}+2pq\frac{\partial b}{\partial x}+q^2\frac{\partial c}{\partial x}\right)\frac{q}{\lambda}+\left(p^2\frac{\partial a}{\partial y}+2pq\frac{\partial b}{\partial y}+q^2\frac{\partial c}{\partial y}\right)\frac{p}{\lambda} \\ \qquad +\frac{2pq}{\lambda^2}\frac{\partial\lambda}{\partial x}(ap+bq)+\frac{2pq}{\lambda^2}\frac{\partial\lambda}{\partial y}(bp+cq)=0. \end{cases}$$

Égalons à zéro les coefficients des diverses puissances de p et de q. Nous aurons d'abord, en prenant les coefficients de q^3 et de p^3, les deux équations

$$\frac{\partial c}{\partial x}=\frac{\partial a}{\partial y}=0,$$

qui nous donnent

$$a=f(x), \qquad c=f_1(y).$$

En raisonnant comme dans le cas précédent, on verra que, si l'on a choisi convenablement les coordonnées x, y, on peut toujours supposer, soit

$$c=1, \qquad a=1,$$

soit

$$c=0, \qquad a=1.$$

Commençons par examiner la première hypothèse. En prenant les coefficients de pq^2 et de p^2q dans l'équation de condition (18), on sera conduit aux deux relations

$$\frac{\partial(b\lambda)}{\partial x}+\frac{\partial\lambda}{\partial y}=0, \qquad \frac{\partial(b\lambda)}{\partial y}+\frac{\partial\lambda}{\partial x}=0,$$

qui s'intègrent aisément et donnent

$$\lambda = f(x+y) + f_1(x-y),$$
$$b\lambda = f_1(x-y) - f(x+y),$$

f et f_1 désignant deux fonctions arbitraires.

On aura donc pour l'élément linéaire l'expression

$$ds^2 = 4[f(x+y) + f_1(x-y)]\,dx\,dy, \tag{19}$$

et l'intégrale φ deviendra

$$p^2 + q^2 + \frac{2pq}{\lambda}[f_1(x-y) - f(x+y)] = C. \tag{20}$$

Le changement de notations défini par les formules

$$x = u + iv, \qquad y = u - iv$$

ramène l'élément linéaire à la forme de M. Liouville et montre aussi que la solution θ dont les dérivées sont définies par l'équation précédente jointe à l'équation (9) est précisément celle que nous avons employée au n° 583.

Ainsi les surfaces dont l'élément linéaire est réductible à la forme de M. Liouville constituent une première classe pour laquelle le problème des lignes géodésiques admet une intégrale homogène et du second degré par rapport à p et à q [1].

594. Examinons maintenant l'hypothèse

$$a = 1, \qquad c = 0.$$

En opérant comme précédemment, on trouvera les conditions

$$\frac{\partial(b\lambda)}{\partial y} + \frac{\partial\lambda}{\partial x} = 0, \qquad \frac{\partial(b\lambda)}{\partial x} = 0,$$

qui donnent

$$\frac{\partial^2\lambda}{\partial x^2} = 0, \qquad \lambda = xY' + Y_1, \qquad b\lambda = -Y,$$

---

(1) *Voir* les Mémoires déjà cités de Bour et de M. Massieu. Il convient de remarquer que M. Massieu a négligé la seconde hypothèse ($a = 1$, $c = 0$) que nous allons étudier.

Y, Y_1 désignant deux fonctions arbitraires de y. L'élément linéaire aura donc pour expression ([1])

$$(21) \qquad ds^2 = 4(xY' + Y_1)\,dx\,dy,$$

et l'intégrale du second degré sera

$$(22) \qquad p^2 - 2\frac{Y}{\lambda}pq = 2C.$$

On tire de là

$$p^2 = 2Y + 2C, \qquad q = \frac{xY' + Y_1}{\sqrt{2Y + 2C}};$$

et, par suite,

$$(23) \qquad \theta = x\sqrt{2Y + 2C} + \int \frac{Y_1\,dy}{\sqrt{2Y + 2C}}.$$

Tel est le second cas dans lequel il y a une intégrale du second degré. Mais il convient de remarquer que la surface correspondante est, en général, imaginaire.

On peut, en effet, supposer ici que les coordonnées symétriques x et y sont imaginaires conjuguées. Pour que l'élément linéaire soit réel, il faut qu'il ne change pas quand on y remplace toutes les imaginaires par leurs conjuguées. Si donc Y_0, Y_1^0 désignent les fonctions imaginaires conjuguées de Y, Y_1, il faudra que l'on ait

$$xY' + Y_1 = yX'_0 + X_1^0.$$

Il suit de là que le premier membre doit être bilinéaire par rapport à x et à y. On a donc

$$\lambda = axy + bx + b_0 y + h,$$

et la condition qu'il s'agit de vérifier exige que a, h soient réels et b, b_0 imaginaires conjugués. Des transformations simples permettent de ramener la valeur de λ aux deux types suivants

$$\lambda = x + y,$$
$$\lambda = a^2(xy + 1),$$

([1]) Cette expression de l'élément s'est présentée à M. Lie dans l'étude d'un problème résolu par M. Dini et sur lequel nous reviendrons au Chapitre suivant.

a étant une constante réelle. Les éléments linéaires correspondants

$$ds^2 = 4(x+y)\,dx\,dy, \tag{24}$$

$$ds^2 = 4a^2(xy+1)\,dx\,dy \tag{25}$$

appartiennent l'un et l'autre à des surfaces applicables sur des surfaces de révolution. On le reconnaît immédiatement en effectuant dans la première formule la substitution

$$x = u + iv, \qquad y = u - iv,$$

et, dans la seconde, la substitution

$$x = ue^{iv}, \qquad y = ue^{-iv}.$$

Remarquons-le, d'ailleurs, alors même que l'élément linéaire défini par la formule (21) appartient à une surface réelle, la valeur correspondante (23) de la solution θ demeure imaginaire, comme on s'en assure aisément en y substituant les valeurs de Y et de Y_1 qui correspondent aux deux formes (24) et (25).

595. Les recherches précédentes conduisent aisément au résultat suivant :

L'élément linéaire d'une surface étant mis sous la forme la plus générale

$$ds^2 = E\,du^2 + 2F\,du\,dv + G\,dv^2, \tag{26}$$

soit

$$\Delta\theta = ep^2 + 2fpq + gq^2 = 1 \tag{27}$$

l'équation aux dérivées partielles dont dépend la détermination des lignes géodésiques. S'il existe une intégrale du second degré

$$e'p^2 + 2f'pq + g'q^2 = C, \tag{28}$$

il pourra se présenter deux cas distincts.

Lorsque les premiers membres des équations (27) et (28) n'ont pas de facteur linéaire commun de la forme $\alpha p + \beta q$, l'élément linéaire de la surface est réductible à la forme de Liouville

$$ds^2 = (U_1 - V_1)(du_1^2 + dv_1^2),$$

et les fonctions U_1, V_1 sont, à des facteurs constants près, les racines de l'équation du second degré en k

$$(f'-kf)^2-(e'-ke)(g'-kg)=0, \tag{29}$$

que l'on obtient en exprimant que la combinaison linéaire

$$(e'-ke)p^2+2(f'-kf)pq+(g'-kg)q^2$$

des premiers membres des équations (27) et (28) est un carré parfait.

On pourra donc, sans aucune intégration, ramener l'élément linéaire à son expression réduite. Il suffira de choisir pour variables indépendantes des fonctions quelconques des deux racines de l'équation (29) (¹).

Si les premiers membres des équations (27) et (28) ont un facteur commun, l'élément linéaire est réductible à la forme (21).

Il est aisé de vérifier tous ces résultats avec les variables indépendantes que nous avons choisies; et comme ils sont, par leur nature même, indépendants du choix de ces variables, ils sont ainsi établis dans toute leur généralité.

Si l'on a pu obtenir deux intégrales distinctes du second degré

$$e'p^2+2f'pq+g'q^2, \qquad e''p^2+2f''pq+g''q^2,$$

il est clair qu'on pourra les combiner linéairement et en déduire la nouvelle intégrale

$$(e'+ke'')p^2+2(f'+kf'')pq+(g'+kg'')q^2,$$

k désignant une constante quelconque. A chaque valeur de k correspondra une réduction déterminée de l'élément linéaire à la forme de M. Liouville. Ainsi :

Lorsque l'élément linéaire d'une surface est réductible de deux manières distinctes à la forme de M. Liouville, il est réductible à cette forme d'une infinité de manières différentes.

(¹) Cette conclusion serait toutefois en défaut si l'une des racines se réduisait à une constante; dans ce cas, l'une des fonctions U_1, V_1 se réduirait à une constante et la surface correspondante serait applicable sur une surface de révolution.

Ainsi se trouve expliqué le résultat que nous avions indiqué au n° 413 et sur lequel nous devions revenir. Nous avions, au n° 417, proposé de rechercher les surfaces dont l'élément linéaire est réductible de deux manières différentes à la forme de Liouville.

On voit que cette question peut être considérée comme identique à la suivante : *Rechercher toutes les surfaces, ou plutôt tous les éléments linéaires, pour lesquels le problème des lignes géodésiques admet deux intégrales distinctes du second degré* ([1]). Dans le Mémoire que nous avons déjà cité [II, p. 218] M. Lie a fait connaître un certain nombre de solutions de cette question auxquelles on pourra ajouter celle que nous avons déjà donnée au n° 417. Nous nous contenterons de rechercher ici toutes les formes de l'élément linéaire pour lesquelles le problème des lignes géodésiques admet deux intégrales, l'une du premier, l'autre du second degré.

596. Toutes les fois qu'il y a une intégrale du premier degré, la surface est applicable sur une surface de révolution. On peut donc écrire son élément linéaire sous la forme

$$ds^2 = du^2 + F(u)\,dv^2.$$

L'équation aux dérivées partielles à intégrer deviendra ici

$$p^2 + \frac{q^2}{F(u)} = 1. \tag{30}$$

L'intégrale du premier degré sera

$$q = C,$$

et il y a à exprimer qu'il existe une intégrale du second degré

$$\varphi = ep^2 + 2fpq + gq^2,$$

distincte du carré q^2 de l'intégrale linéaire. Pour la commodité des calculs qui suivront, posons

$$\frac{1}{F(u)} = U'. \tag{31}$$

([1]) Dans ce cas, il suffit d'appliquer les méthodes du n° 591 pour reconnaître que l'équation en termes finis des lignes géodésiques sera du second degré par rapport aux deux constantes arbitraires.

L'équation de condition

$$(\Delta, \varphi) = 0$$

nous donnera alors

$$2p\left(p^2\frac{\partial e}{\partial u} + 2\frac{\partial f}{\partial u}pq + \frac{\partial g}{\partial u}q^2\right)$$
$$+ 2qU'\left(\frac{\partial e}{\partial v}p^2 + 2\frac{\partial f}{\partial v}pq + \frac{\partial g}{\partial v}q^2\right) - (2ep + 2fq)q^2U'' = 0.$$

En égalant à zéro les coefficients des diverses puissances de q, on obtient le système

$$(32)\qquad \begin{cases} \dfrac{\partial e}{\partial u} = 0, \\ 2\dfrac{\partial f}{\partial u} + U'\dfrac{\partial e}{\partial v} = 0, \\ \dfrac{\partial g}{\partial u} + 2U'\dfrac{\partial f}{\partial v} - eU'' = 0, \\ 2U'\dfrac{\partial g}{\partial v} - 2fU'' = 0, \end{cases}$$

que l'on peut intégrer sans difficulté en suivant l'ordre des équations. On trouve ainsi

$$(32)_a\qquad \begin{cases} e = V, \\ 2f = V_1 - U'V', \\ g = VU'' - V'_1U' + V''\dfrac{U'^2}{2} + V_2, \end{cases}$$

V, V_1, V_2 désignant des fonctions arbitraires de v. En portant les valeurs de f et de g dans la dernière équation (32), on est conduit à la relation

$$(33)\qquad V''(2U''^2 + U'U''') + V'''U'^2U'' - V_1U''' - 2V''_1U'U'' + 2V'_2U'' = 0,$$

qui doit avoir lieu identiquement.

Si l'on donne à v une valeur numérique quelconque, on obtiendra une relation de la forme

$$(34)\qquad a(2U''^2 + U'U''') + bU'^2U'' + cU''' + dU'U'' + eU'' = 0,$$

où a, b, c, d, e seront des constantes, et qui sera une équation différentielle propre à déterminer U. On verra aisément que la fonction U ne peut, si l'on écarte un cas tout à fait exceptionnel qui conduirait aux surfaces à courbure constante, satisfaire à une autre équation de même forme où les constantes a, b, c, d, e prendraient d'autres valeurs. Il faudra donc que, pour chaque valeur particulière donnée à v, l'équation (33) soit identique à la précédente. On devra donc avoir, pour toute valeur de v,

$$\frac{V''}{a} = \frac{V'''}{b} = \frac{-V_1}{c} = \frac{-2V_1'}{d} = \frac{2V_2'}{e}; \tag{35}$$

et ces équations serviront à déterminer les fonctions V, V_1, V_2.

Comme la dérivée U'' figure seule dans l'expression de l'élément linéaire, on pourra toujours ajouter une constante à U' et disposer de cette constante de manière à annuler le coefficient c dans l'équation (34); alors les relations (35) nous donneront

$$V_1 = 0$$

et, par suite,

$$V_1' = d = 0.$$

Ainsi on peut toujours, sans diminuer la généralité, introduire l'hypothèse

$$c = d = 0.$$

L'équation (34) devient alors

$$a(2U''^2 + U'U''') + bU'^2U'' + eU'' = 0. \tag{36}$$

Posons

$$\frac{b}{a} = -4m, \qquad \frac{e}{a} = -4n. \tag{37}$$

Alors les équations (35) qui déterminent V et V_2 prendront la forme

$$V'' = \frac{V'''}{-4m} = \frac{V_2'}{-2n}, \tag{38}$$

et, en intégrant une première fois, on pourra les remplacer par les suivantes

$$V'' + 4mV = 0, \qquad V_2 = -2nV. \tag{39}$$

On s'assure aisément qu'il est permis, toutes les fois que m n'est pas nul, de négliger les constantes introduites par les intégrations; les conserver, ce serait ajouter à l'intégrale cherchée une fonction

$$A(p^2 + U''q^2) + Bq^2,$$

où A et B désignent deux constantes, et qui peut être négligée.

L'équation en U deviendra maintenant

$$2U'^3 + U'U'' = 4mU'^3U' + 4nU'.$$

En multipliant par U' et intégrant les deux membres, nous trouvons

$$(40) \qquad U'^2 U'' = mU'^4 + 2nU'^2 + m',$$

m' désignant une nouvelle constante. Remplaçons U'' par $\frac{dU'}{du}$, nous aurons du et, par suite,

$$(41) \qquad u = \int \frac{U'^2 dU'}{mU'^4 + 2nU'^2 + m'}.$$

Il suffit de joindre cette équation à la précédente pour obtenir l'expression de U'' en fonction de u.

L'intégrale cherchée du second degré sera

$$Vp^2 - U'V'pq + \left(VU'' + V''\frac{U'^2}{2} + V_2\right)q^2.$$

ou, en remplaçant V'' et V_2 par leurs valeurs,

$$(42) \qquad Vp^2 - U'V'pq + (VU'' - 2mVU'^2 - 2nV)q^2,$$

la fonction V étant une solution de l'équation

$$(43) \qquad V'' = -4mV.$$

Mais ici se présente un résultat tout à fait inattendu. En prenant successivement

$$V = e^{2v\sqrt{-m}} \qquad \text{et} \qquad V = e^{-2v\sqrt{-m}},$$

on obtient non plus une, mais deux intégrales du second degré

$$(44) \qquad e^{2v\sqrt{-m}}\left[(p - \sqrt{-m}\,U'q)^2 + \frac{m'}{U'^2}q^2\right],$$

$$(45) \qquad e^{-2v\sqrt{-m}}\left[(p + \sqrt{-m}\,U'q)^2 + \frac{m'}{U'^2}q^2\right],$$

auxquelles on peut joindre le carré

$$q^2$$

de l'intégrale linéaire. *Il y a donc ici trois intégrales distinctes du second degré.*

L'équation des lignes géodésiques se déterminera aisément; il suffira d'appliquer ici les remarques du n° 591. Le système (6) admet les quatre intégrales

$$q = \sqrt{C},$$
$$p^2 + U'^2 q^2 = 1,$$
$$e^{2v\sqrt{-m}}\left[(p - \sqrt{-m}\,U'q)^2 + \frac{m'}{U'^2}q^2\right] = C',$$
$$e^{-2v\sqrt{-m}}\left[(p + \sqrt{-m}\,U'q)^2 + \frac{m'}{U'^2}q^2\right] = C'',$$

qui sont d'ailleurs en nombre trop grand d'une unité. Et, en effet, on reconnaît que l'on peut éliminer entre elles u, v, p, q et que les constantes C, C′, C″ doivent être liées par la relation

$$(46)\qquad C'C'' = (1 - 2nC)^2 - 4mm'C^2.$$

Si l'on élimine ensuite p et q, on sera conduit à l'équation en termes finis

$$C'e^{-2v\sqrt{-m}} + C''e^{2v\sqrt{-m}} = 2 - 4C(mU'^2 + n),$$

qui représentera les lignes géodésiques.

Il est clair que les surfaces remarquables dont l'élément linéaire est défini par les formules (24) et (25) appartiennent à la classe que nous venons de déterminer [1].

---

[1] La question que nous venons d'étudier a été résolue d'une autre manière par M. L. Raffy dans un travail récemment publié (voir *Comptes rendus*, t. CVIII, p. 493, mars 1889, et *Bulletin des Sciences mathématiques*, t. XIII, 2e série). M. Raffy prend l'élément linéaire de la surface cherchée sous la forme

$$ds^2 = 4\lambda\, dx\, dy$$

et il trouve que λ doit avoir l'une des valeurs suivantes

$$\lambda = \frac{P + Q(e^t + e^{-t})}{(e^t - e^{-t})^2},$$
$$\lambda = Pe^t + Qe^{2t},$$
$$\lambda = \frac{P}{t^2} + Q,$$
$$\lambda = t,$$

où P et Q désignent des constantes arbitraires et t la somme $x + y$.

Un calcul auquel le lecteur suppléera aisément permet de reconnaître que cette élégante solution concorde avec celle que nous avions obtenue tout d'abord et qui se trouve développée dans le texte.

CHAPITRE III.

DE LA REPRÉSENTATION GÉODÉSIQUE DE DEUX SURFACES L'UNE SUR L'AUTRE.

Problème de M. Beltrami : déterminer toutes les surfaces qui peuvent être représentées sur le plan de telle manière que les géodésiques correspondent aux droites du plan. — Solution directe et complète de ce problème : les surfaces à courbure constante sont les seules qui puissent être représentées de cette manière sur le plan. — Problème de M. Dini : déterminer tous les couples de surfaces tels que l'on puisse établir entre deux surfaces de chaque couple une correspondance dans laquelle les géodésiques correspondent aux géodésiques. — Solution de M. Dini. — Théorème de M. Tissot. — L'élément linéaire des surfaces cherchées se ramène à la forme de M. Liouville. — Application : propriété remarquable de la transformation homographique. — Solution nouvelle et directe des deux problèmes précédents. Si l'on cherche à déterminer les courbes pour lesquelles l'intégrale $\int f(u, v, v')\,du$ prise entre deux points donnés est maximum ou minimum, on est conduit à une équation différentielle du second ordre définissant les courbes cherchées. — Cette équation peut être considérée comme étant la plus générale du second ordre; et à chaque équation de cet ordre correspondent une infinité de fonctions $f(u, v, v')$. — Détermination effective de ces fonctions quand on sait intégrer l'équation différentielle. — Relations avec la théorie du multiplicateur de Jacobi. — Application à l'équation $v'' = 0$ et aux problèmes de MM. Beltrami et Dini.

---

597. Les résultats que nous avons obtenus dans le Chapitre précédent nous permettent maintenant d'aborder une question très intéressante, qui a été posée et résolue par les travaux de MM. Beltrami et Dini.

Étant donnés une sphère (S) et un plan (P), si, du centre de la sphère, on projette les différents points de cette surface sur le plan (P), on établit ainsi, entre les points de la sphère et ceux du plan, une correspondance dans laquelle à toutes les droites du plan correspondent évidemment des grands cercles de la sphère. En d'autres termes, *les deux surfaces se correspondent, point par point, de telle manière qu'à chaque ligne géodésique de l'une corresponde une ligne géodésique de l'autre.*

Cette remarquable propriété a été depuis longtemps utilisée dans la théorie des Cartes géographiques. Dans l'exposé sommaire que nous avons donné des principes de cette théorie [I, p. 146], nous avons vu que les géomètres s'étaient surtout attachés aux modes de représentation qui conservent les angles et qui assurent la similitude des éléments infiniment petits. Mais on peut rechercher d'autres modes de représentation, et une Carte dans laquelle les lignes géodésiques de la surface seraient représentées par les droites du plan aurait ce grand avantage, signalé par Lagrange (¹), que l'on pourrait aisément construire le plus court chemin entre deux points de la surface, puisque ce plus court chemin serait représenté par la droite qui unit sur la Carte les représentations de ces deux points.

Les remarques précédentes ont donc conduit M. Beltrami à se poser le problème suivant (²) :

Étant donnée une surface, peut-on la représenter sur le plan de telle manière que les lignes géodésiques de la surface correspondent aux différentes droites du plan?

(¹) LAGRANGE, *Sur la construction des Cartes géographiques* (*Nouveaux Mémoires de l'Académie de Berlin*, 1779, et *Œuvres complètes*, t. IV, p. 638). Voici le passage auquel nous faisons allusion :

« Si l'œil est dans le centre du globe, la projection se nomme *centrale*, et elle a la propriété que tous les grands cercles se trouvent représentés par des lignes droites, mais les petits cercles le sont par des cercles ou par des ellipses suivant que leur plan est parallèle ou non au plan de projection. On se sert quelquefois de cette projection pour les mappemondes, et l'on y suppose ordinairement que le plan de projection est parallèle à l'équateur, moyennant quoi tous les cercles de latitude deviennent des cercles de mappemonde; mais elle n'est guère usitée pour les Cartes particulières qui ne représentent qu'une partie de la surface de la Terre; elle l'est davantage pour les Cartes célestes; et c'est, en général, à cette projection que se réduit toute la gnomonique, les lignes horaires d'un cadran quelconque n'étant autre chose que les projections centrales des cercles horaires de la sphère.

» Au reste, des Cartes géographiques construites d'après cette projection auraient le grand avantage que tous les lieux de la Terre qui sont situés dans un même grand cercle du globe se trouveraient placés en ligne droite dans la Carte, en sorte que, pour avoir le plus court chemin d'un lieu de la Terre à l'autre, il n'y aurait qu'à joindre ces deux lieux dans la Carte par une ligne droite. »

(²) BELTRAMI (E.), *Risoluzione del Problema : « Riportare i punti di una superficie sopra un piano in modo che le linee geodetiche vengano rappresentate da linee rette »* (*Annali di Matematica pura ed applicata pubblicati da B. Tortolini*, t. VII, p. 185; 1866).

Soient x et y les coordonnées rectilignes, rectangulaires ou obliques, d'un point du plan, et soient λ, μ les coordonnées curvilignes du point correspondant de la surface. Écrivons les formules

$$(1) \qquad x = \theta(\lambda, \mu), \qquad y = v(\lambda, \mu),$$

qui établissent la correspondance entre les points du plan et ceux de la surface. A toute droite du plan, définie par l'équation

$$ax + by + c = 0,$$

correspondra une courbe de la surface définie de même par la relation

$$a\theta(\lambda, \mu) + bv(\lambda, \mu) + c = 0.$$

Il faudra que cette équation représente une ligne géodésique et, par suite, qu'en y regardant $\frac{a}{c}$, $\frac{b}{c}$ comme des constantes arbitraires, elle donne l'intégrale générale de l'équation différentielle du second ordre des lignes géodésiques. Le problème de M. Beltrami se ramène donc immédiatement au suivant :

Rechercher si l'équation générale des lignes géodésiques peut être mise sous la forme

$$(2) \qquad a\theta + bv + c = 0,$$

a, b, c désignant des constantes arbitraires et θ, v des fonctions des coordonnées curvilignes λ, μ.

598. Pour résoudre cette question, nous remarquerons que l'équation

$$v = \text{const.}$$

définit, d'après les hypothèses précédentes, une famille de lignes géodésiques.

Rapportons les points de la surface au système de coordonnées défini par ces lignes géodésiques et leurs trajectoires orthogonales. On aura, pour l'élément linéaire, l'expression suivante

$$(3) \qquad ds^2 = du^2 + C^2 dv^2,$$

et θ deviendra une certaine fonction $F(u, v)$ de u et de v. En appliquant la formule (8) (n° 514), on trouvera l'équation différentielle suivante des lignes géodésiques

$$(4)\qquad v'' = -\frac{2}{C}\frac{\partial C}{\partial u}v' - \frac{1}{C}\frac{\partial C}{\partial v}v'^2 - C\frac{\partial C}{\partial u}v'^3.$$

D'autre part, si l'on élimine les deux constantes $\frac{a}{c}$, $\frac{b}{c}$ entre l'équation (2) et ses deux premières dérivées, on trouvera

$$v'' = \frac{r}{p}v' + \frac{2s}{p}v'^2 + \frac{t}{p}v'^3,$$

p, q, r, s, t désignant, suivant l'usage, les dérivées de $F(u, v)$. Cette équation différentielle, admettant pour intégrale générale l'équation (2), sera nécessairement identique à l'équation (4). On aura donc

$$(5)\qquad \frac{r}{p} = -\frac{2}{C}\frac{\partial C}{\partial u}, \qquad \frac{2s}{p} = -\frac{1}{C}\frac{\partial C}{\partial v}, \qquad \frac{t}{p} = -C\frac{\partial C}{\partial u}.$$

Les deux premières conditions s'intègrent aisément et nous donnent

$$pC^2 = V, \qquad p^2C = U,$$

U et V désignant des fonctions arbitraires de u et de v respectivement. Pour la commodité des calculs, nous changerons la notation et nous écrirons

$$pC^2 = \frac{1}{V^2}, \qquad p^2C = \frac{1}{U^3}.$$

On déduit de là

$$(6)\qquad p = \frac{V}{U^2}, \qquad C = \frac{U}{V^2},$$

et, par suite, V_1 désignant une nouvelle fonction de v,

$$\theta = F(u, v) = V\int\frac{du}{U^2} + V_1.$$

En portant cette valeur de θ dans la troisième équation (5), on trouve la condition

$$V''\int\frac{du}{U^2} + V_1'' = -\frac{U'}{UV^3}.$$

Cette relation entre des fonctions de u et des fonctions de v devant avoir lieu identiquement, différentions-la par rapport à u.

Nous aurons

$$\frac{V''}{U^2} = -\frac{1}{V^2}\left(\frac{U'}{U}\right)',$$

ou encore

$$V''V^3 = -U^2\left(\frac{U'}{U}\right)'.$$

Les deux membres de cette équation doivent évidemment être constants. On aura donc

$$V''V^3 = -h, \qquad U^2\left(\frac{U'}{U}\right)' = h,$$

h désignant une constante quelconque. La seconde équation s'intègre sans difficulté. On peut l'écrire, en effet, comme il suit

$$\frac{U'}{U}\left(\frac{U'}{U}\right)' = \frac{hU'}{U^3},$$

ce qui donne, en intégrant et en désignant par k une constante nouvelle,

$$\left(\frac{U'}{U}\right)^2 = -\frac{h}{U^2} + k,$$

$$U'^2 = -h + kU^2.$$

On déduit de là par dérivation

$$U'' = kU.$$

Or, si l'on fait usage de la formule (24) [II, 416]

$$\frac{1}{RR'} = -\frac{1}{C}\frac{\partial^2 C}{\partial u^2},$$

qui fait connaître la courbure totale de la surface, on trouve, en y remplaçant C par sa valeur tirée de la seconde équation (6),

$$\frac{1}{RR'} = -\frac{U''}{U} = -k.$$

Ainsi *les seules surfaces qui puissent donner une solution du problème proposé sont celles dont la courbure totale est constante.* Tel est le résultat fondamental obtenu par M. Beltrami.

599. Le lecteur pourra poursuivre et achever les calculs; mais il vaut mieux raisonner de la manière suivante.

Rapportons une surface à courbure constante au système de

coordonnées formé par une famille de lignes géodésiques et leurs trajectoires orthogonales : l'élément linéaire prendra la forme

$$ds^2 = du^2 + C^2 dv^2, \tag{7}$$

et l'on devra avoir

$$-\frac{1}{C}\frac{\partial^2 C}{\partial u^2} = k. \tag{8}$$

Si la courbure k est nulle, C sera de la forme

$$C = Vu + V_1, \tag{9}$$

V et V_1 désignant des fonctions de v. Si la courbure k est positive et a pour valeur $\frac{1}{a^2}$, on aura

$$C = V \sin\frac{u}{a} + V_1 \cos\frac{u}{a}. \tag{10}$$

Enfin, si la courbure est négative et égale à $-\frac{1}{a^2}$, on trouvera de même

$$C = V\frac{e^{\frac{u}{a}} - e^{-\frac{u}{a}}}{2} + V_1\frac{e^{\frac{u}{a}} + e^{-\frac{u}{a}}}{2}. \tag{11}$$

Écrivons les expressions correspondantes de l'élément linéaire en changeant dans les deux dernières u en au ; on sera conduit aux trois formes

$$ds^2 = du^2 + (Vu + V_1)^2 dv^2, \tag{12}$$

$$ds^2 = a^2[du^2 + (V \sin u + V_1 \cos u)^2 dv^2], \tag{13}$$

$$ds^2 = a^2\left[du^2 + \left(V\frac{e^u - e^{-u}}{2} + V_1\frac{e^u + e^{-u}}{2}\right)^2 dv^2\right], \tag{14}$$

qui caractérisent les surfaces à courbure nulle, positive ou négative. Si nous supposons maintenant que les lignes géodésiques v=const. soient celles qui passent par un point donné de la surface, il faudra que l'on ait, dans les trois cas,

$$C = 0 \quad \text{pour} \quad u = 0.$$

Cela donne la condition

$$V_1 = 0.$$

En choisissant convenablement la coordonnée v, on réduira ensuite V à l'unité; de sorte que l'élément linéaire se ramènera aux formes suivantes :

$$(15)\qquad ds^2 = du^2 + u^2\,dv^2,$$

$$(16)\qquad ds^2 = a^2[\,du^2 + \sin^2 u\,dv^2],$$

$$(17)\qquad ds^2 = a^2\left[du^2 + \left(\frac{e^u - e^{-u}}{2}\right)^2 dv^2\right],$$

qui ne contiennent, comme on voit, aucune indéterminée.

L'application des méthodes que nous avons données plus haut (n° 579) dans le cas des surfaces de révolution nous conduira ici sans difficulté à l'équation en termes finis des lignes géodésiques. On trouve ainsi les trois équations

$$(18)\qquad A u \cos v + B u \sin v + C = 0,$$

$$(19)\qquad A \tang u \cos v + B \tang u \sin v + C = 0,$$

$$(20)\qquad A \frac{e^u - e^{-u}}{e^u + e^{-u}} \cos v + B \frac{e^u - e^{-u}}{e^u + e^{-u}} \sin v + C = 0,$$

qui conviennent respectivement aux éléments linéaires définis par les trois formules (15), (16), (17) et qui, d'ailleurs, donnent immédiatement la solution complète du problème proposé. On voit, en effet, que, si l'on représente l'une quelconque des surfaces sur le plan en prenant pour les coordonnées rectangulaires x et y du point du plan les coefficients de A et de B dans l'une des équations précédentes, les lignes géodésiques de la surface correspondront aux droites du plan.

D'ailleurs, quand on a une telle représentation d'une surface sur un plan, on peut obtenir toutes les autres de la manière la plus simple; car, si P et Q sont les deux points du plan qui correspondent, dans deux représentations distinctes, à un même point M de la surface, la correspondance établie entre P et Q sera telle que les droites correspondront à des droites, et ne sera autre, par conséquent, que la transformation homographique la plus générale. Ainsi, quand on a effectué *une* représentation de la surface considérée sur le plan, on les obtient *toutes* en faisant suivre cette représentation, quelque particulière qu'elle soit, de la transformation homographique la plus générale dans le plan.

Si, à la place des coordonnées u et v, on introduit les coordonnées rectangulaires x et y du point du plan qui correspond de la manière indiquée au point de la surface, on obtient pour les trois formes de l'élément linéaire les expressions

$$ds^2 = dx^2 + dy^2, \tag{21}$$

$$ds^2 = a^2 \frac{dx^2 + dy^2 + (x\,dy - y\,dx)^2}{(1 + x^2 + y^2)^2}, \tag{22}$$

$$ds^2 = a^2 \frac{dx^2 + dy^2 - (x\,dy - y\,dx)^2}{(1 - x^2 - y^2)^2}, \tag{23}$$

que nous retrouverons plus loin d'une autre manière et qui ont été signalées par M. Beltrami.

600. Les recherches que nous venons d'exposer conduisaient naturellement au problème suivant :

Étant données deux surfaces quelconques, peut-on les représenter l'une sur l'autre, de telle manière qu'à toute ligne géodésique de l'une corresponde une ligne géodésique de l'autre?

Nous dirons alors que les deux surfaces sont représentées l'une sur l'autre *géodésiquement*.

Cette question, que M. Beltrami avait proposée à la fin de son travail, a été résolue par M. Dini (¹) dans un beau Mémoire inséré aux *Annali di Matematica*. La méthode de M. Dini repose sur un élégant théorème de M. Tissot, que l'on peut énoncer comme il suit :

Lorsque deux surfaces se correspondent point par point, il existe sur une des surfaces un système orthogonal, et en général un seul, auquel correspond sur l'autre surface un système orthogonal.

Soient, en effet, M, M_1 deux points correspondants, pris respectivement sur les deux surfaces considérées (S) et (S_1); à toute tangente Mt en M correspond une tangente M_1t_1 en M_1, en ce sens que toute courbe de la première surface tangente en M à Mt a pour homologue une courbe de (S_1) tangente en M_1 à M_1t_1. Il est à peu près évident, et l'on établira aisément qu'à quatre tangentes

(¹) DINI (U.), *Sopra un problema che si presenta nella teoria generale delle rappresentazioni geografiche di una superficie su di un' altra* (*Annali di Matematica*, t. III, p. 269; 1869).

Mt correspondent quatre tangentes $M_1 t_1$ de même rapport anharmonique. D'après cela, soient Mi, Mj les deux tangentes de la première surface qui vont rencontrer le cercle de l'infini et Mu, Mv les tangentes qui correspondent aux deux tangentes analogues de (S_1). Deux tangentes rectangulaires de (S) sont conjuguées, comme on sait, par rapport au faisceau des deux droites Mi, Mj. Pour qu'elles correspondent à deux tangentes rectangulaires de (S_1), il faudra encore qu'elles divisent harmoniquement l'angle des deux tangentes Mu, Mv. On aura donc, pour les déterminer, à construire les rayons communs aux deux involutions dont les rayons doubles sont respectivement Mi, Mj et Mu, Mv. Le problème comporte, en général, une seule solution. D'ailleurs si les surfaces sont réelles et si la correspondance, comme il arrive ordinairement, est établie entre des points réels, les rayons doubles des involutions que nous venons de considérer seront imaginaires conjugués et, par suite, *les rayons communs aux deux involutions seront nécessairement réels.*

Considérons sur la surface (S) les courbes qui admettent pour tangente en chaque point l'une des droites que nous venons de construire. Ces courbes formeront un système orthogonal, et ce système sera évidemment le seul auquel correspondra sur (S_1) un système orthogonal.

A cette conclusion il y a deux exceptions : 1° si les deux involutions précédentes ont leurs rayons doubles communs, la correspondance entre (S) et (S_1) aura lieu avec conservation des angles; et, par suite, tout système orthogonal tracé sur l'une des surfaces aura, dans ce cas, pour homologue un système orthogonal tracé sur l'autre; 2° si les deux involutions ont un seul rayon double commun, c'est-à-dire si les lignes de longueur nulle d'une seule famille se correspondent sur les deux surfaces. Alors les deux familles qui composaient le système orthogonal viennent se confondre en une seule, formée de ces lignes de longueur nulle qui se correspondent sur les deux surfaces. Ce cas exceptionnel, sur lequel nous aurons l'occasion de revenir, a été signalé par M. Lie [1]; il ne peut évidemment se présenter lorsque la correspondance a

---

[1] *Mathematische Annalen*, t. XX, p. 421, Note I du Mémoire déjà cité : *Untersuchungen über geodätische Curven.*

lieu entre les points réels de deux surfaces réelles. On peut donc énoncer la conclusion suivante :

Lorsqu'on a établi une correspondance entre les points réels de deux surfaces réelles, il existe certainement sur chacune des surfaces un système orthogonal réel admettant pour homologue un système orthogonal. Ce système est unique si la correspondance n'a pas lieu avec conservation des angles.

601. Voici maintenant comment M. Dini a fait usage du théorème précédent. Supposant implicitement que la correspondance établie entre les surfaces (S) et (S_1) a lieu entre des points réels, l'éminent géomètre rapporte ces deux surfaces au système de coordonnées formé par les lignes orthogonales qui se correspondent sur les deux surfaces. Ce système sera unique si la correspondance n'a pas lieu avec similitude des éléments infiniment petits; dans le cas contraire, l'un des systèmes orthogonaux pourrait être choisi arbitrairement. Soient

$$(24) \qquad ds^2 = E\,du^2 + G\,dv^2, \qquad ds_1^2 = E_1\,du^2 + G_1\,dv^2$$

les expressions des éléments linéaires de (S) et de (S_1). L'équation différentielle des lignes géodésiques de (S) sera (n° 514)

$$(25) \quad \left\{ \begin{aligned} &2(du\,d^2v - dv\,d^2u) - \frac{1}{G}\frac{\partial E}{\partial v}du^3 + \left(\frac{2}{G}\frac{\partial G}{\partial u} - \frac{1}{E}\frac{\partial E}{\partial u}\right)du^2\,dv \\ &\qquad - \left(\frac{2}{E}\frac{\partial E}{\partial v} - \frac{1}{G}\frac{\partial G}{\partial v}\right)du\,dv^2 + \frac{1}{E}\frac{\partial G}{\partial u}dv^3 = 0, \end{aligned} \right.$$

et l'on obtiendrait de même celle des lignes géodésiques de (S_1) en remplaçant E, G par E_1, G_1. Pour que les lignes géodésiques se correspondent, il faut et il suffit que les équations différentielles soient identiques. On est ainsi conduit aux conditions

$$(26) \quad \left\{ \begin{aligned} &\frac{1}{G}\frac{\partial E}{\partial v} = \frac{1}{G_1}\frac{\partial E_1}{\partial v}, \\ &\frac{2}{G}\frac{\partial G}{\partial u} - \frac{1}{E}\frac{\partial E}{\partial u} = \frac{2}{G_1}\frac{\partial G_1}{\partial u} - \frac{1}{E_1}\frac{\partial E_1}{\partial u}, \\ &\frac{2}{E}\frac{\partial E}{\partial v} - \frac{1}{G}\frac{\partial G}{\partial v} = \frac{2}{E_1}\frac{\partial E_1}{\partial v} - \frac{1}{G_1}\frac{\partial G_1}{\partial v}, \\ &\frac{1}{E}\frac{\partial G}{\partial u} = \frac{1}{E_1}\frac{\partial G_1}{\partial u}, \end{aligned} \right.$$

qui devront avoir lieu identiquement. La seconde et la troisième s'intègrent aisément et peuvent être remplacées par les suivantes

$$\frac{E}{G^2} = \frac{E_1}{G_1^2}\frac{1}{V^2}, \qquad \frac{G}{E^2} = \frac{G_1}{E_1^2}\frac{1}{U^2},$$

où U désigne une fonction de u et V une fonction de v. On en déduit

$$(27) \qquad E_1 = \frac{E}{VU^2}, \qquad G_1 = \frac{G}{UV^2},$$

et il ne restera plus qu'à satisfaire à la première et à la quatrième des relations (26). La substitution des valeurs précédentes de E_1 et de G_1 nous conduit ainsi aux deux équations

$$(28) \qquad \begin{cases} \dfrac{\partial E}{\partial v}(U - V) = -V'E, \\ \dfrac{\partial G}{\partial u}(U - V) = U'G, \end{cases}$$

d'où l'on déduit, en intégrant [1],

$$(29) \qquad E = U_1^2(U - V), \qquad G = V_1^2(U - V),$$

U_1 désignant une nouvelle fonction de u et V_1 une nouvelle fonction de v.

La question est maintenant résolue. Les éléments linéaires des deux surfaces sont donnés par les formules suivantes :

$$(30) \qquad ds^2 = (U - V)(U_1^2\,du^2 + V_1^2\,dv^2),$$

$$(31) \qquad ds_1^2 = \left(\frac{1}{V} - \frac{1}{U}\right)\left(\frac{U_1^2\,du^2}{U} + \frac{V_1^2\,dv^2}{V}\right);$$

ils ont l'un et l'autre la forme de Liouville.

Au reste, en appliquant la formule (28) (n° 583), on reconnaît aisément que les lignes géodésiques de l'une et l'autre surface sont représentées par l'équation

$$(32) \qquad \int \frac{U_1\,du}{\sqrt{U - a}} - \int \frac{V_1\,dv}{\sqrt{a - V}} = a'.$$

---

[1] On néglige ici l'hypothèse $V = U = \text{const.}$, qui conduirait à deux surfaces homothétiques.

Cette équation ne change pas, en effet, quand on y remplace U, U_1, V, V_1, a, a' par $-\frac{1}{U}$, $\frac{U_1}{\sqrt{U}}$, $-\frac{1}{V}$, $\frac{V_1}{\sqrt{V}}$, $-\frac{1}{a}$, $a'\sqrt{a}$, ce qui revient à passer de (S) à (S_1).

602. Telle est la solution que l'on doit à M. Dini. Elle donne une nouvelle et remarquable propriété des surfaces dont l'élément linéaire est réductible à la forme de Liouville.

Mais il importe d'observer, en outre, qu'à chacune de ces surfaces on peut faire correspondre géodésiquement non pas une seule surface, mais une infinité de telles surfaces. En effet, l'élément linéaire de (S) peut aussi s'écrire

$$(33)\qquad ds^2 = [m(U+h) - m(V+h)]\left[\frac{U_1^2}{m}du^2 + \frac{V_1^2}{m}dv^2\right].$$

La forme primitive est conservée. Mais U, V, U_1, V_1 sont remplacés respectivement par $m(U+h)$, $m(V+h)$, $\frac{U_1}{\sqrt{m}}$, $\frac{V_1}{\sqrt{m}}$. En effectuant ce changement dans l'élément linéaire de (S_1), on aura

$$(34)\qquad ds_1^2 = \frac{1}{m^2}\left(\frac{1}{V+h} - \frac{1}{U+h}\right)\left(\frac{U_1^2\,du^2}{U+h} + \frac{V_1^2\,dv^2}{V+h}\right),$$

et cette expression varie avec les constantes h et m. On pourrait à la rigueur faire abstraction de m dont la variation remplacerait chaque surface par une surface homothétique; mais il n'en est plus de même pour h. A chaque nouvelle valeur de h correspondra un élément linéaire distinct.

603. M. Dini a montré comment on peut déduire de la solution précédente les résultats obtenus en premier lieu par M. Beltrami. Pour ne pas étendre outre mesure cette exposition, nous nous contenterons de la remarque suivante.

Considérons la transformation homographique la plus générale dans le plan. Il résulte du théorème de M. Tissot que, dans cette transformation comme dans toutes les autres, il existera un système orthogonal qui se transformera en un système orthogonal. Et, de plus, les résultats que nous venons d'établir permettent d'affirmer que l'élément linéaire du plan rapporté à ce système sera nécessairement de la forme

$$ds^2 = (U - V)(du^2 + dv^2).$$

Or, d'après une proposition établie par M. Liouville (¹) et que le lecteur retrouvera aisément en appliquant les méthodes du n° 413, les seuls systèmes orthogonaux pour lesquels l'élément linéaire du plan prenne la forme précédente sont ceux qui sont formés de deux familles de coniques homofocales et de leurs variétés. De là résulte une propriété de la transformation homographique établie en premier lieu par M. Richelot (²) : *Dans toute transformation de ce genre, il existe un système orthogonal, et un seul, qui demeure orthogonal après la transformation, et ce système est formé de deux familles de coniques homofocales.*

Au reste, cette proposition peut être démontrée de la manière la plus simple par la Géométrie. Soient, en effet, (S) et (S_1) deux figures homographiques dans deux plans différents. Soient A et B les points de (S) qui correspondent aux points à l'infini sur le cercle, I_1 et J_1, de (S_1). Soient de même A_1 et B_1 les points de (S_1) qui correspondent aux points I et J de (S). Les coniques (K) de (S) qui ont les points A et B pour foyers sont inscrites dans le quadrilatère dont les sommets opposés sont A, B et I, J. Elles auront donc pour homologues dans (S_1) des coniques inscrites dans le quadrilatère dont les sommets opposés sont I_1, J_1 et A_1, B_1, c'est-à-dire les coniques (K_1) dont les foyers sont A_1 et B_1. D'ailleurs, d'après le théorème de M. Tissot, les deux familles de courbes que nous venons de définir dans chaque figure sont les seules qui conservent leur orthogonalité après la transformation.

Ce raisonnement s'étend de lui-même à la transformation homographique dans l'espace. Considérons, en effet, dans l'espace deux figures homographiques, et soient A et B les deux coniques qui correspondent au cercle C de l'infini, considéré successivement comme appartenant à chacune des figures. Il est évident que la développable (A, C) circonscrite à A et à C correspondra à la dé-

---

(¹) LIOUVILLE (J.), *Sur quelques cas particuliers où les équations du mouvement d'un point matériel peuvent s'intégrer* (*Journal de Liouville*, t. XI, p. 360; 1846).

(²) RICHELOT, *Ueber die einfachste Correlation in zwei räumlichen Gebieten* (*Journal de Crelle*, t. LXX, p. 137; 1868).

veloppable (C, B), circonscrite à C et à B. Par suite, au système des surfaces du second degré ayant A pour focale correspondra le système des surfaces de même ordre ayant B pour focale. Il est du reste facile de prouver que le système *triple* orthogonal ainsi formé est le seul qui demeure orthogonal après la transformation. En effet, si l'on se propose de déterminer trois directions passant par un point et telles que les trois directions correspondantes soient rectangulaires, cela revient à trouver un trièdre conjugué à deux cônes de même sommet, et le problème n'a qu'une solution ([1]).

604. Les méthodes que nous avons suivies et qui sont celles de MM. Beltrami et Dini présentent en elles-mêmes un grand intérêt. C'est ce qui nous a déterminé à les reproduire. Mais on peut traiter aussi les questions précédentes en se plaçant à un point de vue plus général, qui permet une étude plus approfondie et plus complète des résultats que nous avons trouvés. C'est ce que nous allons montrer rapidement.

On sait que tous les problèmes du calcul des variations dans lesquels il s'agit de trouver le maximum ou le minimum d'une intégrale simple

$$\int f(u, v, v')\,du \tag{35}$$

conduisent à une équation différentielle du second ordre à laquelle doit satisfaire la fonction v et qui est

$$\frac{\partial f}{\partial v} - \frac{d}{du}\left(\frac{\partial f}{\partial v'}\right) = 0 \tag{36}$$

ou, en développant,

$$\frac{\partial^2 f}{\partial v'^2} v'' + \frac{\partial^2 f}{\partial v\,\partial v'} v' + \frac{\partial^2 f}{\partial v'\,\partial u} - \frac{\partial f}{\partial v} = 0. \tag{37}$$

Réciproquement, donnons-nous *a priori* une équation différentielle quelconque du second ordre

$$v'' = \varphi(u, v, v'), \tag{38}$$

([1]) Darboux (G.), *Note sur un Mémoire de M. Dini* (*Bulletin des Sciences mathématiques*, t. I, p. 383; 1870).

et proposons-nous de rechercher si elle donne la solution d'un problème de calcul des variations, c'est-à-dire s'il existe des intégrales de la forme (35) pour lesquelles l'équation différentielle (37) soit identique à l'équation donnée (38). Pour qu'il en soit ainsi, il sera nécessaire et suffisant que la valeur de v'' tirée de l'équation (38) et portée dans l'équation (37) donne naissance à une relation qui soit vérifiée pour toutes les valeurs de u, v, v'. On trouve ainsi la condition

$$\frac{\partial^2 f}{\partial v'^2}\varphi + \frac{\partial^2 f}{\partial v\,\partial v'}v' + \frac{\partial^2 f}{\partial v'\,\partial u} - \frac{\partial f}{\partial v} = 0, \tag{39}$$

qui est une équation aux dérivées partielles du second ordre à laquelle doit satisfaire la fonction $f(u, v, v')$ des trois variables u, v, v'. Comme cette équation admet toujours des solutions, on peut énoncer le résultat suivant :

Étant donnée une équation différentielle quelconque du second ordre, elle peut être assimilée d'une infinité de manières différentes aux équations du même ordre qui se présentent dans la recherche du maximum ou du minimum d'une intégrale simple de la forme (35). *En d'autres termes, il existe une infinité de fonctions $f(u, v, v')$ telles que leur intégrale, prise entre deux points quelconques de l'une des courbes intégrales de l'équation considérée, soit maximum ou minimum.*

605. La détermination de la fonction f dépend de l'intégration de l'équation aux dérivées partielles (39). Cette intégration est beaucoup facilitée par les remarques suivantes.

Différentions l'équation (39) par rapport à v'; nous aurons

$$\frac{\partial}{\partial v'}\left(\frac{\partial^2 f}{\partial v'^2}\varphi\right) + v'\frac{\partial^3 f}{\partial v\,\partial v'^2} + \frac{\partial^3 f}{\partial v'^2\,\partial u} = 0, \tag{40}$$

et cette équation nouvelle, qui est du troisième ordre, se réduit au premier si l'on prend comme inconnue auxiliaire la quantité

$$M = \frac{\partial^2 f}{\partial v'^2}. \tag{41}$$

On obtient ainsi pour M l'équation linéaire

$$(42)\qquad M\frac{\partial\varphi}{\partial v'}+\varphi\frac{\partial M}{\partial v'}+v'\frac{\partial M}{\partial v}+\frac{\partial M}{\partial u}=0.$$

Cette équation définit ce que Jacobi, généralisant une théorie d'Euler, a appelé le multiplicateur du système d'équations différentielles ordinaires (¹)

$$\frac{du}{1}=\frac{dv}{v'}=\frac{dv'}{\varphi}.$$

Nous aurions pu d'ailleurs déduire notre théorie des résultats que nous devons sur ce sujet à l'illustre géomètre; mais il nous a semblé préférable de développer tous les raisonnements sans rien emprunter à la théorie du multiplicateur.

Pour obtenir l'intégrale générale de l'équation linéaire (42), il faudra intégrer le système d'équations différentielles ordinaires

$$(43)\qquad \frac{du}{1}=\frac{dv}{v'}=\frac{dv'}{\varphi}=\frac{-dM}{M\dfrac{\partial\varphi}{\partial v'}}.$$

Si nous prenons d'abord les équations

$$(44)\qquad dv=v'\,du,\qquad dv'=\varphi\,du,$$

obtenues en égalant les trois premiers rapports, elles ne contiennent pas M et, par suite, peuvent être intégrées séparément. D'ailleurs l'élimination de v' conduit à l'équation

$$\frac{d^2v}{du^2}=\varphi\left(u,v,\frac{dv}{du}\right),$$

qui n'est autre que la proposée. Donc les intégrales du système (44) sont les deux intégrales premières

$$(45)\qquad \begin{cases}\psi(u,v,v')=\alpha,\\ \psi_1(u,v,v')=\beta\end{cases}$$

de l'équation proposée.

Supposons qu'on ait obtenu ces intégrales. En égalant le pre-

---

(¹) *Vorlesungen über Dynamik*, Dixième Leçon.

mier et le dernier des rapports (43), on aura

$$\frac{dM}{M} + \frac{\partial \varphi}{\partial v'} du = 0.$$

On peut, en tirant v, v' des équations (45), exprimer $\frac{\partial \varphi}{\partial v'}$ en fonction de u. L'équation précédente prend alors la forme

$$\frac{dM}{M} + \theta(u, \alpha, \beta)\, du = 0.$$

Une quadrature nous donnera une relation telle que

$$M \,\sigma(u, \alpha, \beta) = \gamma,$$

γ désignant une nouvelle constante. Si l'on remplace α et β par leurs valeurs (45), on aura la troisième intégrale du système (43) sous la forme

(46) $$M \,\psi_2(u, v, v') = \gamma.$$

Par suite, la solution M la plus générale de l'équation (42) sera déterminée par la formule

(47) $$M \,\psi_2(u, v, v') = \mathfrak{F}(\psi, \psi_1),$$

où $\mathfrak{F}$ désigne une fonction entièrement arbitraire. Il résulte de là que *le quotient de deux valeurs particulières de* M *sera nécessairement une intégrale première de l'équation proposée.*

La valeur de M une fois obtenue, on déterminera celle de f au moyen de l'équation

$$\frac{\partial^2 f}{\partial v'^2} = M,$$

qui s'intègre par une double quadrature. Désignons par f_0 une solution particulière quelconque de cette équation : la solution la plus générale sera

$$f = f_0 + \lambda(u, v) v' + \mu(u, v),$$

λ et μ désignant deux fonctions arbitraires de u et de v. Mais, il importe de le remarquer, cette valeur de f, qui satisfait à l'équation (40) dont elle est la solution la plus générale, ne vérifiera pas nécessairement la véritable équation du problème, c'est-à-dire l'équation (39). On peut affirmer seulement que la valeur précédente de f, substituée dans l'équation (39), rendra son premier membre égal à une fonction de u et de v, puisque la dérivée de ce premier membre par rapport à v' est nulle en vertu de l'équation (40).

Effectuons cette substitution; en désignant par P_0 la fonction de u et de v qui résulte de la substitution de f_0, nous trouverons l'équation

$$P_0 + \frac{\partial\lambda}{\partial u} - \frac{\partial\mu}{\partial v} = 0.$$

Telle est l'unique relation que devront vérifier les fonctions λ, μ. Soit λ_0, μ_0 un système de valeurs de λ, μ satisfaisant à cette équation, système que l'on pourra obtenir, par exemple, en se donnant arbitrairement λ_0 et déterminant μ_0 par une quadrature. Les valeurs les plus générales de λ, μ seront données par les formules

$$\lambda = \lambda_0 + \frac{\partial\theta}{\partial v}, \qquad \mu = \mu_0 + \frac{\partial\theta}{\partial u},$$

θ désignant une fonction quelconque de u et de v. On aura donc l'expression suivante

$$f = f_0 + \lambda_0 v' + \mu_0 + \frac{\partial\theta}{\partial v}v' + \frac{\partial\theta}{\partial u}, \tag{48}$$

pour la solution la plus générale de l'équation (39). La présence de la différentielle exacte

$$\frac{\partial\theta}{\partial v}v' + \frac{\partial\theta}{\partial u}$$

s'explique sans difficulté. On sait, en effet, que cette différentielle n'a aucun rôle à jouer et que l'on obtient la même équation différentielle du second ordre en cherchant le minimum ou le maximum de l'une ou l'autre des intégrales

$$\int f\,du, \quad \int(f\,du + d\theta).$$

En résumé, on peut énoncer les résultats suivants :

Toutes les fois que l'on pourra intégrer une équation différentielle du second ordre, on saura déterminer par de simples quadratures toutes les intégrales

$$\int f(u, v, v')\,du,$$

telles que le problème de calcul des variations qui leur correspond conduise à l'équation différentielle proposée.

Si l'on a obtenu par un procédé quelconque deux fonctions f, f_1 *correspondantes à une même équation différentielle,* $\frac{\partial^2 f}{\partial v'^2}$, $\frac{\partial^2 f_1}{\partial v'^2}$ *seront des solutions de l'équation linéaire en* M (42); *et, par suite, le quotient*

$$\frac{\partial^2 f}{\partial v'^2} : \frac{\partial^2 f_1}{\partial v'^2}$$

sera une intégrale première de l'équation différentielle proposée ([1]).

Nous allons maintenant indiquer quelques applications.

606. Soit d'abord l'équation du second ordre

$$v'' = 0. \tag{49}$$

Les intégrales du système (43) seront ici

$$v' = \alpha, \qquad v - uv' = \beta, \qquad M = \gamma.$$

Par suite, l'intégrale générale de l'équation linéaire en M sera donnée par la formule

$$M = \mathfrak{F}(v', v - uv'), \tag{50}$$

et la fonction f la plus générale définie par l'équation (41) aura ici pour expression

$$f = \int_0^{v'} (v' - \alpha)\,\mathfrak{F}(\alpha, v - u\alpha)\,d\alpha + v'\lambda(u, v) + \mu(u, v).$$

([1]) Il résulte même des propositions de Jacobi que, dans ce cas, on pourra obtenir par une quadrature l'intégration complète de l'équation différentielle proposée. Mais la proposition énoncée dans le texte, et qui résulte immédiatement des remarques précédentes, suffit pour l'objet actuel de nos recherches.

L'équation (39) à laquelle f doit satisfaire devient

$$(51) \qquad \frac{\partial^2 f}{\partial v\, \partial v'} v' + \frac{\partial^2 f}{\partial u\, \partial v'} - \frac{\partial f}{\partial v} = 0.$$

Si l'on y substitue la valeur précédente de f, on trouve, après quelques réductions, la condition

$$\frac{\partial \lambda}{\partial u} - \frac{\partial \mu}{\partial v} = 0,$$

qui permet d'égaler λ et μ aux dérivées partielles d'une même fonction θ. On a ainsi la valeur définitive de f sous la forme

$$(52) \qquad f = \int_0^{v'} (v' - \alpha)\, \mathfrak{F}(\alpha, v - u\alpha)\, d\alpha + \frac{\partial \theta}{\partial v} v' + \frac{\partial \theta}{\partial u}.$$

607. Arrivons maintenant à l'objet que nous avons en vue, et proposons-nous d'abord le problème de M. Beltrami : *Trouver toutes les surfaces qui peuvent être représentées géodésiquement sur le plan.*

Soient x et y les coordonnées rectilignes d'un point du plan. L'équation différentielle des droites sera

$$(53) \qquad y'' = 0,$$

et cette équation subsisterait si l'on faisait une transformation homographique quelconque.

Les variables x et y peuvent encore être considérées comme les coordonnées curvilignes du point de la surface cherchée qui correspond au point du plan. Soit alors

$$ds^2 = E\, dx^2 + 2F\, dx\, dy + G\, dy^2$$

l'expression de l'élément linéaire de la surface. D'après la question proposée, il faudra que l'intégrale

$$\int \sqrt{E + 2Fy' + Gy'^2}\, dx$$

soit rendue minimum par les courbes intégrales de l'équation différentielle

$$y'' = 0,$$

et, par suite, que la fonction

$$f=\sqrt{E+2Fy'+Gy'^2}$$

satisfasse à l'équation

$$\frac{\partial^2 f}{\partial y'^2}=\mathfrak{F}(y', y-xy'). \tag{54}$$

Or on a

$$\frac{\partial^2 f}{\partial y'^2}=\frac{EG-F^2}{(E+2Fy'+Gy'^2)^{\frac{3}{2}}};$$

il faudra donc que la fonction

$$\frac{E+2Fy'+Gy'^2}{(EG-F^2)^{\frac{2}{3}}}=\left(\frac{\partial^2 f}{\partial y'^2}\right)^{-\frac{2}{3}}$$

dépende exclusivement de y' et de $y-xy'$. Pour qu'il en soit ainsi, il faut et il suffit, on le reconnait aisément, que l'on ait

$$\frac{E+2Fy'+Gy'^2}{(EG-F^2)^{\frac{2}{3}}}=\Phi(y', y-xy'), \tag{55}$$

Φ désignant la fonction la plus générale, entière et du second degré par rapport aux variables y'; $y-xy'$ (¹).

Ordonnons la fonction Φ par rapport aux puissances de y', et soit

$$\Phi=A+2By'+Cy'^2, \tag{56}$$

A, B, C étant des fonctions de x et de y. L'équation (55) nous donnera

$$\frac{E}{(EG-F^2)^{\frac{2}{3}}}=A,\qquad \frac{F}{(EG-F^2)^{\frac{2}{3}}}=B,\qquad \frac{G}{(EG-F^2)^{\frac{2}{3}}}=C;$$

(¹) En effet, en prenant les dérivées troisièmes des deux membres par rapport à y', on a

$$0=\frac{\partial^3\Phi}{\partial y'^3}-3x\frac{\partial^3\Phi}{\partial y\,\partial y'^2}+3x^2\frac{\partial^3\Phi}{\partial y^2\,\partial y'}-x^3\frac{\partial^3\Phi}{\partial y^3},$$

et comme les trois variables y', $y-xy'$ et x sont indépendantes, cette équation ne peut avoir lieu que si toutes les dérivées troisièmes de Φ sont nulles, ce qui entraîne le résultat donné dans le texte.

et de là on déduit

$$(EG - F^2)^{-\frac{1}{3}} = AC - B^2,$$

$$E = \frac{A}{(AC - B^2)^2}, \qquad F = \frac{B}{(AC - B^2)^2}, \qquad G = \frac{C}{(AC - B^2)^2}.$$

Par suite la valeur de f sera

$$f = \frac{\sqrt{\Phi(y', y - xy')}}{AC - B^2}, \tag{57}$$

et l'on pourra vérifier que cette valeur satisfait effectivement à l'équation du problème, qui est l'équation (51) où l'on remplacerait u et v par x et y.

Posons

$$\Phi(y', y - xy')\, dx^2 = \Psi(dx, dy, y\,dx - x\,dy);$$

Ψ sera une fonction homogène et du second degré des trois variables dont elle dépend, et l'on aura, pour l'élément linéaire de la surface cherchée, l'expression

$$ds^2 = \frac{\Psi(dx, dy, y\,dx - x\,dy)}{(AC - B^2)^2}. \tag{58}$$

On peut interpréter comme il suit les résultats obtenus.

Les lignes de longueur nulle de la surface sont définies par l'équation différentielle

$$\Phi(y', y - xy') = 0,$$

qui est une équation de Clairaut et qu'on intégrera en supposant y' constante. Dans le plan, y' et $y - xy'$ peuvent être considérées comme les coordonnées d'une droite dont le coefficient angulaire serait y'. L'équation précédente définit donc, en coordonnées tangentielles, une conique quelconque et le dénominateur $AC - B^2$ égalé à zéro donnera l'équation en coordonnées ponctuelles de la même conique. Il suit de là que les lignes de longueur nulle de la surface correspondent, dans le plan, aux droites qui sont tangentes à cette conique.

Nous avons déjà rappelé que l'équation (53) se conserve lorsqu'on effectue une transformation homographique. En s'appuyant sur cette remarquable propriété, on peut classer très simplement les résultats obtenus :

1° Si la fonction Φ se décompose en deux facteurs, la conique se réduit à deux points, nécessairement distincts puisque l'élément linéaire ne peut être un carré parfait. Amenons, par une homographie, ces deux points à coïncider avec les deux points à l'infini sur le cercle. On aura alors

$$\Phi = 1 + y'^2, \tag{59}$$

et la forme correspondante de l'élément linéaire sera

$$ds^2 = dx^2 + dy^2. \tag{60}$$

La surface obtenue sera plane ou développable.

2° Si la fonction Φ est indécomposable, on peut toujours la ramener par une transformation homographique, et même d'une infinité de manières, à la forme

$$\Phi = a^2(1 + y'^2) \pm (y - xy')^2, \tag{61}$$

ce qui revient à supposer que la conique est un cercle, réel ou imaginaire, concentrique à l'origine. On trouve alors

$$ds^2 = \frac{a^2(dx^2 + dy^2) \pm (x\,dy - y\,dx)^2}{(x^2 + y^2 \pm a^2)^2}. \tag{62}$$

Ces formes de l'élément linéaire sont identiques, aux notations près, à celles que nous avons déjà obtenues plus haut, au n° 599. Nous reviendrons d'ailleurs sur ce sujet lorsque nous nous occuperons de la Géométrie non euclidienne et des surfaces à courbure constante.

608. Considérons maintenant le problème de M. Dini et proposons-nous, d'une manière générale, de trouver deux surfaces qui puissent être représentées géodésiquement l'une sur l'autre.

Soient

$$ds^2 = E\,du^2 + 2F\,du\,dv + G\,dv^2,$$
$$ds_1^2 = E_1\,du^2 + 2F_1\,du\,dv + G_1\,dv^2$$

les éléments linéaires de ces deux surfaces. Si l'on pose

$$f = \sqrt{E + 2Fv' + Gv'^2},$$
$$f_1 = \sqrt{E_1 + 2F_1v' + G_1v'^2},$$

on peut dire que la même équation différentielle définit les courbes pour lesquelles l'une ou l'autre des deux intégrales

$$\int f\,du,\quad \int f_1\,du$$

est minimum. Par conséquent, d'après la proposition établie plus haut, cette équation différentielle, qui est celle des lignes géodésiques de la première surface, devra admettre l'intégrale première

$$\frac{\partial^2 f}{\partial v'^2} : \frac{\partial^2 f_1}{\partial v'^2} = \text{const.}$$

En faisant le calcul, on trouve

$$\frac{EG - F^2}{E_1 G_1 - F_1^2}\left(\frac{E_1 + 2F_1 v' + G_1 v'^2}{E + 2Fv' + Gv'^2}\right)^{\frac{3}{2}} = \text{const.},$$

ou, en élevant les deux membres à la puissance $\frac{2}{3}$,

$$\left(\frac{EG - F^2}{E_1 G_1 - F_1^2}\right)^{\frac{2}{3}} \frac{E_1 + 2F_1 v' + G_1 v'^2}{E + 2Fv' + Gv'^2} = \text{const.}$$

On peut mettre cette équation sous la forme

$$(63)\qquad \left(\frac{EG - F^2}{E_1 G_1 - F_1^2}\right)^{\frac{2}{3}} \left(E_1 \frac{du^2}{ds^2} + 2F_1 \frac{du\,dv}{ds^2} + G_1 \frac{dv^2}{ds^2}\right) = \text{const.},$$

qui donne immédiatement le résultat suivant :

Si une surface peut être représentée géodésiquement sur une autre surface, l'équation différentielle de ses lignes géodésiques doit admettre une intégrale première homogène et du second degré par rapport à $\frac{du}{ds}, \frac{dv}{ds}$.

609. Nous sommes ainsi ramené à un problème que nous avons traité dans le Chapitre précédent; et il n'est pas difficile de reconnaître que la condition précédente, qui est nécessaire, est aussi suffisante.

En effet, elle ne peut être remplie, nous l'avons vu, que dans les deux cas suivants :

1° L'élément linéaire est réductible à la forme de Liouville

$$(64)\qquad ds^2 = (U - V)(U_1^2\,du^2 + V_1^2\,dv^2).$$

Alors l'équation des lignes géodésiques est

$$\frac{U_1^2\,du^2}{U-a} = \frac{V_1^2\,dv^2}{a-V}$$

et, en résolvant par rapport à la constante a, on a l'intégrale première du second degré

$$(65) \qquad (U-V)\frac{U_1^2 V\,du^2 + V_1^2 U\,dv^2}{ds^2} = a,$$

qui est bien de la forme (63). En identifiant les premiers membres des deux équations, on obtient les relations

$$F_1 = 0,$$

$$\left[\frac{(U-V)^2 U_1^2 V_1^2}{E_1 G_1}\right]^{\frac{2}{3}} E_1 = (U-V)U_1^2 V,$$

$$\left[\frac{(U-V)^2 U_1^2 V_1^2}{E_1 G_1}\right]^{\frac{2}{3}} G_1 = (U-V)V_1^2 U;$$

d'où l'on déduit

$$E_1 = \left(\frac{1}{V} - \frac{1}{U}\right)\frac{U_1^2}{U}, \qquad G_1 = \left(\frac{1}{V} - \frac{1}{U}\right)\frac{V_1^2}{V}.$$

La seconde surface aura donc pour élément linéaire

$$(66) \qquad ds^2 = \left(\frac{1}{V} - \frac{1}{U}\right)\left[\frac{U_1^2\,du^2}{U} + \frac{V_1^2\,dv^2}{V}\right],$$

ce qui s'accorde bien avec les résultats obtenus au n° 601. L'élément linéaire avec deux constantes, donné par la formule (34), correspond à la forme plus générale

$$m(a+h) = m(U-V)\left[U_1^2(V+h)\frac{du^2}{ds^2} + V_1^2(U+h)\frac{dv^2}{ds^2}\right],$$

que l'on peut donner à l'intégrale du second degré (65).

2° Il y a encore une intégrale du second degré quand l'élément linéaire est de la forme

$$(67) \qquad ds^2 = 4(xY' + Y_1)\,dx\,dy,$$

donnée au n° 594. L'équation des lignes géodésiques admet alors l'intégrale première

$$-2C = 2Y - (xY' + Y_1)\frac{dy}{dx}.$$

On peut l'écrire sous la forme

$$-\frac{C}{2} = 2(xY' + Y_1)\frac{Y\,dx\,dy}{ds^2} - (xY' + Y_1)^2\frac{dy^2}{ds^2},$$

qui est bien du second degré par rapport aux dérivées $\frac{dx}{ds}$, $\frac{dy}{ds}$.

En appliquant la même méthode que dans le cas précédent, on obtiendra l'élément linéaire ds_1 de la surface correspondante par la formule

$$(68) \qquad ds_1^2 = 2(xY' + Y_1)\frac{dx\,dy}{Y^2} - \frac{(xY' + Y_1)^2}{Y^4}dy^2.$$

Ce cas exceptionnel a été signalé, nous l'avons déjà dit, par M. Lie. Il échappe à la méthode de M. Dini, parce que la correspondance établie entre les deux surfaces est telle que le théorème de M. Tissot cesse d'être applicable. Nous rencontrons ici, en effet, le cas d'exception que nous avons signalé, où une des deux familles de lignes de longueur nulle de la première surface admet pour homologue une famille de lignes de longueur nulle de la seconde. La correspondance étant imaginaire, nous nous contenterons des indications précédentes.

CHAPITRE IV.

INTÉGRALES HOMOGÈNES DE DEGRÉ SUPÉRIEUR ET INTÉGRALES D'UNE FORME DÉTERMINÉE.

Division des intégrales en classes d'après le nombre de leurs facteurs linéaires distincts. — Équations aux dérivées partielles par lesquelles on exprime qu'il y a une intégrale d'une forme déterminée. — Application au cas où l'élément linéaire est exprimé au moyen des coordonnées symétriques. — Équations générales. — Première application; intégrale fractionnaire dont les deux termes sont linéaires par rapport à p et à q; la valeur correspondante de λ est l'intégrale générale de l'équation $E\left(\frac{1}{2}, \frac{1}{2}\right)$; les solutions homogènes de cette équation fournissent l'élément linéaire de certaines surfaces spirales que l'on peut déterminer par des quadratures. — Intégrale à deux facteurs distincts; première méthode. — Un cas particulier de l'intégrale à trois facteurs. — Intégrale à deux facteurs distincts; réduction du problème à l'intégration d'une équation linéaire qui admet un nombre illimité de solutions homogènes.

---

610. Après avoir fait une étude approfondie du cas où le problème des lignes géodésiques admet des intégrales du premier et du second degré, nous allons indiquer les résultats obtenus par Bour et les géomètres qui l'ont suivi en ce qui concerne les intégrales de degré supérieur. Dans le Mémoire que nous avons cité plus haut, Bour avait considéré les intégrales entières et les avait classées d'après leur degré. M. Bonnet, dans des recherches restées inédites, a considéré, le premier, des intégrales fractionnaires [1].

---

[1] L'éminent géomètre a exposé ces recherches dans un Cours fait à la Sorbonne vers 1873. Considérant, en premier lieu, le cas où il existe une intégrale fractionnaire dont les deux termes sont du premier degré par rapport à p et à q, il a montré que, dans ce cas, on peut déterminer la valeur la plus générale de λ (l'élément linéaire étant défini par la formule $ds^2 = 4\lambda\, dx\, dy$) et qu'il existe même certaines valeurs particulières de λ pour lesquelles on peut obtenir des surfaces admettant cet élément linéaire. Nous démontrerons plus loin ces résultats par une méthode nouvelle. M. O. Bonnet a dit aussi quelques mots du cas où il existe une intégrale du troisième degré admettant un facteur double.

Enfin, dans une série de Communications insérées en 1877 au tome LXXXV des *Comptes rendus*, M. Maurice Lévy a mis en évidence ce fait intéressant qu'au lieu de classer les intégrales homogènes $\varphi(p, q, u, v)$ d'après leur degré par rapport à p et à q, il vaut mieux les classer d'après le nombre des facteurs linéaires distincts dans lesquels on peut les décomposer; c'est-à-dire que, si l'on pose

$$\varphi(p, q, u, v) = \theta(u, v) \prod_{i=1}^{i=n} (p - a_i q)^{\alpha_i}, \tag{1}$$

il conviendra de réunir dans une même recherche toutes les intégrales pour lesquelles le nombre n des facteurs est le même, les exposants constants α_i pouvant d'ailleurs changer quand on passe d'une des intégrales à une autre de la même classe. Comme il est permis de donner à ces exposants des valeurs négatives, la recherche ainsi entendue comprendra les intégrales fractionnaires aussi bien que les intégrales entières; et, de plus, si les intégrales sont entières, leur degré pourra prendre des valeurs quelconques sans que le nombre de leurs facteurs linéaires distincts soit changé.

611. Nous commencerons en indiquant une forme remarquable que l'on peut donner aux intégrales cherchées. Nous avons vu (n° 590) qu'elles doivent vérifier identiquement l'équation

$$(\Delta, \varphi) = 0. \tag{2}$$

Or si l'on pose, pour abréger,

$$z_i = p - a_i q,$$

on a

$$\varphi = \theta \prod_{i=1}^{i=n} z_i^{\alpha_i}, \tag{3}$$

et un calcul facile permet de mettre l'équation de condition sous la forme

$$(\Delta, \varphi) = \frac{\varphi}{\theta}(\Delta, \theta) + \sum \frac{\alpha_i \varphi}{z_i}(\Delta, z_i) = 0. \tag{4}$$

Tous les termes du second membre contiennent en évidence le

facteur $z_i^{\alpha_i}$, excepté le suivant

$$\frac{\alpha_i \varphi}{z_i}(\Delta, z_i),$$

qui paraît contenir le facteur z_i seulement à la puissance $\alpha_i - 1$. Il faudra donc, pour que l'équation soit vérifiée, que l'expression (Δ, z_i), qui est du second degré par rapport à p et à q, soit divisible par le facteur z_i et, par suite, que l'on ait

$$(\Delta, z_i) = 0,$$

lorsque p et q satisferont à l'équation

$$z_i = p - a_i q = 0.$$

Cette condition s'interprète aisément : elle indique que l'on peut trouver une fonction θ_i, solution commune des deux équations

$$\Delta\theta = \text{const.}, \qquad \frac{\partial\theta}{\partial u} = a_i \frac{\partial\theta}{\partial v}.$$

En multipliant cette fonction par un facteur constant convenable, on peut toujours supposer qu'elle est solution de l'une des équations

$$\Delta\theta = 1 \quad \text{ou} \quad \Delta\theta = 0,$$

et, si l'on désigne ses dérivées par p_i et q_i, on aura

$$a_i = \frac{p_i}{q_i}.$$

Remplaçant a_i par cette valeur dans l'expression de φ, on reconnaît qu'on peut donner aux intégrales cherchées la forme suivante

$$(5) \qquad \varphi = f(u, v) \prod_{i=1}^{i=n} (p q_i - q p_i)^{\alpha_i},$$

où p_i, q_i désignent les dérivées d'une fonction θ_i, solution particulière de l'une des équations

$$(6) \qquad \Delta\theta_i = 1 \quad \text{ou} \quad \Delta\theta_i = 0.$$

Cette expression, que nous adopterons dans la suite, simplifie beaucoup les calculs. Il résulte de la formule (4) que, dans tous les cas, l'équation de condition

$$(\Delta, \varphi) = 0 \tag{7}$$

se ramène alors à une équation homogène et du premier degré par rapport à p et à q. En égalant à zéro les coefficients de p et de q, on aura donc seulement deux équations de condition. Si l'on ajoute à ces deux équations les n relations (6), on aura exprimé toutes les conditions du problème et écrit toutes les conditions qui doivent être vérifiées par les fonctions f, θ_i et les coefficients E, F, G de l'élément linéaire.

612. Pour développer les calculs, supposons que l'on ait choisi des coordonnées symétriques. L'élément linéaire aura pour expression

$$ds^2 = 4\lambda\, dx\, dy; \tag{8}$$

l'équation à intégrer deviendra

$$pq = \lambda, \tag{9}$$

et φ prendra la forme suivante

$$\varphi = f(x, y) p^\alpha q^\beta (pq_1 - qp_1)^{m_1} \dots (pq_k - qp_k)^{m_k}. \tag{10}$$

Les équations (6) deviendront ici

$$p_1 q_1 = p_2 q_2 = \dots = p_k q_k = \lambda. \tag{11}$$

L'équation (7) deviendra, de même,

$$\frac{1}{p}\left[\frac{\partial \log f}{\partial x} + \sum m_i \frac{ps_i - qr_i}{pq_i - qp_i}\right] + \frac{1}{q}\left[\frac{\partial \log f}{\partial y} + \sum m_i \frac{pt_i - qs_i}{pq_i - qp_i}\right]$$
$$+ \left[\frac{\alpha}{p} + \sum \frac{m_i q_i}{pq_i - qp_i}\right]\frac{\partial \log \lambda}{\partial x} + \left[\frac{\beta}{q} - \sum \frac{m_i p_i}{pq_i - qp_i}\right]\frac{\partial \log \lambda}{\partial y} = 0.$$

Effectuons les réductions en tenant compte des équations (11) et de leurs dérivées; nous trouverons

$$q\left[\frac{\partial \log f}{\partial x} + \alpha \frac{\partial \log \lambda}{\partial x} + \sum \frac{m_i r_i}{p_i}\right]$$
$$+ p\left[\frac{\partial \log f}{\partial y} + \beta \frac{\partial \log \lambda}{\partial y} + \sum \frac{m_i t_i}{q_i}\right] = 0.$$

En égalant à zéro les coefficients de p et de q, on est conduit aux deux équations

$$\frac{\partial \log f}{\partial x} + \alpha \frac{\partial \log \lambda}{\partial x} + \sum \frac{m_i r_i}{p_i} = 0,$$
$$\frac{\partial \log f}{\partial y} + \beta \frac{\partial \log \lambda}{\partial y} + \sum m_i \frac{t_i}{q_i} = 0,$$

que l'on peut intégrer immédiatement et remplacer par les suivantes

$$(12) \qquad \begin{cases} f\lambda^\alpha p_1^{m_1} p_2^{m_2} \cdots p_k^{m_k} = Y, \\ f\lambda^\beta q_1^{m_1} q_2^{m_2} \cdots q_k^{m_k} = X, \end{cases}$$

où X et Y désignent des fonctions arbitraires dépendant respectivement de x et de y; et il ne reste plus qu'à trouver les solutions les plus générales du système des équations (11) et (12). On a ainsi $k+2$ équations contenant $k+2$ fonctions inconnues : f, λ et les k fonctions θ_i.

Posons

$$(13) \qquad \begin{cases} s = m_1 + \ldots + m_k + \alpha - \beta, \\ s' = m_1 + \ldots + m_k + \beta - \alpha. \end{cases}$$

Nous allons montrer que l'on peut, en choisissant convenablement les coordonnées symétriques, réduire à l'unité la fonction X si la somme s n'est pas nulle, et la fonction Y s'il en est de même de la somme s'.

Supposons, en effet, que l'on change la coordonnée x et qu'on la remplace par une fonction de x

$$(14) \qquad x_1 = \varphi(x).$$

Il faudra remplacer λ par $\lambda\varphi'(x)$, p par $p\varphi'(x)$, p_i par $p_i\varphi'(x)$, et, par suite, f par $f[\varphi'(x)]^{-s-\beta}$, afin que l'expression de φ définie par la formule (10) ne soit pas changée. La première des équations (12) ne sera pas altérée, mais la seconde sera remplacée par une équation toute semblable où figurerait dans le second membre, à la place de X, la nouvelle fonction

$$(15) \qquad X_1 = X[\varphi'(x)]^s = X\left(\frac{dx_1}{dx}\right)^s.$$

Toutes les fois que s ne sera pas nul, il est clair que l'on pourra choisir pour x_1 une fonction de x telle que la nouvelle valeur X_1

de X se réduise à l'unité. On démontrera de même que, si s' n'est pas nul, on peut réduire Y à l'unité.

Si la somme s est nulle, la fonction X demeure toujours la même; mais le changement de variable permet, si elle n'est pas constante, de la réduire à telle forme que l'on voudra, par exemple à x ou à $\frac{1}{x}$. Nous aurons à faire usage de cette remarque au numéro suivant.

Nous ne poursuivrons pas davantage l'étude de la méthode générale, et nous nous attacherons de préférence aux exemples particuliers suivants, dans lesquels on peut achever les intégrations.

613. Supposons d'abord que l'on prenne

$$(16) \qquad k = 2, \qquad \alpha = \beta = 0, \qquad m_1 = -m_2 = 1.$$

On aura

$$(17) \qquad \varphi = f\frac{pq_1 - qp_1}{pq_2 - qp_2}.$$

L'intégrale φ est fractionnaire et linéaire. C'est le cas considéré par M. O. Bonnet. Les équations (12) deviennent alors

$$(18) \qquad f\frac{p_1}{p_2} = Y, \qquad f\frac{q_1}{q_2} = X.$$

Elles donnent, par suite,

$$(19) \qquad \begin{cases} f^2 = XY, & \lambda = p_1 q_1, \\ p_2 = p_1\sqrt{\dfrac{X}{Y}}, & q_2 = q_1\sqrt{\dfrac{Y}{X}}. \end{cases}$$

Si les fonctions X et Y se réduisent l'une et l'autre à des constantes, on reconnaîtra aisément que la surface est développable. Écartons ce cas exceptionnel; il n'y aura à examiner que les deux hypothèses suivantes :

1° Une seule des fonctions, X par exemple, se réduit à une constante, l'autre dépendant réellement de y. Ce fait exceptionnel ne peut se présenter que pour des surfaces imaginaires. Un calcul que nous omettons conduit aux surfaces, déjà considérées au n° 394, dont l'élément linéaire est réductible à la forme

$$ds^2 = 4(xY' + Y_1)\,dx\,dy.$$

L'intégrale linéaire et fractionnaire correspondante à cette forme n'est autre que l'intégrale (22) du n° 394 dont le premier membre serait divisé par $\frac{pq}{\lambda}$. On trouve ainsi

$$\varphi = \lambda\frac{p}{q} - 2Y$$

ou, plus généralement,

$$\varphi = \frac{\lambda p - 2Yq + m'q}{\lambda p - 2Yq + mq},$$

m, m' désignant des constantes quelconques.

2° Si X et Y sont de véritables fonctions, et non plus des constantes, on pourra toujours, en choisissant convenablement les coordonnées symétriques, les réduire aux formes suivantes

$$X = \frac{1}{x}, \qquad Y = \frac{1}{y}. \tag{20}$$

On aura alors

$$p_2 = p_1\sqrt{\frac{y}{x}}, \qquad q_2 = q_1\sqrt{\frac{x}{y}}. \tag{21}$$

L'élimination de θ_2 nous conduira à l'équation

$$\frac{\partial}{\partial y}\left(p_1\sqrt{\frac{y}{x}}\right) = \frac{\partial}{\partial x}\left(q_1\sqrt{\frac{x}{y}}\right),$$

dont le développement donne

$$s_1(x - y) - \frac{1}{2}p_1 + \frac{1}{2}q_1 = 0. \tag{22}$$

Nous retrouvons l'équation $E\left(\frac{1}{2}, \frac{1}{2}\right)$ dont nous avons déjà donné l'intégrale au Chapitre III du Livre IV [II, p. 69].

Si l'on substitue les valeurs de f, p_2 et q_2 dans l'intégrale (17), elle devient

$$\varphi = \frac{pq_1 - qp_1}{pq_1x - qp_1y}.$$

Si l'on tire p et q des équations

$$pq = \lambda = p_1 q_1, \qquad \varphi = \frac{1}{C},$$

où C désigne une constante, on aura

$$p = p_1\sqrt{\frac{y-C}{x-C}}, \qquad q = q_1\sqrt{\frac{x-C}{y-C}}.$$

Si donc on pose

$$\theta = \int\left(p_1\sqrt{\frac{y-C}{x-C}}\,dx + q_1\sqrt{\frac{x-C}{y-C}}\,dy\right),$$

l'équation des géodésiques sera

$$\frac{\partial\theta}{\partial C} = C'.$$

Tout se ramène, on le voit, à l'intégration de l'équation (22).

614. L'intégrale générale de cette équation est de forme très compliquée; mais nous avons indiqué les moyens d'obtenir un nombre illimité d'intégrales particulières très simples.

Par exemple, les intégrales homogènes de tous les degrés, définies au n° 347 [II, p. 57], peuvent être utilisées et conduisent à des éléments linéaires pour lesquels λ est une fonction homogène de x et de y. Ces intégrales homogènes offrent de l'intérêt parce qu'on peut alors déterminer non seulement l'élément linéaire, mais *aussi certaines surfaces qui admettent cet élément linéaire.*

Cela résulte du théorème suivant :

Toutes les fois que, dans l'élément linéaire défini par la formule

$$ds^2 = E\,du^2 + 2F\,du\,dv + G\,dv^2,$$

E, F, G *sont des fonctions homogènes du même degré* m, *cet élément linéaire convient à une infinité de surfaces que l'on pourra déterminer par des quadratures. Ce sont des surfaces spirales* [I, p. 107] *si* m *est différent de* -2, *et des hélicoïdes ou des surfaces de révolution si* $m = -2$.

Si l'on fait, en effet, la substitution

$$(23) \qquad u = e^{v'}, \qquad \frac{u}{v} = e^{u'},$$

l'élément linéaire prend la forme

$$ds^2 = e^{(m+2)v'}[A\,du'^2 + 2B\,du'\,dv' + C\,dv'^2], \tag{24}$$

où A, B, C sont des fonctions de u', et qui conduira aisément au théorème précédent si on la rapproche des résultats donnés au Livre I, Chapitre IX [I, p. 109].

615. Envisageons maintenant le cas plus général caractérisé par les hypothèses suivantes

$$\alpha = \beta = m_3 = m_4 = \ldots = 0, \tag{25}$$

m_1 et m_2 étant quelconques. En élevant l'intégrale à une puissance convenable, on ramènera m_1 à l'unité. Nous poserons, pour la commodité des calculs,

$$m_2 = 2m - 1.$$

Les sommes s et s', définies par les formules (13), ne seront pas nulles ici et l'on pourra, par suite, réduire X et Y à l'unité. Les deux équations (12) nous donneront alors

$$fp_1 p_2^{2m-1} = 1, \qquad fq_1 q_2^{2m-1} = 1. \tag{26}$$

On tire de là en multipliant

$$f^2 \lambda^{2m} = 1$$

et, par suite,

$$p_1 = \lambda^m p_2^{1-2m}, \qquad q_1 = \lambda^m q_2^{1-2m};$$

ou, en remplaçant λ par sa valeur $p_2 q_2$,

$$p_1 = p_2^{1-m} q_2^m, \qquad q_1 = p_2^m q_2^{1-m}: \tag{27}$$

et il suffira d'écrire que l'expression

$$p_2^{1-m} q_2^m\,dx + p_2^m q_2^{1-m}\,dy$$

est une différentielle exacte pour obtenir l'équation aux dérivées partielles

$$\left(\frac{p_2}{q_2}\right)^{1-m} t_2 - \left(\frac{q_2}{p_2}\right)^{1-m} r_2 + \frac{1-m}{m}\left[\left(\frac{q_2}{p_2}\right)^m - \left(\frac{p_2}{q_2}\right)^m\right] s_2 = 0, \tag{28}$$

à laquelle devra satisfaire θ_2. Une transformation bien connue de Legendre ramènerait cette équation à la forme linéaire; mais nous allons revenir plus loin, par une autre méthode, sur le cas des deux facteurs distincts. Remarquons seulement que, pour $m = 1$, on trouve l'équation

$$t_2 = r_2,$$

qui correspond aux intégrales du second degré.

616. Voici encore une autre hypothèse dans laquelle on peut obtenir la détermination effective de la valeur de λ. Supposons que le nombre k des fonctions θ_i se réduise à l'unité, mais que les exposants α et β ne soient pas nuls. On pourra, en élevant φ à une puissance convenable et en la multipliant par une puissance de $\frac{pq}{\lambda}$, ramener les valeurs de α, β, m_1 à satisfaire aux conditions

$$(29) \qquad \alpha = -\beta, \qquad m_1 = 1.$$

On aura ici

$$s = 2\alpha + 1, \qquad s' = 1 - 2\alpha,$$

et, par conséquent, si la valeur absolue de α n'est pas égale à $\frac{1}{2}$ (¹), on pourra remplacer par l'unité les deux fonctions X, Y qui figurent dans les deux équations (12). On aura ainsi

$$(30) \qquad f\lambda^{\alpha} p_1 = 1, \qquad f\lambda^{-\alpha} q_1 = 1,$$

ce qui donne

$$(31) \qquad f^2 = \frac{1}{\lambda}$$

et, par suite,

$$(32) \qquad p_1 = \lambda^{\frac{1}{2} - \alpha}, \qquad q_1 = \lambda^{\frac{1}{2} + \alpha}.$$

En exprimant que p_1 et q_1 sont les dérivées d'une même fonction, on obtient pour λ l'équation linéaire

$$(1 - 2\alpha)\lambda^{-\alpha}\frac{\partial\lambda}{\partial y} = (1 + 2\alpha)\lambda^{\alpha}\frac{\partial\lambda}{\partial x},$$

(¹) L'hypothèse $\alpha = \pm\frac{1}{2}$ ne pourrait conduire qu'à des surfaces imaginaires.

dont l'intégrale générale est donnée par la formule

$$(1+2\alpha)\lambda^{\alpha}y+(1-2\alpha)\lambda^{-\alpha}x=\varphi(\lambda). \tag{33}$$

Telle est la relation qui fera connaître λ. L'élément linéaire correspondant pourra convenir à des surfaces réelles si α est purement imaginaire et si $\varphi(\lambda)$ désigne une fonction réelle.

617. Nous allons maintenant revenir aux intégrales à deux facteurs distincts pour les traiter par une méthode plus simple.

Soit

$$\varphi=f(u,v)(pq_1-qp_1)^m(pq_2-qp_2)^{-1} \tag{34}$$

une telle intégrale, écrite avec des variables tout à fait quelconques. Si l'on rapporte la surface aux deux familles de courbes coordonnées

$$\theta_1=\text{const.},\qquad \theta_2=\text{const.},$$

l'intégrale considérée se ramènera à la forme simple

$$\varphi=h\frac{p^m}{q}, \tag{35}$$

où h désigne une fonction inconnue de u et de v. D'ailleurs les deux familles coordonnées étant formées de courbes parallèles, l'élément linéaire de la surface aura pour expression (n° 527)

$$ds^2=\frac{du^2+dv^2+2\cos\alpha\,du\,dv}{\sin^2\alpha}. \tag{36}$$

On aura ici

$$\Delta\theta=p^2+q^2-2pq\cos\alpha. \tag{37}$$

Posons

$$\cos\alpha=\lambda, \tag{38}$$

et écrivons l'équation de condition

$$(\Delta,\varphi)=0;$$

nous serons conduits aux deux relations

$$\left\{\begin{aligned}&\lambda\frac{\partial h}{\partial v}+h\frac{\partial\lambda}{\partial v}-\frac{\partial h}{\partial u}=0,\\&\lambda\frac{\partial h}{\partial u}-mh\frac{\partial\lambda}{\partial u}-\frac{\partial h}{\partial v}=0,\end{aligned}\right. \tag{39}$$

qui détermineront à la fois λ et h. Comme la première s'écrit

$$\frac{\partial}{\partial v}(\lambda h) = \frac{\partial h}{\partial u},$$

on y satisfera en prenant

(40) $$\lambda h = \frac{\partial \sigma}{\partial u}, \qquad h = \frac{\partial \sigma}{\partial v},$$

σ désignant une fonction auxiliaire.

On a donc

$$\lambda = \frac{\frac{\partial \sigma}{\partial u}}{\frac{\partial \sigma}{\partial v}}, \qquad h = \frac{\partial \sigma}{\partial v},$$

et, en portant ces valeurs de h et de λ dans la seconde équation, on trouve

(41) $$\frac{\partial \sigma}{\partial v}\left(\frac{\partial^2 \sigma}{\partial v^2} + m\frac{\partial^2 \sigma}{\partial u^2}\right) - \frac{\partial \sigma}{\partial u}(1+m)\frac{\partial^2 \sigma}{\partial u\,\partial v} = 0.$$

Effectuons la substitution de Legendre et posons

$$x = \frac{\partial \sigma}{\partial u}, \qquad y = \frac{\partial \sigma}{\partial v}, \qquad z = u\frac{\partial \sigma}{\partial u} + v\frac{\partial \sigma}{\partial v} - \sigma;$$

z, considérée comme fonction de x et de y, sera définie par l'équation

(42) $$y(r + mt) + x(1 + m)s = 0,$$

qui est linéaire et beaucoup plus simple de toute manière que celle du n° 615.

On aperçoit immédiatement une infinité de solutions homogènes de cette équation

$$mx^2 - y^2, \quad 3xy^2 - (1 + 2m)x^3, \quad \ldots,$$

et, d'une manière tout à fait générale,

$$x^\mu F\left(\frac{1-\mu}{2}, \frac{-\mu}{2}, \frac{1+(1+m)(1-\mu)}{2}, \frac{y^2}{x^2}\right),$$

F désignant la série hypergéométrique de Gauss ou toute autre solution de l'équation du second ordre à laquelle satisfait cette série. Il sera donc aisé, si l'on suit les règles employées en Physique mathématique, de former des séries ou des intégrales définies satisfaisant à l'équation et contenant des constantes ou des fonctions arbitraires.

618. On pourrait aussi essayer d'appliquer à l'équation (42) les méthodes exposées dans le Livre IV; mais, pour cela, il faudrait commencer par la ramener à la forme normale en intégrant l'équation différentielle des caractéristiques. Cette intégration est possible, mais elle paraît conduire à un résultat compliqué.

Si l'on pose

$$(43) \qquad x' = x\sqrt{m} + y, \qquad y' = x\sqrt{m} - y,$$

l'équation prend une forme un peu plus simple.

Elle devient

$$[(3m+1)x' + (1-m)y']r' - [(3m+1)y' + (1-m)x']t' = 0.$$

Dans le cas où l'on a

$$m = -\frac{1}{3},$$

elle se réduit à la suivante

$$(44) \qquad y'r' - x't' = 0.$$

Les équations des caractéristiques sont alors

$$y'^{\frac{3}{2}} \pm x'^{\frac{3}{2}} = \text{const.}$$

Posons

$$x'^{\frac{3}{2}} + y'^{\frac{3}{2}} = \alpha^{\frac{1}{2}},$$

$$x'^{\frac{3}{2}} - y'^{\frac{3}{2}} = \beta^{\frac{1}{2}};$$

l'équation prendra la forme nouvelle

$$\frac{\partial^2 z}{\partial \alpha\, \partial \beta} = m \frac{\partial z}{\partial \alpha} + n \frac{\partial z}{\partial \beta},$$

où m et n sont des fonctions à déterminer. On obtient leurs valeurs rapidement en employant l'artifice suivant. L'équation (44) admet évidemment les deux solutions

$$x'^3 + y'^3 = \frac{\alpha + \beta}{2}, \qquad x'y' = \left(\frac{\alpha - \beta}{4}\right)^{\frac{2}{3}}.$$

Exprimant que ces solutions appartiennent à la nouvelle équation, on trouve les deux relations

$$m+n=0, \qquad +\frac{1}{3}=(m-n)(\alpha-\beta),$$

d'où l'on déduit

$$m=-n=\frac{1}{6}\,\frac{1}{\alpha-\beta},$$

et l'équation devient

$$(45) \qquad (\alpha-\beta)\frac{\partial^2 z}{\partial\alpha\,\partial\beta}-\frac{1}{6}\frac{\partial z}{\partial\alpha}+\frac{1}{6}\frac{\partial z}{\partial\beta}=0.$$

C'est l'équation $E\left(\frac{1}{6}, \frac{1}{6}\right)$, qui rentre dans celles que nous avons étudiées et intégrées [II, p. 54].

L'intégrale correspondante

$$\varphi=\frac{h}{q}p^{-\frac{1}{3}}.$$

peut, par une élévation à la puissance -3, être remplacée par une autre

$$(46) \qquad \psi=h^{-3}pq^3,$$

qui sera *entière et du quatrième degré, mais aura un facteur triple*. Ainsi nous savons déterminer complètement la forme de l'élément linéaire qui correspond à ce cas spécial de l'intégrale homogène du quatrième degré.

619. Les recherches précédentes admettent pour point de départ la classification des intégrales que nous avons donnée au n° 610, d'après Bour, MM. O. Bonnet et Maurice Lévy. Mais, au lieu de séparer les intégrales d'après leur degré ou le nombre de leurs facteurs distincts, on peut se demander s'il en existe d'une forme déterminée, s'il y en a, par exemple, qui ne contiennent pas quelques-unes des variables u, v, p, q. En nous plaçant à ce point de vue, nous avons été conduit aux deux résultats suivants, qui nous paraissent nouveaux et que nous allons présenter d'une manière synthétique.

Si l'on pose, pour abréger,

$$(47) \qquad e=\frac{G}{EG-F^2}, \qquad f=\frac{-F}{EG-F^2}, \qquad g=\frac{E}{EG-F^2},$$

l'équation qu'il s'agit d'intégrer sera

$$\Delta\theta = ep^2 + 2fpq + gq^2 = 1. \tag{48}$$

Supposons que e, f, g aient les valeurs suivantes

$$\left\{\begin{aligned} e &= au + bv + c,\\ f &= a'u + b'v + c',\\ g &= a''u + b''v + c'', \end{aligned}\right. \tag{49}$$

qui sont linéaires par rapport à u et à v; on reconnaîtra aisément qu'il existe une intégrale φ ne dépendant que de p et de q.

En effet, si l'on suppose φ indépendante de u et de v, l'équation de condition

$$(\Delta, \varphi) = 0$$

nous donne simplement

$$\frac{\partial\varphi}{\partial p}(ap^2 + 2a'pq + a''q^2) + \frac{\partial\varphi}{\partial q}(bp^2 + 2b'pq + b''q^2) = 0.$$

Les coefficients ne contenant ni u ni v, il existe bien une fonction φ qui satisfait à cette équation aux dérivées partielles. Pour la déterminer, il faudra intégrer l'équation homogène

$$dp(bp^2 + 2b'pq + b''q^2) - dq(ap^2 + 2a'pq + a''q^2) = 0.$$

Par exemple, on pourra prendre

$$\varphi = \int \frac{(bp^2 + 2b'pq + b''q^2)\,dp - (ap^2 + 2a'pq + a''q^2)\,dq}{p(bp^2 + 2b'pq + b''q^2) - q(ap^2 + 2a'pq + a''q^2)}. \tag{50}$$

Des formules (47) on déduit facilement l'élément linéaire de la surface. On a, en effet,

$$eg - f^2 = \frac{1}{EG - F^2}, \tag{51}$$

et l'on déduira de là

$$E = \frac{g}{eg - f^2}, \qquad F = \frac{-f}{eg - f^2}, \qquad G = \frac{e}{eg - f^2}. \tag{52}$$

620. Nous laisserons au lecteur le soin de faire la discussion de tous les cas particuliers qui peuvent se présenter ici et qui sont assez nombreux. Nous indiquerons seulement les suivants.

Prenons d'abord

$$e = v, \qquad f = 0, \qquad g = u. \tag{53}$$

L'élément linéaire sera donné par la formule

(54) $$ds^2 = \frac{du^2}{v} + \frac{dv^2}{u}.$$

L'intégrale φ, qui se réduira ici à $\frac{1}{3}\log(p^3 - q^3)$, nous donnera l'équation

(55) $$p^3 - q^3 = C,$$

qu'il faudra joindre à la suivante

(56) $$vp^2 + uq^2 = 1,$$

pour déterminer p et q. Ce cas spécial a été déjà signalé par Laguerre (¹).

L'élément linéaire étant homogène, on pourra déterminer effectivement des surfaces spirales qui admettent cet élément (n° 614). Il en est de même, dans le cas général, toutes les fois que les fonctions e, f, g ne sont pas linéairement indépendantes. Alors une substitution de la forme

$$u \mid u + \alpha, \qquad v \mid v + \beta$$

permettra de rendre homogène l'élément linéaire de la surface.

Nous signalerons encore le cas particulier suivant

(57) $$e = u, \qquad f = mv, \qquad g = 1.$$

On aura ici l'intégrale

(58) $$p^{2m} = Cq,$$

en sorte que p et q seront déterminés par cette équation jointe à la suivante

(59) $$up^2 + 2mvpq + q^2 = 1.$$

Mais on peut trouver une seconde intégrale en remarquant que, si l'on fait la substitution

(60) $$v^2 = 2v'.$$

(¹) Laguerre, *Sur un genre particulier de surfaces dont on peut déterminer les lignes géodésiques* (*Bulletin de la Société mathématique*, t. I, p. 81; 1873).

l'équation précédente devient

$$(61) \qquad up^2 + 4mv'pq' + 2v'q'^2 = 1,$$

et appartient encore à la forme que nous étudions. Il y a donc une nouvelle intégrale de la forme

$$\theta(p, q') = 0.$$

En la recherchant et en la combinant avec l'intégrale (58), on obtient le résultat suivant :

$$(62) \qquad vq + \frac{2}{4m-1}\frac{q^2}{p} = C'.$$

L'élimination de p et de q entre les trois équations (58), (59) et (62) donnera en termes finis l'équation générale des lignes géodésiques.

L'élément linéaire de la surface correspondante a pour expression

$$(63) \qquad ds^2 = \frac{du^2 - 2mv\,du\,dv + u\,dv^2}{u - m^2v^2}.$$

Si l'on introduit la variable v', il prendra la forme *homogène*

$$(64) \qquad ds^2 = \frac{v'(du^2 - 2m\,du\,dv') + \frac{u}{2}dv'^2}{v'(u - 2m^2v')}.$$

On pourra donc encore obtenir des surfaces spirales admettant cet élément linéaire.

621. Considérons maintenant les surfaces dont l'élément linéaire est réductible à la forme générale

$$(65) \qquad ds^2 = V[du^2 + (u + V_1)^2 dv^2],$$

où V, V_1 désignent des fonctions quelconques de v. L'équation à intégrer devient ici

$$(66) \qquad p^2 + \frac{q^2}{(u + V_1)^2} = V.$$

Cherchons si l'on ne pourrait pas y satisfaire en prenant pour θ une fonction linéaire par rapport à u

$$\theta = Pu + Q,$$

P et Q étant des fonctions de v. On trouvera ainsi la condition

$$P^2 + \left(\frac{P'u + Q'}{u + V_1}\right)^2 = V,$$

qui nous conduit aux deux équations

$$(67)\qquad Q' = P'V_1, \qquad P^2 + P'^2 = V.$$

Il faudra donc d'abord intégrer l'équation différentielle

$$(68)\qquad P^2 + \left(\frac{dP}{dv}\right)^2 = V,$$

puis Q se déterminera par une quadrature

$$(69)\qquad Q = \int V_1\, dP.$$

L'intégration de l'équation différentielle introduira la constante arbitraire dont la présence est nécessaire pour assurer la généralité nécessaire à la solution θ.

Ici, on le voit, le succès est moins grand que dans les exemples précédents. On n'a pas la solution complète du problème; mais on a fait un pas vers cette solution et l'on peut dire que l'on a ramené l'intégration de l'équation différentielle du second ordre des lignes géodésiques à celle de l'équation (68), qui est seulement du premier ordre.

Dans le Mémoire que nous avons cité plusieurs fois, M. Lie avait déjà signalé une proposition du même genre relative à la détermination des lignes géodésiques des surfaces spirales. Ce premier résultat se trouve compris comme cas particulier dans celui que nous venons d'établir. On reconnaît, en effet, très simplement que l'élément linéaire (65) se réduit à celui des surfaces spirales les plus générales quand on y fait

$$V_1 = 0.$$

On a alors

$$(70)\qquad ds^2 = V(du^2 + u^2\, dv^2),$$

et, si l'on effectue la transformation définie par les formules

$$(71)\qquad u = e^{v'}, \qquad \sqrt{V}\, dv = du',$$

on est conduit à la forme

$$ds^2 = e^{2v'}[du'^2 + \varphi(u')dv'^2], \tag{72}$$

qui convient, nous l'avons déjà remarqué (n° 90), à une infinité de surfaces spirales.

Dans ce qui précède, nous avons déjà appris à déterminer complètement les lignes géodésiques d'un nombre illimité de surfaces spirales. De là résulte, on le reconnaîtra sans peine, qu'on pourra intégrer l'équation différentielle (68) dans un nombre illimité de cas et, par suite, déterminer, pour une infinité de formes de la fonction V, *et quelle que soit la fonction* V_1, les lignes géodésiques des surfaces correspondantes (¹).

L'élément linéaire défini par la formule (65) peut être transformé de la manière suivante. Nous avons déjà montré [n° 70] que, si l'on pose

$$ds'^2 = du^2 + (u + V_1)^2 dv^2, \tag{73}$$

ds' sera l'élément linéaire d'un plan rapporté à des lignes droites ($v =$ const.) et à leurs trajectoires orthogonales ($u =$ const.). Soient x et y les coordonnées rectangulaires d'un point de ce plan, qui seront des fonctions de u et de v. On aura

$$ds'^2 = dx^2 + dy^2,$$

et, par suite, on pourra ramener ds^2 à la forme suivante

$$ds^2 = V(dx^2 + dy^2). \tag{74}$$

(¹) Une surface spirale peut être soumise, nous l'avons vu, à une déformation homothétique continue, dans laquelle la surface ne cesse pas de coïncider avec elle-même. Dans cette déformation progressive, une ligne géodésique vient occuper une série continue de positions dont l'ensemble constituera une famille. Les trajectoires orthogonales de cette famille de géodésiques se détermineront toujours (nᵒˢ 523 et 533) par une simple quadrature qui fera connaître une solution de l'équation

$$\Delta\theta = 1:$$

cette solution particulière est précisément celle que nous obtiendrons ici par l'intégration de l'équation (68). Toutes les fois que l'on saura déterminer par une méthode quelconque les géodésiques de la surface spirale, on pourra donc aussi obtenir par une quadrature l'intégrale générale de l'équation correspondante (68).

V est une quantité qui doit demeurer constante avec v, c'est-à-dire sur les droites d'une famille donnée; elle sera nécessairement déterminée par une équation de la forme

$$y = x\varphi(V) + \psi(V). \tag{75}$$

Telle est l'expression nouvelle que l'on peut donner à l'élément linéaire (65).

Si l'on applique maintenant le principe de la moindre action [II, p. 450], on reconnaîtra que la détermination des lignes géodésiques équivaut à la solution d'un problème de Mécanique dans lequel la fonction des forces serait V et l'équation des forces vives

$$v^2 = 2V.$$

De là résulte le théorème suivant :

La solution de tout problème de Mécanique dans le plan pour lequel il existe une fonction des forces, les lignes équipotentielles étant des droites d'ailleurs quelconques, se ramène à l'intégration d'une équation différentielle du premier ordre et du second degré de la forme (68).

CHAPITRE V.

LE PLUS COURT CHEMIN ENTRE DEUX POINTS D'UNE SURFACE.

Comparaison d'un segment de géodésique à tous les chemins infiniment voisins réunissant ses extrémités. — Considérations géométriques; enveloppe de toutes les géodésiques passant par un point. — Énoncé d'une propriété générale qui s'applique à un grand nombre de problèmes de maximum. — Méthode analytique de M. O. Bonnet. — Détermination des géodésiques infiniment voisines d'une géodésique donnée. — Deux théorèmes de Sturm sur les équations différentielles linéaires. — Application aux lignes géodésiques. — Formule qui donne la variation de longueur d'un arc de courbe quelconque. — Conditions auxquelles doit satisfaire le plus court chemin entre deux points d'une surface limitée d'une manière quelconque. — Extension que l'on peut donner au problème du plus court chemin. — Introduction de la notion de la *longueur réduite* d'un segment de géodésique due à M. Christoffel.

---

622. Nous avons vu que, si l'on prend deux points suffisamment rapprochés A et B sur une géodésique, cette ligne sera le plus court chemin entre les deux points. Mais la démonstration que nous avons donnée cesse, en général, d'être applicable quand les deux points s'éloignent l'un de l'autre.

Supposons, par exemple, qu'il s'agisse de la sphère. Dans ce cas, la géodésique sera un grand cercle; si l'arc AB, d'abord plus petit qu'une demi-circonférence, augmente et finit par dépasser cette limite, il cessera d'être la ligne la plus courte entre A et B.

Nous allons considérer une surface quelconque, et nous nous proposerons le problème suivant : *Étant donnés deux points* A *et* B *sur la surface, déterminer le plus court chemin entre ces deux points.* Il est impossible de résoudre ce problème d'une manière générale; mais nous allons faire connaître différentes propositions qui permettront de l'aborder dans chaque cas particulier.

Construisons toutes les géodésiques passant en un point A de la surface et soit (g) l'une d'elles (*fig.* 39). Supposons que la géodésique infiniment voisine (g') aille rencontrer (g) en un ou plusieurs points et désignons par B' celui de ces points qui est le plus rapproché de A. Je vais montrer que, si l'on prend un point B sur la ligne (g), l'arc AB sera plus petit que tout autre chemin *infiniment voisin* réunissant les mêmes points, tant que le point B sera situé entre A et B'.

Fig. 39.

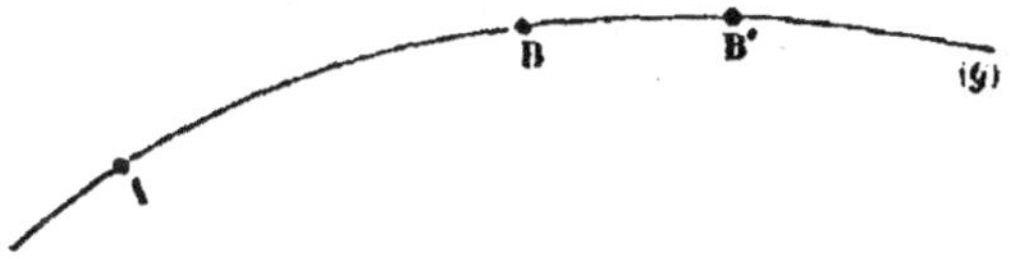

En effet, supposons que le point B soit entre A et B'. Menons par le point A deux géodésiques AC, AC' qui iront rencontrer AB pour la première fois en des points voisins de B' et considérons la région de la surface limitée par la courbe CDED'C'C formée du trait C'C réunissant les deux géodésiques et voisin de B, des deux portions CD, C'D' de géodésiques et de la courbe DED' entourant le point A. Il est clair que la région ainsi définie jouit de la propriété

Fig. 40.

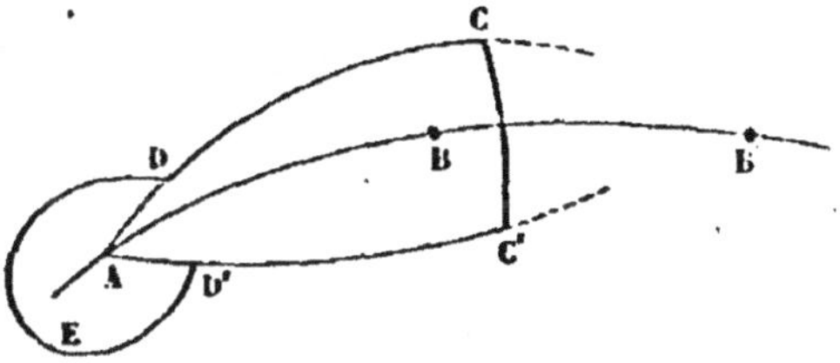

que, par un quelconque de ses points et par le point A, il passe une seule géodésique située tout entière dans la région. Alors les points de la région pourront être rapportés au système de coordonnées curvilignes formé des géodésiques passant en A et de leurs trajectoires orthogonales; la démonstration du n° 521 s'appliquera sans modification, l'arc AB sera plus court que tout autre chemin tracé sur la région et, par conséquent, que tous les chemins infiniment voisins.

Nous allons voir que cette propriété ne subsiste plus quand le point B est au delà de B'. Pour cela nous emploierons la notion suivante, qui est due à Jacobi [1].

---

[1] *Voir*, par exemple, JACOBI, *Vorlesungen über Dynamik*. Sixième Leçon.

Puisque nous supposons que la ligne géodésique (g) est rencontrée par les géodésiques infiniment voisines partant de A, nous pouvons admettre que cette propriété appartient à une infinité de géodésiques passant en A, que ces géodésiques ont une enveloppe. Soit PQ cette enveloppe (*fig.* 41) et soient AB′, AB′₁ deux lignes

Fig. 41.

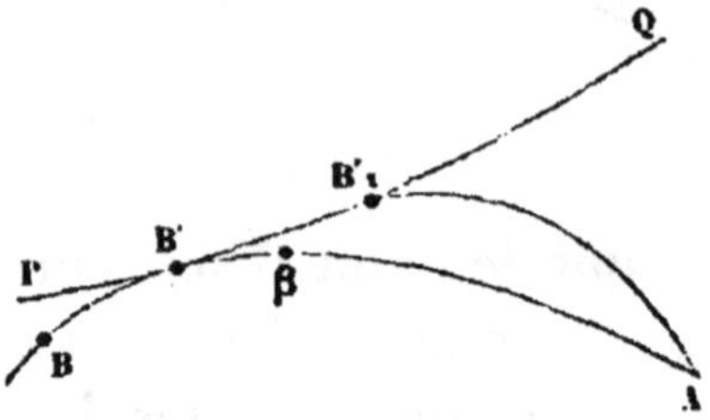

géodésiques la touchant en deux points B′, B'_1. La ligne PQ pouvant être regardée comme la développée du point A, on aura, quelle que soit la grandeur de l'arc $B'B'_1$,

$$\text{arc}\, AB' = \text{arc}\, AB'_1 + \text{arc}\, B'_1B'.$$

Cela résulte immédiatement de la formule relative à la différentielle d'un segment de géodésique, donnée au n° 325 [II, p. 417].

D'autre part, l'enveloppe PQ ne sera jamais une ligne géodésique. En effet, en chacun de ses points, elle est tangente à une des lignes géodésiques partant de A, et l'on sait qu'il y a une seule ligne géodésique passant par un point et y admettant une tangente déterminée. Donc la ligne PQ ne saurait être géodésique.

D'après cela, si l'on considère le chemin formé par AB'_1 et par l'arc B'_1B', chemin qui est égal à l'arc AB′, il sera possible de substituer à la seconde partie B'_1B' de ce chemin une route plus courte. Remarquons d'ailleurs que, si B'_1 est infiniment voisin de B′, le nouveau chemin sera infiniment voisin de AB′; donc l'arc AB′ peut être remplacé par un chemin infiniment voisin et plus court.

Il en sera de même, *a fortiori*, si le point B est au delà de B′; car il suffira, pour obtenir un chemin plus court que l'arc AB, de prendre l'un des chemins plus courts que AB′ qui aboutissent en B′ et ensuite de parcourir l'arc B′B.

623. La démonstration précédente repose sur des considérations de continuité et sur l'hypothèse de l'existence d'une enveloppe. Nous allons en donner une autre plus analytique. Mais auparavant nous appellerons l'attention sur un fait qu'elle met en évidence, et qui est un cas particulier d'une loi qui paraît s'appliquer à tous les problèmes de maximum ou de minimum.

Reprenons l'arc AB' égal au chemin AB'_1B' et supposons qu'en substituant à l'arc $B'B'_1$ de l'enveloppe la route la plus directe entre ces deux points, on raccourcisse la route d'une longueur h. On pourra donc aller de A en B' par un chemin égal à $AB' - h$. h étant une quantité finie. Prenons en avant de B' un point β. On pourra y parvenir, soit par l'arc $A\beta$

$$A\beta = AB' - B'\beta,$$

soit par le chemin $AB' - h$ qui passe en B' auquel on fera succéder le chemin $B'\beta$

$$AB' - h + B'\beta.$$

Or ce second chemin sera plus court que le premier $A\beta$ tant que $B'\beta$ sera inférieur à la quantité finie $\frac{h}{2}$. Donc *la ligne géodésique cessera d'être le minimum absolu avant de cesser d'être minimum relativement aux chemins qui s'en écartent infiniment peu.*

En résumé, il y aura autour du point A deux courbes distinctes : l'une sera le lieu du premier point où chaque ligne géodésique est rencontrée par une autre géodésique de longueur égale; l'autre sera l'enveloppe des lignes géodésiques. Si le point B se déplace sur une des géodésiques AX (*fig.* 42), le chemin AB demeurera

Fig. 42.

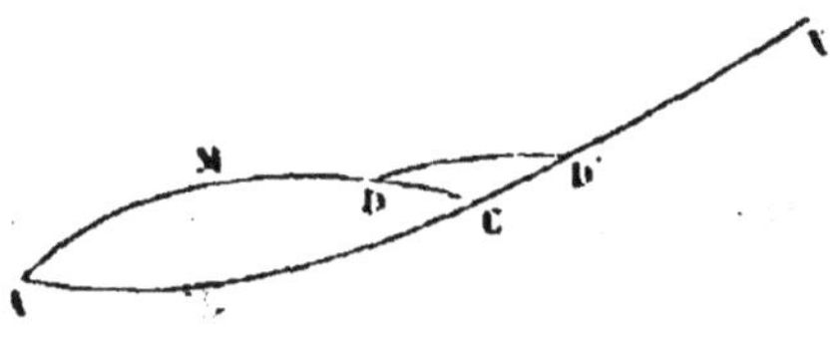

le minimum absolu tant que le point B n'aura pas atteint le point C de la première courbe pour lequel la géodésique devient égale à une autre géodésique terminée aux mêmes points. Cela est évident, car le chemin AB, qui est le plus court lorsque le point B est très voisin de A, ne peut perdre cette propriété qu'au moment où il devient égal à un autre chemin. La ligne AB cessera d'être minimum absolu dès que le point B dépassera le point C ([1]), mais demeurera minimum par rapport aux chemins infiniment voisins, tant que B n'aura pas atteint le point où l'enveloppe des géodésiques est touchée pour la première fois par AX.

Dans certaines surfaces exceptionnelles, les deux courbes précédentes pourront se confondre et la loi que nous signalons disparaîtra. C'est ce qui a lieu, par exemple, dans le cas de la sphère ou pour l'ensemble des méridiens d'une surface de révolution.

La loi générale que nous venons de signaler se retrouve dans l'étude de tous les problèmes de maximum ou de minimum. Considérons, par exemple, une courbe plane PP' (*fig.* 43), et supposons

Fig. 43.

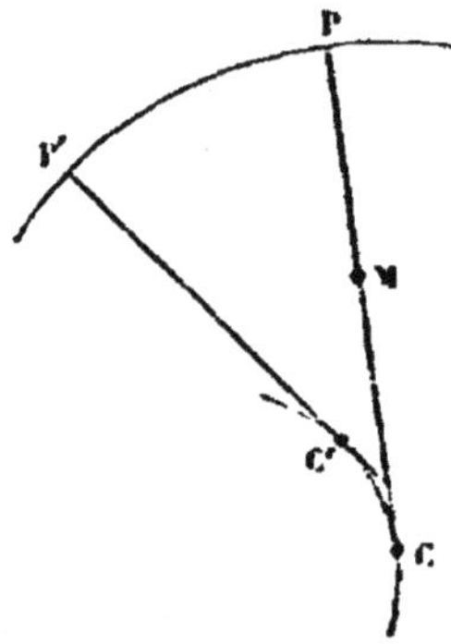

qu'ilsons s'agisse de trouver le plus court chemin d'un point M pris dans le plan de cette courbe à la courbe elle-même. Ce chemin ne peut être, comme on sait, qu'une des normales menées de M à la courbe.

Considérons l'une d'elles, normale en P, et soit C le centre de courbure relatif au point P. Le Calcul infinitésimal nous apprend que, tant que M sera du même côté que le point P par rapport à C, la normale MP sera plus courte que tous les chemins infiniment voisins. Mais supposons que M vienne en C et soit C'P' une autre

---

([1]) En effet, soit D' une position de B un peu au delà de C. Le chemin AD' est égal au chemin AMDCD', et il est évident que l'on raccourcira ce dernier chemin si, arrivé en un point D très voisin de C, on se dirige directement vers le point D' par l'arc DD'. Il est donc impossible que AD' soit le plus court chemin entre A et D'.

normale à la courbe. D'après les propriétés de la développée, nous aurons

$$CP = C'P' + \text{arc}\,CC'$$

et, par suite,

$$CP > C'P' + \text{corde}\,CC'.$$

On démontrera par suite, comme on l'a fait plus haut, que la normale MP cessera d'être le plus court chemin d'une manière absolue avant que le point M soit venu se confondre avec le point C.

Comment cela peut-il s'expliquer? Quand le point M s'est déplacé de P vers C, il y a eu un instant où une autre normale menée à la courbe a eu la même longueur que MP. Ensuite, cette seconde normale devient la plus courte; mais MP, qui a perdu la propriété d'être le minimum absolu, demeure encore plus courte que tous les chemins infiniment voisins jusqu'au moment où le point M vient coïncider avec le centre de courbure. Une discussion complète du problème doit donc faire intervenir, en même temps que l'enveloppe des normales, le lieu des points d'où l'on peut mener à la courbe deux normales égales. C'est ce que montre clairement l'exemple de l'ellipse (*fig.* 44). Ici le lieu des points

Fig. 44.

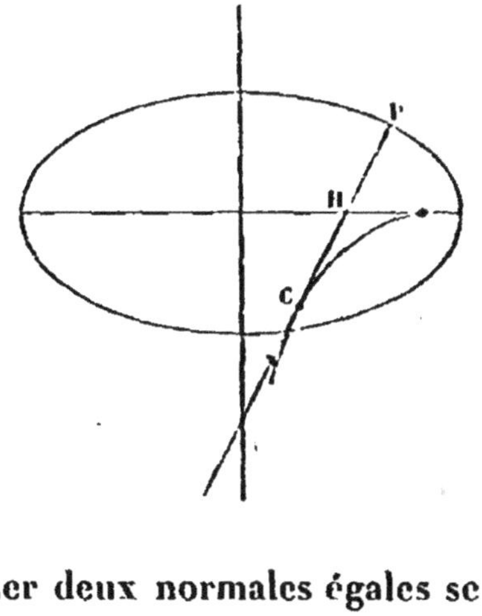

d'où l'on peut mener deux normales égales se compose des deux axes, et toute normale PH rencontre le grand axe en H avant de devenir tangente à la développée en C. Quand le point M sera du même côté que P par rapport à H, il y aura minimum absolu; de H à C, le minimum n'aura plus lieu que relativement aux chemins infiniment voisins. Au delà de C, la normale ne sera plus d'aucune manière un chemin minimum.

On serait conduit à une discussion analogue si l'on demandait le chemin rectiligne le plus long que l'on puisse mener d'un point à l'ellipse.

621. On peut étudier la question que nous venons de résoudre en suivant une méthode toute différente qui conduit à des propositions élégantes et qui a été employée en premier lieu par M. Ossian Bonnet [1].

Soit MQM' une ligne géodésique (*fig.* 45). Pour déterminer les

Fig. 45.

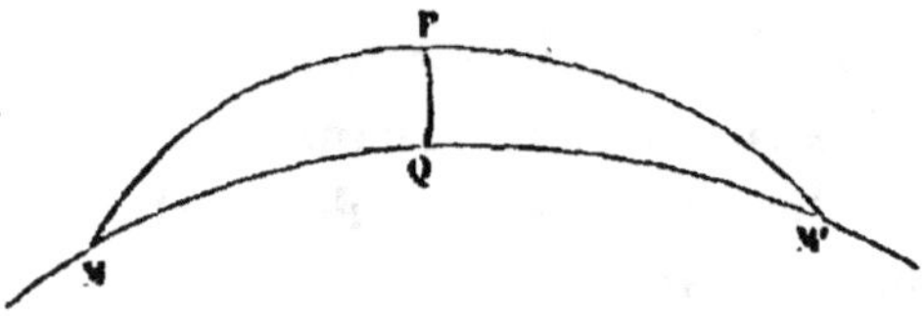

points P de la surface qui sont dans le voisinage de cette ligne, nous emploierons le système de coordonnées formé par les lignes géodésiques normales à MM' et par leurs trajectoires orthogonales. Alors, si u désigne la longueur de la normale géodésique abaissée de P sur MM' et si v désigne la longueur de l'arc MQ, l'élément linéaire de la surface sera donné par la formule

$$ds^2 = du^2 + C^2 dv^2;$$

C est une fonction de u et de v qui doit se réduire à 1 pour $u = 0$. De plus, si l'on exprime que la ligne MM' est géodésique, on aura

$$\frac{\partial C}{\partial u} = 0 \qquad \text{pour} \qquad u = 0.$$

Remarquons d'ailleurs qu'en vertu de la formule de Gauss on a, pour toutes les valeurs de u et de v,

$$\frac{\partial^2 C}{\partial u^2} = -\frac{C}{RR'}.$$

(1) O. Bonnet, *Sur quelques propriétés des lignes géodésiques* (*Comptes rendus*, t. XL, p. 1311; 1850). — *Note sur les lignes géodésiques* (Même Recueil, t. XLI, p. 32; 1851).

Cette formule nous permet de développer C suivant les puissances de u; et, en tenant compte des résultats que nous venons d'indiquer, on obtient le développement suivant

$$(1) \qquad C = 1 - \frac{u^2}{2RR'} - \frac{u^3}{6}\frac{\partial}{\partial u}\left(\frac{1}{RR'}\right),$$

où nous négligeons seulement les termes du quatrième ordre par rapport à u. Les valeurs des coefficients $\frac{1}{RR'}$ et $\frac{\partial}{\partial u}\left(\frac{1}{RR'}\right)$ sont prises pour $u = 0$.

Cela posé, menons par les points M, M' une ligne MPM' s'écartant infiniment peu de la ligne géodésique et pour tous les points de laquelle u sera une fonction infiniment petite de v. L'arc de cette ligne aura pour expression

$$s = \int_M^{M'} \sqrt{u'^2 + C^2}\, dv = \int_M^{M'} \sqrt{1 + u'^2 - \frac{u^2}{RR'} - \frac{u^3}{3RR'}\frac{\partial}{\partial u}\left(\frac{1}{RR'}\right)}\, dv,$$

u' désignant la dérivée de u et les termes négligés contenant tous u^4 en facteur. Si nous supposons que la dérivée u' ne devienne jamais infinie et soit, par conséquent, de l'ordre de u (¹), nou-

(¹) Nous introduisons ici, on le remarquera, une hypothèse restrictive que nous pouvions laisser de côté dans notre première méthode : par sa définition même, la fonction u est infiniment petite pour tous les chemins infiniment voisins de la ligne géodésique; mais, pour assurer la convergence de notre développement en série, nous sommes obligés maintenant d'ajouter la condition que la dérivée u' soit infiniment petite comme u et ne devienne jamais infinie. Or c'est ce qui n'aura pas lieu si l'on prend des valeurs de u telles que les suivantes :

$$u = \alpha v^{\frac{1}{3}}, \qquad u = \alpha v^{\frac{1}{2}} \varphi(v),$$

où α est une constante infiniment petite et $\varphi(v)$ une fonction finie pour $v = 0$. Des difficultés du même genre se présentent dans l'étude générale des problèmes du Calcul des variations. Si, par exemple, on cherche le maximum ou le minimum de l'intégrale

$$\int f(x, y, y', y'')\, dx,$$

remplacer y par $y + \delta y$ et développer en série revient à admettre que la fonction δy de x est telle que ce développement en série soit toujours possible, c'est-à-dire que les dérivées $\delta y'$, $\delta y''$ de δy ne deviennent jamais infinies. On voit ainsi que les méthodes directes au moyen desquelles nous avons établi les propriétés de minimum relatives aux lignes géodésiques sont préférables à celles que l'on peut déduire du Calcul des variations et qu'elles nous permettent d'établir un résultat à la fois plus précis et plus étendu.

aurons, en négligeant les termes du quatrième ordre,

$$(2)\qquad s - \mathrm{MM}' = \frac{1}{2}\int_{\mathrm{M}}^{\mathrm{M}'}\left[u'^2 - \frac{u^2}{\mathrm{RR}'} - \frac{u^3}{3\mathrm{RR}'}\frac{\partial}{\partial u}\left(\frac{1}{\mathrm{RR}'}\right)\right]dv.$$

Bornons-nous, dans la formule précédente, aux termes du second ordre qui, lorsqu'ils ne sont pas nuls, donnent leur signe à la variation de l'arc; on aura

$$(3)\qquad \delta\,\mathrm{MM}' = \frac{1}{2}\int_{\mathrm{M}}^{\mathrm{M}'}\left(u'^2 - \frac{u^2}{\mathrm{RR}'}\right)dv.$$

Si la surface est à courbures opposées, cette variation sera toujours positive. Donc, *dans ce cas, la ligne géodésique ne cessera jamais d'être la plus courte si on la compare seulement aux chemins infiniment voisins.*

Supposons, au contraire, la courbure positive. L'intégrale précédente se composera de deux parties de signes contraires. Pour déterminer son signe, nous introduirons les solutions de l'équation

$$(4)\qquad \frac{d^2p}{dv^2} = -\frac{p}{\mathrm{RR}'},$$

et nous allons, en premier lieu, indiquer la signification géométrique de ces solutions.

625. Pour cela, considérons, d'une manière générale, un système de coordonnées dont l'une des familles soit formée de lignes géodésiques. L'élément linéaire de la surface sera donné par la formule

$$ds^2 = du^2 + \mathrm{C}^2 dv^2,$$

et $\mathrm{C}\,dv$ représentera l'arc de la trajectoire orthogonale compris entre les deux lignes géodésiques (v) et $(v + dv)$. En d'autres termes, ce sera la longueur de la normale infiniment petite qu'il faudra élever en chaque point de la géodésique (v) pour obtenir la géodésique $(v + dv)$. Supposons v et dv constants; les diverses valeurs que prend la quantité $\mathrm{C}\,dv$ en tous les points de la géodésique (v) seront des fonctions de u, c'est-à-dire de l'arc de cette géodésique compté à partir d'une origine fixe. Or on a, en vertu de la formule de Gauss,

$$\frac{1}{\mathrm{RR}'} = -\frac{1}{\mathrm{C}}\frac{\partial^2\mathrm{C}}{\partial u^2}.$$

Si donc on pose $C\,dv = p$, on voit que p satisfera à l'équation différentielle

$$\frac{d^2 p}{du^2} = -\frac{p}{RR'}, \tag{5}$$

ce qui conduit au théorème suivant :

Étant donnée une ligne géodésique quelconque, si l'on désigne par u l'arc de cette géodésique compté à partir d'une origine quelconque et par $\frac{1}{RR'}$ la courbure de la surface, qui, pour les différents points de la ligne géodésique, sera une fonction de u, la longueur p de la normale qu'il faudra élever en chaque point de la géodésique, pour obtenir la géodésique infiniment voisine, sera une fonction de u qui devra satisfaire à l'équation linéaire (5).

Cette équation (5) coïncide, aux notations près, avec l'équation (4), et nous avons ainsi l'interprétation géométrique de la fonction p.

Au reste, on peut chercher directement le minimum de l'intégrale

$$\frac{1}{2}\int\left(u'^2 - \frac{u^2}{RR'}\right)dv,$$

qui donne l'expression approchée de l'arc de toute courbe infiniment voisine de la géodésique MM'. Si l'on recherche celle de ces courbes qui passe par deux points donnés (u_0, v_0), (u_1, v_1) et pour laquelle l'intégrale précédente est un minimum, l'application pure et simple des règles du Calcul des variations montre immédiatement qu'elle doit être définie par l'équation différentielle (4). On retrouve ainsi, de la manière la plus simple, le résultat précédent.

626. Supposons qu'il soit possible de trouver une solution p de l'équation (4) ne s'annulant ni pour M, ni pour M', ni pour aucun point compris entre M et M'. Si nous posons

$$u = \lambda p,$$

λ devra s'annuler comme u pour les points M et M' *et il ne de-*

viendra jamais infini entre M *et* M'. En substituant la valeur précédente de u dans la formule (3), on aura

$$\delta MM' = \frac{1}{2}\int_M^{M'}\left(\lambda^2 p'^2 + 2\lambda\lambda' pp' + p^2\lambda'^2 - \frac{p^2\lambda^2}{RR'}\right)dv$$

ou, en remplaçant $\frac{1}{RR'}$ par $-\frac{p''}{p}$,

$$\delta MM' = \frac{1}{2}\int_M^{M'}(\lambda^2 p'^2 + 2\lambda\lambda' pp' + p^2\lambda'^2 + \lambda^2 pp'')\,dv$$

$$= \frac{1}{2}\int_M^{M'} d(\lambda^2 pp') + \frac{1}{2}\int p^2\lambda'^2\,dv.$$

λ étant nul aux deux limites et fini dans l'intervalle de M à M', la première intégrale est nulle; il reste donc

$$(6) \qquad \delta MM' = \frac{1}{2}\int_M^{M'} p^2\left(\frac{u}{p}\right)'^2 dv.$$

On voit que la variation de MM' est essentiellement positive; par suite, *la ligne géodésique est plus courte que tous les chemins infiniment voisins.*

Ce point étant établi, considérons la solution p de l'équation (5) qui s'annule pour le point M (*fig.* 46) et supposons que cette

Fig. 46.

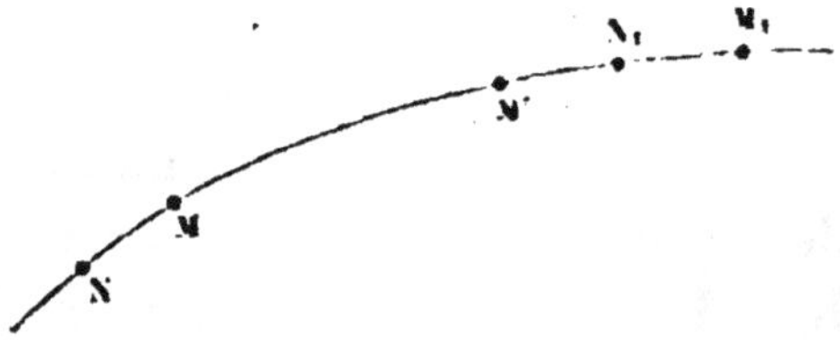

solution s'annule de nouveau au point M_1 en conservant son signe dans toute l'étendue de MM_1. Cela veut dire que les géodésiques partant de M et infiniment voisines de MM_1 viendront couper de nouveau cette ligne géodésique au point M_1 ou en un point infiniment voisin, sans la rencontrer entre M et M_1. Nous allons montrer que, si l'on prend un point M' entre M et M_1, le segment géodésique MM' sera plus court que tous les chemins infiniment voisins réunissant ses extrémités. En effet, la solution p de l'équation (5) us'ıq annule en un point N infiniment voisin et à gauche de M ne s'annulera une seconde fois qu'en un point N_1 infiniment voisin de M_1 et, par conséquent, au delà de M'. Il y aura donc une solution p ne s'annulant en aucun point du segment MM', et cela suffit, nous venons de le montrer, à établir la proposition que nous avions en vue.

627. Jacobi avait énoncé sans démonstration [1] une proposition qui complète la précédente : *Le minimum cesse certainement d'avoir lieu si le point* M' *est placé au delà du point* M_1. Ce résultat a été démontré par M. O. Bonnet dans les Notes citées plus haut. On peut encore l'établir comme il suit.

Prenons au delà de M_1 (*fig.* 47) un point M' assez voisin de M_1 pour que la solution de l'équation (4) qui s'annule au point M' ne s'annule pas dans l'intervalle M_1M', y compris le point M_1. J'ap-

Fig. 47.

pelle q cette solution ; il sera alors possible de déterminer entre M et M_1 un point M'' tel que la solution q ne s'annule pas dans l'intervalle $M'M''$. Je désigne, comme précédemment, par p la solution de l'équation qui s'annule aux points M et M_1 et j'achève de déterminer cette solution, qui n'est connue qu'à un facteur constant près, par la condition qu'au point M'' on ait

$$p = q.$$

Cela posé, dans la variation

$$\frac{1}{2}\int_{M}^{M'}\left(u'^2 - \frac{u^2}{RR'}\right)dv,$$

je remplace u par p de M à M'' et par q de M'' à M', ce qui est évidemment permis, ces valeurs successives de u définissant un

[1] JACOBI, *Sur le Calcul des variations et sur la Théorie des équations différentielles* (*Journal de Liouville*, t. III, p. 44; 1836). *Voir* aussi la Note VI dans le deuxième Volume de l'édition de la *Mécanique analytique* due à M. Bertrand et la quatrième Leçon des *Vorlesungen über Dynamik*.

chemin parfaitement continu. La variation prendra la valeur

$$\frac{1}{2}\int_{M}^{M''}\left(p'^2-\frac{p^2}{RR'}\right)dv+\frac{1}{2}\int_{M''}^{M'}\left(q'^2-\frac{q^2}{RR'}\right)dv$$

ou encore

$$\frac{1}{2}\int_{M}^{M''}(p'^2+pp'')dv+\frac{1}{2}\int_{M''}^{M'}(q'^2+qq'')dv.$$

Si l'on intègre et si l'on remarque que p est nul en M et q en M', on obtient pour la variation du chemin l'expression suivante

$$[pp'-qq']_{M''}.$$

Comme on a, pour le point M'', $p=q$, on peut écrire cette variation sous la forme

$$[qp'-pq']_{M''}.$$

Or, étant données deux solutions quelconques p et q de l'équation (4), on sait que le déterminant

$$qp'-pq'$$

est constant; on pourra donc calculer sa valeur pour tel point que l'on voudra, par exemple pour le point M_1, où l'on a $p=0$. Il reste alors

$$[qp']_{M_1}.$$

Cette quantité est négative. Supposons, en effet, pour fixer les idées, que la valeur de q soit positive entre M' et M''; d'après les hypothèses faites, il en sera de même de la valeur de p entre M et M_1. Or, un peu avant le point M_1, p et p' doivent être de signe contraire; il faut donc que la valeur de p' au point M_1 soit négative.

La variation du chemin étant négative, la ligne géodésique a perdu, on le voit, sa propriété de minimum.

Il est aisé d'interpréter géométriquement la méthode que nous venons de suivre et de reconnaître comment on y est conduit. S'il existe un chemin MHM' plus court que l'arc de géodésique MM', en substituant à ce chemin les deux portions de géodésiques MH et HM' on ne pourra que diminuer sa longueur, et l'on formera un nouveau chemin qui devra être encore plus court que l'arc MM'.

628. Il nous reste à établir une remarquable proposition; mais, avant de la faire connaître, nous allons démontrer, par une méthode nouvelle, de beaux théorèmes sur les équations linéaires du second ordre, qui sont dus à Sturm (¹).

Considérons l'équation

$$\frac{d^2V}{dx^2} = HV, \tag{7}$$

et soit $V = \varphi(x)$ une solution de cette équation s'annulant pour une valeur x_0 de x. Nous désignerons par x_1 la racine de V immédiatement supérieure à x_0; x_1 sera remplacé par $+\infty$ quand V ne s'annulera pour aucune valeur de x supérieure à x_0. Nous allons d'abord montrer qu'*aucune intégrale de l'équation linéaire ne s'annulera plus d'une fois entre x_0 et x_1*.

En effet, soit α une valeur de x comprise entre x_0 et x_1. La solution de l'équation qui s'annule pour cette valeur de x est donnée, comme on sait, par la formule

$$C\varphi(x)\int_\alpha^x \frac{dx}{\varphi^2(x)},$$

où C désigne une constante arbitraire. Aucun des facteurs de ce produit ne s'annule pour les valeurs de x comprises entre x_0 et x_1; pour toutes ces valeurs de x, l'intégrale a toujours un sens déterminé, car son élément ne devient pas infini entre les limites de l'intégration. La proposition que nous venons d'énoncer est donc établie.

Si l'on donne à C la valeur $\varphi(\alpha)$, on a la solution

$$\varphi(x)\varphi(\alpha)\int_\alpha^x \frac{dx}{\varphi^2(x)}, \tag{8}$$

que nous désignerons par $\theta(x, \alpha)$. Elle a sa dérivée égale à l'unité pour $x = \alpha$; elle est évidemment positive pour toutes les valeurs de x comprises entre α et x_1, négative pour les valeurs de x comprises entre x_0 et α. Pour x_0 ou x_1, elle revêt une forme indéterminée; mais on obtient facilement sa vraie valeur, qui n'est ni nulle

(¹) STURM, *Mémoire sur les équations différentielles du second ordre* (*Journal de Liouville*, t. I, p. 106; 1836).

ni infinie, en faisant usage de la relation

$$\varphi(x)\frac{\partial\theta}{\partial x} - \theta\,\varphi'(x) = \varphi(\alpha), \tag{9}$$

qui a lieu pour toutes les valeurs de x.

629. Cela posé, considérons deux équations distinctes

$$\frac{d^2V}{dx^2} = HV, \tag{10}$$

$$\frac{d^2V}{dx^2} = H'V, \tag{11}$$

et supposons que l'on ait, pour toutes les valeurs de x,

$$H' \gtreqless H. \tag{12}$$

Nous allons montrer que, *si $\varphi(x)$ est une solution de la première admettant les deux racines consécutives x_0, x_1, la solution de la seconde qui s'annule pour x_0 ne s'annulera plus dans l'intervalle (x_0, x_1), x_1 compris.*

En effet, j'écris l'équation (11) de la manière suivante :

$$\frac{d^2V}{dx^2} = HV + (H' - H)V.$$

Si nous considérons $(H' - H)V$ comme une fonction donnée $\psi(x)$ de x, l'équation précédente deviendra

$$\frac{d^2V}{dx^2} - HV = \psi(x); \tag{13}$$

et, comme nous connaissons une solution $\varphi(x)$ de l'équation sans second membre, nous pourrons obtenir une formule donnant l'intégrale de l'équation complète.

Parmi les méthodes connues, appliquons celle de Cauchy : elle prescrit de former en premier lieu une solution de l'équation sans second membre qui se réduise à o pour $x = \alpha$ et dont la dérivée devienne égale à 1 pour la même valeur de x. Cette solution est celle que nous avons formée plus haut

$$\theta(x,\alpha) = \varphi(x)\varphi(\alpha)\int_\alpha^x \frac{dx}{\varphi^2(x)}.$$

Cela posé, une solution particulière de l'équation avec second membre est fournie, d'après le théorème de Cauchy, par l'intégrale

$$\int_{x_0}^{x} \theta(x, \alpha)\, \psi(\alpha)\, d\alpha;$$

par suite, toutes les solutions de l'équation (13) qui s'annulent pour $x = x_0$ seront de la forme

$$C\,\varphi(x) + \int_{x_0}^{x} \theta(x, \alpha)\, \psi(\alpha)\, d\alpha,$$

où C désigne une constante arbitraire. Si donc V′ désigne une solution de l'équation (11) s'annulant pour $x = x_0$, nous aurons, en substituant $(H' - H)V'$ à $\psi(x)$,

$$V' = C\,\varphi(x) + \int_{x_0}^{x} \theta(x, \alpha)[(H' - H)V']_{\alpha}\, d\alpha,$$

l'indice α indiquant que l'on remplace x par α dans la parenthèse.

On peut exprimer la constante C en fonction de la dérivée de V′ pour la valeur x_0 de x. Si l'on prend, en effet, les dérivées des deux membres de l'équation précédente en faisant $x = x_0$, on a

$$\left(\frac{dV'}{dx}\right)_{x_0} = C\,\varphi'(x_0).$$

On obtient donc définitivement la formule suivante

$$V' = \frac{\varphi(x)}{\varphi'(x_0)} \left(\frac{dV'}{dx}\right)_{x_0} + \int_{x_0}^{x} \theta(x, \alpha)[(H' - H)V']_{\alpha}\, d\alpha, \tag{14}$$

qui ne peut être d'aucun secours immédiat pour la détermination de V′, mais qui va nous permettre d'établir la proposition que nous avons en vue.

Imaginons, en effet, que x varie de x_0 à x_1. La fonction V′, qui est nulle pour $x = x_0$, commence par avoir un certain signe, celui de sa dérivée pour $x = x_0$, $\left(\frac{dV'}{dx}\right)_0$. Supposons, par exemple, que ce signe soit positif; la fonction le conservera évidemment de x_0 à x_1, si elle ne s'annule pas; et, pour prouver qu'elle ne s'annule pas, il suffira de faire voir que, si la fonction demeure positive pour toutes les valeurs inférieures à un nombre donné x', elle demeure positive même pour $x = x'$. Or c'est ce qui résulte immédiatement de la formule précédente. Le premier terme du second membre sera évidemment positif pour $x = x'$, et il en sera de même de tous les éléments de l'intégrale

$$\int_{x_0}^{x'} \theta(x', \alpha)[(H' - H)V']_\alpha \, d\alpha;$$

$\theta(x', \alpha)$ est en effet positive, puisque α est inférieur à x'; il en est de même par hypothèse de $(H' - H)$, et aussi de V'_α, qui correspond à des valeurs α de x toutes comprises entre x_0 et x'.

La proposition est donc établie. On en déduit comme corollaire la suivante :

Étant données les deux équations (10), (11), *s'il arrive que l'on ait constamment* $H' \leqq H$ *et qu'une solution de la première s'annule pour* $x = x_0$ *et* $x = x_1$, *la solution de la seconde qui s'annule pour* $x = x_0$ *aura au moins une seconde racine dans l'intervalle* (x_0, x_1).

Car, si cette solution ne s'annulait pas dans l'intervalle considéré, il en serait de même *a fortiori* de la solution de la première équation, en vertu même de la proposition que nous venons de démontrer [1].

630. Appliquons ces résultats au problème des lignes géodésiques et reprenons l'équation

$$(15) \qquad \frac{d^2 p}{dv^2} = -\frac{p}{RR'}.$$

Soient p une solution de cette équation et v_0, v_1 deux racines consécutives de p correspondantes à deux points M_0, M_1. Nous savons que l'arc M_0M sera le plus court tant que M sera entre M_0 et M_1 mais qu'il perdra cette propriété dès que M sera au delà de M_1.

Supposons qu'en tous les points de M_0M_1 on ait

$$-\frac{1}{RR'} \leqq -\frac{1}{a^2}, \qquad \text{ou} \qquad RR' \leqq a^2;$$

[1] Les propositions établies ici ont moins d'étendue et de généralité que celles de Sturm; mais elles suffisent pour l'objet que nous avons en vue et, d'ailleurs, le lecteur pourra appliquer notre méthode à la démonstration des résultats les plus généraux contenus dans l'admirable Mémoire de Sturm.

la solution de l'équation

$$\frac{d^2p}{dv^2} = -\frac{1}{a^2}p$$

qui s'annule pour $v = v_0$ sera

$$C \sin \frac{v - v_0}{a},$$

et la racine immédiatement supérieure à v_0 sera

$$v_0 + \pi a.$$

D'après la proposition de Sturm, cette racine doit être supérieure à v_1. Nous obtenons ainsi ce beau théorème de M. O. Bonnet, démontré dans les Notes citées plus haut :

Si, le long d'une ligne géodésique, le produit des rayons de courbure est positif et inférieur à a^2, la ligne ne peut être le plus court chemin dans un intervalle supérieur à πa (1).

On peut ajouter la proposition suivante, qui complète celle de M. Bonnet.

Supposons qu'en tous les points de l'arc M_0M_1 on ait

$$-\frac{1}{RR'} \gtreqless -\frac{1}{b^2} \quad \text{ou} \quad RR' \geqq b^2.$$

Alors, si l'on considère l'équation

$$\frac{d^2p}{dv^2} = -\frac{p}{b^2},$$

l'intervalle entre deux racines consécutives sera πb. Comme il ne saurait être inférieur, d'après la proposition de Sturm, à l'intervalle entre deux racines consécutives de la première, on est conduit au résultat suivant :

---

(1) M. Bonnet a déduit de sa proposition les conséquences suivantes :

Si, dans une surface fermée convexe, le produit des rayons de courbure est inférieur à a^2, la longueur de la droite qui joint deux points quelconques de la surface est certainement inférieure à πa.

Si, dans une surface convexe, le produit des rayons de courbure est inférieur à une quantité fixe a^2, la surface ne peut avoir de nappes infinies.

Si, en tous les points de la ligne géodésique, le produit des rayons de courbure est supérieur à b^2, la géodésique est plus courte que tous les chemins infiniment voisins dans un intervalle au moins égal à πb.

Considérons l'ellipsoïde, par exemple. La courbure en chaque point est donnée par la formule

$$RR' = \frac{a^2 b^2 c^2}{p^4},$$

a, b, c désignant les demi-axes et p la distance du centre au plan tangent (n° 501). Les valeurs extrêmes de RR' seront

$$\frac{a^2 b^2}{c^2} \quad \text{et} \quad \frac{b^2 c^2}{a^2}.$$

Ainsi toute géodésique ne peut être le plus court chemin sur une longueur supérieure à $\frac{\pi a b}{c}$; elle sera certainement, sur toute longueur inférieure à $\pi \frac{bc}{a}$, plus petite que tous les chemins infiniment voisins réunissant ses extrémités.

631. La méthode suivie par M. Bonnet permet de trouver très simplement la variation de longueur d'un arc de courbe.

Soit en effet MM' une courbe qui se déplace et se déforme suivant une loi quelconque (*fig.* 48); considérons-la dans deux de ses

Fig. 48.

positions infiniment voisines MM', PP'. Élevons les géodésiques perpendiculaires à MM' et employons le système de coordonnées formé par ces lignes géodésiques et les courbes parallèles à MM'. On aura, pour l'élément linéaire, l'expression

$$ds^2 = du^2 + C^2 dv^2.$$

La variable u est la longueur portée sur les lignes géodésiques à partir de MM', prise avec un signe déterminé suivant qu'elle sera portée d'un côté ou de l'autre de MM'. Quant à la variable v, nous pouvons supposer qu'elle est égale à l'arc de la courbe MM' compris entre une origine fixe et le pied de la géodésique (v). On aura encore

$$C = 1, \quad \text{pour} \quad u = 0,$$

mais la dérivée $\frac{\partial C}{\partial u}$ ne sera plus nulle pour la même valeur de u. Il résulte des formules du Livre V [II, p. 385 à 387] que la valeur de $-\frac{\partial C}{\partial u}$ pour $u=0$ est la courbure géodésique de MM', comptée comme positive si le centre de courbure géodésique est du côté de MM' qui correspond aux valeurs positives de u.

Cela posé, soient R et R' les points où les géodésiques normales en M et M' viennent couper PP'. On aura

$$\delta MM' = PP' - MM' = PR + P'R' + RR' - MM',$$

ou, en considérant les triangles infiniment petits RPM, R'P'M',

$$(16) \qquad \delta MM' = -PM\cos\widehat{PMM'} - P'M'\cos\widehat{P'M'M} + RR' - MM'.$$

En tous les points de RR', u est une fonction infiniment petite de v. On aura donc

$$RR' = \int_M^{M'} \sqrt{u'^2 + C^2}\, dv,$$

ou, en développant C suivant les puissances de u et négligeant les infiniment petits du second ordre,

$$RR' = \int_M^{M'} \sqrt{u'^2 + 1 + 2u\left(\frac{\partial C}{\partial u}\right)_0}\, dv = \int_M^{M'} \left[1 + u\left(\frac{\partial C}{\partial u}\right)_0\right] dv,$$

ou enfin

$$(17) \qquad RR' = MM' + \int_M^{M'} u\left(\frac{\partial C}{\partial u}\right)_0 dv.$$

Si nous portons cette valeur de RR' dans la formule (16) et si nous remplaçons $\left(\frac{\partial C}{\partial u}\right)_0$ par son expression $\frac{-1}{\rho_g}$ au moyen de la courbure géodésique de MM', nous aurons

$$(18) \qquad \delta MM' = -PM\cos\widehat{PMM'} - P'M'\cos\widehat{P'M'M} - \int_M^{M'} u\frac{ds}{\rho_g},$$

formule très intéressante et très utile, et qui ne contient que des éléments dont la définition géométrique et le signe ne laissent place à aucune difficulté.

632. Elle va nous permettre d'indiquer une série de conditions auxquelles doit satisfaire le plus court chemin entre deux points d'une surface limitée d'une manière quelconque.

1° Les portions qui seront à l'intérieur de la surface devront être formées de lignes géodésiques.

Cette propriété résulte immédiatement de ce qui a été démontré (nos **516** et **521**). On peut la déduire aussi de la formule précédente. Si le rayon de courbure géodésique ρ_g n'est pas infini, il suffira en effet d'élever sur l'arc MM′ des perpendiculaires infiniment petites de même signe que ρ_g, c'est-à-dire dirigées du côté du centre de courbure géodésique, et s'annulant en outre pour les deux points M et M′. On aura ainsi remplacé MM′ par un chemin infiniment voisin et plus court, puisque l'expression de δ MM′ donnée par la formule précédente sera essentiellement négative.

Fig. 49.

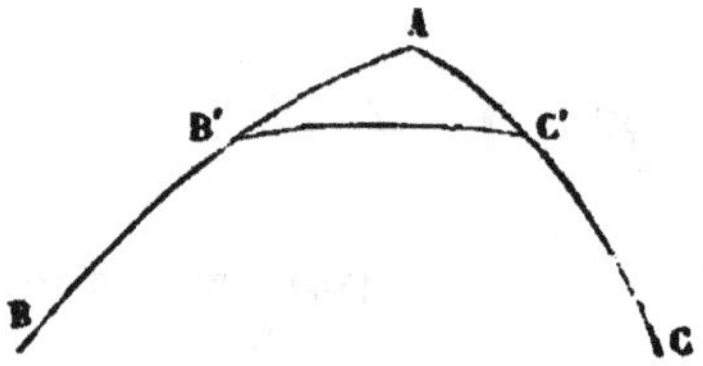

2° Les portions de chemin qui font partie de la limite de la surface, si elles ne sont pas des géodésiques, devront satisfaire à la condition suivante : imaginons qu'en chaque point de la limite on mène celle des tangentes de la surface qui est normale à la courbe limite; il faudra que le centre de courbure géodésique de la courbe soit placé sur la portion de cette tangente qui est dirigée vers l'extérieur de la surface. En effet, si cette condition n'était pas remplie, on diminuerait la longueur du chemin en remplaçant un segment de cette courbe limite par une courbe infiniment voisine tracée sur la surface et réunissant les extrémités du segment.

3° Si deux portions du chemin, tracées sur une même nappe, viennent se réunir (*fig.* 49) en un certain point de l'intérieur, elles doivent se raccorder tangentiellement et de manière que l'une soit le prolongement de l'autre. Car, si ces portions BA, AC se rencontraient sous un angle différent de zéro, on abrégerait le chemin total en prenant B', C' infiniment voisins de A et substituant la route directe B'C' au chemin B'A + AC'.

Il résulte de là que la portion du chemin comprise à l'intérieur de la surface doit se composer d'une seule ligne géodésique qui se continue sans interruption jusqu'à ce qu'on rencontre une limite ou une ligne singulière de la surface.

4° Si deux portions AB, BC du chemin le plus court ABC viennent se rencontrer en un point B (*fig.* 50) appartenant à la limite

Fig. 50.

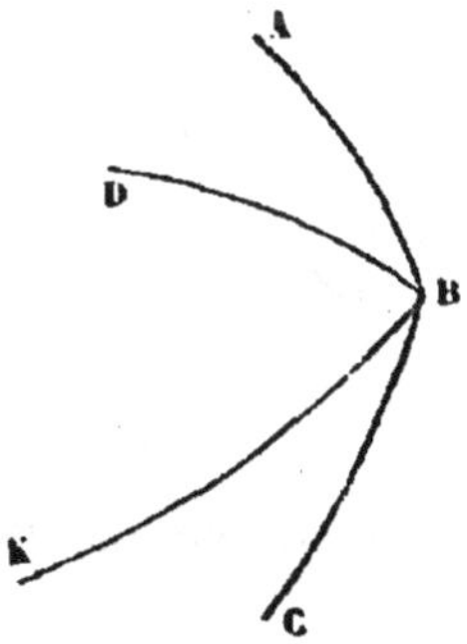

DBK, il faudra que l'angle ABC soit inférieur ou égal à deux droits pour la même raison que précédemment.

5° Enfin, si la surface a des nappes différentes se coupant ou se raccordant suivant certaines lignes, le chemin le plus court ne pourra se briser et passer d'une nappe à l'autre qu'en faisant de part et d'autre des angles égaux avec la ligne de séparation.

Nous allons indiquer quelques exemples simples propres à faciliter l'application de ces principes.

Soit d'abord une surface plane (*fig.* 51) à laquelle on aurait enlevé l'aire comprise à l'intérieur du cercle O, et proposons-nous de trouver le plus court chemin entre deux points A et B, choisis de telle manière que la droite AB rencontre la circonférence. Il résulte des propositions précédentes que le plus court chemin se composera de l'une des tangentes menées de A et de B à la circonférence et d'une portion de cette circonférence. On n'aura donc à choisir qu'entre les deux chemins AEFB et ADCB. Le plus court est celui qui se trouve du même côté de O que la droite AB.

Supposons maintenant que le plan soit double et se compose de deux nappes raccordées suivant la circonférence O (*fig.* 52). C'est ce qui arriverait si l'on appliquait sur le plan une surface développable dont l'arête de rebroussement viendrait coïncider

Fig. 51.

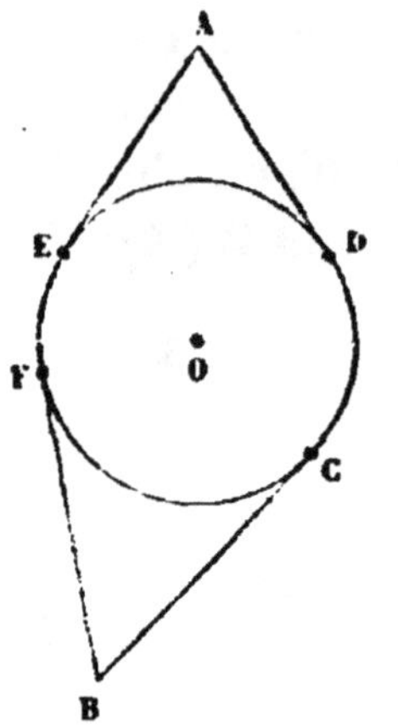

avec la circonférence O. Nous désignerons par les lettres sans accents les points de la première nappe et par les lettres accentuées ceux de la seconde.

Le plus court chemin d'un point A de la première nappe à un

Fig. 52.

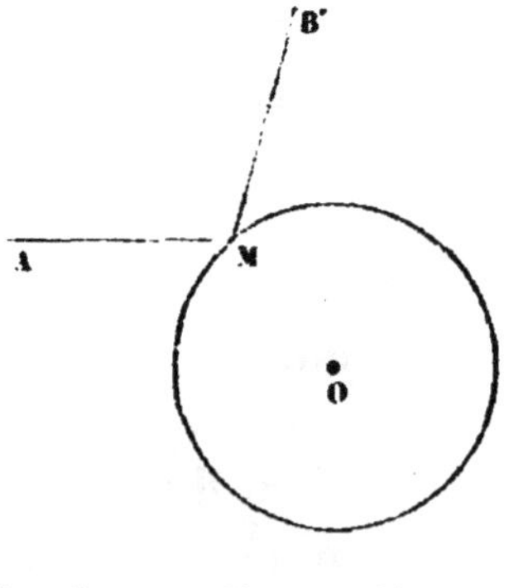

point B' de la seconde devra, d'après les conditions énoncées, se composer sur chaque nappe d'une portion droite. De plus, les deux droites AM, B'M devront faire en M des angles égaux avec la circonférence.

On pourrait multiplier les exemples de ce genre; nous nous

contenterons de ceux qui précèdent. Mais nous ajouterons la remarque suivante, qui montrera toute l'extension que l'on pourrait donner à ce genre de recherches.

Considérons sur une surface quelconque tous les chemins possibles réunissant deux points donnés. Les études approfondies que l'on a été conduit à entreprendre dans la théorie moderne des fonctions ont montré qu'il existe un grand nombre de surfaces pour lesquelles on ne peut passer de l'un de ces chemins à tout autre, réunissant les mêmes points, par une déformation progressive et continue. Par exemple, sur un cylindre circulaire droit, il y aura des chemins allant d'un point A à un autre point B en faisant un nombre quelconque de tours, soit dans un sens, soit dans l'autre; et ces chemins ne seront pas réductibles les uns aux autres. Si l'on veut considérer une surface limitée, on pourra prendre le tore, pour lequel il y a lieu de faire les mêmes distinctions, la surface d'un ellipsoïde ou une portion de surface plane dans lesquelles on aurait enlevé les parties de la surface comprises à l'intérieur de différents traits fermés, etc. Dans un très intéressant Mémoire publié en 1866 [1], M. Jordan a montré comment on peut classer toutes ces routes différentes et les réduire à certains chemins élémentaires parfaitement définis. De cette manière, le problème que nous avons étudié dans ce Chapitre se présentera sous une forme nouvelle et plus générale. On pourra l'énoncer comme il suit :

Parmi tous les chemins réunissant deux points A *et* B *d'une surface et réductibles les uns aux autres par une déformation continue, déterminer celui qui est le plus court.*

Les propriétés *différentielles* que nous avons établies plus haut permettront d'étudier cette intéressante question, dont la discussion complète appartient évidemment à la Géométrie de situation. Le lecteur pourra examiner quelques cas simples, se rapportant à des cylindres ou à des surfaces planes percées de trous circulaires.

---

[1] JORDAN (C.), *Sur la déformation des surfaces* (*Journal de Liouville*, 2e série, t. XI, p. 105; 1866).
Des contours tracés sur les surfaces (Même Recueil et même tome, p. 110).

633. Nous terminerons ce que nous avons à dire sur ce sujet en donnant quelques indications sur une notion nouvelle, celle de la *longueur réduite*, introduite par M. Christoffel dans la théorie des lignes géodésiques ([1]).

Soit (g) (*fig.* 53) une ligne géodésique dont les différents

Fig. 53.

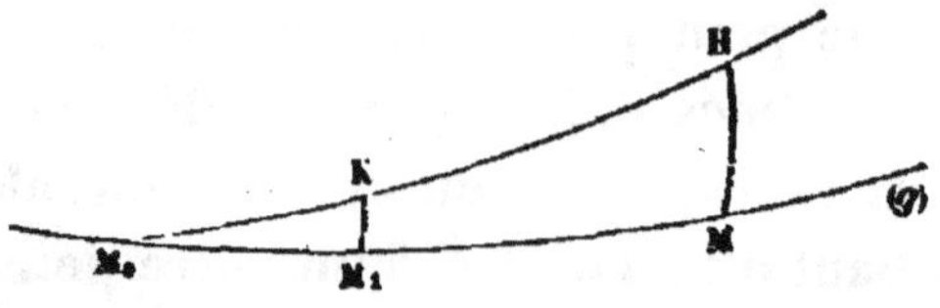

points seront déterminés par leurs abscisses v, comptées à partir d'une origine fixe O prise sur cette ligne. Nous avons vu que, pour définir toute ligne géodésique infiniment voisine de (g), il faut élever au point d'abscisse v une perpendiculaire p satisfaisant à l'équation du second ordre

$$\frac{d^2p}{dv^2} = -\frac{p}{RR'}; \tag{19}$$

le lieu de l'extrémité de cette perpendiculaire sera la ligne géodésique cherchée. Par conséquent, si l'on veut obtenir celles de ces lignes qui passent en M_0, il faudra prendre les solutions de l'équation précédente qui se réduisent à zéro pour le point M_0. Ces solutions ne diffèrent les unes des autres que par un facteur constant; distinguons et désignons par la notation $[M_0M]$ celle dont la dérivée $\frac{dp}{dv}$ se réduit à 1 pour le point M_0. On pourra dire alors que toute ligne géodésique passant par M_0 est définie par l'équation

$$p = \alpha[M_0M], \tag{20}$$

où α désigne une constante infiniment petite. Proposons-nous de déterminer l'angle θ que fait en M_0 cette ligne géodésique avec la ligne (g). Nous considérerons pour cela le triangle M_0M_1K, en

---

([1]) Christoffel (E.-B.), *Allgemeine Theorie der geodätischen Dreiecke* (*Abhandlungen der Königlichen Akademie der Wissenschaften zu Berlin*, p. 119-176; 1868).

supposant le point M_1 infiniment voisin de M_0. Comme il est rectangle en M_1, nous aurons

$$\theta = \frac{M_1 K}{M_0 M_1} = \left[\frac{dp}{dv}\right]_{M_0},$$

en négligeant les infiniment petits d'ordre supérieur au premier. En vertu de la définition de la solution $[M_0 M]$, on aura donc

$$\theta = \alpha.$$

De là résulte le théorème suivant, dû à M. Christoffel.

Donnons à la solution $[M_0 M]$ de l'équation (19), qui est définie par la double condition de se réduire à o pour M_0 et d'avoir sa dérivée égale à 1 pour le même point, le nom de *longueur réduite* du segment géodésique M_0M. *Si, par le point* M_0, *on mène une ligne géodésique faisant avec la première l'angle infiniment petit* θ *et qu'on élève en* M *l'arc perpendiculaire* MH *jusqu'à la rencontre de cette ligne géodésique, on aura*

$$\text{(21)} \qquad MH = \theta[M_0 M].$$

Si v_0 et v sont les abscisses des points M_0 et M, on aura, comme nous l'avons déjà vu (n° 628),

$$\text{(22)} \qquad [M_0 M] = \varphi(v_0)\varphi(v)\int_{v_0}^{v} \frac{dv}{\varphi^2(v)},$$

$\varphi(v)$ désignant une solution de l'équation différentielle qui ne s'annule pas pour $v = v_0$.

Nous voyons, d'après cette formule, que l'on a

$$[M_0 M] + [M M_0] = 0.$$

Si l'on connaît deux solutions $\varphi(v)$, $\psi(v)$ de l'équation différentielle, satisfaisant nécessairement à une relation de la forme

$$\varphi(v)\psi'(v) - \psi(v)\varphi'(v) = C,$$

on trouvera

$$\text{(23)} \qquad [M_0 M] = \frac{\varphi(v_0)\psi(v) - \varphi(v)\psi(v_0)}{C},$$

et cette nouvelle expression de la *distance réduite* permet de démontrer immédiatement une relation

$$[ab][cd]+[ac][db]+[ad][bc]=0, \tag{24}$$

qui a été donnée par M. Christoffel.

Si, sur toutes les lignes géodésiques passant par M_0 (*fig.* 53), on porte une longueur égale à M_0M, on obtiendra une trajectoire orthogonale à toutes ces lignes géodésiques qui passent en M_0. Le rayon de courbure géodésique de cette trajectoire orthogonale au point M sera donné par la formule

$$\frac{1}{\rho_g}=\frac{-1}{[M_0M]}\frac{d[M_0M]}{dv}, \tag{25}$$

que nous nous contenterons d'indiquer.

Il résulte des développements donnés plus haut que les propriétés essentielles de la longueur réduite avaient été utilisées par M. O. Bonnet avant que cet élément eût été défini par M. Christoffel.

CHAPITRE VI.

LA COURBURE GÉODÉSIQUE ET LE THÉORÈME DE GAUSS.

Définitions diverses de la courbure géodésique. — Généralisation de différentes propositions relatives à la courbure des lignes planes. — Définition due à M. Beltrami de la courbure géodésique. — Détermination de toutes les surfaces dont les lignes de courbure ont leur courbure géodésique constante. — Le théorème de Green pour une aire à connexion simple. — Formule de M. O. Bonnet. — Théorème de Gauss relatif à la courbure totale d'un polygone dont les côtés sont des lignes géodésiques. — Définition de l'angle de contingence géodésique. — Formule de M. Liouville, expression de la courbure totale en un point de la surface au moyen des courbures géodésiques des deux lignes coordonnées. — Application de cette formule à un problème de M. Tchebychef. — Le théorème de Green pour une aire à connexion multiple. — Applications diverses. — Le théorème de Gauss relatif à la courbure d'un polygone géodésique ne constitue pas une propriété caractéristique des lignes géodésiques.

---

634. Après avoir développé les principales propositions relatives aux lignes géodésiques, nous allons étudier d'une manière détaillée la courbure géodésique. Nous avons vu qu'elle est donnée par la formule

$$\frac{ds}{\rho_g} = d\omega + r\,du + r_1\,dv. \tag{1}$$

Le centre de courbure géodésique, c'est-à-dire le centre de courbure de la projection de la courbe sur le plan tangent, admet pour coordonnées relativement au trièdre mobile (T)

$$x = -\rho_g \sin\omega, \qquad y = \rho_g \cos\omega.$$

Par conséquent, le rayon vecteur qui joint le point de la surface au centre de courbure géodésique fera avec l'axe des x du trièdre (T) un angle égal à $\omega + \frac{\pi}{2}$ ou $\omega - \frac{\pi}{2}$ suivant que ρ_g sera positif ou négatif.

La courbure géodésique étant un élément des plus importants, nous en ferons connaître successivement différentes expressions.

Au premier rang, il faut placer la suivante : nous avons vu (nº 631) que, si l'on considère un arc quelconque MM' et si l'on porte des longueurs infiniment petites λ sur les géodésiques normales à cette courbe de manière à obtenir un arc infiniment voisin RR', l'accroissement de MM' est défini par la formule

$$\delta \,\mathrm{MM'} = -\int_{\mathrm{M}}^{\mathrm{M'}} \frac{\lambda \, ds}{\rho_g},$$

pourvu que l'on donne à λ et à ρ_g le même signe quand ces grandeurs sont portées dans le même sens.

L'élément ds étant toujours positif, on a, d'après un théorème connu,

$$\delta \,\mathrm{MM'} = -\,\mathrm{MM'}\left(\frac{\lambda}{\rho_g}\right);$$

$\left(\frac{\lambda}{\rho_g}\right)$ désignant la valeur de $\frac{\lambda}{\rho_g}$ prise pour un point inconnu de l'arc MM' ou encore une moyenne entre la plus petite et la plus grande des valeurs de $\frac{\lambda}{\rho_g}$ relatives aux points compris entre M et M'.

Si nous supposons que l'arc MM' se réduise à l'arc infiniment petit AB (*fig.* 54), la formule précédente nous donnera

$$\frac{\mathrm{A'B'} - \mathrm{AB}}{\mathrm{AB}} = -\frac{\mathrm{AA'}}{\rho_g},$$

Fig. 54.

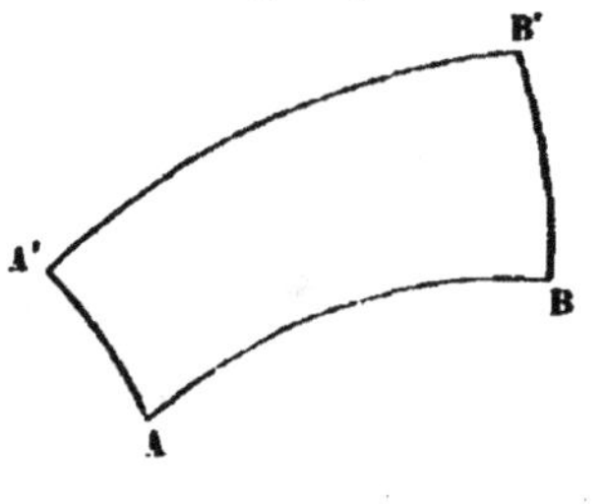

ρ_g différant infiniment peu du rayon de courbure de AB en A. On peut obtenir un résultat beaucoup plus général par une interprétation directe des formules qui donnent la courbure géodésique.

635. Supposons la surface rapportée à des coordonnées rectangulaires quelconques et soit

$$ds^2 = \mathrm{A}^2\, du^2 + \mathrm{C}^2\, dv^2$$

l'expression de l'élément linéaire.

Le rayon de courbure géodésique de la courbe $v = \text{const.}$ sera donné (n° 507) par la formule

$$\frac{1}{\rho} = -\frac{1}{AC}\frac{\partial A}{\partial v},$$

les coordonnées du centre de courbure géodésique étant

$$x_1 = 0, \qquad y_1 = \rho.$$

Construisons les quatre courbes coordonnées (u), $(u+du)$, (v), $(v+dv)$, qui forment le quadrilatère curviligne MM'PP' (*fig.* 55).

Fig. 55.

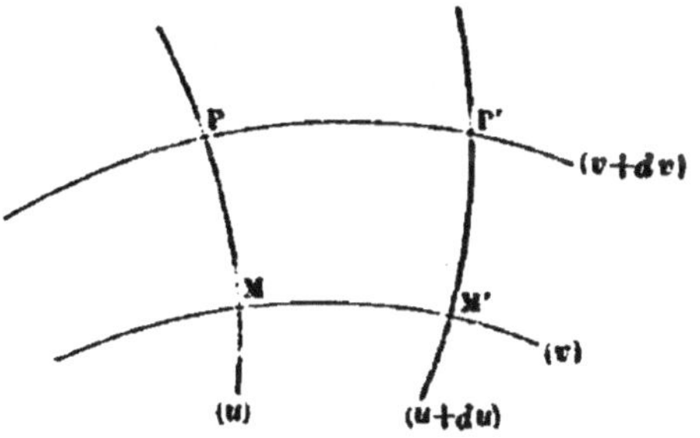

On aura

$$MM' = A\,du, \qquad MP = C\,dv$$

et, par conséquent,

$$PP' = A\,du + \frac{\partial}{\partial v}(A\,du)\,dv;$$

ce qu'on peut écrire

$$PP' - MM' = \frac{\partial A}{\partial v}\,du\,dv.$$

L'expression de ρ pourra donc être présentée sous la forme

$$(2) \qquad \frac{1}{\rho} = -\frac{PP' - MM'}{MP.MM'}.$$

C'est le résultat auquel nous avions été conduits plus haut; mais, dans la première méthode, nous supposions que les trajectoires orthogonales de la courbe (v) étaient des géodésiques, tandis que ce sont maintenant des courbes se succédant d'après une loi quelconque.

636. Nous avons ainsi une première définition dans laquelle

on n'a pas à sortir de la surface. En voici une autre de même nature.

Étant donnée une courbe quelconque MH (*fig.* 56), menons la géodésique MM' tangente en M; pour déterminer les points de la surface, nous prendrons des abscisses MQ $= v$ sur cette ligne géodésique et nous élèverons en Q des perpendiculaires géodésiques PQ $= u$.

Fig. 56.

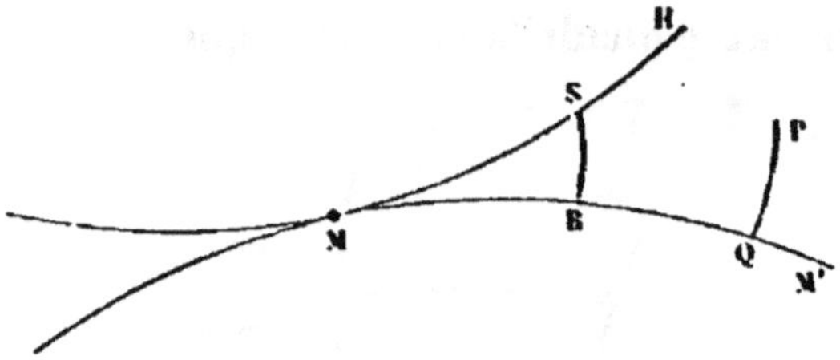

L'élément linéaire aura pour expression

$$ds^2 = du^2 + C^2\,dv^2, \tag{3}$$

et l'on aura pour $u = 0$

$$C = 1, \qquad \frac{\partial C}{\partial u} = 0.$$

Le développement de C suivant les puissances de u sera donc de la forme

$$C = 1 + hu^2 + \ldots, \tag{4}$$

h étant une fonction de v.

L'équation de la courbe MH permettra de développer u en série suivant les puissances de v. On aura, pour les points de cette courbe voisins de M,

$$u = kv^2 + k'v^3 + \ldots.$$

Calculons la courbure géodésique de la courbe en M. On a ici

$$\frac{ds}{\rho_g} = d\omega + \frac{\partial C}{\partial u}\,dv, \qquad \frac{du}{C\,dv} = \cot\omega.$$

En se bornant aux premiers termes des développements, on trouve

$$ds = dv, \qquad \cot\omega = 2kv, \qquad \omega = \frac{\pi}{2} - 2kv$$

et, par conséquent,

$$\frac{1}{\rho_g} = -2k.$$

Remplaçons k par sa valeur dans le développement de u; nous trouverons que l'on a, pour tous les points de la courbe MH qui sont dans le voisinage du point M,

$$u = -\frac{v^2}{2\rho_g},$$

c'est-à-dire

(5) $$\text{RS} = -\frac{\overline{\text{MR}}^2}{2\rho_g},$$

ce qui est la généralisation d'une formule bien connue relative aux courbes planes ([1]).

637. On pourra lire dans le *Traité de Calcul différentiel* de M. J. Bertrand des démonstrations purement géométriques qui permettent de rattacher les unes aux autres les propriétés précédentes. Nous rencontrerons plus loin (n° 641) d'autres expressions de la courbure géodésique. Pour le moment, nous nous contenterons de signaler la définition suivante, dans laquelle on sort de la surface pour construire le centre de courbure géodésique.

Étant donnée une courbe AB (*fig.* 57), imaginons que l'on mène en ses différents points les tangentes MK, M'K', ... de la surface qui sont normales à la courbe. Ces tangentes forment une surface réglée : *Le point de chaque génératrice* MK *pour lequel le plan tangent à cette surface réglée est normal au plan tangent en* M *est précisément le centre de courbure géodésique de la courbe* AB, *pour le point* M. *Si la surface réglée est développable, le centre de courbure géodésique sera le point de contact de chaque génératrice rectiligne avec l'arête de rebroussement.*

Pour établir cette proposition, supposons la surface rapportée au système de coordonnées déterminé par les géodésiques perpen-

---

([1]) Le signe — provient de ce que ρ_g est considéré comme positif quand il est porté dans le sens correspondant à l'angle $\omega + \frac{\pi}{2}$.

diculaires à AB et par leurs trajectoires orthogonales. L'élément linéaire de la surface aura la forme si souvent employée

$$ds^2 = du^2 + C^2 dv^2. \tag{6}$$

Considérons le trièdre (T) déjà défini et dont l'axe des x est la tangente à la géodésique. Si on lui imprime un déplacement de telle manière que le sommet décrive une courbe quelconque, un point de l'axe des x décrira un arc infiniment petit, dont les projections sur les arêtes du trièdre seront respectivement

$$du + dx, \quad (C + r_1 x)\,dv, \quad -(q\,du + q_1\,dv)x,$$

d'après les formules du n° 499 [II, p. 370]. Supposons d'abord qu'on se déplace suivant la courbe AB; v variera seule et, pour

Fig. 57.

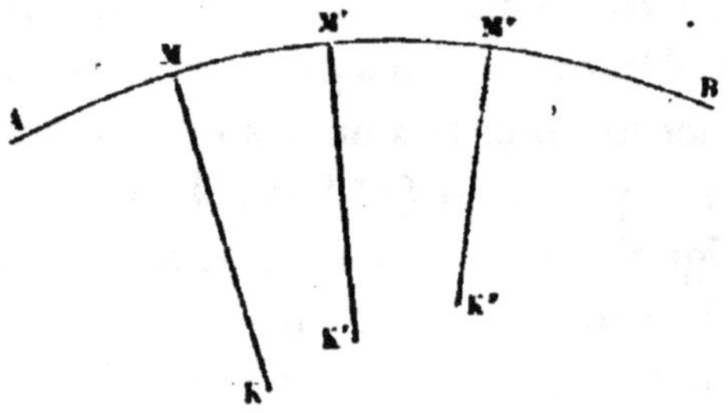

que le déplacement s'effectue dans un plan perpendiculaire au plan tangent en M, c'est-à-dire pour que le plan tangent au point considéré à la surface réglée engendrée par MK soit normal au plan tangent en M, il faudra que la projection du déplacement sur l'axe des y soit nulle, c'est-à-dire que l'on ait

$$C + r_1 x = 0.$$

On tire de là

$$x = -\frac{C}{r_1} = -\frac{C}{\frac{\partial C}{\partial u}},$$

et cette valeur de x détermine précisément le centre de courbure géodésique de la courbe AB. Notre proposition est donc établie. On en déduit la conséquence suivante :

Imaginons qu'on mène toutes les tangentes aux géodésiques $v =$ const., c'est-à-dire aux géodésiques normales à la courbe donnée. On formera une congruence rectiligne admettant une surface focale dont l'une des nappes sera la surface proposée. Nous allons montrer que la seconde nappe sera le lieu des centres de courbure géodésique de AB et des courbes parallèles à AB.

Remarquons d'abord que les droites de la congruence, étant tangentes à une famille de géodésiques tracées sur la surface proposée, sont, par cela même, normales à une surface (n° 441). Par suite, si l'on envisage une surface réglée quelconque formée avec les droites de la congruence, les plans tangents à cette surface aux deux points focaux de l'une quelconque de ses génératrices seront nécessairement rectangulaires.

Si l'on applique cette remarque à la surface réglée engendrée par MK quand le point M décrit la courbe AB, on reconnaîtra immédiatement que le second point focal de MK est le point où le plan tangent à la surface réglée est perpendiculaire au plan tangent en M. C'est donc, d'après ce que nous avons établi, le centre de courbure géodésique de AB.

Ainsi, *lorsque des droites sont normales à une surface* (Σ) *et forment une congruence dont la surface focale est constituée par les deux nappes de la surface des centres de courbure de* (Σ), *les arêtes de rebroussement des développables que l'on peut obtenir avec ces droites engendrent deux familles de géodésiques situées respectivement sur les deux nappes de la surface des centres. Les courbes parallèles qui coupent à angle droit l'une de ces familles de géodésiques ont leurs centres de courbure géodésique situés sur l'autre nappe de la surface des centres.*

Cette proposition si générale, sur laquelle nous reviendrons plus loin, permet de démontrer directement l'un des beaux théorèmes que la Géométrie des surfaces doit à M. Weingarten. Pour le moment, nous en déduirons seulement le corollaire suivant.

Nous avons considéré les géodésiques normales à AB. Dans le plan et, par conséquent, pour les surfaces développables, la définition de la courbure peut se rattacher au point d'intersection de deux géodésiques normales infiniment voisines. On n'obtiendrait rien en essayant, pour une surface quelconque, une généralisation dans cette voie; car, en modifiant la définition de la surface à une distance finie de la courbe AB, on change complètement le cours et les intersections successives des lignes géodésiques. Mais on peut opérer de la manière suivante.

Traçons (*fig.* 58) les géodésiques successives MH, M'H', ..., normales à la courbe AB, et la tangente MK en M à la géodésique MH. Si l'on mène à la seconde géodésique M'H' une tan-

Fig. 58.

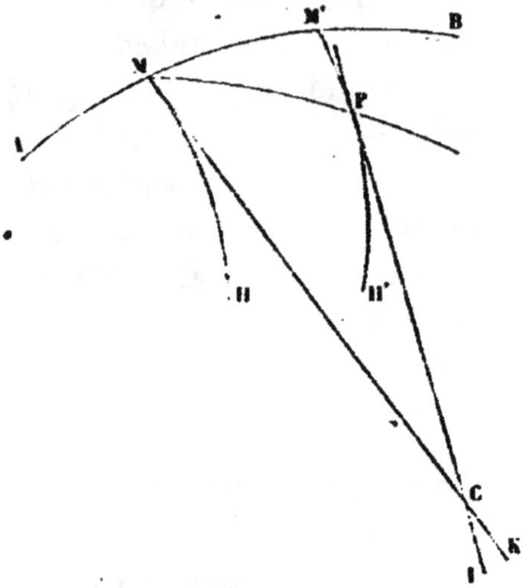

gente PI dont le point de contact sera choisi par la condition qu'elle rencontre MK, il est clair que *le point d'intersection* C *des deux droites sera le centre de courbure géodésique de l'arc* MM'. Car, dans la congruence formée par les tangentes aux géodésiques, le point C, étant l'intersection de deux droites infiniment voisines, sera le second point focal de MK.

Quand la surface devient plane, la construction précédente se réduit à celle qui donne le centre de courbure par l'intersection de deux normales infiniment voisines [1].

Si l'on construit les différentes géodésiques M'H' voisines de MH, le lieu du point P relatif à chacune d'elles sera évidemment celle des courbes conjuguées de toutes ces géodésiques qui passe au point M.

---

[1] Cette construction du centre de courbure géodésique est due à M. BELTRAMI. *Voir* le Mémoire intitulé *Ricerche di Analisi applicata alla Geometria* (*Journal de Battaglini*, t. II; 1864).

Dans le cas d'une ligne de courbure, cette conjuguée des géodésiques normales coïncide avec la ligne de courbure elle-même. Nous avons donc le théorème suivant :

Le lieu des centres de courbure géodésique d'une ligne de courbure est celle des développées de cette courbe qui est l'enveloppe des normales à la courbe situées dans le plan tangent à la surface, ou, ce qui est la même chose, qui est l'arête de rebroussement de la développable enveloppée par les plans tangents à la surface en tous les points de la ligne de courbure.

638. Si la ligne de courbure a son rayon de courbure géodésique constant, la développée précédente devra se réduire à un point et, par conséquent, *la ligne de courbure devra être située sur une sphère coupant la surface à angle droit.*

Cette dernière conséquence a été déjà signalée par M. Ribaucour (¹). Elle a permis à cet habile géomètre de donner une solution géométrique d'une question déjà résolue analytiquement par M. O. Bonnet (²): *Déterminer toutes les surfaces pour lesquelles toutes les lignes de courbure ont leur courbure géodésique constante.*

Il résulte, en effet, de la remarque faite par M. Ribaucour que les lignes de courbure de chaque famille devront être sur une série de sphères coupant la surface à angle droit. Comme les sphères qui contiennent deux lignes de courbure appartenant à des familles différentes se coupent nécessairement à angle droit, nous aurons en premier lieu à résoudre le problème suivant :

Déterminer deux familles de sphères jouissant de la propriété que chaque sphère de l'une des familles coupe à angle droit toutes celles de l'autre.

On connaît la solution de cette question et l'on sait que, par une inversion réelle, on peut toujours amener l'une des familles à être composée, soit de sphères concentriques ou de plans parallèles,

---

(¹) RIBAUCOUR, *Sur la théorie des surfaces* (*Bulletin de la Société philomathique*, p. 24; 1870).

(²) O. BONNET, *Mémoire sur la théorie des surfaces applicables* (*Journal de l'École Polytechnique*, XLIIᵉ Cahier, p. 132 et suivantes; 1867).

soit de plans passant par une droite. Dans le premier cas, la surface, étant coupée à angle droit par une série de sphères concentriques ou par une série de plans parallèles, ne peut être qu'un cône ou un cylindre. Dans le second cas, la surface, étant coupée à angle droit par tous les plans qui passent par une droite, est nécessairement une surface de révolution, admettant cette droite pour axe. Nous avons donc le résultat suivant :

Les seules surfaces dont toutes les lignes de courbure aient leur courbure géodésique constante sont les surfaces de révolution, les cônes, les cylindres et les transformées de ces surfaces par inversion.

639. Nous aurons, dans ce qui va suivre, à nous appuyer sur le théorème de Green qui donne la transformation d'une intégrale curviligne en une intégrale double. Nous allons d'abord présenter quelques remarques sur ce théorème et ses applications à la théorie des surfaces.

Considérons une portion de surface à connexion simple, limitée par un contour AA'BB' (*fig.* 59); et soit

$$\int (M\,du + N\,dv)$$

une intégrale relative à ce contour, que l'on supposera parcouru dans le sens de la flèche.

Supposons que les fonctions M et N de u et de v restent finies, uniformes et continues et qu'elles admettent des dérivées pour tous les points à l'intérieur du contour. Le théorème de Green nous apprend que l'intégrale simple précédente peut être remplacée par une intégrale double relative à toute l'aire limitée par ce contour. Les remarques suivantes conduisent à ce résultat par la voie qui nous paraît la plus naturelle.

Le caractère essentiel d'une intégrale double, d'une fonction de surface, est évidemment le suivant : si l'on décompose par des sections la surface en deux ou plusieurs parties, l'intégrale totale est la somme de celles qui sont relatives à ces diverses parties. Or il est aisé de voir que cette propriété appartient à notre intégrale curviligne ; car, si l'on découpe l'aire en deux parties par la ligne AHB, l'intégrale relative au contour primitif AA'BB' est la somme des intégrales relatives aux deux contours partiels AA'BHA, AHBB'A que l'on peut former avec AB. En continuant ainsi à effectuer des sections et à décomposer les contours, on verra que l'intégrale primitive peut être remplacée par la somme des intégrales relatives à des contours infiniment petits, parcourus dans le

Fig. 59.

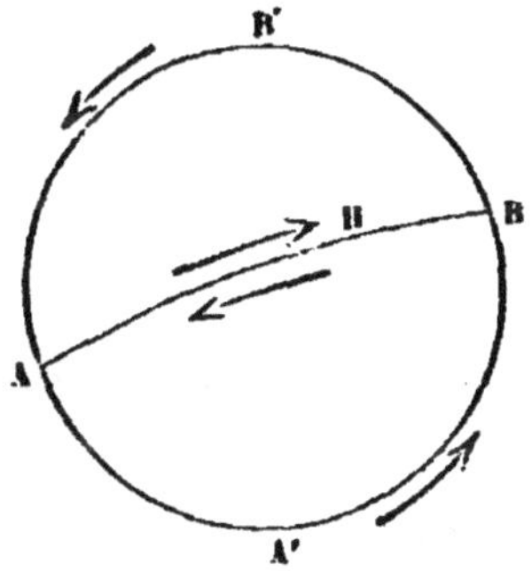

même sens que le contour primitif. Or il est très aisé de montrer que de telles intégrales curvilignes sont proportionnelles à l'aire du contour auquel elles se rapportent.

Considérons, en effet, un contour infiniment petit *mnp* (*fig.* 60); nous commencerons par supposer que les courbes coor-

Fig. 60.

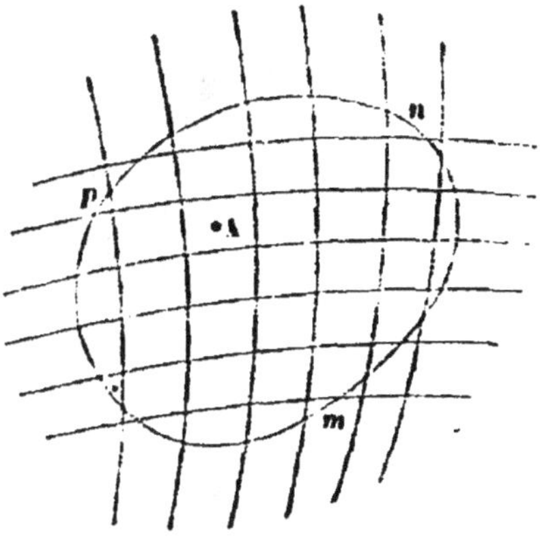

données qui se croisent dans son intérieur forment un système de mailles analogue à celui que l'on obtient dans le plan avec les coordonnées de Descartes. Alors les coordonnées u et v varieront infiniment peu dans l'intérieur du contour, et, si u_0, v_0 désignent les valeurs de ces coordonnées pour un point A de l'intérieur, les différences $u - u_0$, $v - v_0$ seront infiniment petites pour tous les points à l'intérieur du contour. C'est ce qui n'aurait pas lieu si l'on employait, par exemple, des coordonnées polaires ayant leur pôle en A; v désignant l'angle polaire, cette coordonnée prendrait toutes les valeurs possibles à l'intérieur du contour.

Puisque les différences $u - u_0$, $v - v_0$ sont infiniment petites, on pourra développer M et N par la série de Taylor. On aura

$$M = M_0 + \left(\frac{\partial M}{\partial u}\right)_0 (u - u_0) + \left(\frac{\partial M}{\partial v}\right)_0 (v - v_0) + \ldots.$$

$$N = N_0 + \left(\frac{\partial N}{\partial u}\right)_0 (u - u_0) + \left(\frac{\partial N}{\partial v}\right)_0 (v - v_0) + \ldots,$$

l'indice o indiquant les valeurs des fonctions pour le point A. Par conséquent, on aura

$$\begin{aligned}\int(M\,du + N\,dv) = \; & M_0\int du + \left(\frac{\partial M}{\partial u}\right)_0 \int(u - u_0)\,du + \left(\frac{\partial M}{\partial v}\right)_0 \int(v - v_0)\,du \\ & + N_0\int dv + \left(\frac{\partial N}{\partial u}\right)_0 \int(u - u_0)\,dv + \left(\frac{\partial N}{\partial v}\right)_0 \int(v - v_0)\,dv + \ldots,\end{aligned}$$

les termes non écrits n'ayant, on le reconnaîtra aisément, aucune influence sur le résultat final parce qu'ils sont infiniment petits par rapport à l'aire comprise à l'intérieur du contour.

La première, la deuxième, la quatrième et la sixième intégrale de la formule précédente sont évidemment nulles quand on les étend à tout le contour. Il nous reste donc à examiner seulement les deux termes

$$\left(\frac{\partial M}{\partial v}\right)_0 \int(v - v_0)\,du + \left(\frac{\partial N}{\partial u}\right)_0 \int(u - u_0)\,dv.$$

Or on a

$$(7) \qquad \int(u - u_0)\,dv = -\int(v - v_0)\,du = \iint du\,dv,$$

l'intégrale double étant étendue à toute l'aire limitée par le contour. On peut donc écrire

$$\int(M\,du + N\,dv) = \left(\frac{\partial N}{\partial u} - \frac{\partial M}{\partial v}\right)_0 \iint du\,dv.$$

Il suit de là que l'intégrale curviligne primitive peut être remplacée par l'intégrale double dont l'élément est le second terme de la formule précédente, et l'on a

$$(8) \qquad \int (\mathrm{M}\,du + \mathrm{N}\,dv) = \int\int \left(\frac{\partial \mathrm{N}}{\partial u} - \frac{\partial \mathrm{M}}{\partial v}\right) du\,dv.$$

C'est la formule de Green (¹).

La démonstration précédente est évidemment inférieure sous le rapport de la rigueur à celle que l'on donne habituellement et que l'on pourra consulter, par exemple, dans le Cours de M. Hermite (²); mais elle offre l'avantage de bien faire saisir la raison de cette transformation si curieuse d'une intégrale simple en une intégrale double; elle nous montre aussi que, s'il existe des points où toutes les courbes coordonnées d'un système viennent se croiser, il faudra les entourer d'une petite courbe, et l'intégrale curviligne primitive sera égale à la somme des intégrales relatives à ces courbes infiniment petites, augmentée de l'intégrale double étendue à toute la portion de l'aire qui est extérieure à ces courbes.

640. Appliquons le théorème de Green à l'équation qui donne le rayon de courbure géodésique

$$(9) \qquad \frac{ds}{\rho_g} = d\omega + r\,du + r_1\,dv.$$

(¹) D'après la manière même dont on a obtenu cette formule, on déterminera sans difficulté le signe qu'il faut donner, dans l'intégrale double, à l'élément $du\,dv$. Il résulte, en effet, des équations (7) que, si l'on considère, par exemple, l'élément de surface compris entre les courbes de paramètres u, $u + du$, v, $v + dv$, on a

$$du\,dv = \frac{1}{2}\int (u\,dv - v\,du),$$

l'intégrale curviligne s'appliquant au contour qui limite cette aire, *parcouru dans le même sens que le contour primitif*. De là on déduira facilement la règle suivante.

Définissons comme sens positif sur chacune des courbes coordonnées le sens dans lequel augmente la coordonnée qui demeure variable sur cette courbe. L'élément $du\,dv$ devra être positif si, pour un point à l'intérieur de cet élément, la rotation qui amène la partie positive de la courbe de paramètre v du côté de la partie positive de la courbe de paramètre u est de même sens que la rotation autour du contour total; il sera négatif dans le cas contraire.

(²) Hermite, *Cours autographié de la Faculté des Sciences*, 3ᵉ édition, 8ᵉ Leçon; 1887.

Nous aurons donc

$$\int d\omega - \int \frac{ds}{\rho_g} = -\int (r\,du + r_1\,dv),$$

les intégrales étant étendues à tout contour fermé. On a, d'ailleurs, en vertu de la formule (8),

$$\int (r\,du + r_1\,dv) = \int\int \left(\frac{\partial r_1}{\partial u} - \frac{\partial r}{\partial v}\right) du\,dv.$$

On est ainsi conduit à la relation fondamentale

$$(10) \qquad \int d\omega - \int \frac{ds}{\rho_g} = \int\int \left(\frac{\partial r}{\partial v} - \frac{\partial r_1}{\partial u}\right) du\,dv,$$

où l'on peut transformer le second membre, en employant l'expression de la courbure totale donnée au n° 496. On obtient ainsi la formule entièrement *géométrique*

$$(11) \qquad \int d\omega - \int \frac{ds}{\rho_g} = \int\int \frac{d\sigma}{RR'},$$

l'intégrale double étant étendue à toute l'aire comprise dans le contour et $d\sigma$ désignant l'élément de cette aire, pris avec le signe qui lui appartient ([1]).

Cette équation, où figure le rayon de courbure géodésique, a été donnée pour la première fois par M. Bonnet ([2]). Toutes les quantités qui y figurent sont parfaitement définies; ω est l'angle de la tangente au contour supposé parcouru dans le sens direct avec l'axe des x du trièdre (T); le rayon ρ_g doit être considéré comme positif ou négatif suivant qu'il est porté dans le sens correspondant à l'angle $\omega + \frac{\pi}{2}$ ou en sens contraire. Elle ne peut cesser d'être vraie que s'il est impossible de rapporter l'intérieur de l'aire à

([1]) Voici comment on déterminera ce signe. Soient A un point quelconque de la surface à l'intérieur de $d\sigma$ et (T) le trièdre relatif à ce point. On peut considérer $d\sigma$ comme un petit élément situé dans le plan des xy de ce trièdre. Si l'on tourne dans ce plan autour de l'origine et dans le même sens que sur le contour limite, il faudra donner à $d\sigma$ le signe + ou le signe — suivant que la rotation se fera de l'axe des x vers l'axe des y ou en sens contraire. C'est la règle suivie habituellement, d'après Gauss et Möbius, pour fixer le signe d'une aire.

([2]) O. Bonnet, *Mémoire sur la théorie générale des surfaces* (*Journal de l'École Polytechnique*, XXXIIe Cahier, p. 124; 1848).

un système de coordonnées satisfaisant à toutes les conditions énoncées dans la démonstration du théorème de Green. Nous allons en faire différentes applications.

641. Considérons d'abord un triangle géodésique ABC (*fig.* 61). Si le contour ne présentait pas les points saillants A, B, C, l'intégrale $\int d\omega$ serait évidemment égale à 2π; car la tangente a fait un tour complet quand on revient au point de départ. Pour

Fig. 61.

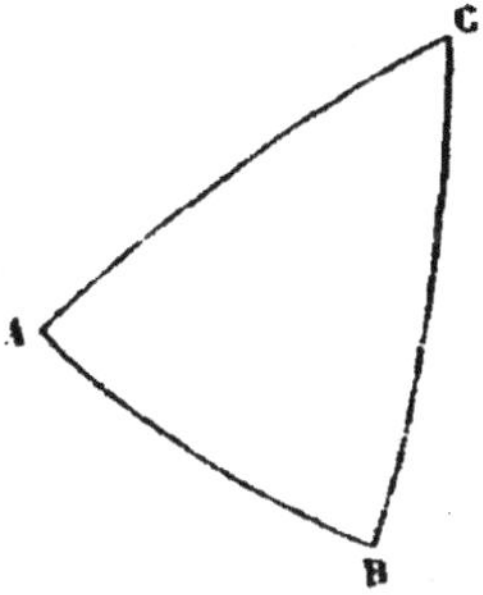

avoir la valeur de cette intégrale, il faudra donc retrancher de 2π les angles dont la tangente tourne en A, B, C, c'est-à-dire $\pi - A$, $\pi - B$, $\pi - C$. Comme la courbure $\frac{1}{\rho_g}$ est nulle en chaque point du contour, la formule (11) nous donne

$$A + B + C - \pi = \iint \frac{d\sigma}{RR'}. \tag{12}$$

C'est le théorème célèbre de Gauss.

La démonstration précédente suppose évidemment que le triangle géodésique suffit à limiter une portion de la surface, ce qui n'a pas toujours lieu dans les surfaces à connexion multiple, telles que le tore. Mais on pourrait objecter encore que, peut-être, toutes les conditions indiquées pour l'application du théorème de Green ne se trouveront pas réalisées. Pour écarter toutes ces difficultés, on peut remarquer avec M. Bertrand que le théorème de Gauss est nécessairement vrai pour un triangle géodésique fini dès qu'il est établi pour un triangle infiniment petit. Si l'on décompose en effet, par des sections géodésiques, le triangle ABC en triangles plus petits, on reconnaîtra que l'égalité relative à ce triangle résulte de l'addition de toutes celles qui se rapportent aux triangles partiels. Il résulte de cette remarque que le théorème de Gauss est toujours vrai dès que le triangle géodésique suffit, à lui seul, à limiter une portion continue de la surface, ne contenant aucun point singulier dans son intérieur; car toutes les conditions supposées dans la démonstration sont évidemment vérifiées pour des triangles suffisamment petits limitant une aire qui ne renferme aucune singularité.

La démonstration précédente s'applique également à un polygone dont les côtés sont des lignes géodésiques; et elle nous montre que *la courbure totale d'une portion de la surface limitée par un polygone dont les côtés sont des lignes géodésiques est égale à l'excès de la somme des angles de ce polygone sur autant de fois le nombre π qu'il y a de côtés moins deux*. Au reste, cette proposition plus générale est un simple corollaire du théorème de Gauss et peut s'en déduire par la décomposition du polygone en triangles.

Il est inutile de faire remarquer que le théorème de Gauss peut être envisagé comme une belle généralisation de la proposition d'Albert Girard relative à l'aire du triangle sphérique. Si on l'applique, en effet, à une surface de courbure constante et égale à l'unité, on reconnaît immédiatement qu'il donne l'aire d'un triangle géodésique en fonction des angles de ce triangle; et l'expression ainsi obtenue est identique, comme il fallait s'y attendre, à celle que l'on connaît depuis longtemps pour le triangle sphérique. Le même théorème, appliqué à une surface de courbure constante mais négative, nous montre que, dans toute surface de ce genre, la somme des angles d'un triangle géodésique est inférieure à deux droits, et que le *déficit* mesure précisément l'aire du triangle géodésique. Nous aurons l'occasion de revenir sur ces remarques.

642. Nous allons maintenant indiquer une application d'une nature toute différente, qui nous conduira à une expression nouvelle de la courbure géodésique. Soit AB (*fig.* 62) un arc de courbe quelconque; menons les géodésiques AC, BC tangentes en A et B. Nous formerons ainsi un contour ABC auquel on pourra appliquer la formule générale.

En raisonnant comme dans le cas du triangle géodésique, on trouve

$$\int d\omega = A + B + C - \pi = -\widehat{BCH},$$

et, par conséquent, la formule (10) nous donne ici

$$-\int_A^B \frac{ds}{\rho_g} - \widehat{BCH} = \iint \frac{d\sigma}{RR'}.$$

Fig. 62.

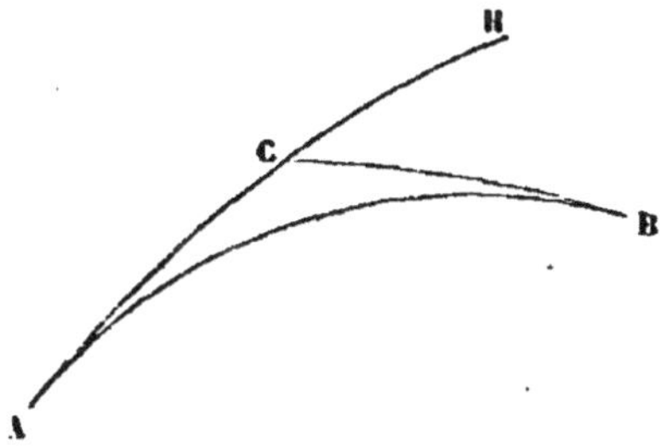

Si nous supposons l'arc AB infiniment petit, l'intégrale double du second membre est du troisième ordre, comme l'aire du triangle ABC. On a d'ailleurs, en négligeant les infiniment petits du second ordre,

$$\int_A^B \frac{ds}{\rho_g} = \frac{ds}{\rho_{gA}},$$

ρ_{gA} désignant le rayon de courbure géodésique en A. Il vient donc

$$\frac{ds}{\rho_{gA}} = -\widehat{BCH}, \tag{13}$$

le rayon de courbure étant, d'après nos conventions, considéré comme positif lorsqu'il sera dirigé du côté de C.

L'angle BCH de deux géodésiques tangentes infiniment voisines a reçu de M. Liouville le nom d'*angle de contingence géodésique* [1]. On voit que son expression, tout à fait semblable à celle que l'on emploie dans la théorie des courbes planes, nous fournit une définition nouvelle de la courbure géodésique. Cette

(1) LIOUVILLE (J.), *Sur la théorie générale des surfaces* (*Journal de Liouville*, t. XVI, p. 130; 1851).

définition, que l'on peut d'ailleurs établir directement, permet de rattacher la formule générale de M. Bonnet à celle de Gauss : il suffira de remplacer chaque courbe par un polygone circonscrit formé d'un nombre illimité de lignes géodésiques.

Comme on a, en négligeant seulement les termes du troisième ordre,

$$\int_A^B \frac{ds}{\rho_g} = \frac{ds}{2}\left(\frac{1}{\rho_{gA}} + \frac{1}{\rho_{gB}}\right),$$

on pourra substituer à la relation (13) la suivante

$$(14) \qquad \frac{ds}{2}\left(\frac{1}{\rho_{gA}} + \frac{1}{\rho_{gB}}\right) = -\widehat{BCH},$$

dans laquelle les erreurs commises sont seulement de l'ordre de ds^3.

643. Il ne nous reste plus, pour achever l'étude de la courbure géodésique, qu'à faire connaître une formule élégante, due à M. Liouville, qui permet d'exprimer la courbure totale de la surface au moyen des rayons de courbure géodésique des courbes coordonnées.

Supposons l'élément linéaire donné par la formule

$$(15) \qquad ds^2 = A^2\, du^2 + 2AC\cos\alpha\, du\, dv + C^2\, dv^2.$$

Nous avons obtenu, pour les courbures géodésiques des lignes coordonnées, les expressions suivantes [II, p. 391]

$$(16) \qquad \frac{C}{\rho_{gv}} = \frac{\partial n}{\partial v} + r_1, \qquad \frac{A}{\rho_{gu}} = \frac{\partial m}{\partial u} + r.$$

Si l'on porte les valeurs de r, r_1 déduites de ces équations dans l'expression (15) de la courbure [II, p. 364], on aura

$$(17) \qquad \frac{AC\sin\alpha}{RR'} = \frac{\partial}{\partial v}\left(\frac{A}{\rho_{gu}}\right) - \frac{\partial}{\partial u}\left(\frac{C}{\rho_{gv}}\right) + \frac{\partial^2\alpha}{\partial u\, \partial v}.$$

C'est la formule de M. Liouville (¹). Dans le cas des coordonnées rectangulaires, elle est susceptible d'une transformation élégante.

(¹) On la trouvera dans l'article que nous venons de citer.

Effectuons les dérivations et remarquons que l'on a

$$\frac{\partial A}{\partial v} = \frac{-AC}{\rho_{gu}}, \qquad \frac{\partial C}{\partial u} = \frac{AC}{\rho_{gv}};$$

en remplaçant les dérivées de A et de C par ces valeurs et divisant par AC, nous trouverons

$$\frac{1}{RR'} = \frac{\partial\left(\frac{1}{\rho_{gu}}\right)}{C\,\partial v} - \frac{\partial\left(\frac{1}{\rho_{gv}}\right)}{A\,\partial u} - \frac{1}{\rho_{gu}^2} - \frac{1}{\rho_{gv}^2},$$

ou encore, en désignant $A\,du$, $C\,dv$ respectivement par ∂s_u, ∂s_v,

$$\text{(18)} \qquad \frac{1}{RR'} = \frac{\partial\left(\frac{1}{\rho_{gu}}\right)}{\partial s_v} - \frac{\partial\left(\frac{1}{\rho_{gv}}\right)}{\partial s_u} - \frac{1}{\rho_{gu}^2} - \frac{1}{\rho_{gv}^2}.$$

La courbure totale de la surface se trouve ainsi exprimée d'une manière entièrement géométrique en fonction des courbures géodésiques de deux courbes coordonnées appartenant à un système orthogonal et de leurs dérivées par rapport à la normale.

M. Bertrand a montré que la formule de M. Liouville résulte immédiatement du théorème de Gauss.

Appliquons, en effet, la formule générale de M. Bonnet au quadrilatère curviligne formé par quatre lignes coordonnées (u), $(u+\Delta u)$, (v), $(v+\Delta v)$ (*fig.* 63). On aura d'abord

$$\int d\omega = 2\pi - (\pi - M') - (\pi - P') - (\pi - P) - (\pi - M),$$

M, M′, P, P′ désignant les angles intérieurs du quadrilatère MM′P′P. Si α désigne l'angle des lignes coordonnées, on aura évidemment

$$\int d\omega = \Delta_{uv}\alpha,$$

Δ_{uv} désignant, selon l'usage, la différence seconde de α lorsque u et v reçoivent respectivement les accroissements Δu et Δv.

Calculons maintenant l'intégrale $\int \frac{ds}{\rho_g}$ étendue à tout le contour. On aura

$$\int \frac{ds}{\rho_g} = \int_M^{M'} \frac{A\,du}{\rho_u} + \int_{M'}^{P'} \frac{C\,dv}{\rho_v} - \int_P^{P'} \frac{A\,du}{\rho_u} - \int_M^{P} \frac{C\,dv}{\rho_v},$$

c'est-à-dire

$$\int \frac{ds}{\rho_g} = -\Delta_v \int_M^{M'} \frac{A\,du}{\rho_u} + \Delta_u \int_M^P \frac{C\,dv}{\rho_v};$$

et, par conséquent, la formule de M. Bonnet nous donnera

$$\Delta_{uv}\alpha + \Delta_v \int_M^{M'} \frac{A\,du}{\rho_u} - \Delta_u \int_M^P \frac{C\,dv}{\rho_v} = \iint \frac{AC\sin\alpha\,du\,dv}{RR'},$$

l'intégrale double étant étendue à tout l'intérieur du quadrilatère. Si Δu et Δv deviennent infiniment petits, cette formule se réduit évidemment à celle de M. Liouville.

Fig. 63.

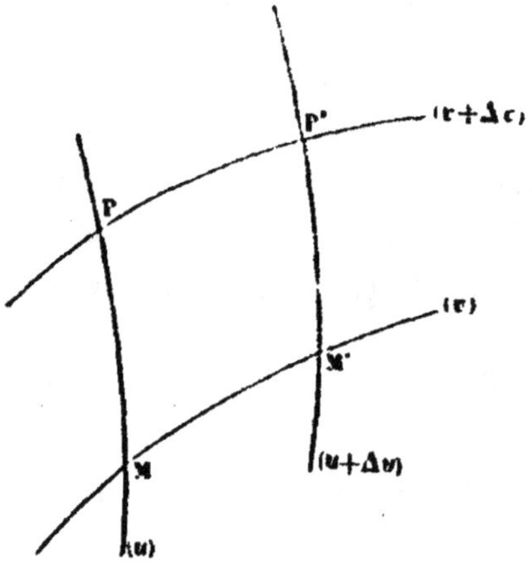

Nous allons indiquer quelques applications. Supposons d'abord que les lignes coordonnées soient toutes des géodésiques; $\frac{1}{\rho_{gu}}$, $\frac{1}{\rho_{gv}}$ seront nuls et l'on aura, pour l'expression de la courbure,

$$\text{(19)}\qquad \frac{AC\sin\alpha}{RR'} = \frac{\partial^2\alpha}{\partial u\,\partial v}.$$

Si l'élément linéaire de la surface a été ramené à la forme

$$\text{(20)}\qquad ds^2 = du^2 + dv^2 + 2\,du\,dv\cos\alpha,$$

on aura

$$\text{(21)}\qquad \frac{1}{\rho_{gu}} = -\frac{\partial\alpha}{\partial u}, \qquad \frac{1}{\rho_{gv}} = \frac{\partial\alpha}{\partial v}$$

et, par conséquent,

$$\frac{\sin\alpha}{RR'} = -\frac{\partial^2 \alpha}{\partial u\, \partial v}. \tag{22}$$

La forme (20) de l'élément linéaire, sur laquelle nous aurons l'occasion de revenir, offre quelque intérêt au point de vue géométrique; si l'on fait croître les variables u et v par degrés égaux, on obtient une division de la surface en losanges infiniment petits dont les côtés sont tous égaux, mais dont les angles sont variables. Considérons, avec M. Tchebychef [1], une étoffe formée par deux systèmes de fils croisés à angle droit. Si l'on admet, avec l'éminent géomètre russe, que, dans toute déformation de l'étoffe, le point d'intersection de deux fils rectangulaires quelconques n'est pas changé, mais que l'angle seul de ces deux fils a pu varier, il est clair que l'élément linéaire de la surface formée par l'étoffe, primitivement défini par la formule

$$ds^2 = du^2 + dv^2,$$

prendra, par la déformation de l'étoffe, la forme

$$ds^2 = du^2 + dv^2 + 2\cos\alpha\, du\, dv,$$

où α sera une fonction quelconque de u et de v. Ainsi, d'après les idées que nous venons d'exposer, il faudrait, pour *habiller* une surface, résoudre le problème de Géométrie suivant :

Ramener, par un choix convenable des courbes coordonnées, l'élément linéaire de la surface proposée à la forme (20).

644. Revenons maintenant au théorème de Green et supposons que plusieurs courbes soient nécessaires pour limiter la portion de surface que l'on considère. Ce cas peut se présenter pour les surfaces les plus simples, comme le plan, la sphère, etc. Par exemple, on peut considérer (*fig.* 64) la portion d'une surface comprise entre la courbe (A) et les courbes (B) et (C). On suivra, dans ce cas, la méthode bien connue et l'on fera des sections qui nous ramèneront à l'hypothèse examinée en premier lieu. Ici, par

---

[1] TCHEBYCHEF, *Sur la coupe des vêtements* (*Association française pour l'avancement des Sciences. Congrès de Paris*, p. 154; 1878).

exemple, nous joindrons par des traits $\alpha\beta$ et $\delta\varepsilon$ les courbes (A) et (B), (B) et (C), transformant ainsi la portion de surface considérée en une aire à connexion simple; puis nous suivrons le contour total $\alpha\beta\gamma\delta\varepsilon\zeta\eta\varepsilon\delta\theta\beta\alpha\varkappa\lambda\alpha$, dans un sens ou dans l'autre, par exemple de manière à laisser toujours l'aire à notre gauche. Les chemins $\alpha\beta$, $\delta\varepsilon$ étant parcourus deux fois en sens contraire, les valeurs de l'intégrale

$$\int (M\,du + N\,dv)$$

relatives à ces portions du contour se détruiront si, conformément à l'hypothèse, les fonctions M et N sont uniformes; et il restera

Fig. 64.

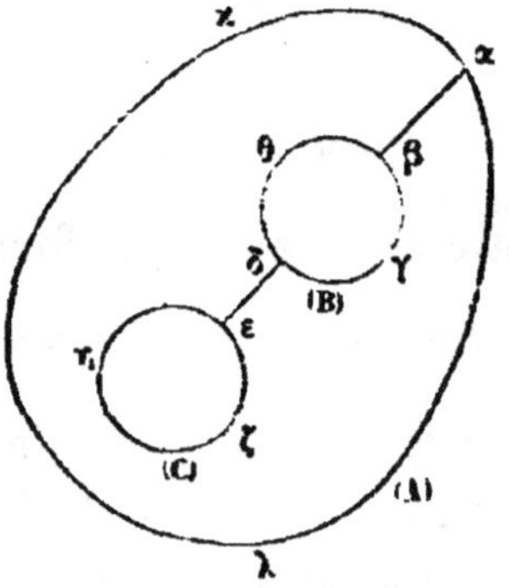

seulement à étendre l'intégrale précédente aux trois courbes (A) (B), (C), parcourues chacune dans un sens tel que l'aire considérée soit toujours à la gauche du mobile. On aura donc, en répétant la démonstration que nous avons donnée plus haut,

$$(23)\qquad \sum \int (M\,du + N\,dv) = \iint \left(\frac{\partial N}{\partial u} - \frac{\partial M}{\partial v}\right) du\,dv,$$

le signe $\sum$ indiquant que l'intégrale du premier membre doit être étendue à toutes les courbes limites. Et, s'il existe, à l'intérieur de l'aire, des points pour lesquels les conditions de continuité ne soient pas satisfaites, on les isolera par une courbe que l'on joindra à celles qui limitent la région considérée.

Faisons l'application à la formule qui donne le rayon de courbure géodésique; nous aurons

$$(24) \qquad \sum\left(\int d\omega - \int \frac{ds}{\rho_g}\right) = \int\int \frac{d\tau}{RR'}$$

les signes $\sum$ et $\int$ ayant la même signification que précédemment.

613. Dans le cas où la surface n'a pas de limites et où les conditions que nous avons énoncées sont remplies en chaque point de la surface, on aura

$$\int\int \frac{d\tau}{RR'} = 0.$$

C'est ce qui a lieu, par exemple, pour le tore engendré par un cercle tournant autour d'un axe situé dans son plan mais ne le rencontrant pas. Si l'on rapporte cette surface au système formé par les méridiens et les parallèles, toute région infiniment petite de la surface sera traversée par le réseau de ces lignes comme une région du plan l'est par des droites parallèles à deux axes coordonnés. La courbure totale du tore sera donc nulle. On peut confirmer ce résultat en considérant successivement la portion convexe et la portion à courbures opposées de la surface. La portion convexe, par exemple, est limitée par les deux parallèles extrêmes de la surface. Pour chacun d'eux, on a évidemment

$$\omega = 0, \qquad -\int \frac{ds}{\rho_g} = 2\pi;$$

et, par conséquent, cette portion convexe a pour courbure 4π. Quant à la courbure de l'autre portion, elle est exprimée par des intégrales étendues aux mêmes contours, mais dont tous les éléments sont égaux et de signe contraire à ceux des intégrales précédentes. Elle est donc égale à -4π et la courbure totale est nulle.

Une sphère, un ellipsoïde ont évidemment une courbure totale égale à 4π. Les remarques précédentes nous conduisent par suite à cette conclusion qu'il est impossible de rapporter ces surfaces à des systèmes de coordonnées permettant de découper chaque région de la surface en mailles rectangulaires. Et en effet, quel que soit le système de coordonnées employé sur une sphère, il y aura toujours, dans l'application de la formule générale, des points ou des lignes à isoler. Si l'on rapporte, par exemple, la sphère au système formé des méridiens et des parallèles, il faudra isoler les deux pôles; si l'on emploie les coordonnées elliptiques, il faudra isoler les quatre foyers, etc. Mais on peut appliquer la formule générale à la zone comprise entre deux parallèles de colatitudes θ_0 et θ_1. On aura, pour le premier parallèle,

$$\int d\omega = 0, \qquad -\int \frac{ds}{\rho_g} = 2\pi \cos\theta_0$$

et, pour le second,

$$\int d\omega = 0, \qquad -\int \frac{ds}{\rho_g} = -2\pi \cos\theta_1.$$

La formule générale deviendra

$$2\pi(\cos\theta_0 - \cos\theta_1) = \iint \frac{d\sigma}{R^2}, \tag{25}$$

ce qui est bien d'accord avec les résultats connus.

646. Nous donnerons, en terminant, une transformation de la formule générale qui permet d'éliminer la courbure géodésique. Nous avons vu (n° 631) qu'étant donné un arc de courbe MM', si l'on porte sur les normales géodésiques des longueurs infiniment petites λ, la variation de cet arc a pour expression

$$\delta MM' = -\int_M^{M'} \frac{\lambda\, ds}{\rho_g}.$$

Si nous appliquons cette formule à un contour fermé et si nous supposons λ constant et égal à δn, elle nous donnera

$$\frac{\delta s}{\delta n} = -\int \frac{ds}{\rho_g}, \tag{26}$$

s désignant l'arc de la courbe et l'intégrale étant étendue à tout le contour. L'emploi de cette relation permet d'écrire la formule (24) sous la forme

$$\sum\left(\int d\omega + \frac{\delta s}{\delta n}\right) = \iint \frac{d\sigma}{RR'}. \tag{27}$$

Mais il importe de remarquer que, d'après la convention relative au signe de ρ_g, *la longueur constante δn doit être portée sur* *la portion des normales géodésiques du contour dirigée vers l'intérieur de l'aire, si le contour est supposé parcouru dans le sens direct*. Pour définir d'une manière tout à fait précise le sens direct, il suffit d'imaginer un observateur placé sur la surface du même côté que la partie positive Oz de l'axe des z du trièdre (T). Le sens direct sera celui dans lequel cet observateur suivrait les diverses parties du contour en laissant toujours à sa gauche l'aire considérée.

Les intégrales $\int d\omega$ qui figurent dans la formule (27) sont étendues aux différentes courbes qui forment le contour. Soit (C) l'une de ces courbes: si elle n'a aucun point saillant, l'intégrale correspondante sera évidemment un multiple de 2π, puisque, après un tour complet, les lignes trigonométriques de ω reprennent la même valeur; si, au contraire, la courbe est brisée, on aura

$$\int d\omega = 2h\pi - \Sigma\theta,$$

h étant entier et $\Sigma\theta$ désignant la somme des angles θ dont la tangente tourne brusquement à chaque point saillant.

647. Les propriétés que nous venons de faire connaître successivement se ramènent en dernière analyse au beau théorème de Gauss sur la courbure du triangle géodésique. Il est naturel de se demander si ce théorème constitue une propriété caractéristique des lignes géodésiques. La réponse à cette question n'offre aucune difficulté.

Reprenons la formule (9) qui donne le rayon de courbure géodésique et qui conduit à l'équation

$$(28)\qquad \int d\omega - \int \frac{ds}{\rho_g} = \iint \frac{d\sigma}{RR'},$$

où les intégrales simples et double ont la signification plusieurs fois rappelée. Le théorème de Gauss et la formule plus générale de M. O. Bonnet reposent sur l'équation

$$(29)\qquad \int d\omega = \iint \frac{d\sigma}{RR'},$$

que l'on déduit de la précédente en supposant que le contour est exclusivement formé de lignes géodésiques. La question que nous avons maintenant à nous proposer est donc la suivante : *Est-il nécessaire, pour que l'équation* (29) *ait lieu, que le contour soit formé de lignes géodésiques?* Or, si nous comparons cette équation (29) qui doit avoir lieu à la relation (28), qui est absolument générale, nous reconnaissons qu'elle équivaut à la suivante

$$\int \frac{ds}{\rho_g} = 0, \tag{30}$$

où l'intégrale est étendue à tout le contour. Cette condition est évidemment vérifiée si $\frac{1}{\rho_g}$ est nul en chaque point du contour, c'est-à-dire si le contour est formé de lignes géodésiques; mais elle aura lieu encore dans le cas bien plus général où toutes les courbes qui composent le contour satisferaient à l'équation du second ordre

$$\frac{ds}{\rho_g} = d\varphi(u, v), \tag{31}$$

φ étant une fonction arbitraire assujettie à l'unique condition d'avoir une valeur bien déterminée en chaque point de la surface. Nous sommes donc conduits à la conclusion suivante.

Le théorème de Gauss ne constitue nullement une propriété caractéristique des lignes géodésiques; il est encore vrai pour toutes les courbes qui satisfont à l'équation (31), c'est-à-dire pour lesquelles l'angle de contingence géodésique est la différentielle exacte d'une fonction de point.

C'est ainsi que, si l'on considère dans le plan les courbes qui satisfont à l'équation différentielle

$$\frac{ds}{\rho} = d\varphi(x, y),$$

x et y désignant les coordonnées cartésiennes, la somme des angles d'un triangle curviligne quelconque formé avec trois de ces courbes sera égale à deux droits.

Plus généralement, si l'on considérait une intégrale double quelconque

$$\iint \left(\frac{\partial M}{\partial v} - \frac{\partial N}{\partial u}\right) du\, dv$$

et les courbes satisfaisant à l'équation différentielle

$$d\varphi\left(u, v, \frac{du}{dv}, \frac{d^2u}{dv^2}, \dots\right) = M\,du + N\,dv,$$

l'intégrale double, étendue à tout polygone formé de ces courbes, s'exprimerait en fonction de la somme des accroissements que prend la fonction φ quand on passe d'un côté du polygone au suivant. Ces remarques n'ont peut-être pas d'importance pratique; mais elles font mieux comprendre les méthodes précédentes ([1]).

([1]) DARBOUX, *Sur une série de lignes analogues aux lignes géodésiques* (*Annales de l'École Normale*, t. VII, 1re série; 1870).

CHAPITRE VII.

LES CERCLES GÉODÉSIQUES.

Nouvelle application du théorème de Green; généralisation du théorème des projections. — Expression analytique du rayon de courbure géodésique d'une courbe définie de la manière la plus générale par une équation quelconque en coordonnées curvilignes. — Étude des courbes (F) qui sont définies par cette propriété qu'en chacun de leurs points la courbure géodésique soit une fonction donnée à l'avance des coordonnées du point. — Équation du second ordre au moyen de laquelle on les détermine. — On peut, comme dans le cas des lignes géodésiques, ramener la détermination de ces courbes à l'intégration d'une équation aux dérivées partielles du premier ordre. — Propositions et propriétés de maximum ou de minimum analogues à celles des lignes géodésiques. — Des cercles géodésiques, c'est-à-dire des courbes dont la courbure géodésique est constante. — Détermination des cercles géodésiques pour toutes les surfaces applicables sur des surfaces de révolution. — Propriétés relatives à la courbure géodésique dans les systèmes isothermes. — Systèmes orthogonaux composés de deux familles de cercles géodésiques. — Cas des surfaces à courbure constante.

648. Considérons un faisceau de courbes (φ) représenté par l'équation

$$\varphi(u, v) = \text{const.}$$

et une courbe fermée (A) (*fig.* 65). Calculons, en chaque point de (A), l'angle θ de la courbe (A) et de la courbe (φ) qui passe en ce point, supposées l'une et l'autre parcourues dans le sens indiqué par les flèches. Si l'élément linéaire est donné sous la forme de Gauss, on aura

$$(1) \qquad \cos\theta = \frac{E\,du\,\delta u + F(du\,\delta v + dv\,\delta u) + G\,dv\,\delta v}{ds\,\delta s},$$

les symboles d et δ se rapportant respectivement à la courbe (A) et à la courbe (φ). On aura donc

$$\frac{\partial\varphi}{\partial u}\delta u + \frac{\partial\varphi}{\partial v}\delta v = 0,$$

et, par conséquent,

$$(2) \qquad \frac{\delta u}{\delta s} = \frac{\dfrac{\partial \varphi}{\partial v}}{\mathrm{H}\sqrt{\Delta\varphi}}, \qquad \frac{\delta v}{\delta s} = -\frac{\dfrac{\partial \varphi}{\partial u}}{\mathrm{H}\sqrt{\Delta\varphi}},$$

H désignant le radical $\sqrt{\mathrm{EG}-\mathrm{F}^2}$ et $\Delta\varphi$ étant le paramètre différentiel déjà rencontré dans la théorie des lignes géodésiques. Le radical aura son signe déterminé par la condition que les valeurs

Fig. 65.

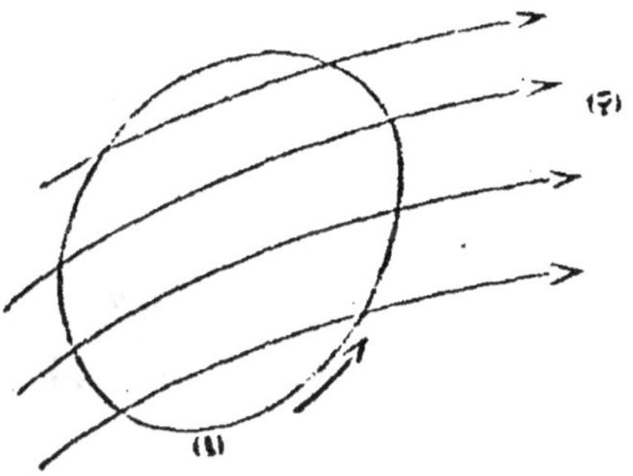

de δu, δv correspondent au sens marqué par les flèches sur les courbes (φ). En portant les valeurs de δu, δv dans l'expression de $\cos\theta$, on trouvera

$$ds\cos\theta = \frac{\mathrm{E}\dfrac{\partial\varphi}{\partial v} - \mathrm{F}\dfrac{\partial\varphi}{\partial u}}{\mathrm{H}\sqrt{\Delta\varphi}}\,du - \frac{\mathrm{G}\dfrac{\partial\varphi}{\partial u} - \mathrm{F}\dfrac{\partial\varphi}{\partial v}}{\mathrm{H}\sqrt{\Delta\varphi}}\,dv,$$

ou, plus simplement,

$$(3) \qquad ds\cos\theta = \mathrm{H}\,\frac{\partial\sqrt{\Delta\varphi}}{\partial\left(\dfrac{\partial\varphi}{\partial v}\right)}\,du - \mathrm{H}\,\frac{\partial\sqrt{\Delta\varphi}}{\partial\left(\dfrac{\partial\varphi}{\partial u}\right)}\,dv.$$

Par suite, l'intégrale

$$\int \cos\theta\, ds$$

étendue au contour (A) sera égale, d'après le théorème de Green, à l'intégrale double

$$-\iint\left[\frac{\partial}{\partial u}\left(\mathrm{H}\,\frac{\partial\sqrt{\Delta\varphi}}{\partial\dfrac{\partial\varphi}{\partial u}}\right) + \frac{\partial}{\partial v}\left(\mathrm{H}\,\frac{\partial\sqrt{\Delta\varphi}}{\partial\dfrac{\partial\varphi}{\partial v}}\right)\right] du\,dv,$$

étendue à toute l'aire limitée par le contour.

D'autre part, d'après la démonstration même que nous avons donnée de ce théorème, la même intégrale curviligne sera égale à la somme des intégrales analogues relatives à chacun des contours infiniment petits dans lesquels on peut résoudre le contour (A). Prenons pour un de ces contours celui qui est formé (*fig.* 66)

Fig. 66.

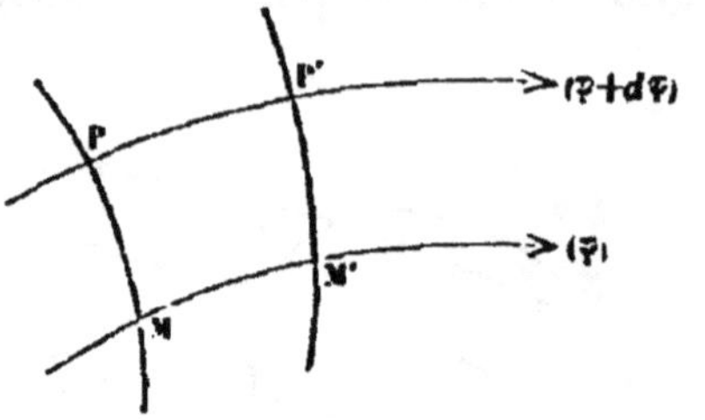

par deux courbes infiniment voisines (φ), $(\varphi+d\varphi)$ et par deux de leurs trajectoires orthogonales infiniment voisines. Soit MM'P'P ce contour, qui sera parcouru dans le sens indiqué par les lettres. On a évidemment

$$\int_{M}^{M'} ds\cos\theta = MM', \qquad \int_{M'}^{P'} ds\cos\theta = 0,$$

$$\int_{P'}^{P} ds\cos\theta = -PP', \qquad \int_{P}^{M} ds\cos\theta = 0,$$

et, par conséquent, l'intégrale étendue à tout le contour aura pour valeur

$$MM' - PP'.$$

Si l'on emploie l'expression de la courbure géodésique donnée au n° 635, on trouvera

$$MM' - PP' = \frac{\overline{MM'}.\overline{MP}}{\rho_g}, \tag{4}$$

ρ_g désignant le rayon de courbure de la courbe (φ) au point M, rayon qui sera considéré comme positif seulement s'il est porté dans le sens MP. D'ailleurs, comme $\overline{MM'}.\overline{MP}$ représente l'aire $d\sigma$ comprise à l'intérieur du contour MM'P'P, on peut écrire la relation

$$\int_{(A)} ds\cos\theta = \iint \frac{d\sigma}{\rho_g} \tag{5}$$

qui donne une nouvelle expression de l'intégrale curviligne étendue au contour (A).

Si nous l'égalons à l'expression déjà trouvée, nous obtiendrons la relation

$$\iint \frac{d\sigma}{\rho_g} = -\iint \left[\frac{\partial}{\partial u}\left(\mathrm{H}\,\frac{\partial\sqrt{\Delta\varphi}}{\partial\frac{\partial\varphi}{\partial u}} \right) + \frac{\partial}{\partial v}\left(\mathrm{H}\,\frac{\partial\sqrt{\Delta\varphi}}{\partial\frac{\partial\varphi}{\partial v}} \right) \right] du\, dv,$$

où les deux intégrales doubles sont étendues l'une et l'autre à la même aire. Comme cette aire est d'ailleurs limitée par un contour quelconque, il faut nécessairement que les éléments des deux intégrales soient égaux. On aura donc, en remplaçant $d\sigma$ par $\mathrm{H}\, du\, dv$, l'équation

$$\text{(6)} \qquad \frac{\mathrm{H}}{\rho_g} = -\frac{\partial}{\partial u}\left(\mathrm{H}\,\frac{\partial\sqrt{\Delta\varphi}}{\partial\frac{\partial\varphi}{\partial u}} \right) - \frac{\partial}{\partial v}\left(\mathrm{H}\,\frac{\partial\sqrt{\Delta\varphi}}{\partial\frac{\partial\varphi}{\partial v}} \right),$$

qui fera connaître la courbure géodésique des courbes (φ). Cette formule élégante est due à M. O. Bonnet, qui l'a démontrée par d'autres considérations [1].

La formule (5), qui résulte de la méthode précédente, peut être considérée comme une généralisation du théorème des projections. Supposons, en effet, que les courbes (φ) deviennent des droites parallèles dans le plan. On aura, pour tous les points de l'aire, $\rho_g = \infty$ et, par suite,

$$\int_{(\mathrm{A})} ds \cos\theta = 0,$$

ce qui constitue l'expression analytique du théorème des projections.

649. On peut faire reposer sur l'équation (6) la théorie des courbes dont la courbure géodésique est une fonction quelconque donnée à l'avance, $\mathrm{F}(u, v)$, des coordonnées u et v du point de la courbe. Ces courbes sont définies par l'équation différentielle

---

[1] O. Bonnet, *Mémoire sur l'emploi d'un nouveau système de variables dans l'étude des propriétés des surfaces courbes* (*Journal de Liouville*, 2ᵉ série, t. V, p. 164; 1860).

du second ordre

$$(7) \qquad F(u, v)\,ds = d\omega + r\,du + r_1\,dv,$$

que l'on déduit immédiatement de l'expression connue du rayon de courbure géodésique. Elles comprennent comme cas particulier les courbes dont la courbure géodésique est constante, et elles donnent la solution d'un intéressant problème de Calcul des variations. Il nous suffira, pour le montrer, de suivre la méthode que nous avons déjà employée (Livre V, Chap. IV) dans l'étude des lignes géodésiques. Pour abréger, nous désignerons sous le nom de *courbes* (F) toutes celles que nous venons de définir et qui satisfont à l'équation précédente ou, si l'on veut, à la suivante

$$(8) \qquad \frac{1}{\rho_g} = F(u, v).$$

Soit

$$\varphi(u, v) = \text{const.}$$

l'équation d'une famille quelconque de courbes (F). En adoptant l'expression (6) de la courbure géodésique, nous voyons que φ devra satisfaire identiquement à l'équation aux dérivées partielles suivante

$$(9) \qquad H\,F(u, v) + \frac{\partial}{\partial u}\left(H\frac{\partial\sqrt{\Delta\varphi}}{\partial\frac{\partial\varphi}{\partial u}}\right) + \frac{\partial}{\partial v}\left(H\frac{\partial\sqrt{\Delta\varphi}}{\partial\frac{\partial\varphi}{\partial v}}\right) = 0.$$

Or on peut toujours, et d'une infinité de manières, mettre le produit HF sous la forme ([1])

$$(10) \qquad H\,F(u, v) = \frac{\partial N}{\partial u} - \frac{\partial M}{\partial v}.$$

Si l'on substitue cette expression dans l'équation (9) et si l'on désigne, pour abréger, par p' et q' les dérivées de φ, on mettra l'équation à intégrer sous la forme

$$(11) \qquad \frac{\partial}{\partial u}\left(H\frac{\partial\sqrt{\Delta\varphi}}{\partial p'} + N\right) + \frac{\partial}{\partial v}\left(H\frac{\partial\sqrt{\Delta\varphi}}{\partial q'} - M\right) = 0.$$

([1]) Par exemple, on donnera M arbitrairement et l'on déterminera N par une quadrature.

En introduisant une fonction auxiliaire θ dont nous désignerons les dérivées par p et q, on peut évidemment remplacer l'équation précédente par le système suivant :

$$H\frac{\partial\sqrt{\Delta\varphi}}{\partial p'} = -N - q, \qquad H\frac{\partial\sqrt{\Delta\varphi}}{\partial q'} = M + p. \tag{12}$$

Or ces deux équations ne contiennent φ que dans le rapport $\frac{p'}{q'}$. On pourra donc éliminer ce rapport et l'on sera ainsi conduit à l'équation du premier ordre pour θ

$$\frac{E(N+q)^2 - 2F(N+q)(M+p) + G(M+p)^2}{EG - F^2} = 1, \tag{13}$$

qui se réduit à celle que nous avons donnée pour les lignes géodésiques quand on y fait $M = N = 0$.

Il suffit de se rappeler les résultats établis au Livre V (Chap. V) et l'on reconnaîtra immédiatement que l'équation précédente exprime la condition nécessaire et suffisante pour que la différence

$$ds^2 - (d\theta + M\,du + N\,dv)^2,$$

considérée comme une fonction homogène de du et de dv, soit un carré parfait

$$(\alpha\,du + \beta\,dv)^2:$$

il résulte d'ailleurs des formules (12) que ce carré aura pour expression

$$\frac{d\varphi^2}{\Delta\varphi}.$$

Nous sommes donc conduits à la proposition suivante :

Pour obtenir toutes les familles de courbes (F), *il suffira de déterminer une solution quelconque de l'équation aux dérivées partielles* (13). *Cette solution θ étant trouvée, le carré de l'élément linéaire pourra se mettre sous la forme*

$$ds^2 = (d\theta + M\,du + N\,dv)^2 + (\alpha\,du + \beta\,dv)^2, \tag{14}$$

et l'équation différentielle

$$\alpha\,du + \beta\,dv = 0$$

définira l'une des familles cherchées.

En d'autres termes, le problème proposé est équivalent au suivant :

Mettre l'élément linéaire de la surface sous la forme

$$(15) \qquad ds^2 = (d\theta + M\,du + N\,dv)^2 + \sigma^2\,d\theta_1^2.$$

Les courbes $\theta_1 = \text{const.}$ seront celles qu'il s'agissait de déterminer.

650. Cette proposition est évidemment analogue à celle que nous avons donnée au n° 531, relativement aux lignes géodésiques. Elle donne lieu aussi à un grand nombre de conséquences, toutes semblables à celles que nous avons développées plus haut (Livre V, Chap. V). Nous allons les indiquer rapidement, sans apporter à cette étude autant de soin et de rigueur que dans le cas plus important des lignes géodésiques.

On peut démontrer d'abord, par l'application pure et simple de la méthode exposée au n° 532, que, si l'on a obtenu une solution θ de l'équation (13) contenant une constante arbitraire a, on pourra prendre, dans la formule (15),

$$\theta_1 = \frac{\partial\theta}{\partial a}$$

et, par conséquent, l'équation générale des courbes (F) sera

$$(16) \qquad \frac{\partial\theta}{\partial a} = a'.$$

Nous reviendrons plus loin (n° 651) sur ce sujet ; et nous allons maintenant montrer comment on généralise les propriétés de minimum relatives aux lignes géodésiques.

Soit (F′) *l'une des courbes* (F) *et soient* A *et* B *deux de ses points, suffisamment voisins. Si l'on considère toutes les courbes* (K) *joignant ces deux points, pour lesquelles l'intégrale*

$$\int_A^B (M\,du + N\,dv)$$

a même valeur que pour la courbe (F′), *celle de ces courbes dont l'arc compris entre* A *et* B *sera le plus petit possible sera précisément la courbe* (F′).

Imaginons, en effet, que l'on considère la famille formée par toutes les courbes (F) qui passent en A et la fonction correspondante θ dont les dérivées sont liées à celles de φ par les équations (12). On pourra mettre l'élément linéaire de la surface sous la forme

$$ds^2 = (d\theta + M\,du + N\,dv)^2 + \sigma^2\,d\varphi^2. \tag{17}$$

Par des raisonnements analogues à ceux du n° 518, on montrera que l'on peut constituer autour de A une région telle que, par le point A et par un point B de cette région, il passe une seule courbe (F) située tout entière dans la région. On obtiendra cette région, par exemple, en portant sur toutes les courbes (F) une longueur égale ou inférieure à une limite l. Ce point étant admis, on peut répéter rapidement la démonstration du n° 521.

Pour une courbe quelconque (K) joignant A à un point B de la région, l'arc s est donné par la formule

$$s = \int_A^B \sqrt{(d\theta + M\,du + N\,dv)^2 + \sigma^2\,d\varphi^2}.$$

On a donc, si la courbe (K) est distincte de (F'),

$$s > \int_A^B (d\theta + M\,du + N\,dv)$$

ou

$$s > \theta_B - \theta_A + \int_A^B (M\,du + N\,dv); \tag{18}$$

et, si la courbe (K) se confond avec (F'),

$$s' = \int_A^B (d\theta + M\,du + N\,dv) = \theta_B - \theta_A + \int_A^B (M\,du + N\,dv). \tag{19}$$

Mais, par hypothèse, nous ne considérons que les courbes (K) pour lesquelles l'intégrale

$$\int_A^B (M\,du + N\,dv) \tag{20}$$

a la même valeur que pour la courbe (F'). La comparaison de

l'inégalité (18) et de l'équation (19) nous donne donc

$$s > s',$$

et la proposition que nous avions en vue est ainsi démontrée.

On peut déduire des formules précédentes une autre conséquence. N'assujettissons plus l'intégrale (20) à avoir une valeur déterminée, mais considérons, parmi les courbes (K) réunissant les points A et B, celles qui ont la même longueur que (F'). On aura alors

$$s = s',$$

et la comparaison des formules (18) et (19) montre alors que *l'intégrale*

$$\int_A^B (M\,du + N\,dv)$$

sera plus grande pour la courbe (F') *que pour toute autre courbe de même longueur réunissant les points* A *et* B.

On peut donner une forme différente à ces résultats. Menons par les points A et B une courbe fixe quelconque ADB (*fig.* 67).

Fig. 67.

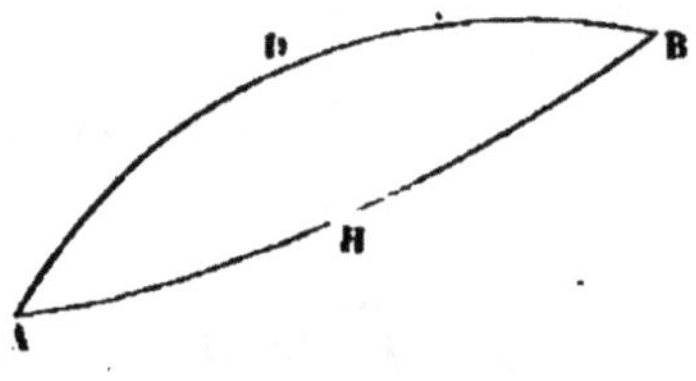

L'intégrale (20), relative à toute autre courbe AHB unissant les mêmes points, ne diffère que par une constante de celle qui est relative au contour entier AHBDA. Or l'intégrale curviligne relative à ce contour fermé peut être remplacée par l'intégrale double

$$\Omega = \iint \left(\frac{\partial N}{\partial u} - \frac{\partial M}{\partial v} \right) du\,dv,$$

étendue à toute l'aire que limite le contour. On peut donc transformer comme il suit les propositions précédentes :

Soient A *et* B *deux points suffisamment voisins, pris sur une courbe* (F), *et* ADB *une courbe fixe, mais quelconque, unissant les deux points. La courbe* (F) *est la plus courte parmi toutes celles qui unissent les mêmes points et donnent à l'intégrale* Ω *la valeur qu'elle prend dans le cas de la courbe* (F). On peut dire aussi que, *parmi toutes les courbes de même longueur unissant les deux points, la courbe* (F) *est celle pour laquelle l'intégrale* Ω *est maximum.*

631. Nous sommes maintenant en mesure de résoudre les deux questions suivantes :

Étant donnée une courbe quelconque ADB, *trouver, parmi les courbes* AHB *joignant ses extrémités et pour lesquelles une certaine intégrale double*

$$\Omega = \iint \left(\frac{\partial N}{\partial u} - \frac{\partial M}{\partial v} \right) du\,dv = \iint H\,F(u, v)\,du\,dv, \tag{21}$$

étendue à l'aire ADBHA, *a une valeur donnée, celle qui est la plus courte ;*

ou encore

Trouver parmi toutes les courbes de même longueur unissant les points A *et* B *celle pour laquelle l'intégrale double précédente est maximum.*

On cherchera toutes les courbes dont le rayon de courbure géodésique est déterminé par la formule

$$\frac{1}{\rho_g} = k \frac{\dfrac{\partial N}{\partial u} - \dfrac{\partial M}{\partial v}}{H} = k\,F(u, v), \tag{22}$$

où k désigne une constante arbitraire. On construira celles de ces courbes qui passent par les points A et B ; et l'on déterminera la constante k par la condition que l'intégrale double Ω dans la première question, ou la longueur de l'arc dans la seconde, ait la valeur donnée *a priori*. Les courbes obtenues donneront la solution cherchée. Cela résulte presque immédiatement des propositions établies. La règle précédente est d'ailleurs celle à laquelle conduit l'application régulière des méthodes du Calcul des variations. Le lecteur rétablira aisément le calcul que nous omettons ici. Nous allons indiquer seulement comment on pourra déterminer les courbes et exprimer les conditions indiquées.

On écrira d'abord l'équation aux dérivées partielles

$$(23)\qquad G(p+kM)^2-2F(p+kM)(q+kN)+E(q+kN)^2=EG-F^2,$$

que l'on obtient en remplaçant M, N par kM, kN dans l'équation (13).

Supposons que l'on en connaisse une solution θ contenant la constante arbitraire a. On pourra mettre l'élément linéaire de la surface sous la forme

$$(24)\qquad ds^2=[d\theta+k(M\,du+N\,dv)]^2+\sigma^2\,d\theta_1^2.$$

Suivant la méthode du n° 532, différentions en faisant varier seulement les constantes a et k. Nous aurons

$$\begin{aligned}&[d\theta+k(M\,du+N\,dv)]\left[d\frac{\partial\theta}{\partial a}\delta a+\left(d\frac{\partial\theta}{\partial k}+M\,du+N\,dv\right)\delta k\right]\\&\quad+\sigma\,d\theta_1\left[\left(\frac{\partial\sigma}{\partial a}d\theta_1+\sigma\,d\frac{\partial\theta_1}{\partial a}\right)\delta a+\left(\frac{\partial\sigma}{\partial k}d\theta_1+\sigma\,d\frac{\partial\theta_1}{\partial k}\right)\delta k\right]=0.\end{aligned}$$

La différentielle $d\theta_1$, considérée comme fonction de du et de dv, doit diviser la première ligne. Comme elle ne peut diviser le premier facteur, elle doit nécessairement diviser le second, *et cela, quels que soient* δa, δk. En répétant le raisonnement du numéro cité, on pourra prendre

$$\theta_1=\frac{\partial\theta}{\partial a},$$

et il restera l'équation nouvelle

$$(25)\qquad d\frac{\partial\theta}{\partial k}+M\,du+N\,dv=\lambda\,d\frac{\partial\theta}{\partial a},$$

où λ désigne un facteur de proportionnalité. On en déduit la conséquence suivante.

Si l'on se déplace sur une des courbes intégrales ($\theta_1=$ const.) entre deux points A et B, $\dfrac{\partial\theta}{\partial a}$ demeurera constante. On aura donc

$$d\frac{\partial\theta}{\partial k}+M\,du+N\,dv=0$$

et, par suite,

$$\int_A^B(M\,du+N\,dv)=\left(\frac{\partial\theta}{\partial k}\right)_A-\left(\frac{\partial\theta}{\partial k}\right)_B.$$

L'intégrale simple qui figure dans le premier membre est égale à $\Omega - l$, l étant une constante connue. On a donc

$$\Omega = l + \left(\frac{\partial\theta}{\partial k}\right)_A - \left(\frac{\partial\theta}{\partial k}\right)_B. \tag{26}$$

On aura de même, s désignant l'arc AB,

$$s = \int_A^B [d\theta + k(M\,du + N\,dv)] = \int_A^B \left(d\theta - k\,d\frac{\partial\theta}{\partial k}\right)$$

ou encore

$$s = \left(\theta - k\frac{\partial\theta}{\partial k}\right)_A^B. \tag{27}$$

Ces expressions de s et de Ω permettront d'écrire simplement les équations de condition qui se présentent dans les deux problèmes proposés plus haut.

652. L'application la plus intéressante des propositions générales précédentes se rapporte au cas où l'intégrale double Ω est celle qui donne l'aire d'une portion de la surface. On doit alors déterminer M et N par l'équation

$$H = \sqrt{EG - F^2} = \frac{\partial N}{\partial u} - \frac{\partial M}{\partial v}, \tag{28}$$

et la formule (22) nous donne

$$\frac{1}{\rho_g} = k. \tag{29}$$

Les courbes correspondantes ont leur courbure géodésique constante. Nous les nommerons, pour abréger, des *cercles géodésiques* (¹). Des résultats qui précèdent nous déduisons les corollaires suivants :

Parmi toutes les courbes de même longueur unissant deux

(¹) Quelques auteurs, au contraire, appellent *cercles géodésiques* les courbes que l'on obtient en portant des longueurs constantes sur toutes les géodésiques passant par un point. Comme le cercle, ces courbes sont toujours fermées et elles coupent à angle droit tous leurs rayons géodésiques; mais elles n'ont pas, en général, leur courbure géodésique constante. Les lignes à courbure géodésique constante, auxquelles nous réservons ici le nom de *cercles géodésiques*, ne sont fermées que sur les surfaces à courbure constante. Le lecteur l'établira en cherchant l'équation approchée d'un cercle géodésique de courbure infiniment petite.

points A et B, celle qui, jointe à une courbe fixe ADB (*fig.* 67), *limite la plus grande étendue de la surface est un cercle géodésique.*

Parmi toutes les courbes unissant les mêmes points et limitant une étendue donnée de la surface, la plus courte est un cercle géodésique.

653. Pour donner au moins une application de la théorie générale qui précède, nous allons montrer que l'on peut déterminer les cercles géodésiques de toutes les surfaces qui sont applicables sur les surfaces de révolution (¹).

On a alors, pour l'élément linéaire, l'expression

$$ds^2 = du^2 + \varphi^2(u)\,dv^2,$$

et l'équation (10) devient

$$H = \varphi(u) = \frac{\partial N}{\partial u} - \frac{\partial M}{\partial v}.$$

On peut donc prendre

$$M = 0, \qquad N = \int \varphi(u)\,du = \psi(u).$$

L'équation à intégrer (23) prend la forme

$$p^2 + \frac{[q + k\psi(u)]^2}{\varphi^2(u)} = 1. \tag{30}$$

Posons ici encore, comme au n° 579,

$$\theta = av + F(u);$$

il viendra

$$F'(u) = \sqrt{1 - \left[\frac{a + k\psi(u)}{\varphi(u)}\right]^2},$$

ce qui donnera

$$\theta = av + \int \sqrt{1 - \left[\frac{a + k\psi(u)}{\varphi(u)}\right]^2}\,du. \tag{31}$$

(¹) *Voir*, à ce sujet, les deux articles suivants :

Minding, *Zur Theorie der Curven kürzesten Umrings, bei gegebenem Flächeninhalt, auf krummen Flächen* (*Journal de Crelle*, t. LXXXVI, p. 279; 1878).

Darboux, *Sur les cercles géodésiques* (*Comptes rendus*, t. XCVI, p. 54; 1883).

Si l'on différentie par rapport à a, on aura l'équation générale des cercles géodésiques

$$(32) \qquad v - \int \frac{a + k\psi(u)}{\varphi(u)\sqrt{\varphi^2(u) - [a + k\psi(u)]^2}} du = a'.$$

Dans le cas des surfaces à courbure constante et égale à l'unité, on peut prendre

$$\varphi(u) = \sin u,$$

et l'on trouve, en effectuant la quadrature,

$$\sqrt{1 + k^2 - a^2} \sin(v - v_0) \sin u + a \cos u = k.$$

C'est l'équation que l'on obtient immédiatement si l'on suppose que la surface soit une sphère de rayon 1.

654. Nous terminerons ce Chapitre en indiquant quelques propositions très simples relatives aux cercles géodésiques et aux systèmes isothermes.

Considérons d'une manière générale une surface rapportée à un système de coordonnées orthogonales, et soit

$$ds^2 = A^2 du^2 + C^2 dv^2$$

la formule qui donne l'élément linéaire. Si l'on désigne respectivement par ρ_u et ρ_v les rayons de courbure géodésique des arcs $A\,du$ et $C\,dv$, on aura

$$(33) \qquad \frac{1}{\rho_v} = \frac{1}{AC} \frac{\partial C}{\partial u}, \qquad \frac{1}{\rho_u} = -\frac{1}{AC} \frac{\partial A}{\partial v}.$$

Supposons d'abord que le système soit isotherme. On pourra prendre

$$A = C = \lambda,$$

et il viendra

$$(34) \qquad \frac{1}{\rho_v} = \frac{1}{\lambda^2} \frac{\partial \lambda}{\partial u}, \qquad \frac{1}{\rho_u} = -\frac{1}{\lambda^2} \frac{\partial \lambda}{\partial v};$$

d'où l'on déduit

$$(35) \qquad \frac{\partial\left(\frac{1}{\rho_u}\right)}{\partial u} + \frac{\partial\left(\frac{1}{\rho_v}\right)}{\partial v} = 0.$$

En divisant par λ et posant

$$ds_u = \lambda\, du, \qquad ds_v = \lambda\, dv,$$

on peut donner à cette équation la forme suivante

$$(36) \qquad \frac{\partial\left(\frac{1}{\rho_u}\right)}{\partial s_u} + \frac{\partial\left(\frac{1}{\rho_v}\right)}{\partial s_v} = 0,$$

qui est entièrement géométrique et qui exprime que les *dérivées des courbures géodésiques des deux courbes coordonnées suivant la tangente sont égales au signe près.*

Cette propriété, il est aisé de le reconnaître, caractérise les systèmes orthogonaux et isothermes; car, si l'on remplace dans l'équation précédente ds_u par $A\,du$, ds_v par $C\,dv$, ρ_u et ρ_v par leurs expressions (33), il vient

$$\frac{\partial^2}{\partial u\,\partial v}\log\frac{A}{C} = 0;$$

d'où l'on déduit

$$\frac{A}{C} = \frac{f(u)}{f_1(v)},$$

équation caractéristique des systèmes isothermes.

L'équation (36), rapprochée de la remarque précédente, donne naissance aux deux conséquences suivantes :

1° *Si une famille de courbes isothermes est composée de cercles géodésiques, il en est de même de la famille isotherme formée par les trajectoires orthogonales.*

Supposons, en effet, que cette famille soit formée par les courbes de paramètre v. Alors ρ_u sera une fonction de v; on aura

$$\frac{\partial\left(\frac{1}{\rho_u}\right)}{\partial u} = 0,$$

et la formule (35) nous donnera

$$\frac{\partial\left(\frac{1}{\rho_v}\right)}{\partial v} = 0.$$

Donc ρ_v sera une fonction de u, ce qui démontre la proposition.

2° *Si des cercles géodésiques forment deux familles de courbes se coupant à angle droit, ces deux familles sont isothermes.*

En effet, l'équation (36) est alors vérifiée, et nous venons de démontrer qu'elle caractérise les systèmes isothermes.

Il nous reste à indiquer quelle est la forme de l'élément linéaire pour de tels systèmes. Posons

$$\frac{1}{\rho_v} = -F'(u) = -U', \qquad \frac{1}{\rho_u} = \Phi'(v) = V'.$$

Les équations (33) nous donneront

$$\frac{\partial\left(\frac{1}{\lambda}\right)}{\partial u} = U', \qquad \frac{\partial\left(\frac{1}{\lambda}\right)}{\partial v} = V';$$

d'où, en intégrant, on déduit

$$\lambda = \frac{1}{U+V}. \tag{37}$$

Ainsi l'élément linéaire est exprimé par la relation

$$ds^2 = \frac{du^2 + dv^2}{(U+V)^2}, \tag{38}$$

dont la forme seule suffit à établir qu'il n'existe pas, en général, sur une surface donnée *a priori*, deux familles orthogonales composées de cercles géodésiques.

655. Nous avons déjà déterminé (n° 638) les surfaces dont toutes les lignes de courbure sont des cercles géodésiques. Nous signalerons ici encore une question non résolue, analogue à celle que nous avons proposée relativement à l'élément linéaire de M. Liouville : *Rechercher toutes les surfaces dont l'élément linéaire peut être ramené de diverses manières à la forme* (38), *c'est-à-dire qui admettent plusieurs couples de familles orthogonales composées de cercles géodésiques.*

Au nombre de ces surfaces on doit trouver évidemment toutes celles dont la courbure totale est constante. Nous nous contenterons de rappeler ici une proposition qui a été démontrée par MM. O. Bonnet et Catalan :

Étant données deux droites D *et* Δ, *polaires l'une de l'autre par rapport à la sphère, tous les cercles dont les plans passent par* Δ *coupent à angle droit les cercles dont les plans passent par* D. *Les deux familles de cercles orthogonaux ainsi déterminées sont les plus générales que l'on puisse tracer sur la sphère.*

On démontre immédiatement cette proposition au moyen du lemme suivant :

Quand deux cercles d'une sphère sont orthogonaux, le plan de chacun d'eux contient le pôle du plan de l'autre par rapport à la sphère.

Ces systèmes orthogonaux composés de cercles ont déjà été employés aux n°s 206 et 207. On pourrait les retrouver ici en exprimant que l'élément linéaire (38) convient à une surface dont la courbure est constante. On est ainsi conduit à une équation qui contient, en même temps que les fonctions U et V, leurs dérivées des deux premiers ordres et qui permettra de déterminer les expressions les plus générales de ces fonctions U et V.

CHAPITRE VIII.

LES TRIANGLES GÉODÉSIQUES ET LE THÉORÈME DE GAUSS.

Du système de coordonnées polaires dans une surface quelconque. — Développement suivant les puissances de u de la courbure totale et de la quantité λ qui figure dans l'expression

$$ds^2 = du^2 + \lambda^2 dv^2$$

de l'élément linéaire. — Distance géodésique de deux points quelconques. — Son carré est développable en série. — Calcul des premiers termes de cette série. — Triangles géodésiques infiniment petits. — Théorème de Gauss. — Expression de la surface du triangle. — Application des résultats précédents à la détermination de quelques infiniment petits relatifs à une courbe quelconque tracée sur la surface. — Expressions de l'arc approchées jusqu'aux termes du cinquième ordre. — Étude d'une question posée par M. Christoffel : recherche des surfaces pour lesquelles il y a, entre les six éléments d'un triangle géodésique, une ou plusieurs relations indépendantes des coordonnées des six sommets. — Travaux de MM. Weingarten et von Mangoldt. — Les surfaces à courbure constante sont les seules pour lesquelles il y ait plus d'une relation entre les six éléments; et le nombre de ces relations est égal à trois. — Les surfaces applicables sur des surfaces de révolution sont les seules pour lesquelles il y ait une relation, et une seule, entre les six éléments. — Démonstration de ce dernier résultat par la considération des triangles géodésiques infiniment aplatis.

---

656. Considérons toutes les géodésiques passant par un point C d'une surface donnée (*fig.* 68). Nous avons vu [II, p. 407] que, dans une région suffisamment petite s'étendant autour du point C, chaque point A de la surface est bien déterminé par sa distance géodésique $u = AC$ au point C et par l'angle v que fait en C la géodésique CA avec une courbe fixe quelconque CH, choisie pour marquer l'origine des angles.

On sait qu'avec ce système de coordonnées l'élément linéaire est défini par la formule

$$ds^2 = du^2 + \lambda^2 dv^2, \tag{1}$$

et que la courbure totale de la surface a pour expression

$$\frac{1}{RR'} = -\frac{1}{\lambda}\frac{\partial^2 \lambda}{\partial u^2}. \tag{2}$$

Si l'on porte des longueurs égales sur toutes les géodésiques passant en C, on obtient une courbe fermée entourant le point C. L'élément de l'arc de cette courbe a pour valeur

$$ds = \lambda\, dv.$$

On voit donc que λ doit devenir nul avec u, et, de plus, en assimilant la surface à un plan dans la région voisine du point C, on reconnaît que le rapport de λ à u doit tendre vers l'unité

Fig. 68.

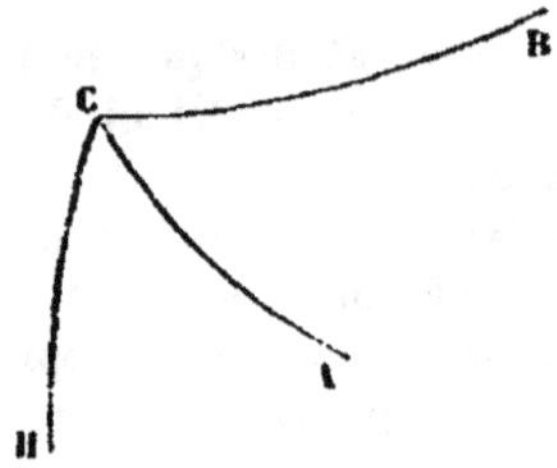

lorsque u diminue indéfiniment. Mais, pour établir ce point en toute rigueur et surtout pour obtenir des résultats plus complets sur la forme de λ, nous devons donner quelques développements qui sont d'ailleurs nécessaires pour la suite.

Soit

$$(3) \qquad ds^2 = E\, dp^2 + 2F\, dp\, dq + G\, dq^2$$

l'expression de l'élément linéaire rapporté à un système de coordonnées quelconques p et q. Si p_1, q_1 désignent les coordonnées du point C, nous admettrons que E, F, G sont développables suivant les puissances de $p - p_1$, $q - q_1$. Ces conditions sont évidemment remplies, avec une infinité de systèmes de coordonnées, pour toute région de la surface ne présentant pas de singularité. Pour plus de simplicité, substituons aux coordonnées p, q les différences $p - p_1$, $q - q_1$. De cette manière, *les deux coordonnées du point* C *deviendront nulles et* E, F, G *deviendront développables en séries ordonnées suivant les puissances de p et de q; ces séries seront convergentes au moins tant que les modules de p et de q n'atteindront pas certaines limites déterminées.*

Ces hypothèses étant admises, nous avons vu au n° 518

[II, p. 408] que, si l'on trace une géodésique passant par le point (p_0, q_0), les coordonnées p, q d'un point quelconque de cette ligne sont définies par les équations

$$(4)\qquad \begin{cases} p - p_0 = p' + \alpha p'^2 + 2\alpha' p' q' + \alpha'' q'^2 + \dots, \\ q - q_0 = q' + \beta p'^2 + 2\beta' p' q' + \beta'' q'^2 + \dots, \end{cases}$$

où les coefficients α, α', α'', ..., β, β', β'', ... sont des séries, ordonnées suivant les puissances de p_0, q_0 et convergentes tant que les modules de ces variables sont inférieurs à des quantités déterminées. Quant aux quantités p', q', elles ont pour expressions

$$(5)\qquad p' = \theta\left(\frac{dp}{d\theta}\right)_0, \qquad q' = \theta\left(\frac{dq}{d\theta}\right)_0,$$

θ désignant l'arc de la géodésique compté à partir du point initial (p_0, q_0) et $\left(\frac{dp}{d\theta}\right)_0$, $\left(\frac{dq}{d\theta}\right)_0$ indiquant les valeurs initiales des dérivées de p et de q considérées comme fonctions de cet arc. Nous avons remarqué [II, p. 409] que l'on a

$$(6)\qquad E^0 p'^2 + 2F^0 p' q' + G^0 q'^2 = \theta^2,$$

E^0, F^0, G^0 étant les valeurs de E, F, G pour le point initial (p_0, q_0). D'après cela, les valeurs de p, q données par les équations (4) doivent être regardées comme des séries ordonnées suivant les puissances des quatre variables p_0, q_0, p', q', séries qui sont convergentes quand les modules de ces variables sont inférieurs à certaines limites déterminées ([1]).

Ces résultats étant admis, supposons d'abord que le point (p_0, q_0) coïncide avec le point C; c'est-à-dire faisons

$$p_0 = q_0 = 0.$$

Alors la géodésique deviendra l'une de celles qui passent au point C, CB par exemple; l'arc θ deviendra la variable que nous

---

([1]) Cette proposition résulte de la théorie des équations aux dérivées partielles. Car les valeurs de p et de q données par les formules (4) peuvent être considérées comme des fonctions des trois variables p_0, q_0, s définies par la double condition de satisfaire aux équations (16) du tome II, p. 408, et de se réduire respectivement à p_0 et à q_0 pour $s = 0$. Il résulte alors de la théorie générale que les séries (4) seront convergentes pour des valeurs de p_0, q_0 et de s, c'est-à-dire de p' et de q', dont les modules n'atteindront pas certaines quantités déterminées.

avons appelée u; et, si l'on suppose que CH soit la courbe de paramètre q passant en C, l'angle v sera défini par les formules déjà employées [I, p. 154]

$$(7)\quad \begin{cases} \cos v = \dfrac{E_0 p' + F_0 q'}{\sqrt{E_0}\sqrt{E_0 p'^2 + 2F_0 p' q' + G_0 q'^2}}, \\[2ex] \sin v = \dfrac{\sqrt{E_0 G_0 - F_0^2}\, q'}{\sqrt{E_0}\sqrt{E_0 p'^2 + 2F_0 p' q' + G_0 q'^2}}, \end{cases}$$

où E_0, F_0, G_0 désignent maintenant les valeurs que prennent E, F, G au point C. Comme on a aussi

$$E_0 p'^2 + 2F_0 p' q' + G_0 q'^2 = u^2,$$

on déduit des formules (7)

$$(8)\quad \begin{cases} E_0 p' + F_0 q' = \sqrt{E_0}\, u \cos v, \\ \sqrt{E_0 G_0 - F_0^2}\, q' = \sqrt{E_0}\, u \sin v. \end{cases}$$

Quant à p et à q, ils s'expriment en fonction de p' et de q' par les équations

$$(9)\quad \begin{cases} p = p' + a p'^2 + 2a' p' q' + a'' q'^2 + \ldots, \\ q = q' + b p'^2 + 2b' p' q' + b'' q'^2 + \ldots, \end{cases}$$

que l'on obtiendra en annulant dans les formules (4) les valeurs de p_0 et de q_0.

Au moyen des équations (8) et (9), on peut exprimer p et q en fonction de u et de v et substituer les valeurs obtenues dans l'expression de l'élément linéaire de la surface. Si nous employons d'abord les formules (9), nous aurons des résultats tels que les suivants

$$(10)\quad \begin{cases} E = E_0 + e_0 p' + e'_0 q' + \ldots, \\ F = F_0 + f_0 p' + f'_0 q' + \ldots, \\ G = G_0 + g_0 p' + g'_0 q' + \ldots; \end{cases}$$

puis

$$(11)\quad \begin{cases} dp = dp' + \ldots, \\ dq = dq' + \ldots, \end{cases}$$

les termes négligés contenant tous p' ou q' en facteur.

Il suit de là que l'on peut écrire

$$(12)\quad ds^2 = E_0\, dp'^2 + 2F_0\, dp'\, dq' + G_0\, dq'^2 + H\, dp'^2 + 2K\, dp'\, dq' + L\, dq'^2,$$

H, K, L étant des séries qui ne contiendront aucun terme indépendant de p' et de q'.

Si nous substituons maintenant dans la première partie

$$E_0\,dp'^2 + 2F_0\,dp'\,dq' + G_0\,dq'^2$$

les valeurs (8) de p' et de q', elle devient

$$du^2 + u^2\,dv^2.$$

Comme la différence $ds^2 - du^2$ doit contenir dv^2 en facteur, on aura nécessairement

$$H\,dp'^2 + 2K\,dp'\,dq' + L\,dq'^2 = M\,dv^2;$$

et l'on reconnaît immédiatement que M sera une série, ordonnée suivant les puissances de u, dont tous les termes seront au moins du troisième degré par rapport à u, les coefficients étant des fonctions entières de $\sin v$ et de $\cos v$. De cette manière, l'équation (12) prendra la forme

$$ds^2 = du^2 + \lambda^2\,dv^2,$$

où l'on aura

$$\lambda^2 = u^2 + 2Nu^3 + \ldots$$

et, par suite,

$$\lambda = u + Nu^2 + Pu^3 + Qu^4 + Ru^5 + \ldots, \tag{13}$$

les coefficients étant, ici encore, des fonctions entières de $\sin v$ et de $\cos v$. Nous allons obtenir des résultats plus précis en raisonnant de la manière suivante.

657. La courbure totale de la surface, calculée avec les variables primitives p et q par les formules que nous avons données, est évidemment une fonction développable suivant les puissances de p et de q. Si l'on y remplace p et q par leurs expressions en u et v, il est clair que l'on obtiendra un résultat de la forme

$$\frac{-1}{RR'} = A + Bu + Cu^2 + \ldots, \tag{14}$$

où le coefficient de u^n sera un polynôme homogène et de degré n en $\sin v$, $\cos v$.

Admettons cette conclusion, qu'il serait facile d'établir autrement. Si, dans la formule (2), on substitue les valeurs précédentes de λ et de RR', on obtient l'identité

$$(A + Bu + Cu^2 + \ldots)(u + Nu^2 + \ldots) = 2N + 6Pu + \ldots,$$

d'où l'on déduit, en égalant les coefficients des mêmes puissances de u dans les deux membres,

$$N = 0, \qquad A = 6P, \qquad B = 12Q, \qquad C + AP = 20R, \qquad \ldots$$

et, par suite,

$$N = 0, \qquad P = \frac{A}{6}, \qquad Q = \frac{B}{12}, \qquad R = \frac{C}{20} + \frac{A^2}{120}, \qquad \ldots.$$

On voit donc que l'on a définitivement

$$(15) \qquad \lambda = u + Pu^3 + Qu^4 + Ru^5 + Su^6 + \ldots,$$

le coefficient de u^3 étant une constante, qui est égale au sixième de la courbure totale en C *changée de signe, et, d'une manière générale, le coefficient de u^n étant un polynôme homogène d'ordre $n - 3$ par rapport à* $\sin v$ *et à* $\cos v$.

En particulier, les expressions de Q et de R seront

$$(16) \qquad \begin{cases} Q = a \cos v + b \sin v, \\ R = a' \cos^2 v + b' \sin^2 v + 2c' \sin v \cos v, \end{cases}$$

a, b; a', b', c' étant des constantes d'ailleurs quelconques.

Il nous paraît très intéressant que λ revête une forme aussi particulière, quelle que soit la surface considérée. Il semble, en effet, que l'on pourrait choisir λ arbitrairement parmi les fonctions qui sont assujetties à l'unique condition de s'annuler avec u. Mais il faut conclure de notre analyse que, si l'expression de λ ne rentre pas dans la forme que nous avons donnée, la surface présentera une singularité au point C.

Avec l'expression précédente de λ, la courbure totale sera déterminée par l'équation

$$(17) \qquad \frac{1}{RR'} = -6P - 12Qu + (6P^2 - 20R)u^2 + (18PQ - 30S)u^3 + \ldots.$$

que l'on obtient en appliquant la formule (2).

658. Nous allons maintenant étudier une autre question et montrer que la plus courte distance géodésique de deux points

A et B pris dans la région qui environne le point C (*fig.* 68) *a son carré développable en série suivant les puissances entières et positives des coordonnées p, q et p_0, q_0 des deux points, pourvu que ces deux points soient suffisamment rapprochés de* C.

Supposons que p_0, q_0 soient les coordonnées de A. Nous avons vu qu'une géodésique passant par ce point est définie par les deux équations (4). Comme on a, pour des valeurs nulles de p' et de q',

$$\frac{\partial(p, q)}{\partial(p', q')} = 1,$$

on peut résoudre ces équations (4) par rapport à p' et à q' et obtenir ainsi pour ces variables des expressions

$$(18) \qquad p', q' = \mathrm{P}(p_0, q_0, p - p_0, q - q_0),$$

où le symbole P désigne des séries ordonnées suivant les puissances des quatre variables p_0, q_0, $p - p_0$, $q - q_0$; et il résulte d'ailleurs des propositions générales de la théorie des fonctions que ces séries seront convergentes tant que les modules de ces variables n'atteindront pas certaines limites, déterminées pour chacune d'elles. Par exemple, si $2l$ désigne la plus petite de ces limites, les séries seront convergentes pour toutes les valeurs des variables dont le module sera inférieur à $2l$. Nous allons montrer que *ces séries peuvent être ordonnées suivant les puissances entières de p, q, p_0, q_0 et rester convergentes tant que les modules de ces nouvelles variables sont inférieurs à l.*

En effet, si les modules de p, q, p_0, q_0 sont inférieurs à l, ceux des variables anciennes p_0, q_0, $p - p_0$, $q - q_0$ sont certainement inférieurs à $2l$ et, par suite, les séries (18) sont absolument convergentes. On pourra donc grouper comme on voudra les termes de ces séries sans altérer ni la convergence, ni la somme totale de chacune d'elles. D'après cela, réunissons en un seul groupe, dans chaque série (18), tous les termes qui sont du même degré par rapport à p_0, q_0, $p - p_0$, $q - q_0$; puis développons par la formule du binôme les puissances des différences $p - p_0$, $q - q_0$. Nous aurons ainsi les séries (18) ordonnées suivant les puissances de p, q, p_0, q_0 et d'ailleurs convergentes, comme il fallait le démontrer.

Si, maintenant, on porte les valeurs de p', q' dans la formule (6)

$$\theta^2 = E^0 p'^2 + 2F^0 p'q' + G^0 q'^2,$$

où E^0, F^0, G^0 sont développables suivant les puissances de p_0, q_0, on reconnaîtra que θ^2 *est développable en série convergente ordonnée suivant les puissances de* p, q, p_0, q_0 *quand les deux points* A *et* B *sont suffisamment voisins du point* C. Telle est la proposition générale qu'il s'agissait d'établir.

659. Imaginons maintenant qu'aux variables p et q on substitue les coordonnées polaires u et v. Le développement de θ^2 deviendra une série ordonnée suivant les puissances de u, u_0 et dont les coefficients seront des fonctions entières de $\sin v$, $\cos v$, $\sin v_0$, $\cos v_0$.

Les termes de degré moindre de cette série s'obtiennent aisément par l'application de la méthode précédente. On trouvera ainsi

$$\theta^2 = u^2 + u_0^2 - 2uu_0\cos(v - v_0) + \Omega, \tag{19}$$

Ω contenant les termes du troisième ordre et des ordres supérieurs. Mais on pourrait établir ce résultat par un raisonnement *a priori*. En effet, lorsque u et u_0 deviennent infiniment petits, l'expression de θ^2 doit se réduire à ce qu'elle est dans le cas du plan, et cette simple remarque permet d'écrire la formule précédente. Pour calculer Ω, nous nous appuierons uniquement sur l'équation aux dérivées partielles

$$\Delta\theta = \left(\frac{\partial\theta}{\partial u}\right)^2 + \frac{1}{\lambda^2}\left(\frac{\partial\theta}{\partial v}\right)^2 = 1, \tag{20}$$

à laquelle doit satisfaire θ, considérée comme fonction des variables u et v. Le calcul se trouve beaucoup simplifié par les remarques suivantes.

Si l'on fait $u_0 = 0$, on a exactement $\theta^2 = u^2$, $\Omega = 0$. Tous les termes de la série Ω doivent donc contenir u_0 en facteur. On démontrera de même qu'ils doivent admettre les facteurs u et $\sin(v - v_0)$ et la suite du calcul montre même que Ω doit être divisible par $u^2 u_0^2 \sin^2(v - v_0)$. Nous poserons donc

$$\theta^2 = u^2 + u_0^2 - 2uu_0\cos(v - v_0) + 2u^2u_0^2\sin^2(v - v_0)\psi. \tag{21}$$

On voit qu'il suffirait de connaître le premier terme de ψ pour obtenir une expression de θ^2 exacte jusqu'au cinquième ordre exclusivement. Pour déterminer ψ, nous allons exprimer que θ est une solution de l'équation (20); mais auparavant il convient de faire un changement de variables.

Posons

$$u \cos v = x, \qquad u \sin v = y. \tag{22}$$

Il est très facile de donner la signification géométrique des nouvelles variables x et y. Faisons correspondre, en effet, à chaque point M de la surface un point M′ du plan tangent en C par la construction suivante. Sur la tangente en C à la géodésique CM, portons une longueur CM′ égale à l'arc CM; x et y seront les coordonnées du point M′ par rapport à des axes rectangulaires ayant leur origine en C et situés dans le plan tangent.

Lorsqu'on substitue x et y à u et à v, les produits

$$2Qu, \quad (2R + P^2)u^2, \quad (2S + 2PQ)u^3$$

deviennent des polynômes homogènes du premier, second, troisième degré par rapport à x et à y.

Nous poserons

$$\left\{\begin{aligned} 2Qu &= 2P_1, \\ (2R + P^2)u^2 &= 2P_2, \\ (2S + 2PQ)u^3 &= 2P_3, \\ &\ldots\ldots\ldots \end{aligned}\right. \qquad H = P + P_1 + P_2 + P_3 + \ldots \tag{23}$$

On aura

$$\lambda^2 = u^2 + 2Hu^4,$$

et l'élément linéaire se présentera sous la forme suivante :

$$ds^2 = dx^2 + dy^2 + 2H(x\,dy - y\,dx)^2. \tag{24}$$

La courbure totale, qui est déterminée par l'équation (17), aura pour expression nouvelle

$$\left\{\begin{aligned} \frac{-1}{RR'} &= 6P + 12P_1 + 20P_2 \\ &\quad - 16P^2(x^2 + y^2) + 30P_3 - 48PP_1(x^2 + y^2) + \ldots \end{aligned}\right. \tag{25}$$

L'équation à laquelle doit satisfaire θ prendra la forme

$$(26)\qquad \left(\frac{\partial\theta}{\partial x}\right)^2+\left(\frac{\partial\theta}{\partial y}\right)^2+2\mathrm{H}\left(x\frac{\partial\theta}{\partial x}+y\frac{\partial\theta}{\partial y}\right)^2=1+2\mathrm{H}(x^2+y^2),$$

que l'on peut obtenir directement par le calcul de $\Delta\theta$ [II, p. 425]; et enfin l'expression de θ^2 deviendra

$$(27)\qquad \theta^2=(x-x_0)^2+(y-y_0)^2+2\psi\sigma^2,$$

σ désignant le déterminant

$$(28)\qquad \sigma=xy_0-yx_0.$$

Il ne reste plus qu'à substituer la valeur de θ dans l'équation aux dérivées partielles (26), et l'on obtiendra, en supprimant le facteur σ^2, l'équation

$$\begin{aligned}
0=&-\mathrm{H}+\psi+(x-x_0)\frac{\partial\psi}{\partial x}+(y-y_0)\frac{\partial\psi}{\partial y}-2\mathrm{H}\psi(x^2+y^2)\\
&+2\mathrm{H}\left(x\frac{\partial\psi}{\partial x}+y\frac{\partial\psi}{\partial y}+2\psi\right)(x^2+y^2-xx_0-yy_0)\\
&+2\sigma\psi\left(y_0\frac{\partial\psi}{\partial x}-x_0\frac{\partial\psi}{\partial y}\right)+\frac{1}{2}\sigma^2\left[\left(\frac{\partial\psi}{\partial x}\right)^2+\left(\frac{\partial\psi}{\partial y}\right)^2\right]\\
&+2\psi^2(x_0^2+y_0^2)+\sigma^2\mathrm{H}\left(x\frac{\partial\psi}{\partial x}+y\frac{\partial\psi}{\partial y}+2\psi\right)^2,
\end{aligned}$$

qui fera connaître ψ. Posons

$$(29)\qquad \psi=\psi_0+\psi_1+\psi_2+\ldots,$$

ψ_i désignant l'ensemble des termes de degré i. En égalant à zéro l'ensemble des termes de même degré dans l'équation précédente, on obtient les relations

$$(30)\qquad \left\{\begin{aligned}
&\psi_0-\mathrm{P}=0,\\
&\psi_1+(x-x_0)\frac{\partial\psi_1}{\partial x}+(y-y_0)\frac{\partial\psi_1}{\partial y}-\mathrm{P}_1=0,\\
&\psi_2+(x-x_0)\frac{\partial\psi_2}{\partial x}+(y-y_0)\frac{\partial\psi_2}{\partial y}\\
&\qquad+2\mathrm{P}^2[(x-x_0)^2+(y-y_0)^2]-\mathrm{P}_2=0.\\
&\ldots\ldots\ldots\ldots\ldots\ldots\ldots\ldots\ldots\ldots,
\end{aligned}\right.$$

qui permettent de déterminer sans difficulté les *polynômes* ψ_i. Désignons par l'indice supérieur o le résultat de la substitution de x_0, y_0 à x et à y. On trouvera ainsi

$$(31)\quad \begin{cases} \psi_0 = P, \\ \psi_1 = \dfrac{P_1 + P_1^0}{2}, \\ \psi_2 = -\dfrac{2P^2}{3}[(x-x_0)^2 + (y-y_0)^2] \\ \qquad + \dfrac{1}{3}\left[P_2 + P_2^0 + \dfrac{1}{2}\left(x_0 \dfrac{\partial P_2}{\partial x} + y_0 \dfrac{\partial P_2}{\partial y}\right)\right]. \end{cases}$$

On calculera de même $\psi_3, \psi_4, \psi_5, \ldots$. Mais les expressions précédentes, qui permettent d'obtenir le carré de la distance géodésique jusqu'aux termes du sixième ordre, nous suffiront amplement.

660. Si l'on revient maintenant aux variables primitives u et v, on aura, en se bornant, par exemple, aux termes du cinquième ordre,

$$(32)\quad \begin{cases} \theta^2 = u^2 + u_0^2 - 2uu_0\cos(v-v_0) \\ \qquad + u^2 u_0^2 \sin^2(v-v_0)[2P + Qu + Q_0 u_0], \end{cases}$$

Q_0 désignant ce que devient Q lorsqu'on y remplace v par v_0. Si l'on veut d'ailleurs obtenir les termes du sixième ordre, il suffira d'ajouter dans les crochets la valeur suivante de $2\psi_2$:

$$(33)\quad \begin{cases} 2\psi_2 = \left(\dfrac{2R}{3} - P^2\right)u^2 + \left(\dfrac{2R_0}{3} - P^2\right)u_0^2 \\ \qquad + \left(\dfrac{2R}{3} + 3P^2\right)uu_0\cos(v-v_0) - \dfrac{1}{3}\dfrac{\partial R}{\partial v}uu_0\sin(v-v_0). \end{cases}$$

L'égalité (32) contient le théorème qui a été établi par Legendre pour les triangles sphériques infiniment petits et qui a été étendu par Gauss, dans les *Disquisitiones*, à tous les triangles géodésiques infiniment petits tracés sur une surface quelconque. Conservons les notations précédentes. Soient A le point de coordonnées u_0, v_0, B le point de coordonnées u, v. Le triangle ABC (*fig.* 68) aura ses côtés composés de lignes géodésiques; et, si l'on désigne par a, b, c, A, B, C les côtés et les angles de ce triangle, on aura

$$u = a, \qquad u_0 = b, \qquad v - v_0 = C.$$

Si l'on désigne ensuite par α, β, γ les valeurs de la courbure totale aux trois sommets A, B, C respectivement, la formule (17) nous donnera, si nous ne conservons que les deux premiers termes,

$$\gamma = -6P, \quad \alpha = -6P - 12Q_0 u_0, \quad \beta = -6P - 12Qu.$$

On déduit de là

$$(34) \quad \left\{ \begin{array}{l} 6P = -\gamma, \quad 12Qu = \gamma - \beta, \quad 12Q_0 u_0 = \gamma - \alpha, \\ 2P + Qu + Q_0 u_0 = -\dfrac{\beta + \alpha + 2\gamma}{12}. \end{array} \right.$$

L'équation (32) prendra donc la forme *entièrement géométrique*

$$(35) \quad c^2 = a^2 + b^2 - 2ab\cos C - \frac{a^2 b^2 \sin^2 C}{12}(\alpha + \beta + 2\gamma),$$

où l'on néglige seulement les termes à partir du sixième ordre.

Construisons un *triangle rectiligne auxiliaire* dont les côtés seront a, b, c et désignons par A^o, B^o, C^o les angles de ce triangle. On a

$$c^2 = a^2 + b^2 - 2ab\cos C^o.$$

En retranchant de l'équation (35) et divisant par ab, nous trouverons la relation

$$\cos C - \cos C^o = -\frac{ab\sin^2 C}{24}(\alpha + \beta + 2\gamma),$$

exacte jusqu'au troisième ordre *inclusivement*, et d'où il résulte que la différence entre C et Co est du second ordre. Il suit de là que l'on peut négliger le carré de cette différence et remplacer, dans la formule précédente,

$$\cos C - \cos C^o \quad \text{et} \quad ab\sin^2 C$$

respectivement par

$$(C^o - C)\sin C^o \quad \text{et} \quad ab\sin^2 C^o.$$

On obtient ainsi

$$C = C^o + \frac{ab\sin C^o}{24}(\alpha + \beta + 2\gamma).$$

Si l'on pose

$$S^o = \frac{ab\sin C^o}{2},$$

S^0 sera l'aire du triangle rectiligne auxiliaire, et l'on aura

$$C = C^0 + \frac{S^0}{12}(\alpha + \beta + 2\gamma).$$

Par raison de symétrie, on peut écrire les trois équations de Gauss

$$(36)\qquad \begin{cases} A = A^0 + \dfrac{S^0}{12}(2\alpha + \beta + \gamma), \\ B = B^0 + \dfrac{S^0}{12}(\alpha + 2\beta + \gamma), \\ C = C^0 + \dfrac{S^0}{12}(\alpha + \beta + 2\gamma), \end{cases}$$

qui ramènent la résolution du triangle géodésique à celle d'un triangle plan et qui sont exactes jusqu'aux termes du troisième ordre inclusivement. Si on les ajoute, on trouve

$$(37)\qquad A + B + C - \pi = \frac{S^0}{3}(\alpha + \beta + \gamma).$$

Dans le cas de la sphère, on a

$$\alpha = \beta = \gamma = \frac{1}{R^2},$$

et l'on retrouve le théorème de Legendre.

On peut, du reste, déduire de l'expression seule de θ^2 tous les éléments du triangle géodésique. La formule relative à la différentielle d'un segment [II, p. 417] nous donne, en effet, les relations suivantes, obtenues en faisant varier successivement une seule des coordonnées u, v, u_0, v_0,

$$(38)\qquad \frac{\partial\theta}{\partial u} = \cos B, \qquad \frac{\partial\theta}{\partial u_0} = \cos A, \qquad \frac{\partial\theta}{\partial v} = \lambda \sin B, \qquad \frac{\partial\theta}{\partial v_0} = -\lambda_0 \sin A,$$

λ_0 désignant la valeur que prend λ au point $A(u_0, v_0)$. On peut remarquer que λ, λ_0 sont ce que nous avons appelé, avec M. Christoffel (n° 633), les *longueurs réduites* des côtés a et b. Désignons-les par $\lambda(a)$, $\lambda(b)$; des formules précédentes, on déduit l'égalité

$$\lambda(a)\sin B - \lambda(b)\sin A = \frac{\partial\theta}{\partial v} + \frac{\partial\theta}{\partial v_0} = \frac{u^2 u_0^2 \sin^2(v - v_0)}{\theta}\left(\frac{\partial\psi}{\partial v} + \frac{\partial\psi}{\partial v_0}\right),$$

d'où il résulte que le premier membre est du quatrième ordre par rapport aux longueurs des côtés. On a donc

$$\frac{\lambda(a)}{\sin A} = \frac{\lambda(b)}{\sin B} = \frac{\lambda(c)}{\sin C}, \tag{39}$$

en négligeant seulement les termes à partir du quatrième ordre (¹).

661. Il nous reste, pour compléter les résultats précédents, à faire connaître la surface du triangle géodésique. Il nous suffira

---

(¹) Les résultats que nous avons donnés dans le texte nous permettent d'obtenir des formules analogues à celles de Gauss, mais où l'approximation est poussée plus loin, jusqu'aux termes du quatrième ordre. Pour donner à ces formules une apparence entièrement géométrique, il faut introduire les valeurs de la courbure totale pour certains points du triangle, par exemple pour les milieux des côtés. Nous désignerons par α', β', γ' les valeurs de la courbure totale pour les milieux des côtés a, b, c respectivement.

Les coordonnées des milieux des deux côtés a et b s'obtiennent sans difficulté et permettent de calculer très aisément les quantités α', β'. Mais, pour obtenir γ', il faut déterminer le milieu de la géodésique AB. L'équation de cette géodésique peut être donnée sous différentes formes; et, si l'on utilise, par exemple, la dernière des équations (38), on reconnaît que les coordonnées u, v de tout point de AB doivent satisfaire à l'équation

$$\frac{\partial\theta}{\partial v_1} = -\lambda_1 \sin A. \tag{a}$$

Cette équation, jointe à la suivante

$$\theta = \frac{c}{2},$$

permettrait de déterminer les coordonnées du milieu de AB; mais, pour faire le calcul avec élégance, il est préférable de revenir aux coordonnées x et y qui sont définies par les formules (22) et que nous avons déjà employées avec avantage. On trouve ainsi que, si X, Y désignent les coordonnées du milieu de AB, la formule (*a*) nous donne

$$Xy_0 - Yx_0 = \frac{bc \sin A}{2}(1 + \varepsilon_2),$$

ε_2 désignant un infiniment petit du second ordre. Par raison de symétrie, on aura de même

$$xY - yX = \frac{ac \sin B}{2}(1 + \varepsilon'_2),$$

et l'on déduit de ces deux formules que l'on aura, comme il est aisé de le vérifier,

$$X = \frac{x + x_0}{2}, \qquad Y = \frac{y + y_0}{2}, \tag{b}$$

les termes négligés étant du troisième ordre et des ordres supérieurs.

d'imiter la méthode que Gauss a donnée, pour cet objet, dans les *Disquisitiones*.

Si l'on fait glisser infiniment peu (*fig.* 69) le sommet B en B' sur le prolongement de AB, u et v prendront des accroissements du, dv, et la surface S croîtra de la quantité

$$\frac{\partial S}{\partial u} du + \frac{\partial S}{\partial v} dv.$$

Ce point étant établi, le calcul ne présente plus aucune difficulté. On a, en effet, par la formule (25) et en négligeant seulement les termes du troisième ordre,

$$\frac{1}{RR'} = -6P - 12P_1 - 20P_2 + 16P^2(x^2+y^2),$$

et de là on déduit les expressions suivantes des six courbures cherchées

$$\begin{aligned}
\gamma &= -6P,\\
\alpha &= -6P - 12P_1^0 - 20P_2^0 + 16P^2b^2,\\
\beta' &= -6P - 6P_1^0 - 5P_2^0 + 4P^2b^2,\\
\beta &= -6P - 12P_1 - 20P_2 + 16P^2a^2,\\
\alpha' &= -6P - 6P_1 - 5P_2 + 4P^2a^2,\\
\gamma' &= -6P - 6P_1 - 6P_1^0 - 5P_2 - 5P_2^0 - 5\Delta P_2 + 4P^2(a^2+b^2+2ab\cos C),
\end{aligned}$$

l'indice supérieur 0 indiquant le résultat de la substitution de x_0 et de y_0 à x et à y, et le symbole Δ désignant l'opération

$$x_0\frac{\partial}{\partial x} + y_0\frac{\partial}{\partial y}.$$

Comme on a, d'après les équations (21) et (31),

$$c^2 = a^2 + b^2 - 2ab\cos C + 2\psi a^2b^2\sin^2 C,$$

$$2\psi = 2P + P_1 + P_1^0 - \frac{4P^2}{3}[(x-x_0)^2 + (y-y_0)^2] + \frac{2}{3}(P_2 + P_2^0) + \frac{1}{3}\Delta P_2,$$

on pourra éliminer les six coefficients qui entrent dans P, P_1, P_2, et l'on sera ainsi conduit à la formule

$$2\psi = \frac{\alpha + \beta - 2\gamma - 8\alpha' - 8\beta' - 4\gamma'}{60} - \frac{\gamma^2}{45}(a^2 + b^2 - 4ab\cos C).$$

Introduisant l'angle C^0 du triangle plan auxiliaire, on trouvera par des calculs faciles la relation

$$(c) \qquad C - C^0 = S^0\left[\frac{8\alpha' + 8\beta' + 4\gamma' + 2\gamma - \alpha - \beta}{60} + \gamma^2\,\frac{7(a^2+b^2)+c^2}{360}\right]$$

qui remplace la dernière des équations (36) et qui est exacte maintenant jusqu'aux termes du quatrième ordre inclusivement.

Or on a ici

$$du = \cos B \, ds = \frac{\partial\theta}{\partial u} ds,$$

$$\lambda \, dv = \sin B \, ds = \frac{1}{\lambda} \frac{\partial\theta}{\partial v} ds,$$

ce qui donne, pour l'accroissement $d\hat{S}$, l'expression

$$ds \left[\frac{\partial S}{\partial u} \frac{\partial\theta}{\partial u} + \frac{1}{\lambda^2} \frac{\partial S}{\partial v} \frac{\partial\theta}{\partial v} \right].$$

Fig. 69.

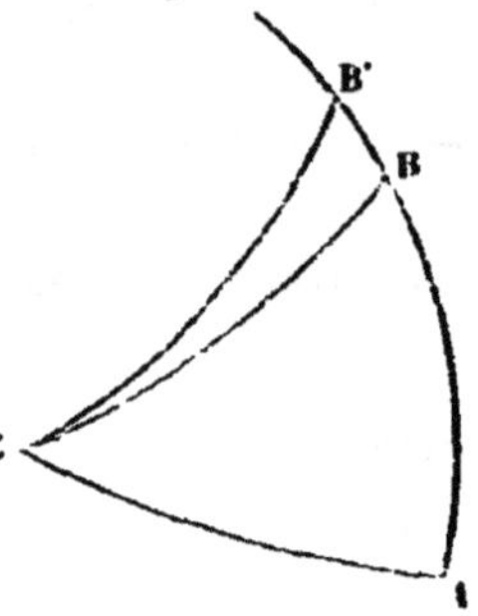

D'autre part, cet accroissement est l'aire BCB', qui a pour valeur

$$dv \int_0^u \lambda \, du = dv \left[\frac{u^2}{2} + \frac{P u^4}{4} + \frac{Q u^5}{5} + \ldots \right],$$

ou, si l'on remplace dv par sa valeur,

$$\frac{1}{\lambda^2} \frac{\partial\theta}{\partial v} ds \left[\frac{u^2}{2} + \frac{P u^4}{4} + \frac{Q u^5}{5} + \ldots \right].$$

En égalant les deux expressions différentes de l'accroissement, on aura donc l'équation

$$(40) \qquad \frac{\partial\theta}{\partial u} \frac{\partial S}{\partial u} + \frac{1}{\lambda^2} \frac{\partial\theta}{\partial v} \left[\frac{\partial S}{\partial v} - \frac{u^2}{2} - \frac{P u^4}{4} - \frac{Q u^5}{5} - \ldots \right] = 0,$$

qui fera connaître S.

Comme la surface s'annule avec u, u_0, $\sin(v - v_0)$, nous pouvons poser

$$(41) \qquad S = \frac{1}{2} u u_0 \sin(v - v_0)(1 + H)$$

et, en substituant cette valeur de S, nous obtiendrons pour H l'équation

$$\begin{aligned}
&\left(1 + H + u\frac{\partial H}{\partial u}\right)\left[u - u_0\cos(v - v_0) - 2\sigma u_0 \sin(v - v_0)\psi + \sigma^2 \frac{\partial\psi}{\partial u}\right] \\
&+\left[1 + 2uu_0\cos(v - v_0)\psi - \sigma\frac{\partial\psi}{\partial v}\right] \\
&\times\left[(1 + H)u_0\cos(v - v_0) - u - \frac{Pu^3}{2} - \frac{2Qu^4}{5} - \ldots + u_0\sin(v - v_0)\frac{\partial H}{\partial v}\right] \\
&\qquad\times[1 - 2Pu^2 - 2Qu^3 + (3P^2 - 2R)u^4 + (6PQ - 2S)u^5 + \ldots] = 0.
\end{aligned}$$

On déduit de là, par un calcul que nous omettons,

$$(42)\quad \left\{\begin{aligned}
H = &-\frac{P}{2}(u^2 + u_0^2) + \frac{3P}{2}uu_0\cos(v - v_0) - \frac{2}{5}Qu^3 - \frac{2}{5}Q_0u_0^3 \\
&+\frac{3}{10}u^2u_0[3Q\cos(v - v_0) - Q_0] \\
&+\frac{3}{10}uu_0^2[3Q_0\cos(v - v_0) - Q],
\end{aligned}\right.$$

les termes négligés étant du quatrième ordre et des ordres supérieurs.

Remplaçons Qu, Q_0u_0 par leurs valeurs tirées des formules (34) en fonction des courbures α, β, γ; puis substituons a, b, C à u, u_0, $v - v_0$. Nous aurons

$$\begin{aligned}
H = &\frac{\alpha}{120}(4b^2 + 3a^2 - 9ab\cos C) \\
&+\frac{\beta}{120}(4a^2 + 3b^2 - 9ab\cos C) + \frac{\gamma}{120}(3a^2 + 3b^2 - 12ab\cos C),
\end{aligned}$$

avec le même ordre d'approximation que précédemment.

L'expression de S peut s'écrire

$$S = \frac{ab\sin C}{2}(1 + H).$$

Remarquons d'ailleurs qu'en négligeant seulement les termes du quatrième ordre, on a

$$\sin C = \sin C^0\left[1 + \frac{ab\cos C}{24}(\alpha + \beta + 2\gamma)\right].$$

On peut donc écrire, en substituant cette valeur de $\sin C$,

$$\begin{aligned}
S &= S^0(1 + H)\left[1 + \frac{ab\cos C}{24}(\alpha + \beta + 2\gamma)\right] \\
&= S^0\left[1 + H + \frac{ab\cos C}{24}(\alpha + \beta + 2\gamma)\right].
\end{aligned}$$

En remplaçant H par sa valeur, on trouve

$$S = S^0\Big[1 + \frac{\alpha}{120}(4b^2 + 3a^2 - 4ab\cos C)$$
$$+ \frac{\beta}{120}(4a^2 + 3b^2 - 4ab\cos C) + \frac{\gamma}{120}(3a^2 + 3b^2 - 2ab\cos C)\Big].$$

Remarquons enfin que l'on peut, sans changer l'ordre d'approximation, remplacer $2ab\cos C$ par $2ab\cos C^0$ ou $a^2 + b^2 - c^2$, ce qui donne la formule définitive

$$(43)\qquad S = S^0\left[1 + \frac{(a^2 + b^2 + c^2)(\alpha + \beta + \gamma)}{60} - \frac{a^2\alpha + b^2\beta + c^2\gamma}{120}\right],$$

qui est parfaitement symétrique et qui est exacte jusqu'aux termes du quatrième ordre exclusivement.

Gauss a terminé les *Disquisitiones* en remarquant que, dans le cas de la sphère, la formule précédente devient

$$(44)\qquad S = S^0\left[1 + \frac{\alpha}{24}(a^2 + b^2 + c^2)\right],$$

et peut être remplacée par la suivante

$$(45)\qquad S = S^0\sqrt{\frac{\sin A \sin B \sin C}{\sin A^0 \sin B^0 \sin C^0}},$$

qui est calculable par logarithmes.

662. La démonstration du théorème de Gauss repose entièrement sur l'expression que nous avons donnée plus haut de la distance géodésique. Si l'on néglige les termes du cinquième ordre, cette expression prend la forme plus simple

$$(46)\qquad \theta^2 = u^2 + u_0^2 - 2uu_0\cos(v - v_0) + 2Pu^2u_0^2\sin^2(v - v_0).$$

Nous allons indiquer quelques applications de cette formule, ainsi que du théorème de Gauss.

Soit MM′ (*fig.* 70) une courbe quelconque tracée sur la surface. Nous supposerons qu'on ait placé en M l'origine des coordonnées polaires précédemment définies et que l'on compte les angles v en prenant pour origine la géodésique MP′ tangente en M à la courbe considérée.

Si nous considérons un arc infiniment petit de cette courbe MM′, son équation sera de la forme

$$(47)\qquad v = au + bu^2 + cu^3 + \ldots,$$

a, b, c désignant des constantes. Il faut, en effet, que v s'annule avec u.

Fig. 70.

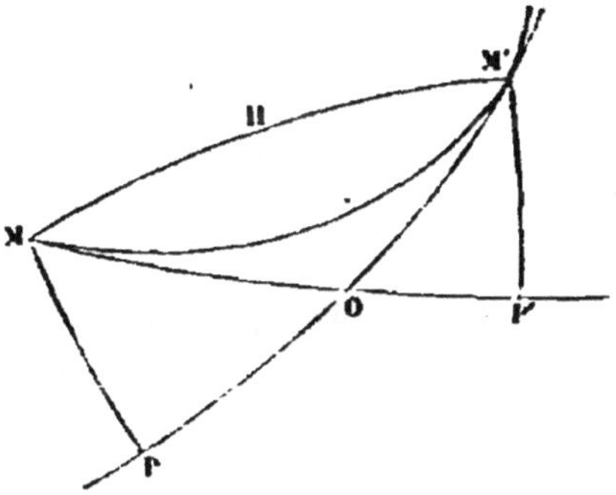

L'arc s de la courbe sera défini par l'équation

$$\frac{ds^2}{du^2} = 1 + \lambda^2 \frac{dv^2}{du^2},$$

qui donne, par une extraction de racine carrée,

$$\frac{ds}{du} = 1 + \frac{a^2}{2} u^2 + 2abu^3 + \left(3ac + 2b^2 + \mathrm{P}a^2 - \frac{a^4}{8}\right) u^4 + \ldots$$

et, par suite,

$$(48)\qquad s = u + \frac{a^2}{6} u^3 + \frac{ab}{2} u^4 + \left(3ac + 2b^2 + \mathrm{P}a^2 - \frac{a^4}{8}\right) \frac{u^5}{5} + \ldots.$$

On déduit de là, en résolvant par rapport à u,

$$(49)\qquad u = s - \frac{a^2}{6} s^3 - \frac{ab}{2} s^4 + \left(\frac{13}{120} a^4 - \frac{\mathrm{P}}{5} a^2 - \frac{2}{5} b^2 - \frac{3}{5} ac\right) s^5 + \ldots.$$

Supposons que u, v soient les coordonnées du point M'. Si l'on appelle i l'angle de la tangente en M' avec la *corde géodésique* MHM', on aura

$$\sin i = \lambda \frac{dv}{ds} = u(1 + \mathrm{P}u^2) \frac{dv}{ds} = as + 2bs^2 + \left(a\mathrm{P} + 3c - \frac{2}{3} a^3\right) s^3 + \ldots.$$

En passant du sinus à l'arc, on trouve

$$(50)\qquad i = as + 2bs^2 + \left(a\mathrm{P} + 3c - \frac{1}{2}a^3\right)s^3 + \ldots;$$

et, par conséquent, on pourra calculer la courbure géodésique par la formule

$$\frac{ds}{\rho} = di + \frac{\partial\lambda}{\partial u}\,dv.$$

On obtient ainsi

$$(51)\qquad \frac{1}{\rho} = 2a + 6bs + (6a\mathrm{P} + 12c - 2a^3)s^2 + \ldots.$$

Appelons ρ_0 et ρ_1 les rayons de courbure en M et en M'. Nous aurons

$$(52)\qquad 2a = \frac{1}{\rho_0},\qquad 6bs = \frac{1}{\rho_1} - \frac{1}{\rho_0} - (6a\mathrm{P} + 12c - 2a^3)s^2 + \ldots.$$

Nous pouvons dès à présent indiquer une application. Si l'on porte les valeurs de a et de bs tirées des équations précédentes dans le deuxième et le troisième terme de la formule (49), on trouve

$$(53)\qquad s - u = \frac{s^3}{24\rho_0\rho_1} + \left(\frac{7}{120}a^4 - \frac{3}{10}\mathrm{P}a^2 - \frac{2}{5}ac + \frac{2}{5}b^2\right)s^5 + \ldots.$$

Ainsi la différence entre l'arc et la corde géodésique est $\frac{s^3}{24\rho_0\rho_1}$, l'erreur commise étant seulement du cinquième ordre.

663. Supposons maintenant que l'on abaisse du point M' (*fig.* 70) une géodésique M'P' perpendiculaire sur la géodésique tangente en M. Soient, pour un instant, u_0 l'arc MP' et θ la géodésique M'P'. On aura

$$\theta^2 = u^2 + u_0^2 - 2uu_0\cos v + 2\mathrm{P}u^2u_0^2\sin^2 v,$$

et, pour exprimer que la géodésique est normale en P' à MP', il suffira évidemment d'annuler la dérivée de θ^2 par rapport à u_0: cela donne l'équation

$$u_0 - u\cos v + 2\mathrm{P}u^2u_0\sin^2 v = 0,$$

qui fera connaître u_0. Il résulte de cette formule que la différence entre u_0 et $u \cos v$ est du cinquième ordre. On peut écrire

$$u_0 = u \cos v - 2 P u^3 \sin^2 v \cos v = u - \frac{uv^2}{2} + \frac{1}{24} a^4 u^5 - 2 P a^2 u^5.$$

La substitution de la valeur de v nous donne

$$(54) \quad \left\{ \begin{aligned} MP' &= u - \frac{a^2 u^3}{2} - abu^4 + \ldots \\ &= s - \frac{2a^2}{3} s^3 - \frac{3ab}{2} s^4 + \ldots . \end{aligned} \right.$$

En introduisant dans le deuxième et le troisième terme les valeurs de a et de b données par les formules (52), on trouvera

$$(55) \qquad MP' = s - \frac{\rho_1 + 3\rho_0}{24 \rho_0^2 \rho_1} s^3,$$

l'erreur commise étant du cinquième ordre seulement.

Si l'on abaisse de même de M une perpendiculaire géodésique MP sur la géodésique tangente en M', on aura, en échangeant ρ_0 et ρ_1 dans l'équation précédente,

$$(56) \qquad M'P = s - \frac{\rho_0 + 3\rho_1}{24 \rho_1^2 \rho_0} s^3.$$

La combinaison des deux formules (55) et (56) nous donne l'équation

$$MP' + M'P - 2s = - \frac{s^3}{24 \rho_0^2 \rho_1^2} (\rho_0^2 + \rho_1^2 + 6 \rho_0 \rho_1).$$

Si l'on remarque maintenant que la différence

$$\rho_0^2 + \rho_1^2 - 2 \rho_0 \rho_1 = (\rho_0 - \rho_1)^2$$

est du second ordre par rapport à s, on voit que l'on pourra, sans changer le degré d'approximation, remplacer dans la parenthèse $\rho_0^2 + \rho_1^2$ par $2 \rho_0 \rho_1$, ce qui donnera

$$(57) \qquad MP' + M'P - 2s = - \frac{s^3}{3 \rho_0 \rho_1},$$

l'erreur commise étant du cinquième ordre seulement. En éliminant enfin le terme en $\frac{s^3}{\rho_0 \rho_1}$ entre l'équation (53) et la précédente, on aura

$$(58) \qquad s = \frac{4}{3} u - \frac{MP' + M'P}{6};$$

et cette expression de l'arc sera encore exacte jusqu'aux termes du cinquième ordre exclusivement.

Les expressions de ρ_0 et de ρ_1 nous permettent encore d'écrire les formules

$$i = \widehat{MM'O} = \frac{1}{6}\left(\frac{1}{\rho} + \frac{2}{\rho_1}\right)s,$$

$$v = \widehat{M'MO} = \frac{1}{6}\left(\frac{1}{\rho_1} + \frac{2}{\rho}\right)s,$$

que nous nous contenterons de signaler et où l'erreur commise est du troisième ordre.

664. La valeur de MP' a été obtenue par l'emploi de la formule (46) relative à la distance géodésique. On aurait pu aussi faire usage du théorème de Gauss en raisonnant de la manière suivante.

Considérons, d'une manière générale, un triangle géodésique ABC et conservons toutes les notations précédentes. Si l'on construit le triangle plan auxiliaire dont les côtés sont égaux à ceux du triangle géodésique, les angles de ce triangle, donnés par les formules (36), auront pour expressions

$$(59)\qquad \left\{\begin{aligned} A^0 &= A - \frac{S^0}{3}\alpha, \\ B^0 &= B - \frac{S^0}{3}\alpha, \\ C^0 &= C - \frac{S^0}{3}\alpha, \end{aligned}\right.$$

α étant la courbure en un point quelconque du triangle et l'erreur commise étant maintenant du troisième ordre. *Tant qu'il sera permis de négliger cette erreur, on pourra donc traiter le triangle géodésique comme un triangle plan, à la condition d'ajouter* $-\frac{S_0}{3}\alpha$ *à chacun de ses angles.*

Appliquons cette remarque au triangle MM'P'. La surface de ce triangle est sensiblement égale à

$$\frac{1}{2}\,\overline{MM'}\times\overline{MP'}\sin v = \frac{1}{2}vu^2 = \frac{au^3}{2}.$$

La courbure totale en M est $-6P$. On pourra donc assimiler le triangle à un triangle plan, pourvu que l'on remplace l'angle en M, qui est v, par $v + aPu^3$ et l'angle en P, qui est droit, par $\frac{\pi}{2} + aPu^3$. Si l'on écrit maintenant la proportion des sinus, on obtient les égalités

$$\frac{M'P'}{\sin(v + aPu^3)} = \frac{u}{\sin\left(\frac{\pi}{2} + aPu^3\right)} = \frac{MP'}{\cos(v + 2aPu^3)};$$

d'où l'on déduit les valeurs

$$MP' = u\cos v,$$
$$M'P' = u\sin v + aPu^4,$$

exactes, l'une et l'autre, jusqu'aux termes du cinquième ordre. Ces résultats sont d'accord avec ceux que nous avons donnés plus haut.

665. Une méthode analogue peut être appliquée au calcul du triangle MM'O. La surface de ce triangle étant à peu près la moitié de celle du triangle MM'P', il faudra substituer aux angles i et v les suivants

$$i' = i + \frac{aPu^3}{2} + \ldots;$$
$$v' = v + \frac{aPu^3}{2} + \ldots,$$

les termes négligés étant du quatrième ordre au moins. Alors la proportion des sinus nous donnera

$$\frac{OM}{\sin i'} = \frac{OM'}{\sin v'} = \frac{u}{\sin(i' + v')};$$

si l'on remplace i' et v' par leurs valeurs, on pourra obtenir pour OM et OM' des valeurs exactes jusqu'aux termes du quatrième ordre. On trouve ainsi

$$(60)\quad \begin{cases} OM = \frac{u}{2} + \frac{b}{4a}u^2 + \left(\frac{a^2}{6} + \frac{c}{2a} + \frac{P}{4} - \frac{3b^2}{8a^2}\right)u^3 + \ldots, \\ OM' = \frac{u}{2} - \frac{b}{4a}u^2 + \left(\frac{a^2}{3} - \frac{c}{2a} - \frac{P}{4} + \frac{3b^2}{8a^2}\right)u^3 + \ldots. \end{cases}$$

Si, au lieu d'écrire la proportion des sinus, on emploie la formule

$$u = OM\cos v' + OM'\cos i',$$

on aura, par le développement des cosinus, l'équation

$$u - OM - OM' = -OM\frac{v'^2}{2} - OM'\frac{i'^2}{2} + OM\frac{v'^4}{24} + OM'\frac{i'^4}{24} + \ldots,$$

où l'on néglige seulement les termes du sixième ordre. Calculons le second membre en remarquant que le calcul est beaucoup facilité si on l'écrit sous la forme

$$-(OM + OM')\frac{v'^2}{2} + OM'\frac{v'^2 - i'^2}{2} + OM\frac{v'^4}{24} + OM'\frac{i'^4}{24} + \ldots.$$

En employant les valeurs précédentes de OM et de OM', nous trouverons

$$u - OM - OM' = -\frac{a^2}{2}u^3 - \frac{3}{2}abu^4 - \left(b^2 + 2ac + Pa^2 + \frac{a^4}{24}\right)u^5 + \ldots.$$

Si l'on remplace encore, dans les deux premiers termes, a et b par leurs valeurs (52), il viendra

$$(61) \qquad u - OM - OM' = -\frac{s^3}{8\rho_0\rho_1},$$

l'erreur commise étant seulement du cinquième ordre. En utilisant la formule (53), on voit que l'on a, au même ordre d'approximation,

$$(62) \qquad OM + OM' = 3s - 2u.$$

Il ne nous reste plus qu'à donner l'expression de l'angle O de deux tangentes géodésiques infiniment voisines. D'après le théorème de Gauss, on aura, dans le triangle MOM',

$$i + v + \pi - O - \pi = -\frac{3aP}{2}u^3,$$

d'où l'on déduit

$$O = i + v + \frac{3aP}{2}u^3.$$

Remplaçant i et v par leurs valeurs, on trouve

$$(63) \qquad O = 2au + 3bu^2 + \left(4c + \frac{5aP}{2} - \frac{a^3}{3}\right)u^3.$$

En négligeant le troisième ordre, on a

$$(64) \qquad O = i + v = \frac{1}{2}\left(\frac{1}{\rho_0} + \frac{1}{\rho_1}\right)s.$$

666. Dans la suite de cet Ouvrage, nous aurons à appliquer plus d'une fois les propositions générales qui ont été établies, dans ce Livre et dans le précédent, relativement aux lignes géodésiques. Nous terminerons ce que nous avons à dire maintenant sur ce sujet en indiquant rapidement la solution d'une belle question qui a été posée par les travaux de M. Christoffel, et dans laquelle M. Weingarten a employé de la manière la plus élégante le théorème de Gauss et les formules (36) données plus haut.

Considérons, sur une surface quelconque, un point A et menons par ce point deux lignes géodésiques AB, AC. En joignant les points B et C par une géodésique, on formera un triangle géodésique ABC, dont nous désignerons les six éléments par les lettres a, b, c, A, B, C. Ce triangle est complètement défini si l'on se donne les coordonnées u et v du point A, l'angle ω que fait la géodésique AB avec une courbe déterminée passant par A, par exemple avec la courbe de paramètre v, et enfin les trois éléments

$$AB = c, \qquad AC = b, \qquad \widehat{CAB} = A.$$

Les trois autres éléments B, C, a peuvent donc être regardés comme des fonctions bien déterminées des six quantités

$$b, \; c, \; A, \; u, \; v, \; \omega.$$

Cela posé, il pourra se présenter quatre cas distincts :

1° Les formules qui expriment B, C, a ne contiendront aucune des trois quantités u, v, ω. Il y aura alors *trois* relations distinctes entre les six éléments du triangle géodésique; et il résulte de la méthode précédente que ce nombre de trois relations est un maximum qui ne pourra être dépassé.

2° et 3° Les formules contiendront une ou plusieurs des quantités u, v, ω; mais on pourra éliminer u, v, ω entre les trois équations qui expriment B, C, a, de manière à obtenir soit *une*, soit *deux* relations entre les six éléments, relations qui seront vérifiées pour tout triangle géodésique tracé sur la surface.

4° Les formules qui font connaître B, C, a nous donneront pour ces trois éléments des fonctions des quantités u, v, ω qui seront réellement indépendantes; de sorte qu'il n'y aura, entre les six éléments d'un triangle géodésique, *aucune* relation indépendante des coordonnées de ses sommets.

D'après cela, on sera conduit à la classification suivante des surfaces, qui a été proposée par M. Christoffel, dans le remarquable Mémoire que nous avons déjà cité [p. 110].

La première classe comprendra les surfaces pour lesquelles il n'y a aucune relation entre les six éléments d'un triangle géodésique.

Toute surface qui n'appartient pas à la première classe, c'est-à-dire pour laquelle il y a une ou plusieurs relations entre les six éléments d'un triangle géodésique, sera de la *deuxième*, de la *troisième* ou de la *quatrième* classe suivant que le nombre de ces relations entre les éléments sera égal à *un*, à *deux* ou à *trois*.

Comme les formules qui déterminent les géodésiques ne dépendent que de l'élément linéaire, deux surfaces applicables l'une sur l'autre feront évidemment partie de la même classe. Le plan, par exemple, est une surface de la quatrième classe; il en sera donc de même de toutes les surfaces développables; et les relations seront les mêmes entre les éléments d'un triangle plan et ceux d'un triangle géodésique tracé sur une développable quelconque. De même, nous avons vu au n° 599 que l'élément linéaire de toute surface à courbure constante positive $\frac{1}{R^2}$ peut être ramené à la forme (16) [p. 46], qui convient aussi à une sphère de rayon R. Il suit de là qu'il y aura, entre les six éléments de tout triangle géodésique tracé sur la surface de courbure constante $\frac{1}{R^2}$, les relations fondamentales de la Trigonométrie sphérique,

$$(65)\quad \left\{\begin{aligned} \cos\frac{a}{R} &= \cos\frac{b}{R}\cos\frac{c}{R} + \sin\frac{b}{R}\sin\frac{c}{R}\cos A,\\ \cos\frac{b}{R} &= \cos\frac{c}{R}\cos\frac{a}{R} + \sin\frac{c}{R}\sin\frac{a}{R}\cos B,\\ \cos\frac{c}{R} &= \cos\frac{a}{R}\cos\frac{b}{R} + \sin\frac{a}{R}\sin\frac{b}{R}\cos C. \end{aligned}\right.$$

Dans un Mémoire déjà ancien ([1]), M. Minding a fait la remarque très importante, mais à peu près évidente, qu'il suffit de changer dans ces formules R en Ri pour obtenir les relations qui con-

---

([1]) MINDING (F.), *Beiträge zur Theorie der kürzesten Linien auf krummen Flächen* (*Journal de Crelle*, t. XX, p. 323; 1840).

viennent pour tout triangle géodésique tracé sur une surface à courbure négative. Les équations (65) se transforment ainsi dans les suivantes

$$(66)\quad \begin{cases} \cos\frac{ai}{R} = \cos\frac{bi}{R}\cos\frac{ci}{R} + \sin\frac{bi}{R}\sin\frac{ci}{R}\cos A, \\ \cos\frac{bi}{R} = \cos\frac{ci}{R}\cos\frac{ai}{R} + \sin\frac{ci}{R}\sin\frac{ai}{R}\cos B, \\ \cos\frac{ci}{R} = \cos\frac{ai}{R}\cos\frac{bi}{R} + \sin\frac{ai}{R}\sin\frac{bi}{R}\cos C, \end{cases}$$

qui jouent, dans la trigonométrie des surfaces à courbure constante négative, le même rôle que les formules (65) dans la géométrie de la sphère.

Ainsi, toutes les surfaces à courbure constante appartiennent à la quatrième classe. Envisageons maintenant une surface quelconque de révolution que nous supposerons rapportée au système formé par les méridiens et les parallèles. Soient u et v les coordonnées d'un point quelconque de la surface, u étant le paramètre qui demeure constant sur chaque parallèle et v l'angle du plan méridien passant par le point avec un plan méridien fixe. Désignons par u_0, v_0, u_1, v_1, u_2, v_2 les coordonnées des trois sommets d'un triangle géodésique quelconque. Les six éléments de ce triangle seront des fonctions des six coordonnées précédentes; mais, comme on peut faire tourner la surface autour de son axe sans altérer les éléments du triangle géodésique, il est clair que ceux-ci ne dépendront effectivement que des trois quantités u_0, u_1, u_2 et des deux différences $v_2 - v_0$, $v_1 - v_0$, soit, en tout, *cinq* quantités. *Il y aura donc au moins une relation entre les six éléments du triangle géodésique.*

Ainsi, les surfaces de révolution et, plus généralement, toutes les surfaces qui sont applicables sur une surface de révolution, appartiendront à la deuxième, à la troisième ou à la quatrième classe.

667. M. Christoffel n'avait pas poussé plus loin ces recherches: il n'avait apporté aucun exemple d'une surface appartenant à la troisième classe, et il s'était contenté de démontrer que toute surface de la quatrième classe a nécessairement sa courbure totale

constante. M. Weingarten, qui a repris cette étude en 1882 [1], a démontré, par une méthode nouvelle, la proposition précédente de M. Christoffel, et il a réussi à établir de plus qu'il n'existe aucune surface de la troisième classe.

Désignons par u_0, v_0, u_1, v_1, u_2, v_2 les coordonnées des trois sommets d'un triangle géodésique. Les six éléments a, b, c, A, B, C du triangle seront des fonctions de ces six coordonnées. Par suite, si la surface appartient à la première classe, ces fonctions seront indépendantes et il sera impossible de déplacer infiniment peu le triangle géodésique sans le déformer, c'est-à-dire sans altérer au moins un de ses éléments; car les différentielles da, db, ... des éléments sont des fonctions indépendantes des différentielles des six coordonnées et ne peuvent s'annuler toutes sans qu'il en soit de même de ces dernières, du_0, dv_0, ... Si la surface appartient à la deuxième classe, on pourra se contenter d'exprimer cinq des éléments du triangle en fonction des coordonnées, le sixième sera donné par l'équation qui relie les six éléments. Si donc on veut déplacer le triangle sans en faire varier les six éléments, il suffira d'assujettir les six coordonnées à cinq relations distinctes. Il y aura donc une suite de positions du triangle dépendante d'un *seul* paramètre variable *et dans laquelle chaque sommet décrira une courbe.*

Si la surface appartient à la troisième ou à la quatrième classe, il y aura deux ou trois relations entre les six éléments; par suite, on exprimera quatre ou trois éléments en fonction des coordonnées des sommets, les autres étant définis par les relations qui existent, par hypothèse, entre les six éléments. Il suit de là que, si l'on veut déplacer le triangle sans altérer ses éléments, il faudra écrire seulement quatre ou trois relations distinctes entre les six coordonnées des sommets. En d'autres termes, ces six coordonnées seront fonctions de deux ou de trois variables indépendantes. Il suit de là que les coordonnées du sommet A sont des fonctions de deux ou de trois variables indépendantes, et, par suite, que ce sommet peut être déplacé d'une manière quelconque sur la surface.

---

[1] WEINGARTEN (J.), *Ueber die Verschiebbarkeit geodätischer Dreiecke in krummen Flächen* (*Sitzungsberichte der K. P. Akademie der Wissenschaften zu Berlin*, p. 453).

A la vérité, on peut objecter que les coordonnées u_0 et v_0 de A peuvent ne pas être des fonctions distinctes des deux variables indépendantes; et, s'il en est ainsi, le sommet A sera assujetti à demeurer sur une courbe. Mais il est aisé de prouver que ce fait exceptionnel ne peut se présenter pour chacun des trois sommets du triangle géodésique.

En effet, si les trois sommets A, B, C étaient assujettis à demeurer respectivement sur trois courbes (A), (B), (C), leurs coordonnées seraient fonctions de trois paramètres, par exemple des arcs A_0A, B_0B, C_0C comptés sur ces courbes à partir d'origines fixes A_0, B_0, C_0. Deux au moins de ces paramètres, A_0A et B_0B par exemple, devraient être arbitraires, puisque la position des sommets doit dépendre de deux ou de trois paramètres distincts. Il suit de là que A et B pourraient être choisis arbitrairement et, par suite, que la distance géodésique AB de deux points A et B pris arbitrairement sur les courbes (A) et (B) devrait être constante, ce qui est évidemment absurde. Il est donc permis d'affirmer que l'un au moins des sommets du triangle géodésique peut être déplacé arbitrairement sur la surface. Cela suffit pour l'objet que nous avons en vue.

Reportons-nous aux formules (36). On peut en déduire des expressions de α, β, γ en fonction des éléments du triangle géodésique, telles que la suivante

$$\alpha = 3\,\frac{3(A - A^\circ) - (B - B^\circ) - (C - C^\circ)}{S^\circ} + \varepsilon, \tag{67}$$

ε étant une quantité qui est du second ordre par rapport aux éléments du triangle.

Supposons que la surface appartienne à la troisième ou à la quatrième classe : le sommet A pourra être amené en deux points quelconques A_0 et A_1 d'une certaine région de la surface sans que les éléments du triangle aient varié. Désignons par α_0 et α_1 les courbures de la surface en ces points; on aura

$$\alpha_0 = 3\,\frac{3(A - A^\circ) - (B - B^\circ) - (C - C^\circ)}{S^\circ} + \varepsilon_0,$$

$$\alpha_1 = 3\,\frac{3(A - A^\circ) - (B - B^\circ) - (C - C^\circ)}{S^\circ} + \varepsilon_1.$$

Si donc on désigne, pour abréger, par K la quantité

$$K = 3\frac{3(A - A^o) - (B - B^o) - (C - C^o)}{S_0},$$

on aura

$$(68)\qquad \frac{\alpha_0}{\alpha_1} = \frac{K + \varepsilon_0}{K + \varepsilon_1}.$$

Il suffit de supposer que les dimensions du triangle diminuent indéfiniment pour reconnaître que le rapport précédent est égal à l'unité. Par suite, la surface a nécessairement sa courbure totale constante.

Ainsi la troisième et la quatrième classe de M. Christoffel se réunissent en une seule, qui comprend uniquement les surfaces à courbure totale constante.

668. Telle est la démonstration de M. Weingarten. Cet habile géomètre a essayé d'appliquer la même méthode aux surfaces de la deuxième classe; mais l'emploi du théorème de Gauss ne paraît pas devoir suffire à la définition complète des surfaces qui appartiennent à cette classe.

Nous avons vu que, dans ce cas, le triangle géodésique peut occuper une suite de positions qui dépend d'un seul paramètre variable, et dans laquelle chaque sommet décrit une courbe (Γ). Mais il n'y a aucune raison de supposer que les courbes (Γ) sont les mêmes pour tous les triangles possibles et ne changent pas quand les éléments de ces triangles prennent différentes valeurs. Du moins, la formule précédente (68) nous permet de conclure que toutes ces courbes (Γ) tendent, lorsque les côtés du triangle deviennent infiniment petits, vers les courbes (C) sur lesquelles la courbure totale de la surface demeure constante, et s'en rapprochent de manière à en être distantes de quantités infiniment petites du second ordre par rapport à ces côtés. Il résulte en effet de cette formule que les valeurs de la courbure totale en deux points distincts de la courbe décrite par le sommet A ont un rapport qui diffère de l'unité d'une quantité infiniment petite du second ordre par rapport aux côtés du triangle géodésique considéré.

Considérons ces courbes (C) sur chacune desquelles la courbure totale demeure constante. Nous allons montrer qu'elles forment une famille de *courbes parallèles*.

Soient, en effet, (C), (C′), (C″) trois d'entre elles, que nous supposerons infiniment voisines. Prenons sur ces trois courbes respectivement trois points infiniment voisins a, b, c, qui seront les sommets d'un triangle géodésique infiniment petit abc. Déplaçons ensuite ce triangle géodésique abc, sans changer ses éléments, de manière que le point a, par exemple, décrive sur sa trajectoire un arc fini aa_1. Le triangle viendra occuper une certaine position $a_1b_1c_1$ dans laquelle les points a_1, b_1, c_1 seront à des distances du second ordre des courbes (C), (C′), (C″) respectivement. Donc si on les ramène sur ces courbes par les plus courts chemins, en substituant, par exemple, à chaque point le pied de la perpendiculaire géodésique abaissée de ce point sur la courbe correspondante, on formera un triangle $a_2b_2c_2$ dont les sommets seront situés sur les trois courbes et dont les côtés ne différeront de ceux du triangle abc que de quantités infiniment petites du second ordre. On aura, en particulier,

$$a_2b_2 = ab(1+\eta),$$

η étant du premier ordre. Il suit de là que, si l'on fait tourner ab autour de a, a_2b_2 tournera autour de a_2; ab et a_2b_2 passeront en même temps par un minimum. Donc les plus courtes distances de (C) et de (C′) seront les mêmes en deux points quelconques a et a_2. En d'autres termes, *les courbes* (C) *seront parallèles ou géodésiquement équidistantes*.

C'est là, à ce qu'il semble, tout ce que l'on peut déduire, en ce qui concerne les surfaces de seconde classe, du théorème de Gauss. M. von Mangoldt (¹), à qui l'on doit cette remarque, a complété les recherches de M. Weingarten et il a pu établir par une méthode savante que *la seconde classe comprend seulement les surfaces de révolution à courbure totale variable*. On peut substituer aux développements en série donnés par M. von Mangoldt les remarques suivantes, qui ne sont peut-être pas à l'abri de toute objection, mais qui offrent cet avantage de reposer sur la considération d'un nouveau cas limite des triangles géodésiques.

669. Considérons un triangle géodésique ABC, tracé sur une

(¹) MANGOLDT (H. v.), *Ueber die Classification der Flächen nach der Verschiebbarkeit ihrer geodätischen Dreiecke* (*Journal de Crelle*, t. XCIV, p. 21; 1882).

surface quelconque, et supposons que, les côtés AB, AC, BC restant finis, le sommet C se rapproche indéfiniment d'un point déterminé situé entre A et B. Si l'on abaisse du point C la géodésique CD perpendiculaire sur AB, CD sera supposé infiniment petite (*fig.* 71). Il en sera de même des angles A, B, C, si nous désignons

Fig. 71.

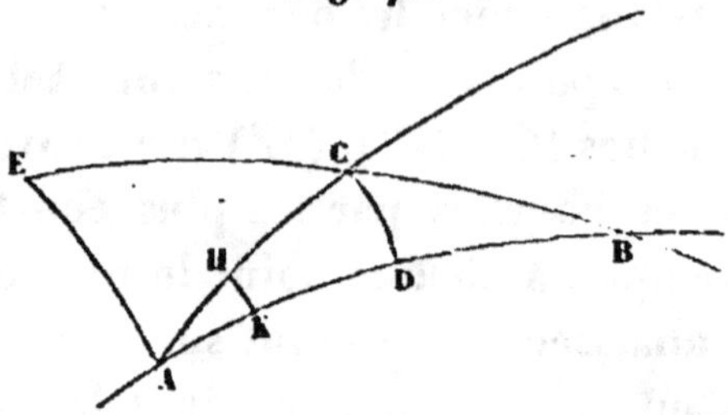

par C, non l'angle du triangle, mais son supplément. On peut établir quelques formules intéressantes relatives à ces triangles particuliers.

Si l'on élève en A la géodésique AE, perpendiculaire à AB, elle pourra être aussi regardée, sans erreur sensible, comme normale à AC; et la définition même de la *longueur réduite* nous donnera les relations

$$AE = [AC]C = [AB]B,$$
$$CD = [AC]A = [BC]B,$$

[AC], [AB], [BC] désignant, d'après nos notations (n° 633), les longueurs réduites des trois côtés. En introduisant pour les côtés les notations habituelles, nous avons les formules

$$(69) \qquad \frac{A}{[a]} = \frac{B}{[b]} = \frac{C}{[c]} = \frac{h}{[a][b]},$$

$$(70) \qquad AE = [c]B = h\frac{[c]}{[a]},$$

où h désigne la perpendiculaire CD. A ces deux équations, on peut joindre la suivante.

Désignons par p la perpendiculaire abaissée d'un point de AC sur AB et par q la perpendiculaire abaissée d'un point de BC; p et q, considérées comme fonctions de la distance u de leur pied au point A, sont deux solutions particulières de l'équation

$$(71) \qquad \frac{d^2 z}{du^2} + \frac{z}{RR'} = 0,$$

si souvent employée au Chapitre V; et nous avons vu (n° 627) que, si l'on substitue à la géodésique AB le chemin formé des géodésiques AC et BC, la variation de longueur aura pour expression

$$\text{(72)} \qquad AC + CB - AB = b + c - a = qp' - pq'.$$

Le binôme $qp' - pq'$ est une constante, dont on peut calculer la valeur pour tel point que l'on voudra, par exemple pour le point A. On a alors $p = 0$; le triangle infiniment petit AHK donne

$$p' = A.$$

D'ailleurs, d'après l'équation (70), on a

$$q = AE = [c]B.$$

La substitution de ces valeurs de p, p', q dans la formule précédente la transforme dans l'équation suivante

$$\text{(73)} \qquad b + c - a = [c] \times A \times B,$$

où l'on connaît la signification géométrique de chaque terme.

670. Telles sont les relations que nous allons appliquer au problème proposé. A cet effet, nous supposerons que la surface soit de seconde classe, c'est-à-dire qu'il y ait une relation, et une seule, entre les six éléments de tout triangle géodésique de la surface. Mettons cette relation sous la forme

$$b + c - a = f(a, b, A, B, C),$$

et supposons, comme plus haut, que le point C se rapproche de AB d'une manière déterminée.

En divisant par $A \times B$ les deux membres de l'équation précédente et remplaçant dans le second membre A, B, C par leurs valeurs déduites des formules (69), on aura

$$\frac{b + c - a}{A \times B} = \frac{[a][b]}{h^2} f\left(a, b, \frac{h}{[b]}, \frac{h}{[a]}, \frac{h[c]}{[a][b]}\right).$$

Lorsque h tend vers zéro, le premier membre tend vers une limite déterminée $[c]$; il faut donc qu'il en soit de même du second. On reconnaît aisément que la limite de ce second membre est de la forme

$$\Phi\left(a, b \frac{[a]}{[c]}, \frac{[b]}{[c]}\right)$$

et ne peut, par suite, se réduire identiquement à $[c]$. En l'égalant à $[c]$, on aura donc nécessairement une relation

$$F(a, b, [a], [b], [c]) = 0, \tag{74}$$

où F a une forme tout à fait déterminée. Nous obtenons ainsi la propriété suivante de toute surface appartenant à la seconde classe :

Si l'on prend sur une géodésique quelconque trois points A, B, C, *il y aura nécessairement une relation indépendante des coordonnées des points* A, B, C *entre les segments* AB, BC *et les longueurs réduites* [AC], [BC], [AC].

Pour traduire géométriquement cette proposition, nous remarquerons que, si l'on se sert de l'équation différentielle (71) pour développer en série la longueur réduite d'un segment AB, on trouvera

$$[AB] = s - \alpha\frac{s^3}{6} - \alpha'\frac{s^4}{12} + \frac{\alpha^2 - 3\alpha''}{120}s^5 + \dots,$$

s étant la longueur AB; α, α', α'' désignant la courbure totale et ses dérivées successives par rapport à l'arc, calculées pour le point A.

Cette formule permet d'obtenir aisément les longueurs réduites

$$[AB], \quad [AC], \quad [BC];$$

mais, pour simplifier le calcul, nous supposerons que l'on ait

$$AC = CB, \qquad \text{c'est-à-dire} \qquad a = b.$$

On trouvera alors, en désignant par s la valeur commune de a et de b,

$$[AC] = [a] = s - \alpha\frac{s^3}{6} - \alpha'\frac{s^4}{12} + \frac{\alpha^2 - 3\alpha''}{120}s^5 + \dots,$$

$$[CB] = [b] = s - \alpha\frac{s^3}{6} - \alpha'\frac{s^4}{4} + \frac{\alpha^2 - 23\alpha''}{120}s^5 + \dots,$$

$$[AB] = [c] = 2s - 4\alpha\frac{s^3}{3} - \frac{4}{3}\alpha' s^4 + \frac{4}{15}(\alpha^2 - 3\alpha'')s^5 + \dots,$$

α et ses dérivées étant calculées pour le point A.

En substituant les expressions précédentes dans la relation (74) et faisant tendre ensuite s vers zéro, on obtiendra évidemment une relation

$$\Phi(\alpha, \alpha', \alpha'') = 0 \tag{75}$$

entre la courbure totale et ses deux premières dérivées par rapport à l'arc. Cette relation, qui aura lieu en chaque point de la géodésique, sera d'ailleurs la même pour toutes les géodésiques de la surface.

671. Si l'on rapproche ce résultat de ceux que nous avons déjà obtenus, on reconnaîtra aisément que la surface est applicable sur une surface de révolution. Choisissons, en effet, le système de coordonnées curvilignes formé avec les lignes à courbure constante et leurs trajectoires orthogonales. Comme ces trajectoires sont, nous l'avons vu plus haut, des géodésiques, l'élément linéaire sera réductible à la forme

$$ds^2 = du^2 + C^2\,dv^2,$$

et l'on aura de plus

$$\frac{1}{RR'} = -\frac{1}{C}\frac{\partial^2 C}{\partial u^2}.$$

En exprimant que RR' ne dépend que de u, on serait conduit à la forme suivante de C

$$C = \frac{U - V}{\sqrt{U'}}, \tag{76}$$

où U désigne une fonction de u et V une fonction de v, et qui convient à des surfaces bien plus générales que les surfaces de révolution. Mais nous laisserons ce point de côté pour le moment. Si l'on remplace, dans l'équation (75), α par une fonction déterminée de u, elle se ramène à la suivante

$$\psi\left(u, \frac{du}{ds}, \frac{d^2u}{ds^2}\right) = 0, \tag{77}$$

où ψ est aussi une fonction déterminée et qui convient à *toutes* les géodésiques de la surface.

Considérons, en particulier, les géodésiques tangentes aux différents points de l'une des courbes de paramètre u_0, que nous désignerons par (C^0). Si M est un point de cette courbe, la géodésique tangente en M donnera lieu, dans le voisinage de ce point, à l'équation

$$u - u_0 = \frac{s^2}{2\rho} + \ldots,$$

où ρ désigne le rayon de courbure géodésique de (C^0) en M, et qui résulte immédiatement de l'inspection du triangle MPQ dans la *fig.* 72.

Fig. 72.

On aura donc, au point M,

$$u = u_0, \qquad \frac{du}{ds} = 0, \qquad \frac{d^2u}{ds^2} = \frac{1}{\rho};$$

si l'on porte ces valeurs dans l'équation (77), on reconnaîtra immédiatement que la courbure géodésique en M est une fonction déterminée de u_0 et qu'elle est, par suite, constante en tous les points de (C^0).

Ce résultat nous suffit pleinement. Il est, en effet, très aisé de démontrer que, *si une famille de courbes parallèles est formée de cercles géodésiques, la surface est applicable sur une surface de révolution de telle manière que ces cercles géodésiques et les parallèles de la surface de révolution soient des courbes correspondantes.*

Cette proposition s'établit immédiatement : il suffit de remarquer qu'elle se traduit par l'équation

$$\frac{1}{C}\frac{\partial C}{\partial u} = \mathfrak{F}(u),$$

où $\mathfrak{F}$ est une fonction déterminée de u. L'intégration nous donne la forme suivante de C

$$C = f_1(u) f_2(v)$$

qui convient aux surfaces de révolution.

LIVRE VII.

LA DÉFORMATION DES SURFACES.

CHAPITRE I.

LES PARAMÈTRES DIFFÉRENTIELS.

Formules élémentaires relatives à deux courbes tracées sur une surface. — Définition des paramètres différentiels du premier ordre $\Delta\varphi$, $\Delta(\varphi,\psi)$, $\Theta(\varphi,\psi)$. — Paramètre du second ordre $\Delta_2\varphi$; méthode de M. Beltrami; formule analogue à celle de Green. — Expression du rayon de courbure géodésique d'une courbe au moyen des paramètres différentiels. — Les formations de M. Beltrami permettent d'obtenir tous les invariants différentiels de l'élément linéaire. — Emploi des paramètres différentiels dans la solution de divers problèmes où il s'agit de ramener l'élément linéaire à une forme spéciale. — Calcul des paramètres différentiels des fonctions les plus simples. — De l'emploi de l'invariant du second ordre dans l'étude du problème de la représentation conforme et des systèmes isothermes. — Démonstration, due à M. Beltrami, du théorème de Gauss relatif à l'expression de la courbure totale.

672. On sait toute l'importance du rôle attribué aux deux paramètres différentiels du premier et du second ordre de Lamé, soit en Physique mathématique, soit dans la théorie des coordonnées curvilignes de l'espace. M. Beltrami, dans une série de beaux travaux qui remonte à 1865 (¹), a constitué pour les surfaces une

(¹) Voir Beltrami, *Ricerche di analisi applicata alla Geometria* (*Giornale di Matematiche*, t. II; 1865).

— *Sulla teorica generale dei parametri differenziali* (*Memorie della Accademia delle Scienze dell' Istituto di Bologna*, série II, t. VIII; 1869).

— *Delle variabili complesse sopra una superficie qualunque* (*Annali di Matematica*, série II, t. I, p. 329; 1867).

— *Zur Theorie des Krümmungsmaasses* (*Mathematische Annalen*, t. I, p. 575; 1869).

théorie analogue et non moins utile, en suivant les idées et les méthodes déjà appliquées dans le cas de trois dimensions. C'est cette théorie que nous allons maintenant exposer, afin de compléter l'ensemble des notions fondamentales qui apparaissent dans la solution des différents problèmes de la théorie des surfaces.

Prenons l'élément linéaire sous la forme de Gauss

$$(1) \qquad ds^2 = E\,du^2 + 2F\,du\,dv + G\,dv^2,$$

et soit

$$\varphi(u, v) = \text{const.}$$

l'équation d'une famille de courbes. Si l'on désigne par du, dv les différentielles relatives à un déplacement sur celle des courbes de la famille qui passe au point (u, v), on aura, comme on sait,

$$(2) \qquad \frac{du}{ds} = \frac{1}{H\sqrt{\Delta\varphi}}\frac{\partial\varphi}{\partial v}, \qquad \frac{dv}{ds} = -\frac{1}{H\sqrt{\Delta\varphi}}\frac{\partial\varphi}{\partial u},$$

H, $\Delta\varphi$ désignant les expressions suivantes, déjà employées,

$$(3) \qquad H = \sqrt{EG - F^2},$$

$$(4) \qquad \Delta\varphi = \frac{E\left(\frac{\partial\varphi}{\partial v}\right)^2 - 2F\frac{\partial\varphi}{\partial u}\frac{\partial\varphi}{\partial v} + G\left(\frac{\partial\varphi}{\partial u}\right)^2}{H^2}.$$

Le signe attribué, dans les formules (2), au radical $\sqrt{\Delta\varphi}$ correspondra au sens suivant lequel on se déplacera sur la courbe.

Imaginons maintenant que l'on se déplace à partir du point considéré suivant une autre courbe de la surface et représentons par la caractéristique δ les différentielles relatives à ce nouveau déplacement. Si l'on désigne par ω, ω' les angles qui déterminent les tangentes aux deux directions considérées, ω se rapportant à la courbe (φ), nous aurons (n° 496)

$$\sin(\omega - \omega') = H\frac{dv\,\delta u - du\,\delta v}{ds\,\delta s},$$

$$\cos(\omega - \omega') = \frac{E\,du\,\delta u + F(du\,\delta v + dv\,\delta u) + G\,dv\,\delta v}{ds\,\delta s}.$$

ou, en substituant les valeurs de du, dv,

$$(5)\quad \left\{\begin{aligned} \delta s \sin(\omega - \omega') &= -\frac{1}{\sqrt{\Delta\varphi}}\left(\frac{\partial\varphi}{\partial u}\delta u + \frac{\partial\varphi}{\partial v}\delta v\right) = -\frac{\delta\varphi}{\sqrt{\Delta\varphi}},\\ \delta s \cos(\omega - \omega') &= \frac{\left(\mathrm{E}\frac{\partial\varphi}{\partial v} - \mathrm{F}\frac{\partial\varphi}{\partial u}\right)\delta u - \left(\mathrm{G}\frac{\partial\varphi}{\partial u} - \mathrm{F}\frac{\partial\varphi}{\partial v}\right)\delta v}{\mathrm{H}\sqrt{\Delta\varphi}}\\ &= \mathrm{H}\left[\frac{\partial\sqrt{\Delta\varphi}}{\partial\frac{\partial\varphi}{\partial v}}\delta u - \frac{\partial\sqrt{\Delta\varphi}}{\partial\frac{\partial\varphi}{\partial u}}\delta v\right]. \end{aligned}\right.$$

La première de ces formules peut s'écrire

$$(6)\qquad \sqrt{\Delta\varphi} = \frac{\delta\varphi}{\delta s \sin(\omega' - \omega)},$$

et, comme toutes les quantités qui figurent dans le second membre ont une signification absolument indépendante du choix des variables u et v, on reconnaît immédiatement que $\Delta\varphi$ est un invariant dont la valeur demeurera la même pour la même fonction φ et le même point, quel que soit le système de coordonnées auquel on rapporte la surface.

Le second membre de l'équation (6) peut être légèrement transformé. Remarquons, en effet, que

$$\delta s \sin(\omega' - \omega)$$

est la projection du déplacement δs sur la normale à la courbe (φ), le sens des projections positives correspondant à l'angle $\omega + \frac{\pi}{2}$. En désignant cette projection par δn, on aura donc

$$(7)\qquad \sqrt{\Delta\varphi} = \frac{\delta\varphi}{\delta n}.$$

Si l'on suppose que le déplacement ait lieu effectivement suivant la normale, on reconnaît que $\sqrt{\Delta\varphi}$ est la *dérivée de φ suivant la normale*. Cette propriété a déjà été établie d'une manière générale au n° 572.

Toutes les fois que la fonction φ satisfait à l'équation

$$(8)\qquad \Delta\varphi = 1,$$

nous avons vu que les courbes (φ), obtenues en égalant la fonction φ à une constante, sont parallèles les unes aux autres et l'on peut ajouter que $\varphi - \varphi_0$ désigne la longueur qu'il faut porter sur les géodésiques normales à l'une d'elles (φ_0) pour obtenir les différents points de la courbe (φ). Plus généralement, si φ satisfait à l'équation

$$\Delta\varphi = \mathrm{F}(\varphi),$$

$\mathrm{F}(\varphi)$ désignant une fonction quelconque de φ, on aura encore une famille de courbes parallèles; car, si l'on pose

$$\varphi' = \int \frac{d\varphi}{\sqrt{\mathrm{F}(\varphi)}},$$

il vient

$$\Delta\varphi' = 1;$$

et, par conséquent, les courbes (φ') ou, ce qui est la même chose, les courbes (φ) seront parallèles.

Il ne sera pas inutile d'examiner le cas où la fonction φ satisfait à l'équation

$$\Delta\varphi = 0. \tag{9}$$

Alors, si l'on se déplace sur la courbe (φ), on aura

$$\frac{\partial\varphi}{\partial u} du + \frac{\partial\varphi}{\partial v} dv = 0,$$

et, comme l'équation en φ ne contient que le rapport des dérivées de φ, on pourra éliminer ces dérivées, ce qui conduira à l'équation

$$ds^2 = \mathrm{E}\, du^2 + 2\mathrm{F}\, du\, dv + \mathrm{G}\, dv^2 = 0.$$

Il y a donc deux familles pour lesquelles la fonction φ satisfait à l'équation (9) : ce sont les deux séries de courbes de longueur nulle; chacune d'elles peut être considérée soit comme formée de lignes géodésiques (n° 517), soit comme composée de courbes parallèles.

673. Du paramètre différentiel $\Delta\varphi$, nous pouvons, en appliquant une méthode générale, déduire d'autres invariants se rapportant à deux fonctions. Si l'on y remplace φ par $\varphi + \lambda\psi$, λ désignant une constante quelconque, on obtiendra un résultat de la forme

$$\Delta(\varphi+\lambda\psi)=\Delta\varphi+2\mathrm{B}\lambda+\Delta\psi\lambda^2.$$

Le coefficient de λ sera évidemment un nouvel invariant que nous désignerons par $\Delta(\varphi, \psi)$. Le développement des calculs nous donne

$$(10)\qquad \Delta(\varphi,\psi)=\frac{\mathrm{E}\frac{\partial\varphi}{\partial v}\frac{\partial\psi}{\partial v}-\mathrm{F}\left(\frac{\partial\varphi}{\partial u}\frac{\partial\psi}{\partial v}+\frac{\partial\varphi}{\partial v}\frac{\partial\psi}{\partial u}\right)+\mathrm{G}\frac{\partial\varphi}{\partial u}\frac{\partial\psi}{\partial u}}{\mathrm{EG}-\mathrm{F}^2}.$$

On voit que, pour $\psi=\varphi$, $\Delta(\varphi,\psi)$ se réduit à $\Delta\varphi$.

On peut encore établir l'existence du nouvel invariant de la manière suivante. Imaginons que, dans les formules (5), δu, δv se rapportent à un déplacement sur une courbe de la famille

$$\psi(u,v)=\text{const}.$$

En appliquant les formules (2), on aura

$$\frac{\delta u}{\delta s}=\frac{1}{\mathrm{H}\sqrt{\Delta\psi}}\frac{\partial\psi}{\partial v},\qquad \frac{\delta v}{\delta s}=-\frac{1}{\mathrm{H}\sqrt{\Delta\psi}}\frac{\partial\psi}{\partial u};$$

et la substitution des valeurs de δu, δv dans les formules (5) nous donnera

$$(11)\qquad \begin{cases}\sin(\omega'-\omega)=\dfrac{\frac{\partial\varphi}{\partial u}\frac{\partial\psi}{\partial v}-\frac{\partial\psi}{\partial u}\frac{\partial\varphi}{\partial v}}{\mathrm{H}\sqrt{\Delta\varphi}\sqrt{\Delta\psi}},\\[2ex] \cos(\omega'-\omega)=\dfrac{\Delta(\varphi,\psi)}{\sqrt{\Delta\varphi}\sqrt{\Delta\psi}}.\end{cases}$$

Ces relations mettent d'abord en évidence la propriété d'invariance du symbole $\Delta(\varphi,\psi)$; mais elles nous conduisent également à un nouvel invariant que nous désignerons par $\Theta(\varphi,\psi)$ et qui a pour expression

$$(12)\qquad \Theta(\varphi,\psi)=\frac{1}{\mathrm{H}}\left(\frac{\partial\varphi}{\partial u}\frac{\partial\psi}{\partial v}-\frac{\partial\varphi}{\partial v}\frac{\partial\psi}{\partial u}\right)=\frac{1}{\mathrm{H}}\frac{\partial(\varphi,\psi)}{\partial(u,v)}.$$

Les formules (11) s'écrivent alors de la manière suivante :

$$(11)'\qquad \sin(\omega'-\omega)=\frac{\Theta(\varphi,\psi)}{\sqrt{\Delta\varphi}\sqrt{\Delta\psi}},\qquad \cos(\omega'-\omega)=\frac{\Delta(\varphi,\psi)}{\sqrt{\Delta\varphi}\sqrt{\Delta\psi}}.$$

Il résulte immédiatement de ces relations que, si l'on considère les deux courbes définies par les équations

$$\varphi = 0, \qquad \psi = 0,$$

et un point commun à ces deux courbes, la condition pour qu'elles soient tangentes en ce point s'exprime par la relation

$$\Theta(\varphi, \psi) = 0,$$

et la condition pour qu'elles soient orthogonales, par l'équation

$$\Delta(\varphi, \psi) = 0.$$

Les formules (11)' nous conduisent immédiatement à l'identité

$$\Theta^2(\varphi, \psi) + \Delta^2(\varphi, \psi) = \Delta\varphi\,\Delta\psi. \tag{13}$$

On rencontre ici, pour la première fois, un fait qui se présente fréquemment dans les théories analogues. Les invariants que nous avons introduits ne sont pas distincts, et l'on pourrait exprimer $\Theta(\varphi, \psi)$ en fonction de $\Delta\varphi$, $\Delta\psi$ et $\Delta(\varphi, \psi)$; mais l'expression ainsi obtenue serait irrationnelle, et l'on ne peut se dispenser de conserver Θ, sauf à tenir compte de la relation (13).

674. Nous allons maintenant définir le paramètre différentiel du second ordre. Pour cela, nous considérerons avec M. Beltrami l'intégrale double

$$\Omega = \int\!\!\int \Delta(\varphi, \psi)\, d\sigma = \int\!\!\int \Delta(\varphi, \psi) H\, du\, dv,$$

étendue à une portion simplement connexe de la surface, limitée par un contour (C). Si l'on pose

$$(14)\quad \left\{ \begin{aligned} M &= H \frac{\partial \Delta(\varphi, \psi)}{\partial \frac{\partial \psi}{\partial u}} = \frac{G \frac{\partial \varphi}{\partial u} - F \frac{\partial \varphi}{\partial v}}{H}, \\ N &= H \frac{\partial \Delta(\varphi, \psi)}{\partial \frac{\partial \psi}{\partial v}} = \frac{E \frac{\partial \varphi}{\partial v} - F \frac{\partial \varphi}{\partial u}}{H}, \end{aligned} \right.$$

l'intégrale deviendra

$$\int\!\!\int \left(M \frac{\partial \psi}{\partial u} + N \frac{\partial \psi}{\partial v} \right) du\, dv.$$

Écrivons-la sous la forme suivante

$$\Omega = \iint \left[\frac{\partial(M\psi)}{\partial u} + \frac{\partial(N\psi)}{\partial v}\right] du\, dv - \iint \psi \left(\frac{\partial M}{\partial u} + \frac{\partial N}{\partial v}\right) du\, dv,$$

et appliquons la formule de Green à la première intégrale du second membre. Nous aurons évidemment

$$(15) \qquad \Omega = \int \psi(M\, dv - N\, du) - \iint \psi \left(\frac{\partial M}{\partial u} + \frac{\partial N}{\partial v}\right) du\, dv,$$

l'intégrale simple étant étendue au contour (C), parcouru dans un sens convenable.

Or, d'après la seconde formule (5) et d'après les valeurs de M et de N, on a évidemment

$$M\, dv - N\, du = -ds \cos(\omega - \omega')\sqrt{\Delta\varphi},$$

ω et ω' désignant les angles formés en chaque point avec l'axe des x du trièdre (T) par la tangente à la courbe $\varphi =$ const. et la tangente au contour limite (C). Introduisons à la place de ω' l'angle ω''

$$\omega'' = \omega' + \frac{\pi}{2},$$

qui détermine la direction de la normale au contour, dirigée vers l'intérieur de l'aire. On aura alors

$$M\, dv - N\, du = -ds \sin(\omega'' - \omega)\sqrt{\Delta\varphi}.$$

D'autre part, si l'on suppose que l'on parcoure un chemin infiniment petit δn dans la direction de cette normale, la formule (6) nous fera connaître la dérivée de φ relative à ce déplacement

$$\frac{\partial\varphi}{\partial n} = \sin(\omega'' - \omega)\sqrt{\Delta\varphi}.$$

Nous aurons donc

$$M\, dv - N\, du = -\frac{\partial\varphi}{\partial n} ds.$$

La formule (15) prend alors la forme

$$(16) \quad \Omega = \iint \Delta(\varphi, \psi)\, d\sigma = -\int \psi \frac{\partial\varphi}{\partial n} ds - \iint \psi \left(\frac{\partial M}{\partial u} + \frac{\partial N}{\partial v}\right) du\, dv$$

ou encore

$$\iint \psi\left(\frac{\partial M}{\partial u}+\frac{\partial N}{\partial v}\right)\frac{d\sigma}{H}=-\int\psi\frac{\partial\varphi}{\partial n}\,ds-\iint\Delta(\varphi,\psi)\,d\sigma;$$

et, par suite, l'intégrale double du premier membre, qui s'exprime en fonction de quantités absolument indépendantes du choix des axes, est un invariant. Il en sera évidemment de même de l'élément de cette intégrale; si donc nous posons

$$\Delta_2\varphi=\frac{1}{H}\left(\frac{\partial M}{\partial u}+\frac{\partial N}{\partial v}\right)$$

ou, en développant les calculs,

$$(17)\qquad \Delta_2\varphi=\frac{1}{H}\frac{\partial}{\partial u}\left\{\frac{G\dfrac{\partial\varphi}{\partial u}-F\dfrac{\partial\varphi}{\partial v}}{H}\right\}+\frac{1}{H}\frac{\partial}{\partial v}\left\{\frac{E\dfrac{\partial\varphi}{\partial v}-F\dfrac{\partial\varphi}{\partial u}}{H}\right\},$$

la fonction $\Delta_2\varphi$ sera un invariant, linéaire par rapport aux dérivées de φ, et la formule (17) pourra s'écrire sous la forme abrégée

$$(18)\qquad \iint\Delta(\varphi,\psi)\,d\sigma=-\int\psi\frac{\partial\varphi}{\partial n}\,ds-\iint\psi\,\Delta_2\varphi\,d\sigma.$$

Nous avons supposé que l'aire était limitée par un seul contour et que les dérivées de φ et ψ étaient continues à l'intérieur de ce contour. Si nous avions à considérer une aire limitée par plusieurs contours, il suffirait de remplacer l'intégrale simple qui figure dans la formule par la somme des intégrales analogues relatives à tous les contours. Si les conditions de continuité cessent d'être réalisées pour des points ou pour des lignes, on entourera les régions où se trouvent les discontinuités par des courbes que l'on joindra à celles qui limitent l'aire considérée. Nous n'insisterons pas sur toutes ces remarques qui ont déjà été présentées à propos du théorème de Green (n° 644).

675. Nos démonstrations supposent essentiellement le changement de variables réel; mais il est clair que les propriétés d'invariance subsistent même quand on emploie des coordonnées imaginaires. Il suffit, pour s'en rendre compte, de remarquer que les propositions établies sont susceptibles d'une vérification directe par le calcul algébrique, et il tombe sous le sens que cette vérification est absolument indépendante de la réalité ou de l'imaginarité des variables ou des équations.

Une fois obtenus les deux invariants

$$\Delta\varphi, \quad \Delta_2\varphi,$$

on peut en déduire une foule d'autres

$$\Delta\Delta\varphi, \quad \Delta(\varphi, \Delta\varphi), \quad \theta(\varphi, \Delta\varphi), \quad \dots$$

Les trois invariants nouveaux que nous venons d'écrire sont tous les trois du second ordre. En voici d'autres du troisième

$$\Delta\Delta\Delta\varphi, \quad \Delta\,\Delta(\varphi, \Delta\varphi), \quad \Delta\theta(\varphi, \Delta\varphi), \quad \Delta_2\Delta\varphi, \quad \Delta\Delta_2\varphi, \quad \dots$$

Nous verrons plus loin que les formations précédentes donnent tous les invariants; mais nous reconnaîtrons encore, dans l'étude d'un problème important, qu'elles ne les donnent pas toujours sous la forme la plus simple.

676. Avant d'aborder les théories générales qui reposent sur l'emploi des paramètres différentiels, nous allons montrer comment ils peuvent intervenir utilement dans l'étude de quelques questions particulières.

Considérons d'abord une surface rapportée à un système de coordonnées rectangulaires. Si le carré de l'élément linéaire est pris sous la forme

$$ds^2 = A^2\,du^2 + C^2\,dv^2,$$

le rayon de courbure géodésique des courbes $v =$ const. est déterminé par la formule

$$\frac{1}{\rho} = -\frac{1}{AC}\frac{\partial A}{\partial v},$$

et il doit être porté, s'il est positif, du côté où v augmente. Or on a

$$\Delta v = \frac{1}{C^2}, \qquad \Delta(v, \Delta v) = -\frac{2}{C^5}\frac{\partial C}{\partial v},$$

$$\Delta_2 v = \frac{1}{AC}\frac{\partial}{\partial v}\left(\frac{A}{C}\right) = -\frac{1}{C^3}\frac{\partial C}{\partial v} - \frac{1}{C\rho}$$

et, par conséquent,

$$\frac{1}{\rho} = -C\Delta_2 v - \frac{1}{C^2}\frac{\partial C}{\partial v}$$

ou, en remplaçant $\frac{\partial C}{\partial v}$ et C par leurs valeurs tirées des relations précédentes,

$$\frac{1}{\rho} = -\frac{\Delta_2 v}{\sqrt{\Delta v}} + \frac{1}{2}\frac{\Delta(v, \Delta v)}{(\Delta v)^{\frac{3}{2}}}.$$

Cette formule, ne contenant plus que des invariants, sera applicable dans tous les cas. Par suite, le rayon de courbure géodésique d'une courbe représentée dans un système quelconque de coordonnées par l'équation

$$\varphi(u, v) = 0$$

sera donné par la formule

$$(19) \qquad \frac{1}{\rho} = -\frac{\Delta_2 \varphi}{\sqrt{\Delta \varphi}} + \frac{1}{2}\frac{\Delta(\varphi, \Delta \varphi)}{(\Delta \varphi)^{\frac{3}{2}}},$$

le sens positif du rayon étant celui pour lequel $d\varphi$ est positif (¹).

On déduit de l'équation précédente que, si la famille de courbes (φ) est formée de lignes géodésiques, la fonction φ doit satisfaire à l'équation du second ordre

$$(20) \qquad \Delta(\varphi, \Delta\varphi) - 2\Delta\varphi\, \Delta_2\varphi = 0.$$

Supposons maintenant que l'on donne deux fonctions φ, ψ et que l'on demande de calculer l'accroissement de ψ quand on parcourt un chemin infiniment petit sur la courbe

$$\varphi(u, v) = \text{const.}$$

Les différentielles du, dv relatives à ce déplacement ont été calculées plus haut; on a trouvé

$$\frac{du}{ds} = \frac{1}{H\sqrt{\Delta\varphi}}\frac{\partial\varphi}{\partial v}, \qquad \frac{dv}{ds} = -\frac{1}{H\sqrt{\Delta}}\frac{\partial\varphi}{\partial u}.$$

Il viendra donc

$$\frac{\partial\psi}{\partial s_\varphi} = \frac{\partial\psi}{\partial u}\frac{du}{ds} + \frac{\partial\psi}{\partial v}\frac{dv}{ds} = \frac{\Theta(\psi, \varphi)}{\sqrt{\Delta\varphi}}.$$

(¹) Beltrami, *Ricerche*, art. XXI, et *Mathematische Annalen*, t. I, p. 579.

Proposons-nous, par exemple, étant donnée une courbe (φ), de calculer la dérivée de la courbure géodésique par rapport à l'arc quand on se déplace sur cette courbe. On calculera ρ par la formule (19), et l'application de la formule précédente donnera ensuite

$$\frac{d\rho}{ds} = \frac{\Theta(\rho, \varphi)}{\sqrt{\Delta\varphi}}. \tag{21}$$

On calculerait de même les dérivées suivantes de ρ.

677. Soient maintenant φ et ψ deux fonctions distinctes. Supposons que l'on détermine un point de la surface par les valeurs de φ et de ψ, le carré de l'élément linéaire prendra la forme

$$ds^2 = E\,d\varphi^2 + 2F\,d\varphi\,d\psi + G\,d\psi^2.$$

Il est aisé de voir que l'on pourra exprimer E, F, G en fonction des invariants du premier ordre de φ et de ψ. En effet, si l'on calcule ces invariants, on aura les trois équations

$$\Delta\varphi = \frac{G}{EG - F^2}, \qquad \Delta\psi = \frac{E}{EG - F^2}, \qquad \Delta(\varphi, \psi) = \frac{-F}{EG - F^2},$$

qui peuvent être résolues par rapport à E, F, G, et nous donnent

$$\frac{1}{EG - F^2} = \Delta\varphi\,\Delta\psi - \Delta^2(\varphi, \psi),$$

$$E = \frac{\Delta\psi}{\Delta\varphi\,\Delta\psi - \Delta^2(\varphi, \psi)},$$

$$G = \frac{\Delta\varphi}{\Delta\varphi\,\Delta\psi - \Delta^2(\varphi, \psi)},$$

$$F = \frac{-\Delta(\varphi, \psi)}{\Delta\varphi\,\Delta\psi - \Delta^2(\varphi, \psi)}.$$

Le carré de l'élément linéaire aura donc pour expression

$$ds^2 = \frac{\Delta\psi\,d\varphi^2 - 2\Delta(\varphi, \psi)\,d\varphi\,d\psi + \Delta\varphi\,d\psi^2}{\Delta\varphi\,\Delta\psi - \Delta^2(\varphi, \psi)}; \tag{22}$$

le dénominateur, qui est $\Theta^2(\varphi, \psi)$, ne sera pas nul tant que les fonctions φ et ψ seront distinctes.

Cette expression de l'élément linéaire va nous permettre d'établir une proposition que nous avons annoncée plus haut et de montrer que tout invariant composé avec les coefficients E, F, G et leurs dérivées, contenant d'ailleurs une ou plusieurs fonctions $\varphi, \psi, \ldots$ et leurs dérivées jusqu'à un ordre déterminé, peut être obtenu à l'aide des symboles Δ, Θ de M. Beltrami.

Soit, en effet,

$$I = \mathcal{F}\left(E, \frac{\partial E}{\partial u}, \ldots, \varphi, \frac{\partial \varphi}{\partial u}, \ldots\right)$$

une telle fonction. Les coefficients E, F, G, nous venons de le voir, s'expriment d'une manière simple au moyen des trois paramètres

$$\Delta u, \quad \Delta v, \quad \Delta(u, v).$$

D'ailleurs, si λ désigne une fonction quelconque, on a, d'après la définition même de l'invariant Θ,

$$\frac{\partial \lambda}{\partial u} = H\,\Theta(\lambda, v), \qquad \frac{\partial \lambda}{\partial v} = H\,\Theta(u, \lambda).$$

Il suit de là que toutes les dérivées, et par suite l'invariant I, peuvent s'exprimer au moyen des symboles Δ, Θ appliqués un nombre suffisant de fois aux fonctions

$$u, \quad v, \quad \varphi, \quad \psi, \quad \ldots.$$

Il suffit donc, pour démontrer immédiatement la proposition que nous avons en vue, de supposer que l'on a pris pour les variables u et v deux des fonctions $\varphi, \psi, \ldots$ qui entrent dans l'invariant.

S'il entre une seule fonction φ dans cet invariant, on pourra lui adjoindre et prendre pour ψ un de ses invariants, par exemple $\Delta\varphi$ ou $\Delta_2\varphi$. Tous les invariants d'une seule fonction peuvent donc être obtenus par l'emploi simultané et répété des opérations Δ et Δ_2, appliquées à cette seule fonction.

678. Parmi les questions dont la solution peut être rendue plus facile par l'emploi des invariants, on peut encore signaler la suivante.

Supposons qu'étant donnée une surface, on propose de mettre son élément linéaire sous la forme

$$(23) \qquad ds^2 = f(\alpha)\,dp^2 + 2\varphi(\alpha)\,dp\,dq + \psi(\alpha)\,dq^2,$$

où f, φ, ψ sont des fonctions données et connues de α, mais où α, p et q sont trois fonctions à déterminer. On reconnaîtra immédiatement que, si l'élément linéaire est donné sous la forme

$$ds^2 = E\,du^2 + 2F\,du\,dv + G\,dv^2,$$

α, p et q doivent satisfaire aux trois équations simultanées

$$(24)\quad \begin{cases} E = f(\alpha)\left(\dfrac{\partial p}{\partial u}\right)^2 + 2\varphi(\alpha)\dfrac{\partial p}{\partial u}\dfrac{\partial q}{\partial u} + \psi(\alpha)\left(\dfrac{\partial q}{\partial u}\right)^2, \\ F = f(\alpha)\dfrac{\partial p}{\partial u}\dfrac{\partial p}{\partial v} + \varphi(\alpha)\left(\dfrac{\partial p}{\partial u}\dfrac{\partial q}{\partial v} + \dfrac{\partial p}{\partial v}\dfrac{\partial q}{\partial u}\right) + \psi(\alpha)\dfrac{\partial q}{\partial u}\dfrac{\partial q}{\partial v}, \\ G = f(\alpha)\left(\dfrac{\partial p}{\partial v}\right)^2 + 2\varphi(\alpha)\dfrac{\partial p}{\partial v}\dfrac{\partial q}{\partial v} + \psi(\alpha)\left(\dfrac{\partial q}{\partial v}\right)^2, \end{cases}$$

dont l'intégration donnerait la solution complète du problème. La théorie des paramètres différentiels permet de former une équation du second ordre à laquelle satisfera l'une des inconnues p, q et qui remplacera le système précédent.

On a, en effet, en prenant l'élément linéaire sous la forme (23),

$$\Delta p = \frac{\psi(\alpha)}{f\psi - \varphi^2}$$

ou, si l'on désigne le second membre par $\chi(\alpha)$,

$$(25)\qquad \Delta p = \chi(\alpha).$$

Il vient ensuite, en regardant α comme exprimé en fonction de p et de q,

$$(26)\quad \begin{cases} \Delta(p, \Delta p) = \chi'(\alpha)\dfrac{\psi(\alpha)\dfrac{\partial\alpha}{\partial p} - \varphi(\alpha)\dfrac{\partial\alpha}{\partial q}}{f\psi - \varphi^2}, \\ \Theta(p, \Delta p) = \dfrac{\chi'(\alpha)\dfrac{\partial\alpha}{\partial q}}{\sqrt{f\psi - \varphi^2}} \end{cases}$$

et enfin

$$(27)\qquad \Delta_2 p = \frac{1}{\sqrt{f\psi - \varphi^2}}\left[\frac{\partial}{\partial p}\,\frac{\psi}{\sqrt{f\psi - \varphi^2}} - \frac{\partial}{\partial q}\,\frac{\varphi}{\sqrt{f\psi - \varphi^2}}\right].$$

L'élimination de α, $\dfrac{\partial\alpha}{\partial p}$, $\dfrac{\partial\alpha}{\partial q}$ entre les quatre équations (25), (26) et (27) conduira à une relation entre les invariants de p, qui pourra ensuite être écrite avec des variables quelconques et sera précisément l'équation du second ordre cherchée. Le calcul se simplifie beaucoup si la fonction φ est nulle.

Comme première application, proposons-nous de ramener l'élément linéaire à la forme

$$(28)\qquad ds^2 = \alpha(dp^2 + dq^2).$$

Nous trouverons immédiatement que p doit satisfaire à l'équation

$$\Delta_2 p = 0.$$

Nous reviendrons plus loin (n° 681) sur ce résultat.

Envisageons maintenant la forme suivante de l'élément linéaire

$$(29)\qquad ds^2 = \cos^2\alpha\, dp^2 + \sin^2\alpha\, dq^2.$$

Elle correspond à une décomposition de la surface en rectangles infiniment petits dont les diagonales sont toutes égales ou, si l'on supprime les côtés de ces rectangles en laissant les diagonales, à une décomposition de la surface en losanges dont les côtés sont tous égaux. On a ici

$$\Delta p = \frac{1}{\cos^2\alpha}, \qquad \Delta(p, \Delta p) = \frac{2\sin\alpha}{\cos^3\alpha}\frac{\partial\alpha}{\partial p}, \qquad \Delta_2 p = \frac{1}{\sin\alpha\cos^3\alpha}\frac{\partial\alpha}{\partial p}$$

et, par suite,

$$(30)\qquad \Delta(p, \Delta p) = 2\Delta_2 p(\Delta p - 1).$$

Telle est l'équation du second ordre dont dépendra la solution du problème. Remarquons que, si l'on effectue, dans la formule (29), la substitution linéaire

$$p = p' + q', \qquad q = p' - q',$$

on obtient la forme

$$(31)\qquad ds^2 = dp'^2 + dq'^2 + 2\cos 2\alpha\, dp'\, dq',$$

identique à celle que nous avons rencontrée dans l'étude du problème de M. Tchebycheff [p. 132].

Nous étudierons enfin la forme suivante

$$(32)\qquad ds^2 = \alpha\, dp^2 + \frac{1}{\alpha}\, dq^2,$$

qui se présente dans la théorie des Cartes géographiques. Si l'on fait correspondre à chaque point de la surface le point du plan dont les coordonnées rectangulaires sont p et q, on aura une représentation plane de la surface dans laquelle les aires seront conservées et, de plus, on pourra former un système orthogonal avec les courbes de la surface qui correspondent aux droites du plan parallèles aux axes coordonnées. On peut encore caractériser la forme précédente de l'élément linéaire en disant que la surface peut être partagée par les lignes coordonnées en rectangles qui ont tous la même surface. On a ici

$$\Delta p = \frac{1}{\alpha}, \qquad \Delta(p, \Delta p) = -\frac{1}{\alpha^3}\frac{\partial \alpha}{\partial p}, \qquad \Delta_2 p = -\frac{1}{\alpha^2}\frac{\partial \alpha}{\partial p},$$

ce qui donne pour p l'équation

$$\Delta(p, \Delta p) = \Delta p \, \Delta_2 p. \tag{33}$$

Dans le cas des surfaces développables, cette équation se transforme aisément en une de celles que nous avons étudiées au Livre IV.

679. Nous indiquerons maintenant comment on calcule les invariants des fonctions les plus simples. Signalons tout d'abord les formules suivantes que le lecteur établira aisément

$$\left\{\begin{aligned}
&\Delta f(\alpha, \beta, \ldots) = \left(\frac{\partial f}{\partial \alpha}\right)^2 \Delta\alpha + \ldots + 2\frac{\partial f}{\partial \alpha}\frac{\partial f}{\partial \beta}\Delta(\alpha, \beta) + \ldots,\\
&\Theta(f, \varphi) = \left(\frac{\partial f}{\partial \alpha}\frac{\partial \varphi}{\partial \beta} - \frac{\partial f}{\partial \beta}\frac{\partial \varphi}{\partial \alpha}\right)\Theta(\alpha, \beta) + \ldots,\\
&\Delta(f, \varphi) = \frac{\partial f}{\partial \alpha}\frac{\partial \varphi}{\partial \alpha}\Delta\alpha + \ldots + \left(\frac{\partial f}{\partial \alpha}\frac{\partial \varphi}{\partial \beta} + \frac{\partial f}{\partial \beta}\frac{\partial \varphi}{\partial \alpha}\right)\Delta(\alpha, \beta) + \ldots,\\
&\Delta_2 f = \frac{\partial f}{\partial \alpha}\Delta_2\alpha + \ldots + \frac{\partial^2 f}{\partial \alpha^2}\Delta\alpha + \ldots + 2\frac{\partial^2 f}{\partial \alpha\,\partial \beta}\Delta(\alpha, \beta) + \ldots;
\end{aligned}\right. \tag{34}$$

les termes non écrits se déduisant de ceux qui figurent dans les seconds membres par de simples permutations. Ces identités permettent de calculer les invariants des fonctions composées quand on connaît ceux des fonctions simples α, β, ...

Supposons la surface rapportée à ses lignes de courbure ; désignons par x, y, z les coordonnées du point de la surface par rapport à des axes fixes et par a, a', a'' ; b, b', b'' ; c, c', c'' les neuf cosinus qui déterminent la position du trièdre (T) par rapport aux axes. On aura, comme on sait,

$$(35)\quad \begin{cases} \dfrac{1}{A}\dfrac{\partial x}{\partial u} = a, & \dfrac{1}{A}\dfrac{\partial y}{\partial u} = a', & \dfrac{1}{A}\dfrac{\partial z}{\partial u} = a'', \\ \dfrac{1}{C}\dfrac{\partial x}{\partial v} = b, & \dfrac{1}{C}\dfrac{\partial y}{\partial v} = b', & \dfrac{1}{C}\dfrac{\partial z}{\partial v} = b''; \end{cases}$$

$$(36)\quad \begin{cases} \dfrac{\partial x}{\partial u} + R\dfrac{\partial c}{\partial u} = 0, & \dfrac{\partial y}{\partial u} + R\dfrac{\partial c'}{\partial u} = 0, & \dfrac{\partial z}{\partial u} + R\dfrac{\partial c''}{\partial u} = 0, \\ \dfrac{\partial x}{\partial v} + R'\dfrac{\partial c}{\partial v} = 0, & \dfrac{\partial y}{\partial v} + R'\dfrac{\partial c'}{\partial v} = 0, & \dfrac{\partial z}{\partial v} + R'\dfrac{\partial c''}{\partial v} = 0, \end{cases}$$

toutes les notations du Tableau V [II, p. 386] étant conservées. Ces formules permettent de calculer les valeurs suivantes des invariants :

$$(37)\quad \begin{cases} \Delta x = 1 - c^2, & \Delta c = \dfrac{a^2}{R^2} + \dfrac{b^2}{R'^2}, \\ \Delta(y, z) = -c'c'', & \Delta(c', c'') = \dfrac{a'a''}{R^2} + \dfrac{b'b''}{R'^2}, \\ \Theta(y, z) = c, & \Theta(c', c'') = \dfrac{c}{RR'}, \\ \Delta(x, c) = -\dfrac{a^2}{R} - \dfrac{b^2}{R'}, & \Theta(x, c) = ab\left(\dfrac{1}{R} - \dfrac{1}{R'}\right), \\ \Delta(x, c') = -\dfrac{aa'}{R} - \dfrac{bb'}{R'}, & \Theta(x, c') = \dfrac{ba'}{R} - \dfrac{ab'}{R'}. \end{cases}$$

Introduisons maintenant les distances de l'origine au plan tangent et aux plans principaux : si nous les désignons respectivement par P, Q, Q', on aura

$$(38)\quad \begin{cases} P = cx + c'y + c''z, \\ Q = ax + a'y + a''z, \\ Q' = bx + b'y + b''z. \end{cases}$$

L'application des équations (34) et (37) nous donnera

$$(39)\quad \begin{cases} \Delta P = \dfrac{Q^2}{R^2} + \dfrac{Q'^2}{R'^2}, & \\ \Delta(P, x) = -\dfrac{aQ}{R} - \dfrac{bQ'}{R'}, & \Delta(P, c) = \dfrac{aQ}{R^2} + \dfrac{bQ'}{R'^2}, \\ \Theta(P, x) = -\dfrac{bQ}{R} + \dfrac{aQ'}{R'}, & \Theta(P, c) = \dfrac{bQ - aQ'}{RR'}. \end{cases}$$

Dans ces formules figurent seulement les invariants du premier ordre. Pour calculer les paramètres différentiels du second ordre, il faut se rappeler que les dérivées premières des neuf cosinus peuvent s'exprimer en fonction de ces cosinus et des rotations dont les valeurs ont été déjà données au Tableau V. On a, par exemple,

$$\begin{aligned}\Delta_2 x &= \frac{1}{AC}\frac{\partial}{\partial u}\left(\frac{C}{A}\frac{\partial x}{\partial u}\right)+\frac{1}{AC}\frac{\partial}{\partial v}\left(\frac{A}{C}\frac{\partial x}{\partial v}\right)\\ &= \frac{1}{AC}\frac{\partial}{\partial u}(Ca)+\frac{1}{AC}\frac{\partial}{\partial v}(Ab)\\ &= \frac{a}{AC}\frac{\partial C}{\partial u}+\frac{b}{AC}\frac{\partial A}{\partial v}+\frac{1}{A}(br-cq)+\frac{1}{C}(cp_1-ar_1),\end{aligned}$$

ou, en remplaçant les rotations par leurs valeurs et faisant les réductions,

$$\Delta_2 x = c\left(\frac{p_1}{C}-\frac{q}{A}\right)=c\left(\frac{1}{R}+\frac{1}{R'}\right). \tag{40}$$

Cette remarquable formule, signalée depuis longtemps par M. Beltrami, montre que, dans les surfaces minima, toutes les sections par des plans parallèles forment une famille isotherme (n° 209).

On trouvera de même

$$(41)\quad\left\{\begin{aligned}\Delta_2 c &= -a\frac{\partial}{A\,\partial u}\left(\frac{1}{R}+\frac{1}{R'}\right)-b\frac{\partial}{C\,\partial v}\left(\frac{1}{R}+\frac{1}{R'}\right)-c\left(\frac{1}{R^2}+\frac{1}{R'^2}\right),\\ \Delta_2 P &= -\left(\frac{1}{R}+\frac{1}{R'}\right)-P\left(\frac{1}{R^2}+\frac{1}{R'^2}\right)\\ &\quad -Q\frac{\partial}{A\,\partial u}\left(\frac{1}{R}+\frac{1}{R'}\right)-Q'\frac{\partial}{C\,\partial v}\left(\frac{1}{R}+\frac{1}{R'}\right).\end{aligned}\right.$$

Si l'on applique maintenant les formules générales (34), on obtiendra les deux relations

$$(42)\quad\left\{\begin{aligned}\Delta f(x,y,z) &= \left(\frac{\partial f}{\partial x}\right)^2+\left(\frac{\partial f}{\partial y}\right)^2+\left(\frac{\partial f}{\partial z}\right)^2-\left(c\frac{\partial f}{\partial x}+c'\frac{\partial f}{\partial y}+c''\frac{\partial f}{\partial z}\right)^2,\\ \Delta_2 f(x,y,z) &= \left(\frac{1}{R}+\frac{1}{R'}\right)\left(c\frac{\partial f}{\partial x}+c'\frac{\partial f}{\partial y}+c''\frac{\partial f}{\partial z}\right)\\ &\quad +\frac{\partial^2 f}{\partial x^2}+\frac{\partial^2 f}{\partial y^2}+\frac{\partial^2 f}{\partial z^2}-\left(c\frac{\partial}{\partial x}+c'\frac{\partial}{\partial y}+c''\frac{\partial}{\partial z}\right)^2 f.\end{aligned}\right.$$

Le carré qui figure dans la dernière est purement symbolique, c'est-à-dire qu'après l'avoir effectué, on devra remplacer les produits tels que $\frac{\partial}{\partial x}\times\frac{\partial}{\partial y}$ par une dérivée seconde $\frac{\partial^2}{\partial x\,\partial y}$. Ces deux formules sont dues encore à M. Beltrami.

Si l'on prend

$$f = \omega = \frac{x^2 + y^2 + z^2}{2},$$

on en déduit

$$(43) \qquad \left\{ \begin{aligned} \Delta\omega &= 2\omega - P^2, \\ \Delta_2\omega &= 2 + P\left(\frac{1}{R} + \frac{1}{R'}\right). \end{aligned} \right.$$

On trouvera encore

$$(44) \qquad \Delta(\omega, P) = -\frac{Q^2}{R} - \frac{Q'^2}{R'}.$$

680. Pour compléter cette étude rapide, il nous reste à montrer comment l'invariant linéaire du second ordre intervient, soit dans la théorie des systèmes isothermes et de la représentation conforme, soit dans l'examen d'une question très intéressante qui a été abordée pour la première fois par M. Beltrami (¹), mais qui a été, dans ces derniers temps, l'objet d'études approfondies de la part de M. Klein (²).

Étant donné un plan, pour lequel le carré de l'élément linéaire est défini par la formule

$$ds^2 = dx^2 + dy^2,$$

on sait qu'une fonction d'une variable imaginaire est, par définition, celle dont la différentielle est le produit d'une fonction quelconque par l'un des facteurs linéaires de ds^2, c'est-à-dire celle pour laquelle on a

$$d\Omega = M(dx + i\,dy).$$

Étant donnée de même une surface quelconque réelle dont l'élément linéaire aura pour expression

$$ds^2 = E\,du^2 + 2F\,du\,dv + G\,dv^2,$$

u et v étant des variables réelles, nous décomposerons ds^2 en

---

(¹) *Voir* le Mémoire, cité plus haut, des *Annali di Matematica*.

(²) Klein (F.), *Ueber Riemann's Theorie der algebraischen Functionen und ihrer Integrale*. Leipzig, 1882.

deux facteurs

$$ds^2 = \left[\sqrt{E}\,du + \frac{(F + iH)\,dv}{\sqrt{E}}\right]\left[\sqrt{E}\,du + \frac{(F - iH)\,dv}{\sqrt{E}}\right],$$

H désignant comme d'habitude le radical $\sqrt{EG - F^2}$. Une fonction *complexe* Ω du point (u, v) de la surface sera celle qui satisfera à l'équation

$$(45)\qquad d\Omega = M\left(\sqrt{E}\,du + \frac{F + iH}{\sqrt{E}}\,dv\right);$$

par conséquent, si l'on désigne par $\varkappa$ le facteur réel ou imaginaire qui fait de l'expression

$$\varkappa\left(\sqrt{E}\,du + \frac{F + iH}{\sqrt{E}}\,dv\right)$$

une différentielle exacte, et si l'on pose

$$(46)\qquad \varkappa\left(\sqrt{E}\,du + \frac{F + iH}{\sqrt{E}}\,dv\right) = dx + i\,dy,$$

on voit que Ω sera une fonction de la variable complexe $x + iy$. Si, dans l'équation précédente, on change i en $-i$ et si l'on désigne par $\varkappa'$ la fonction conjuguée de $\varkappa$, on aura

$$(47)\qquad \varkappa'\left(\sqrt{E}\,du + \frac{F - iH}{\sqrt{E}}\,dv\right) = dx - i\,dy,$$

et, en multipliant membre à membre les équations précédentes, on trouvera

$$(48)\qquad ds^2 = \frac{dx^2 + dy^2}{\varkappa\varkappa'}.$$

Cette équation nous montre que x et y sont deux fonctions isothermes conjuguées. On le voit donc, dès que la surface est rapportée à un système isotherme, la définition d'une fonction complexe sur la surface devient identique à celle que l'on prend pour point de départ dans la représentation de la variable complexe sur le plan. En d'autres termes, dès que l'on connaît une représentation conforme de la surface sur le plan, les fonctions complexes du point de la surface sont identiques aux fonctions complexes du point correspondant dans le plan.

Réciproquement, supposons que l'on ait obtenu par un procédé quelconque une fonction Ω

$$\Omega = P + iQ$$

satisfaisant à l'équation (45). En changeant i en $-i$ dans cette équation et désignant par Ω' l'imaginaire conjuguée de Ω, on aura

$$(49) \qquad d\Omega' = M'\left(\sqrt{E}\,du + \frac{F - iH}{\sqrt{E}}\,dv\right)$$

et, par suite,

$$(50) \qquad d\Omega\,d\Omega' = MM'\,ds^2 = dP^2 + dQ^2.$$

Ainsi la connaissance d'une fonction complexe, d'ailleurs quelconque, permettra d'effectuer la représentation conforme de la surface sur le plan.

Il résulte immédiatement de la formule (50) que, si l'on connaît deux fonctions complexes sur deux surfaces différentes, on réalisera une représentation conforme des surfaces l'une sur l'autre en faisant correspondre les points pour lesquels les fonctions ont la même valeur; car, si l'on désigne par ds' l'élément linéaire de la seconde surface et par N, N' les quantités analogues à M, M', on aura, pour les éléments correspondants,

$$MM'\,ds^2 = NN'\,ds'^2 = d\Omega\,d\Omega',$$

ce qui démontre la proposition. Ce résultat, qui a été signalé particulièrement par M. Klein, comprend en particulier, ou plutôt présente sous une forme nouvelle ceux qui ont été déjà donnés (Livre II, Chap. III).

681. Il nous reste maintenant à mettre en évidence les rapports de la théorie précédente avec les invariants. Pour cela, nous allons chercher les équations qui définissent les fonctions complexes, quand le système de coordonnées est quelconque. L'équation (45) nous donne

$$\frac{\partial\Omega}{\partial u} = M\sqrt{E}, \qquad \frac{\partial\Omega}{\partial v} = M\,\frac{F + iH}{\sqrt{E}},$$

et l'élimination de M conduit à l'équation

$$(51) \qquad E\,\frac{\partial\Omega}{\partial v} - (F + iH)\frac{\partial\Omega}{\partial u} = 0,$$

qui caractérise les fonctions complexes. On peut encore l'écrire sous la forme équivalente

$$G\frac{\partial\Omega}{\partial u} - (F - iH)\frac{\partial\Omega}{\partial v} = 0. \tag{52}$$

Il résulte immédiatement de ces équations que la fonction Ω satisfait à l'équation

$$\Delta\Omega = 0. \tag{53}$$

Réciproquement, si une fonction Ω a son premier invariant nul, elle satisfait, soit à l'équation (51), soit à celle qu'on en déduit par le changement de signe de H; en d'autres termes, elle est fonction de l'une des variables déjà employées $x + iy$, $x - iy$.

On vérifiera également, par un calcul facile, que Ω satisfait à l'équation

$$\Delta_2\Omega = 0. \tag{54}$$

Étudions maintenant la relation entre la partie réelle P et la partie imaginaire Q de Ω.

L'équation (53) développée

$$0 = \Delta\Omega = \Delta P - \Delta Q + 2i\Delta(P, Q)$$

nous donne

$$\Delta P = \Delta Q, \qquad \Delta(P, Q) = 0.$$

Ces relations entre les invariants de P et de Q montrent que les courbes obtenues en égalant à des constantes la partie réelle et la partie imaginaire de Ω se coupent à angle droit. Ce résultat pouvait être prévu : il est une conséquence de l'équation (50). D'autre part, si, dans les équations (51) et (52), nous séparons les parties réelles et les parties imaginaires, nous obtiendrons les deux systèmes équivalents

$$\left\{\begin{aligned} \frac{\partial Q}{\partial u} &= \frac{F}{H}\frac{\partial P}{\partial u} - \frac{E}{H}\frac{\partial P}{\partial v}, \\ \frac{\partial Q}{\partial v} &= \frac{G}{H}\frac{\partial P}{\partial u} - \frac{F}{H}\frac{\partial P}{\partial v}, \end{aligned}\right. \tag{55}$$

$$\left\{\begin{aligned} \frac{\partial P}{\partial u} &= \frac{E}{H}\frac{\partial Q}{\partial v} - \frac{F}{H}\frac{\partial Q}{\partial u}, \\ \frac{\partial P}{\partial v} &= \frac{F}{H}\frac{\partial Q}{\partial v} - \frac{G}{H}\frac{\partial Q}{\partial u}. \end{aligned}\right. \tag{56}$$

L'élimination de P entre les deux premières équations ou de Q entre les deux dernières nous montre que P et Q sont des solutions de l'équation

$$\Delta_2 \theta = 0, \tag{57}$$

ce qui d'ailleurs résultait déjà de l'équation (54).

Réciproquement, toutes les fois que l'on connaîtra une solution quelconque $\theta = Q$ de l'équation (57), les formules (56) nous permettront de déterminer par une quadrature une fonction P, ce qui donnera une fonction complexe $\Omega = P + iQ$ du point sur la surface. On peut donc énoncer la proposition suivante : *La solution réelle la plus générale de l'équation* (57) *est fournie par la partie réelle ou par la partie imaginaire d'une fonction complexe du point sur la surface.* Par suite, si l'élément linéaire peut être ramené à la forme

$$ds^2 = \lambda(dx^2 + dy^2),$$

la solution la plus générale de l'équation (57) est

$$\theta = f(x + iy) + \psi(x - iy).$$

C'est d'ailleurs ce que l'on reconnait immédiatement en profitant des propriétés d'invariance de l'équation (15) et l'écrivant avec les variables x, y; car elle prend alors la forme simple

$$\frac{1}{\lambda}\left[\frac{\partial^2\theta}{\partial x^2} + \frac{\partial^2\theta}{\partial y^2}\right] = 0.$$

682. M. Beltrami a montré comment on peut rattacher à sa théorie la proposition que nous devons à Gauss relativement à la courbure totale. Soient, conformément aux notations employées plus haut, $\varkappa$ et $\varkappa'$ deux facteurs qui fassent des expressions

$$\varkappa\left(\sqrt{E}\,du + \frac{F + iH}{\sqrt{E}}\,dv\right),$$
$$\varkappa'\left(\sqrt{E}\,du + \frac{F - iH}{\sqrt{E}}\,dv\right)$$

des différentielles exactes $d(x + iy)$ et $d(x - iy)$. Les facteurs les plus généraux ayant la même propriété seront respectivement

$$\varkappa\,\varphi(x+iy),\quad \varkappa'\,\psi(x-iy),$$

φ et ψ désignant des fonctions quelconques; de sorte que si l'on veut ramener ds^2 à la forme

$$ds^2 = \lambda\, d\alpha\, d\beta,$$

la valeur la plus générale de λ sera

$$\lambda = \frac{1}{\varkappa\varkappa'\,\varphi(x+iy)\,\psi(x-iy)}.$$

Par conséquent, *pour tous les systèmes de coordonnées et pour toutes les valeurs possibles de* $\varkappa$ *et de* $\varkappa'$, *la fonction*

$$\Delta_2 \log \frac{1}{\sqrt{\lambda}} = \Delta_2 \log\sqrt{\varkappa\varkappa'}$$

aura toujours la même valeur. Nous obtenons ainsi un *invariant* : on peut le calculer comme il suit.

La fonction $\varkappa$ doit satisfaire à l'équation

$$\frac{\partial(\varkappa\sqrt{E})}{\partial v} = \frac{\partial}{\partial u}\,\frac{\varkappa(F+iH)}{\sqrt{E}},$$

qui donne

$$E\frac{\partial \log\varkappa}{\partial v} - F\frac{\partial \log\varkappa}{\partial u} = iH\frac{\partial \log\varkappa}{\partial u} + \sqrt{E}\,\frac{\partial}{\partial u}\,\frac{F+iH}{\sqrt{E}} - \frac{1}{2}\,\frac{\partial E}{\partial v}.$$

En multipliant par $\dfrac{F-iH}{E}$, on aura de même

$$F\frac{\partial \log\varkappa}{\partial v} - G\frac{\partial \log\varkappa}{\partial u} = iH\frac{\partial \log\varkappa}{\partial v} + \frac{F-iH}{\sqrt{E}}\,\frac{\partial}{\partial u}\,\frac{F+iH}{\sqrt{E}} - \frac{F-iH}{2E}\,\frac{\partial E}{\partial v}.$$

En se servant de ces deux relations pour calculer $\Delta_2 \log\varkappa$, on obtient immédiatement ce résultat

$$\begin{aligned}\Delta_2 \log\varkappa = {}& \frac{1}{H}\,\frac{\partial}{\partial u}\left(-i\frac{\partial \log\varkappa}{\partial v} + \frac{F-iH}{2EH}\,\frac{\partial E}{\partial v} - \frac{F-iH}{H\sqrt{E}}\,\frac{\partial}{\partial u}\,\frac{F+iH}{\sqrt{E}}\right)\\ &+ \frac{1}{H}\,\frac{\partial}{\partial v}\left(i\frac{\partial \log\varkappa}{\partial u} + \frac{\sqrt{E}}{H}\,\frac{\partial}{\partial u}\,\frac{F+iH}{\sqrt{E}} - \frac{1}{2H}\,\frac{\partial E}{\partial v}\right),\end{aligned}$$

où $\varkappa$ s'élimine de lui-même. Si l'on change i en $-i$, $\varkappa$ en $\varkappa'$ et que l'on ajoute l'équation obtenue à la précédente, on trouve, en divisant par 2 et en réduisant,

$$(58)\quad \left\{\begin{aligned} \Delta_2 \log\sqrt{\varkappa\varkappa'} = {} & \frac{1}{2H}\frac{\partial}{\partial u}\left(-\frac{1}{H}\frac{\partial G}{\partial u}+\frac{F}{EH}\frac{\partial E}{\partial v}\right) \\ & + \frac{1}{2H}\frac{\partial}{\partial v}\left(\frac{2}{H}\frac{\partial F}{\partial u}-\frac{1}{H}\frac{\partial E}{\partial v}-\frac{F}{EH}\frac{\partial E}{\partial u}\right). \end{aligned}\right.$$

D'après la manière même dont nous l'avons obtenu, cet invariant doit s'annuler dans le cas où l'élément linéaire est réductible à la forme

$$ds^2 = dx^2 + dy^2.$$

et dans ce cas seulement. D'ailleurs, on reconnaîtra aisément, en le comparant à la formule (16) [II, p. 364], qu'il est identique à la *courbure totale*. Mais on peut aussi établir ce dernier résultat directement en le déduisant des propriétés mêmes d'invariance que nous avons signalées.

Supposons, en effet, que l'on veuille calculer la valeur de l'invariant pour un point M. Prenons pour axes des x et des y les tangentes principales en ce point. Si R et R' sont les rayons de courbure principaux en ce point, l'équation de la surface dans le voisinage de M sera

$$(59)\qquad z = \frac{x^2}{2R} + \frac{y^2}{2R'} + \ldots.$$

On aura, en choisissant x et y comme coordonnées curvilignes d'un point de la surface,

$$(60)\qquad E = 1 + \frac{x^2}{R^2} + \ldots, \qquad F = \frac{xy}{RR'} + \ldots, \qquad G = 1 + \frac{y^2}{R'^2} + \ldots.$$

Si l'on porte ces valeurs de E, F, G dans la formule (58) et si l'on remarque que, pour $x = y = 0$, $\dfrac{\partial^2 F}{\partial x\,\partial y}$ est la seule des dérivées premières et secondes de E, F, G qui ne soit pas nulle, on trouvera, pour le point M,

$$(61)\qquad \Delta_2 \log\sqrt{\varkappa\varkappa'} = \frac{1}{RR'}.$$

Tel est le résultat établi par M. Beltrami. Les considérations par lesquelles on le démontre ne diffèrent pas essentiellement de celles que M. O. Bonnet a développées dans le *Mémoire sur la théorie des surfaces applicables*, inséré au XLIe Cahier du *Journal de l'École Polytechnique*.

CHAPITRE II.

SOLUTION D'UN PROBLÈME FONDAMENTAL : RECONNAITRE SI DEUX SURFACES SONT APPLICABLES L'UNE SUR L'AUTRE.

Deux surfaces pour lesquelles la courbure totale est constante et a la même valeur sont toujours applicables l'une sur l'autre; mais on ne sait réaliser cette application des deux surfaces l'une sur l'autre que dans le cas où la courbure totale est nulle. — Si l'on savait déterminer les géodésiques des deux surfaces, on pourrait réaliser l'application; mais la détermination de ces géodésiques dépend de l'intégration d'une équation de Riccati. — Méthode permettant de reconnaître si deux surfaces à courbure variable sont applicables l'une sur l'autre. — Cas général. — Emploi des paramètres différentiels. — Cas particulier où les courbes sur lesquelles la courbure totale conserve une même valeur sont parallèles les unes aux autres. — Cas plus spécial encore où ces courbes forment en outre une famille isotherme; les surfaces sont alors applicables sur des surfaces de révolution. — Étude de deux problèmes particuliers; recherche des surfaces réglées qui sont applicables sur des surfaces de révolution; recherche des surfaces gauches qui sont applicables sur une autre surface réglée sans que les génératrices rectilignes soient des courbes correspondantes sur les deux surfaces.

683. La théorie des paramètres différentiels permet de résoudre simplement la question suivante :

Reconnaître si deux surfaces sont applicables l'une sur l'autre ou si deux formes de l'élément linéaire sont équivalentes.

Voici la solution que nous donnerons de cette importante question.

Commençons par considérer le cas exceptionnel où la première surface (Σ) a une courbure constante; d'après le théorème de Gauss, la seconde surface (Σ') ne pourra être applicable sur la première que si elle a une courbure constante, égale à celle de la première. Supposons que cette condition, qui est nécessaire, soit remplie : nous allons montrer que les deux surfaces seront applicables l'une sur l'autre.

En effet, considérons, sur une surface à courbure constante $\frac{1}{a^2}$, un système de coordonnées formé par les lignes géodésiques qui passent par un point fixe quelconque de la surface et leurs trajectoires orthogonales. Nous avons vu (n° 599) que l'on aura pour l'élément linéaire la forme réduite

$$ds^2 = a^2(du^2 + \sin^2 u\, dv^2). \tag{1}$$

Si, au contraire, la courbure est négative et égale à $-\frac{1}{a^2}$, on trouvera de même

$$ds^2 = a^2\left[du^2 + \left(\frac{e^u - e^{-u}}{2}\right)^2 dv^2\right]. \tag{2}$$

Enfin, si la courbure était nulle, on aurait, pour le même système de coordonnées,

$$ds^2 = du^2 + u^2\, dv^2. \tag{3}$$

Ces trois formes réduites nous permettent de résoudre complètement la question proposée. Étant données deux surfaces (Σ), (Σ'), de même courbure totale, nous allons démontrer qu'elles sont applicables l'une sur l'autre, et cela d'une infinité de manières.

Prenons un point quelconque M sur (Σ) et faisons-lui correspondre un point quelconque M' de (Σ'). Cela posé, à un point P de (Σ) ne peut correspondre sur (Σ') qu'un point P' dont la distance géodésique à M' égale la longueur de la ligne géodésique PM. Je prends un point quelconque P' satisfaisant à cette condition et je dis qu'on peut, de deux manières différentes, appliquer les deux surfaces l'une sur l'autre de telle sorte qu'à M et P correspondent respectivement M' et P'.

En effet, rapportons les deux surfaces aux systèmes de coordonnées polaires dont les pôles sont M et M'. En écrivant que les arcs correspondants sont égaux, on sera conduit à une équation

$$du^2 + \varphi^2(u)\, dv^2 = du'^2 + \varphi^2(u')\, dv'^2,$$

où $\varphi(u)$ désigne l'une des fonctions u, $\sin u$, $\frac{e^u - e^{-u}}{2}$ qui figurent dans les formules (1), (2), (3). Si M doit correspondre à M', on devra avoir aux points correspondants $u = u'$, et, par suite, l'équation précédente deviendra

$$dv^2 = dv'^2$$

ou, en intégrant,

$$v \pm v' = \text{const.}$$

Soient u_0, v_0 les coordonnées du point P; u'_0, v'_0 celles de P'. En écrivant que P et P' se correspondent, on détermine la valeur de la constante, et l'équation entre v et v' devient

$$v - v_0 = \pm (v' - v'_0).$$

Il y a deux solutions, correspondantes au double signe du second membre.

Considérons, par exemple, deux sphères égales et deux arcs de grand cercle égaux MP, M'P' pris respectivement sur ces deux surfaces. On peut amener les sphères à coïncider de manière que M', P' soient respectivement en M et P. Alors on peut établir la correspondance entre les deux surfaces, soit en regardant comme homologues les points de deux surfaces qui sont maintenant confondus, soit en faisant correspondre à l'un de ces points son symétrique par rapport à l'arc MP. Telle est ici l'interprétation géométrique des deux solutions précédentes.

684. Nous venons de démontrer que deux surfaces à courbures constantes et égales sont applicables l'une sur l'autre, et d'une infinité de manières; mais il ne résulte pas de là que l'on puisse toujours *réaliser* l'application et établir les équations qui relient les deux points correspondants. Pour être *effectivement* appliquée, la méthode que nous avons suivie exige évidemment que l'on connaisse les lignes géodésiques sur les deux surfaces données. Nous sommes donc conduits à nous proposer la question suivante :

Étant donnée une surface à courbure constante, peut-on déterminer ses lignes géodésiques?

Dans le cas où la courbure totale est nulle, la réponse à cette question n'est pas douteuse. Étant donné l'élément linéaire d'une surface développable, on peut toujours, par de simples quadratures, le ramener à la forme

$$dx^2 + dy^2.$$

Par suite, l'équation des géodésiques, qui est une relation

linéaire entre x et y, s'obtiendra dans tous les cas par de simples quadratures.

Soit, en effet,

$$ds^2 = \mathrm{E}\,du^2 + 2\mathrm{F}\,du\,dv + \mathrm{G}\,dv^2$$

un élément linéaire pour lequel la courbure totale, définie par la formule (58) du Chapitre précédent, est égale à zéro. Il résulte de la signification même de cet invariant et de la méthode que nous avons suivie au n° 682 que l'on pourra ramener l'élément linéaire précédent à la forme

$$ds^2 = dx^2 + dy^2; \tag{4}$$

et, par suite, il existera une fonction λ telle que les deux expressions

$$\left\{\begin{aligned} &\lambda\left(\sqrt{\mathrm{E}}\,du + \frac{\mathrm{F}+i\mathrm{H}}{\sqrt{\mathrm{E}}}\,dv\right),\\ &\frac{1}{\lambda}\left(\sqrt{\mathrm{E}}\,du + \frac{\mathrm{F}-i\mathrm{H}}{\sqrt{\mathrm{E}}}\,dv\right)\end{aligned}\right. \tag{5}$$

soient, l'une et l'autre, des différentielles exactes $d(x+iy)$ et $d(x-iy)$. Si nous écrivons les conditions d'intégrabilité, nous aurons les équations de condition

$$\frac{\partial}{\partial v}\lambda\sqrt{\mathrm{E}} = \frac{\partial}{\partial u}\,\frac{\mathrm{F}+i\mathrm{H}}{\sqrt{\mathrm{E}}}\,\lambda,$$

$$\frac{\partial}{\partial v}\,\frac{\sqrt{\mathrm{E}}}{\lambda} = \frac{\partial}{\partial u}\,\frac{\mathrm{F}-i\mathrm{H}}{\lambda\sqrt{\mathrm{E}}}.$$

Remplaçons dans ces équations λ par $e^{i\mu}$ et résolvons par rapport aux dérivées de μ; nous aurons

$$\left\{\begin{aligned} \frac{\partial\mu}{\partial u} &= \frac{1}{\mathrm{H}}\frac{\partial\mathrm{F}}{\partial u} - \frac{\mathrm{F}}{2\mathrm{EH}}\frac{\partial\mathrm{E}}{\partial u} - \frac{1}{2\mathrm{H}}\frac{\partial\mathrm{E}}{\partial v},\\ \frac{\partial\mu}{\partial v} &= \frac{1}{2\mathrm{H}}\frac{\partial\mathrm{G}}{\partial u} - \frac{\mathrm{F}}{2\mathrm{EH}}\frac{\partial\mathrm{E}}{\partial v}.\end{aligned}\right. \tag{6}$$

Il suffit de se rappeler que la courbure totale est nulle et de comparer à l'équation (58) du Chapitre précédent pour reconnaître qu'il existe effectivement une fonction μ satisfaisant à ces deux équations. Cette fonction une fois déterminée par une quadrature, on portera la valeur $e^{i\mu}$ de λ dans les expressions (5) et l'intégration de ces différentielles fera connaître $x + iy$ et $x - iy$. Il suffira donc de trois quadratures effectuées sur des différentielles à deux variables pour ramener l'élément linéaire à la forme (4) et, par suite, pour trouver les lignes géodésiques.

685. Passons aux surfaces à courbure constante et, pour fixer les idées, supposons que la courbure soit positive et égale à $\frac{1}{a^2}$ (pour une surface à courbure négative, il suffira de changer a en $a\sqrt{-1}$ dans les résultats que nous allons obtenir). Conservons toutes les notations du Livre V (Chap. I); il est clair que, la surface ou l'élément linéaire étant donné, si l'on détermine pour chaque point la position du trièdre (T) par rapport aux lignes coordonnées, on aura, en chaque point de la surface, les translations ξ, ξ_1, η, η_1 et, par suite, les rotations r et r_1 (n° 484). Ces six quantités ne changent pas lorsqu'on déforme la surface; par conséquent, si l'on veut l'appliquer sur une sphère (S) de rayon a, elles auront les mêmes valeurs aux points correspondants de (S) et de (Σ). Mais, pour le point de (S), les deux rayons de courbure principaux sont égaux à a et, de plus, les directions principales sont indéterminées. Il faut donc que les deux équations (10) [II, p. 352], qui définissent les directions principales, soient identiquement vérifiées quand on y fait $\rho = a$. On obtient ainsi les équations

$$\xi + aq = 0, \qquad \eta - ap = 0,$$
$$\xi_1 + aq_1 = 0; \qquad \eta_1 - ap_1 = 0,$$

qui déterminent p, q, p_1, q_1; de sorte que l'on connaît toutes les rotations et les translations du trièdre (T). La détermination effective du mouvement de ce trièdre et, par suite, l'application de la surface (Σ) sur la sphère (S) dépendent donc, d'après les principes exposés au Livre I, de l'intégration d'une équation de Riccati. Or, lorsque cette application des deux surfaces l'une sur l'autre sera effectuée, on connaîtra évidemment les lignes géodésiques de (Σ); elles correspondront aux grands cercles de (S). Ainsi :

La détermination des géodésiques d'une surface à courbure

totale constante et différente de zéro dépend de l'intégration d'une équation de Riccati.

686. Supposons maintenant que les deux surfaces (Σ), (Σ_1) soient, l'une et l'autre, à courbure variable; soient u, v les coordonnées qui déterminent un point de (Σ), u_1 v_1 celles qui déterminent un point de (Σ_1). Pour que les deux surfaces soient applicables l'une sur l'autre, il faudra que l'on puisse déterminer pour u et v des fonctions de u_1, v_1 donnant identiquement

$$E\,du^2 + 2F\,du\,dv + G\,dv^2 = E_1\,du_1^2 + 2F_1\,du_1\,dv_1 + G_1\,dv_1^2,$$

et cette équation nous montre tout de suite que u et v doivent être des fonctions indépendantes; car, si u était fonction de v, le second membre serait un carré parfait.

L'application des méthodes générales conduirait pour u et v à trois équations aux dérivées partielles du premier ordre. Le problème posé, envisagé sous ce point de vue, consisterait donc à reconnaître si ces trois équations peuvent être vérifiées par un ou plusieurs systèmes de valeurs de u et de v.

Mais les propositions que nous avons établies précédemment vont nous permettre de reconnaître par de simples éliminations si les deux surfaces (Σ), (Σ_1) sont applicables l'une sur l'autre. Nous savons d'abord qu'aux points correspondants des deux surfaces les courbures totales doivent être égales. Si nous désignons, par conséquent, par $\varphi(u, v)$ et $\varphi_1(u_1, v_1)$ les expressions de la courbure totale, formées respectivement avec les éléments des surfaces (Σ), (Σ_1), nous devrons avoir l'équation

$$\varphi(u, v) = \varphi_1(u_1, v_1). \tag{7}$$

D'autre part, s'il existe une transformation de coordonnées permettant de passer de l'élément linéaire de la surface (Σ) à celui de la surface (Σ_1), tout invariant de la fonction φ, formé avec l'élément linéaire de (Σ), devra être égal à l'invariant correspondant de φ_1 formé avec l'élément linéaire de (Σ_1). Cette remarque nous permet de former une suite illimitée de relations entre u, v, u_1, v_1, qui seront toutes nécessaires.

Le principe suivant va nous aider à nous reconnaître au milieu de toutes ces relations et d'écrire seulement celles qu'il est indispensable de considérer.

Soient

$$\varphi(u, v) = \varphi_1(u_1, v_1), \qquad \psi(u, v) = \psi_1(u_1, v_1) \tag{8}$$

deux quelconques d'entre elles, que l'on choisira de manière à satisfaire à cette unique condition que les deux fonctions φ et ψ soient *indépendantes*. Alors il devra en être de même des fonctions φ_1 et ψ_1; sans cela, les surfaces ne pourraient être applicables l'une sur l'autre. Dans ces conditions, les équations précédentes, résolues par exemple par rapport à u et à v, définiront une ou plusieurs correspondances distinctes entre les points des deux surfaces (Σ), (Σ_1). Il est donc nécessaire, d'après la théorie même des invariants, que l'un au moins des systèmes ainsi obtenus de valeurs de u et de v vérifie les trois équations

$$\Delta\varphi = \Delta^1\varphi_1, \qquad \Delta(\varphi, \psi) = \Delta^1(\varphi_1, \psi_1), \qquad \Delta\psi = \Delta^1(\psi_1), \tag{9}$$

où l'indice supérieur 1 indique les paramètres différentiels formés avec l'élément linéaire de (Σ_1). Mais nous allons montrer que, si la condition précédente est nécessaire, elle est aussi suffisante.

En effet, puisque les fonctions φ et ψ sont indépendantes, nous pouvons déterminer un point de la première surface par les valeurs qu'y prennent φ et ψ, et, d'après la formule donnée plus haut, l'élément linéaire de cette surface (Σ) aura pour expression

$$ds^2 = \frac{\Delta\psi\, d\varphi^2 - 2\,\Delta(\varphi, \psi)\, d\varphi\, d\psi + \Delta\varphi\, d\psi^2}{\Delta\varphi\,\Delta\psi - \Delta^2(\varphi, \psi)}.$$

De même, l'élément linéaire de (Σ_1) sera réductible à la forme

$$ds_1^2 = \frac{\Delta^1\psi_1\, d\varphi_1^2 - 2\,\Delta^1(\varphi_1, \psi_1)\, d\varphi_1\, d\psi_1 + \Delta^1\varphi_1\, d\psi_1^2}{\Delta^1\varphi_1\,\Delta^1\psi_1 - (\Delta^1(\varphi_1, \psi_1))^2},$$

et, par suite, la correspondance établie par les cinq équations (8) et (9) nous donnera

$$ds^2 = ds_1^2.$$

Notre proposition est donc établie; elle permet, on va le voir, de résoudre simplement la question proposée.

687. Reprenons en effet l'équation (7), à laquelle nous adjoindrons la suivante

$$\Delta\varphi = \Delta'\varphi_1.$$

Si $\Delta\varphi$ n'est pas une fonction de φ, $\Delta'\varphi_1$ ne sera pas une fonction de φ_1; autrement les deux surfaces ne pourraient être applicables l'une sur l'autre; $\Delta\varphi$ et $\Delta'\varphi_1$ pourront donc jouer le rôle des fonctions que nous avons appelées plus haut ψ et ψ_1. Le système des équations (8) et (9) se réduira ici au suivant

$$(10)\qquad \left\{\begin{array}{l} \varphi = \varphi_1, \\ \Delta\varphi = \Delta'\varphi_1, \\ \Delta(\varphi, \Delta\varphi) = \Delta'(\varphi_1, \Delta'\varphi_1), \\ \Delta\,\Delta\varphi = \Delta'\,\Delta'\varphi_1, \end{array}\right.$$

et il suffira que les deux dernières équations soient des conséquences des deux premières pour que les surfaces (Σ), (Σ_1) soient applicables l'une sur l'autre.

Notre raisonnement ne suppose en rien, on le voit, que φ soit la courbure totale et il s'appliquerait sans modification si l'on savait *a priori* que deux fonctions quelconques $\varphi(u, v)$, $\varphi_1(u_1, v_1)$ doivent prendre la même valeur aux points correspondants des deux surfaces. Le théorème de Gauss n'intervient dans cette analyse que pour nous faire connaître une fonction invariante. Le fait que cette fonction est la courbure ne joue qu'un rôle secondaire dans nos raisonnements; mais il n'en est plus ainsi, et la signification de φ reprend une grande importance, dans les cas particuliers que nous avons écartés et que nous allons maintenant examiner.

688. Supposons que, pour la surface (Σ), $\Delta\varphi$ soit une fonction de φ, $F(\varphi)$; il en sera de même pour l'autre, et l'on devra avoir évidemment

$$\Delta'\varphi_1 = F(\varphi_1),$$

sans quoi les deux surfaces ne seraient pas applicables l'une sur l'autre. Nous supposerons cette première condition satisfaite. L'équation

$$\Delta\varphi = F(\varphi)$$

exprime que les lignes sur lesquelles la courbure totale est la même forment une famille de courbes parallèles. Nous avons déjà rencontré au n° 671 les surfaces jouissant de cette propriété et nous avons même donné la forme de l'élément linéaire lorsqu'on prend un système de coordonnées formé de ces courbes parallèles et de leurs trajectoires orthogonales. Il nous suffira de remarquer ici que l'élément linéaire est de la forme bien connue

$$ds^2 = du^2 + C^2 dv^2,$$

où l'on a (n° 672)

$$du = \frac{d\varphi}{\sqrt{\Delta\varphi}}. \tag{11}$$

On peut établir entre les invariants de la surface une relation qui nous sera utile. Si l'élément linéaire d'une surface est ramené à la forme

$$ds^2 = du^2 + C^2 dv^2,$$

on a

$$\Delta u = 1, \qquad \Delta_2 u = \frac{1}{C}\frac{\partial C}{\partial u}, \qquad \varphi = \frac{1}{RR'} = -\frac{1}{C}\frac{\partial^2 C}{\partial u^2}$$

et de là on déduit

$$\Delta(u, \Delta_2 u) = -\varphi - (\Delta_2 u)^2. \tag{12}$$

Cette équation est tout à fait générale. Mais, si nous supposons maintenant que la surface soit une de celles que nous voulons étudier et que les courbes de paramètre u soient celles sur lesquelles la courbure φ demeure constante, $\Delta\varphi$ deviendra une fonction de φ; u sera aussi une fonction de φ, définie par l'équation (11), et la relation (12) se transformera dans la suivante

$$\Delta\left(\int \frac{d\varphi}{\sqrt{\Delta\varphi}}, \ \Delta_2 \int \frac{d\varphi}{\sqrt{\Delta\varphi}}\right) = -\varphi - \left(\Delta_2 \int \frac{d\varphi}{\sqrt{\Delta\varphi}}\right)^2 \tag{13}$$

qui convient aux surfaces dont nous nous occupons et ne contient d'ailleurs qu'en apparence des intégrales et des radicaux.

Revenons aux deux surfaces (Σ), (Σ_1). Nous savons qu'aux points correspondants on doit avoir

$$\left\{ \begin{aligned} \varphi(u, v) &= \varphi_1(u_1, v_1), \\ \Delta\varphi(u, v) &= \Delta_1\varphi_1(u_1, v_1); \end{aligned} \right. \tag{14}$$

mais ces deux relations, en vertu des hypothèses actuelles, se ramènent à une seule. Nous obtiendrons une équation nouvelle en exprimant que les invariants du second ordre sont égaux, c'est-à-dire que l'on a

$$\Delta_2 \varphi = \Delta_2^1 \varphi_1.$$

Pour la simplicité des raisonnements, nous écrirons cette équation sous la forme équivalente

$$(15) \qquad \Delta_2 \int \frac{d\varphi}{\sqrt{\Delta\varphi}} = \Delta_2^1 \int \frac{d\varphi_1}{\sqrt{\Delta^1 \varphi_1}},$$

et nous lui adjoindrons la suivante

$$(16) \qquad \theta\left(\varphi, \Delta_2 \int \frac{d\varphi}{\sqrt{\Delta\varphi}}\right) = \pm\, \theta^1 \left(\varphi_1, \Delta_2^1 \int \frac{d\varphi_1}{\sqrt{\Delta^1 \varphi_1}}\right).$$

Cela posé, si nous supposons que $\Delta_2 \int \frac{d\varphi}{\sqrt{\Delta\varphi}}$ ne soit pas une fonction de φ et que $\Delta_2^1 \int \frac{d\varphi_1}{\sqrt{\Delta^1 \varphi_1}}$ ne soit pas une fonction de φ_1, les deux équations (14) [qui se réduisent à une seule] et l'équation (15) définissent une ou plusieurs correspondances entre les points de deux surfaces. Si l'une de ces correspondances entraîne comme conséquence l'équation (16), les deux surfaces seront applicables l'une sur l'autre.

En effet, en vertu de l'identité (13), les équations (14) et (15) entraînent la suivante

$$\Delta\left(\varphi, \Delta_2 \int \frac{d\varphi}{\sqrt{\Delta\varphi}}\right) = \Delta^1\left(\varphi_1, \Delta_2^1 \int \frac{d\varphi_1}{\sqrt{\Delta^1 \varphi_1}}\right);$$

et enfin l'identité, démontrée au n° 673,

$$\theta^2(\varphi, \Delta_2) + \Delta^2(\varphi, \Delta_2) = \Delta\varphi\, \Delta\Delta_2,$$

qui a lieu pour les deux surfaces, nous donnera de même

$$\Delta\Delta_2 \int \frac{d\varphi}{\sqrt{\Delta\varphi}} = \Delta^1 \Delta_2^1 \int \frac{d\varphi_1}{\sqrt{\Delta^1 \varphi_1}}.$$

La correspondance établie est donc telle que les deux fonctions φ, Δ_2 sont égales, ainsi que leurs trois invariants du premier ordre; par suite, les deux surfaces sont applicables l'une sur l'autre, en vertu du principe général que nous avons établi tout d'abord.

689. Il nous reste à examiner un dernier cas, c'est celui où, non seulement $\Delta\varphi$, mais $\Delta_2 \int \frac{d\varphi}{\sqrt{\Delta\varphi}}$ serait une fonction de φ. Comme on a

$$\Delta_2 \int \frac{d\varphi}{\sqrt{\Delta\varphi}} = \frac{\Delta_2\varphi}{\Delta\varphi} - \frac{1}{2\sqrt{\Delta\varphi}} \frac{\partial\Delta\varphi}{\partial\varphi},$$

il est clair que cela revient à supposer $\Delta_2\varphi$ fonction de φ.

Si ce cas exceptionnel se présente pour l'une des surfaces, il devra aussi se présenter pour l'autre, et l'expression de $\Delta_2\varphi$ en fonction de φ ne saurait être différente pour les deux surfaces. Nous allons montrer que ces conditions sont suffisantes : si, pour deux surfaces différentes, $\Delta_2\varphi$ et $\Delta\varphi$ sont des fonctions de φ et si les expressions de ces deux fonctions sont les mêmes, les deux surfaces sont applicables l'une sur l'autre *et d'une infinité de manières.*

Soit, en effet, (Σ) l'une des deux surfaces. En posant

$$u = \int_{\varphi_0}^{\varphi} \frac{d\varphi}{\sqrt{\Delta\varphi}}$$

et rapportant la surface au même système de coordonnées que précédemment, on aura pour l'élément linéaire

$$ds^2 = du^2 + C^2\,dv^2.$$

Si Ω désigne une fonction quelconque, l'expression générale de $\Delta_2\Omega$ devient ici

$$\Delta_2\Omega = \frac{1}{C}\frac{\partial}{\partial u}\left(C\frac{\partial\Omega}{\partial u}\right) + \frac{1}{C}\frac{\partial}{\partial v}\left(\frac{1}{C}\frac{\partial\Omega}{\partial v}\right).$$

En prenant donc $\Omega = \varphi$, on trouvera

$$\Delta_2\varphi = \frac{1}{C}\frac{\partial C}{\partial u}\frac{d\varphi}{du} + \frac{d}{du}\frac{d\varphi}{du}$$

ou, en tenant compte de la relation entre φ et u,

$$\Delta_2\varphi = \frac{1}{C}\frac{\partial C}{\partial u}\sqrt{\Delta\varphi} + \sqrt{\Delta\varphi}\frac{d}{d\varphi}(\sqrt{\Delta\varphi}),$$

ce qui donne

$$\frac{1}{C}\frac{\partial C}{\partial u} = \frac{\Delta_2\varphi - \frac{1}{2}\frac{d\Delta\varphi}{d\varphi}}{\sqrt{\Delta\varphi}}.$$

En intégrant et remplaçant du par $\frac{d\varphi}{\sqrt{\Delta\varphi}}$, on obtient la valeur suivante de C

$$C = Ve^{\int \frac{\Delta_2\varphi - \frac{1}{2}\frac{d\Delta\varphi}{d\varphi}}{\Delta\varphi} d\varphi} = \frac{V}{\sqrt{\Delta\varphi}} e^{\int \frac{\Delta_2\varphi}{\Delta\varphi} d\varphi},$$

où V désigne une fonction quelconque de v. Substituons cette valeur de C dans l'élément linéaire et remplaçons V dv par dv, nous obtiendrons définitivement

$$(17) \qquad ds^2 = \frac{d\varphi^2}{\Delta\varphi} + \frac{e^{2\int \frac{\Delta_2\varphi}{\Delta\varphi} d\varphi}}{\Delta\varphi} dv^2.$$

Cette formule démontre immédiatement la proposition que nous avions en vue. Comme elle dépend exclusivement des expressions de $\Delta\varphi$, $\Delta_2\varphi$ en fonction de φ, elle sera évidemment la même pour les deux surfaces considérées, et l'application se trouvera réalisée par les formules

$$(18) \qquad \begin{cases} \varphi = \varphi_1, \\ v = \pm v_1 + \alpha, \end{cases}$$

α désignant une constante arbitraire. Les deux surfaces sont alors applicables l'une sur l'autre d'une infinité de manières, ce que l'on n'aura aucune peine à s'expliquer si l'on remarque que l'élément linéaire donné par la formule (17) est celui qui convient aux surfaces de révolution.

Pour établir la correspondance entre les deux surfaces, il suffira de ramener leur élément linéaire à la forme (17), et il est aisé de reconnaître que cette réduction exige une quadrature pour chaque surface. En effet, si l'on tire de l'équation (17) la valeur de dv, on trouvera

$$(19) \qquad dv = \pm \sqrt{\Delta\varphi\, ds^2 - d\varphi^2}\, e^{-\int \frac{\Delta_2\varphi}{\Delta\varphi} d\varphi},$$

et le second membre, ne contenant que des quantités connues ou des invariants, pourra être obtenu sans difficulté quelles que soient les coordonnées choisies; par conséquent, v sera donné par une quadrature.

690. La discussion que nous venons de terminer montre qu'il y a seulement deux classes de surfaces pour lesquelles l'application peut se faire d'une infinité de manières : ce sont les surfaces à courbure constante et les surfaces applicables sur les surfaces de révolution. Les unes et les autres sont évidemment applicables sur elles-mêmes d'une infinité de manières. L'analyse précédente montre d'ailleurs d'une manière évidente qu'elles sont les seules jouissant de cette propriété. Toutefois l'indétermination n'est pas la même dans les deux cas : pour les surfaces à courbure constante, le mouvement de déformation dans lequel la surface glisse sur elle-même peut amener un point quelconque en tout autre point de la surface ; au contraire, dans le cas des surfaces à courbure variable applicables sur des surfaces de révolution, chaque point de la surface pourra seulement glisser le long de la courbe lieu des points pour lesquels la courbure totale demeure invariable.

Signalons cette conséquence que les surfaces hélicoïdes ou de révolution ne peuvent être applicables les unes sur les autres que si les hélices ou les parallèles sont des courbes correspondantes sur les surfaces que l'on considère. Par conséquent, les résultats des nos 73 à 79 nous donnent bien tous les hélicoïdes et toutes les surfaces de révolution qui correspondent à une forme donnée de l'élément linéaire (¹).

691. Nous allons indiquer différentes applications de la méthode précédente. Cherchons d'abord s'il existe des surfaces réglées applicables sur des surfaces de révolution. Nous savons (n° 80) que l'élément linéaire d'une surface réglée rapportée à ses génératrices rectilignes et à leurs trajectoires orthogonales est de la forme

$$ds^2 = du^2 + (Au^2 + 2Bu + C)\,dv^2 = du^2 + g^2\,dv^2, \tag{20}$$

A, B, C étant des fonctions de v. On peut évidemment choisir la

(¹) On consultera, sur le problème que nous venons de résoudre :

MINDING (F.), *Wie sich entscheiden lässt ob zwei gegebene Flächen auf einander abwickelbar sind oder nicht; nebst Bemerkungen über die Flächen mit unveränderlichen Krümmungsmaassen* (*Journal de Crelle*, t. XIX, 1839).

LIOUVILLE (J.), *Notes de la 5e édition de l'Application de l'Analyse à la Géométrie de* MONGE (Notes IV et V) ; 1850.

BONNET (O.), *Mémoire sur la théorie des surfaces applicables sur une surface donnée* (*Journal de l'École Polytechnique*, XLIe Cahier, 1863).

BERTRAND (J.), *Traité de Calcul différentiel et intégral*, t. I.

fonction v de telle manière que l'on ait

$$AC - B^2 = 1. \tag{21}$$

Le seul cas d'exception est celui où le coefficient de dv^2 est un carré parfait. Alors la surface est développable et la solution de la question posée devient évidente : toutes les surfaces développables sont applicables sur le cône de révolution.

En tenant compte de la relation (21), on aura

$$\frac{1}{RR'} = \frac{-1}{(Au^2 + 2Bu + C)^2} = \frac{-1}{g^4}. \tag{22}$$

Or on sait que, pour toutes les surfaces de révolution, les lignes sur lesquelles la courbure est constante sont parallèles les unes aux autres. Cette propriété, à la vérité, appartient encore à d'autres surfaces, mais elle nous suffira pleinement dans ce qui va suivre.

On devra donc avoir l'équation

$$\Delta(g^2) = f(g),$$

qui caractérise (n° 672) les familles de courbes parallèles et qui devient ici

$$4(Au + B)^2 + \frac{(A'u^2 + 2B'u + C')^2}{g^2} = f(g),$$

A', B', C' désignant les dérivées de A, B, C. Si nous remarquons qu'en vertu de la relation (21), on a

$$(Au + B)^2 = Ag^2 - 1,$$

on voit que nous pourrons donner à l'équation précédente la forme

$$(A'u^2 + 2B'u + C')^2 = f(g) - 4Ag^4.$$

Pour éliminer $f(g)$, nous allons différentier en supposant que g reste constante, ce qui donne la relation

$$\begin{gathered}2(A'u^2 + 2B'u + C')(A'u + B')\,du \\ + [(A'u^2 + 2B'u + C')(A''u^2 + 2B''u + C'') + 2A'g^4]\,dv = 0.\end{gathered}$$

Mais, g devant demeurer constante, les rapports de du et de dv sont définis par l'équation

$$2g\,dg = 0 = 2(Au + B)\,du + (A'u^2 + 2B'u + C')\,dv,$$

qui donne

$$\frac{2\,du}{A'u^2+2B'u+C'}=\frac{-dv}{Au+B}.$$

On aura ainsi, en remplaçant dans l'équation précédente du, dv par les quantités qui leur sont proportionnelles,

$$(23)\quad \begin{cases} (A'u^2+2B'u+C')[(A'u+B')(A'u^2+2B'u+C') \\ \qquad\qquad -(Au+B)(A''u^2+2B''u+C'')] \\ = 2A'(Au+B)(Au^2+2Bu+C)^2. \end{cases}$$

Cette relation doit avoir lieu identiquement. Si nous égalons les coefficients de la plus haute puissance de u dans les deux membres, nous trouvons

$$A'(A'^2-AA''-2A^3)=0.$$

Commençons par examiner l'hypothèse

$$A'=0,\qquad \text{c'est-à-dire}\qquad A=\text{const.}$$

Alors la relation (23) prend la forme

$$(2B'u+C')[2B'^2u+B'C'-(Au+B)(2B''u+C'')]=0.$$

On peut vérifier cette équation soit en annulant le premier facteur, soit en annulant le second. Dans le premier cas, on a

$$B'=C'=0$$

et à cette solution correspond la forme suivante de l'élément linéaire

$$ds^2=du^2+(au^2+2bu+c)\,dv^2,$$

où a, b, c sont trois constantes quelconques.

Mais, si l'on suppose que le second facteur soit nul, on aura

$$AB''=0,\qquad B'^2-BB''-\frac{AC''}{2}=0,\qquad B'C'-BC''=0.$$

Il y a deux cas à distinguer suivant que A est nul ou différent de zéro :

1° Supposons $A=0$; nous aurons, en tenant compte de la relation (21),

$$B=i,\qquad C''=0,\qquad C=mv+n,$$

m et n désignant des constantes. On a donc

$$g^2 = 2iu + mv + n.$$

2° Soit maintenant $A \neq 0$; il vient

$$B'' = 0, \qquad B = mv + n,$$

$$C'' = \frac{2m^2}{A}, \qquad C = \frac{(mv+n)^2}{A} + \frac{1}{A}.$$

Donc

$$g^2 = A\left(u + \frac{mv+n}{A}\right)^2 + \frac{1}{A}.$$

692. Il nous reste maintenant à examiner les solutions de l'équation (23) pour lesquelles A' serait différent de zéro. Il est aisé de voir qu'il n'y en a *aucune*.

En effet, si A' n'est pas nul, le second membre de la relation (23) ne le sera pas non plus; par suite, il devra être divisible par le trinôme $A'u^2 + 2B'u + C'$. Il faudra donc que les deux équations

$$Au^2 + 2Bu + C = 0, \qquad A'u^2 + 2B'u + C' = 0$$

aient au moins une racine commune. On pourra donc égaler à zéro leur résultant, ce qui donnera la relation

$$(24) \qquad (AC' + CA' - 2BB')^2 - 4(B^2 - AC)(B'^2 - A'C') = 0.$$

Mais, si l'on différentie l'équation (21), on a

$$(25) \qquad AC' + CA' - 2BB' = 0,$$

de sorte que la condition précédente prend la forme simple

$$A'C' - B'^2 = 0.$$

Il faudra donc que $A'u^2 + 2B'u + C'$ soit un carré parfait; mais alors $Au + B$, devant, d'après l'équation (23), diviser

$$(A'u + B')(A'u^2 + 2B'u + C')^2,$$

admettra nécessairement la racine unique du trinôme

$$A'u^2 + 2B'u + C';$$

et, par suite, les deux équations

$$Au + B = 0, \qquad A'u^2 + 2B'u + C' = 0$$

devront avoir une racine commune. Or cela est impossible tant que A′ n'est pas nul ; car l'élimination de u conduit à la condition

$$A'B^2 - 2B'A'B + C'A^2 = 0,$$

d'où l'on peut faire disparaître B′ au moyen de l'équation (25), et l'on arrive ainsi à la relation

$$(B^2 - AC)A' = 0 \quad \text{ou} \quad A' = 0,$$

qui est en contradiction avec notre point de départ.

693. Donc les seules solutions de la question posée sont celles que nous avons indiquées en premier lieu et qui correspondent aux trois formes suivantes de l'élément linéaire

$$(26)\qquad \begin{cases} ds^2 = du^2 + (au^2 + 2bu + c)\,dv^2, \\ ds^2 = du^2 + \left[A(u + mv + n)^2 + \dfrac{1}{A}\right] dv^2, \\ ds^2 = du^2 + (2iu + mv + n)\,dv^2. \end{cases}$$

Ces formes peuvent elles-mêmes être simplifiées et, en distinguant tous les cas, on trouve les expressions réduites

$$(27)\qquad \begin{cases} ds^2 = du^2 + u\,dv^2, \\ ds^2 = du^2 + (u^2 + a^2)\,dv^2, \\ ds^2 = du^2 + [(u + av)^2 + b^2]\,dv^2, \\ ds^2 = du^2 + (u + av)\,dv^2. \end{cases}$$

La première correspond aux surfaces de révolution dont le méridien est défini par l'équation

$$z = \frac{1}{m}\int \sqrt{\rho^2 - m^2}\,d\rho,$$

ρ étant la distance à l'axe et z la distance à un plan perpendiculaire à l'axe. Elles sont engendrées par la révolution de la développée d'une chaînette autour de la *base* de cette courbe.

Parmi les surfaces de révolution en nombre infini (n° 76) qui correspondent aux autres expressions réduites (27) se trouvent l'alysséide pour la deuxième forme (n° 66), les ellipsoïdes et les hyperboloïdes de révolution pour la troisième, le paraboloïde de révolution pour la quatrième. Nous laisserons au lecteur le soin de vérifier tous ces résultats.

Quant aux surfaces réglées qui admettent les formes précédentes de l'élément linéaire, on les déterminera par une méthode générale que nous ferons connaître plus loin. Nous nous contenterons, pour le moment, de remarquer que la première et la dernière des formes précédentes ne peuvent correspondre qu'à des surfaces dont les génératrices rectilignes sont imaginaires.

694. Proposons-nous maintenant de reconnaître s'il existe des surfaces gauches applicables sur des surfaces gauches sans que les génératrices rectilignes des deux surfaces se correspondent, ce qui revient à rechercher si l'on peut résoudre l'équation

$$(28)\quad du^2 + (au^2 + 2bu + c)\,dv^2 = du'^2 + (a_1 u'^2 + 2b_1 u' + c_1)\,dv'^2,$$

où a, b, c désignent des fonctions de v et a_1, b_1, c_1 des fonctions de v' sans supposer que v' soit une fonction de v.

Nous admettrons, comme précédemment, que l'on ait choisi v et v' de telle manière que l'on ait

$$(29)\quad ac - b^2 = a_1 c_1 - b_1^2 = 1.$$

Alors l'équation relative à la courbure nous montre qu'aux points correspondants, on doit avoir

$$au^2 + 2bu + c = a_1 u'^2 + 2b_1 u' + c_1 = g^2,$$

et notre équation (28) devient

$$du^2 - du'^2 = g^2(dv'^2 - dv^2).$$

Elle admet une première solution

$$du = \pm du', \qquad dv = \pm dv'.$$

Mais alors les génératrices rectilignes se correspondent dans les deux surfaces. Cherchons donc d'autres solutions.

Écrivons l'équation sous la forme

$$g^2(dv + dv')(dv - dv') = (du + du')(du' - du).$$

Comme le signe de u' importe peu, on peut toujours supposer qu'il y a proportionnalité entre les deux premiers facteurs de chaque membre et poser, sans diminuer la généralité,

$$g(dv + dv') = \lambda(du + du'),$$

$$g(dv - dv') = \frac{-1}{\lambda}(du - du').$$

Introduisons les variables nouvelles

$$u + u' = 2\alpha, \qquad u - u' = 2\beta;$$

on aura

$$dv + dv' = \frac{2\lambda}{g}\, d\alpha, \qquad dv - dv' = \frac{-2}{g\lambda}\, d\beta.$$

Les seconds membres devant être des différentielles exactes, on pourra poser

$$\frac{\lambda}{g} = \frac{1}{A}, \qquad \frac{1}{g\lambda} = -\frac{1}{B},$$

A étant une fonction de α et B une fonction de β.

On déduit de là

$$(30) \qquad \left\{ \begin{array}{l} g^2 = -AB, \\ du = d\alpha + d\beta, \qquad du' = d\alpha - d\beta, \\ dv = \dfrac{d\alpha}{A} + \dfrac{d\beta}{B}, \qquad dv' = \dfrac{d\alpha}{A} - \dfrac{d\beta}{B} \end{array} \right.$$

et, par suite, en choisissant α et β comme variables indépendantes

$$(31) \qquad ds^2 = (A - B)\left(\frac{d\alpha^2}{A} - \frac{d\beta^2}{B}\right).$$

On retrouve ainsi, comme il fallait s'y attendre, la forme de l'élément linéaire considérée par M. Liouville.

Pour la commodité des calculs qui suivront, nous allons changer de notations. Posons

$$(32) \qquad \left\{ \begin{array}{l} A = \rho, \qquad B = \rho_1, \\ \dfrac{d\alpha}{\sqrt{A}} = \dfrac{d\rho}{\sqrt{R}}, \qquad \dfrac{d\beta}{\sqrt{B}} = \dfrac{d\rho_1}{\sqrt{R_1}}, \end{array} \right.$$

R et R_1 étant des fonctions qui dépendent respectivement de ρ et de ρ_1. Il viendra

$$(33) \qquad g^2 = -\rho\rho_1,$$

$$(34) \qquad \left\{ \begin{array}{l} u = \displaystyle\int\sqrt{\frac{\rho}{R}}\, d\rho + \int\sqrt{\frac{\rho_1}{R_1}}\, d\rho_1, \qquad u' = \int\sqrt{\frac{\rho}{R}}\, d\rho - \int\sqrt{\frac{\rho_1}{R_1}}\, d\rho_1, \\ v = \displaystyle\int\frac{d\rho}{\sqrt{\rho R}} + \int\frac{d\rho_1}{\sqrt{\rho_1 R_1}}, \qquad v' = \int\frac{d\rho}{\sqrt{\rho R}} - \int\frac{d\rho_1}{\sqrt{\rho_1 R_1}}. \end{array} \right.$$

$$(35) \qquad ds^2 = (\rho - \rho_1)\left(\frac{d\rho^2}{R} - \frac{d\rho_1^2}{R_1}\right),$$

et les fonctions inconnues devront être telles que l'on ait

$$-\rho\rho_1 = au^2 + 2bu + c = a_1u'^2 + 2b_1u' + c_1, \tag{36}$$

a, b, c et a_1, b_1, c_1 étant des fonctions de v et de v' assujetties à la condition de vérifier les relations (29).

695. On pourrait déterminer les fonctions R et R_1 par la condition que nous venons d'énoncer; mais il vaut mieux remarquer que la courbure totale de la surface, calculée avec la forme primitive (28) de l'élément linéaire, a pour expression

$$k = -\frac{1}{g^4} = -\frac{1}{(\rho\rho_1)^2}. \tag{37}$$

On peut aussi la calculer au moyen de la forme nouvelle (35) de l'élément linéaire, et l'on trouve alors, en appliquant par exemple la formule (8) [II, p. 385],

$$4k = 2\frac{R - R_1}{(\rho - \rho_1)^3} - \frac{R' + R'_1}{(\rho - \rho_1)^2}. \tag{38}$$

Si l'on égale les deux expressions de k, on aura l'équation fonctionnelle

$$2\frac{R - R_1}{(\rho - \rho_1)^3} - \frac{R' + R'_1}{(\rho - \rho_1)^2} = -\frac{4}{(\rho\rho_1)^2}, \tag{39}$$

qui suffira, nous allons le reconnaître, à la détermination des fonctions R et R_1; mais, au lieu de résoudre la question ainsi posée, nous la généraliserons un peu et nous rechercherons si la valeur de la courbure peut être une fonction quelconque du produit $\rho\rho_1$. Nous serons ainsi conduits à l'équation

$$2\frac{R - R_1}{(\rho - \rho_1)^3} - \frac{R' + R'_1}{(\rho - \rho_1)^2} = \mathcal{F}(\rho\rho_1), \tag{40}$$

qui comprend la précédente comme cas particulier. Pour la résoudre, nous allons la différentier totalement en supposant que le produit $\rho\rho_1$ demeure constant, c'est-à-dire que l'on a

$$\frac{d\rho}{\rho} = -\frac{d\rho_1}{\rho_1}.$$

On trouve ainsi, en différentiant l'équation (40) et en remplaçant $d\rho$, $d\rho_1$ par ρ et $-\rho_1$ respectivement,

$$(41)\quad \left\{\begin{aligned} &-6(R-R_1)(\rho+\rho_1)+2R'(2\rho+\rho_1)(\rho-\rho_1)\\ &+2R'_1(2\rho_1+\rho)(\rho-\rho_1)+(R''_1\rho_1-R''\rho)(\rho-\rho_1)^2=0.\end{aligned}\right.$$

Prenons la dérivée deux fois par rapport à ρ et deux fois par rapport à ρ_1; nous trouverons

$$\rho R^{\text{IV}}+4R'''=\rho_1 R_1^{\text{IV}}+4R'''_1.$$

Par suite les deux membres de cette égalité doivent avoir une même valeur constante, et, si nous remarquons que le premier est la dérivée quatrième de ρR, nous voyons que l'on doit avoir

$$\rho R=f(\rho),$$

f désignant un polynôme du quatrième degré à coefficients constants. L'équation de condition (41), où l'on fait $\rho=\rho_1$, montre immédiatement que l'on aura de même

$$\rho_1 R_1=f(\rho_1),$$

et elle est d'ailleurs vérifiée, on s'en assure aisément, sans qu'il soit nécessaire d'imposer aucune condition aux coefficients de $f(\rho)$.

696. Soit, en conséquence,

$$(42)\qquad f(\rho)=l+m\rho+n\rho^2+p\rho^3+q\rho^4.$$

En portant les valeurs de R et de R_1 dans l'expression de la courbure, on trouvera

$$(43)\qquad 4k=\frac{l}{(\rho\rho_1)^2}-q.$$

Il suffira donc, pour avoir la solution de la question proposée, de faire

$$q=0,$$

c'est-à-dire de prendre pour $f(\rho)$ un polynôme du troisième degré seulement. Mais alors l'élément linéaire prendra la forme

$$(44)\qquad ds^2=(\rho-\rho_1)\left[\frac{\rho\,d\rho^2}{f(\rho)}-\frac{\rho_1\,d\rho_1^2}{f(\rho_1)}\right],$$

qui convient aux surfaces du second degré (n° 504). De plus, l'équation différentielle

$$\frac{d\rho}{\sqrt{f(\rho)}} = \pm \frac{d\rho_1}{\sqrt{f(\rho_1)}},$$

qui, d'après les formules (34), définit les deux familles de courbes

$$v = \text{const.}, \qquad v' = \text{const.},$$

est précisément celle des lignes asymptotiques, c'est-à-dire des génératrices rectilignes de la surface. Ainsi :

Toutes les fois que deux surfaces réglées sont applicables l'une sur l'autre sans que leurs génératrices coïncident, elles sont applicables sur une même surface du second degré de telle manière que leurs génératrices rectilignes correspondent respectivement aux deux systèmes de génératrices rectilignes de cette surface.

On peut, il est vrai, adresser une objection à l'analyse précédente. En prenant A et B pour variables indépendantes, nous avons exclu le cas où l'une de ces fonctions se réduirait à une constante. Mais l'examen de ce cas spécial n'offre aucune difficulté et n'infirme en rien la proposition précédente. Si A, par exemple, se réduit à une constante, la forme (31) de l'élément linéaire est celle qui convient aux surfaces de révolution. Les deux surfaces réglées qui sont applicables l'une sur l'autre auront donc leur élément linéaire défini par l'une des formules (27). Nous laissons au lecteur le soin d'examiner en détail ce cas particulier qui le conduira seulement aux surfaces applicables sur les surfaces de révolution du second degré.

697. Nous donnerons plus loin une démonstration nouvelle et plus simple de la proposition que nous venons d'établir et qui est due à M. O. Bonnet ([1]). Si nous avons rapporté la précédente, c'est qu'elle conduit à un résultat qui nous paraît mériter d'être signalé. Nous avons vu que, si l'on prend pour R et R_1 les valeurs

---

([1]) On en trouvera deux démonstrations différentes dans le *Mémoire sur les surfaces applicables* de M. O. Bonnet (*Journal de l'École Polytechnique*, XLIIe Cahier, p. 44 et suiv.; 1867).

les plus générales

$$R = \frac{f(\rho)}{\rho}, \qquad R_1 = \frac{f(\rho_1)}{\rho_1}, \tag{45}$$

$f(\rho)$ étant le polynôme défini par l'équation (42), la courbure est une fonction de $\rho\rho_1$ donnée par l'équation (43). Si l'on prend les valeurs de u, v, u', v' définies par les équations (34), l'élément linéaire de la surface pourra être ramené à l'une des formes

$$\left.\begin{aligned} ds^2 &= du^2 + g^2\,dv^2 \\ ds^2 &= du'^2 + g^2\,dv'^2 \end{aligned}\right\} \qquad \text{où} \qquad g^2 = -\rho\rho_1.$$

D'après l'expression même de la courbure et la formule (43), la fonction g^2, exprimée en u et v, devra satisfaire à l'équation

$$-\frac{1}{g}\frac{\partial^2 g}{\partial u^2} = \frac{l}{g^4} - q; \tag{46}$$

et de même, considérée comme dépendante de u' et de v', elle satisfera à l'équation

$$-\frac{1}{g}\frac{\partial^2 g}{\partial u'^2} = \frac{l}{g^4} - q. \tag{47}$$

L'équation (46), par exemple, s'intègre aisément et nous donne

$$g^2 = V\cos u\sqrt{-q} + V_1 \sin u\sqrt{-q} + V_2,$$

V, V_1, V_2 étant des fonctions de v assujetties à vérifier la relation

$$V^2 + V_1^2 - V_2^2 = -\frac{l}{q}.$$

On peut évidemment, en remplaçant v par une fonction de v, supprimer cette dernière condition, de sorte que l'on est conduit à considérer des surfaces dont l'élément linéaire est exprimé par la formule générale

$$ds^2 = du^2 + (V\cos au + V_1 \sin au + V_2)\,dv^2, \tag{48}$$

où a désigne une constante quelconque et V, V_1, V_2 des fonctions arbitraires de v.

Cette forme de l'élément linéaire, que nous rencontrons pour la première fois, comprend comme cas particulier celle qui convient aux surfaces réglées. Il suffit, pour le reconnaître, de développer suivant les puissances de u et de faire tendre a vers zéro, en supposant que les trois premiers coefficients (de u^0, u, et u^2) demeurent des fonctions finies et déterminées de v.

Si l'on a, entre les fonctions V, la relation

$$V^2 + V_1^2 - V_2^2 = 0,$$

on retrouve l'élément linéaire d'une surface à courbure constante; car on peut exprimer l'élément linéaire comme il suit

$$ds^2 = du^2 + \left(V_3 \cos\frac{au}{2} + V_4 \sin\frac{au}{2}\right)^2 dv,$$

V_3 et V_4 désignant des fonctions de v. Ainsi, de même que les surfaces réglées peuvent se réduire aux surfaces développables, dont la courbure totale est nulle, les surfaces dont l'élément linéaire est défini par la formule (48) comprennent comme cas particulier celles dont la courbure totale est constante.

L'analogie se complète encore par la proposition que nous rencontrons ici : parmi ces surfaces nouvelles, il y en a une qui admet en quelque sorte un double mode de génération, c'est-à-dire dont l'élément linéaire est réductible de deux manières différentes à la forme (48). C'est celle dont l'élément linéaire, exprimé en fonction des variables ρ et ρ_1, est défini par l'équation (44) où l'on supposera que $f(\rho)$ désigne maintenant un polynôme du quatrième degré.

Il y aurait sans doute intérêt à trouver, en termes finis, les équations d'une ou de plusieurs surfaces admettant l'élément linéaire (48); mais nous aurons à revenir sur cette question, pour la considérer à un tout autre point de vue, dans l'étude de la géométrie non euclidienne.

CHAPITRE III.

LES FORMULES DE GAUSS.

Étude du commencement du Mémoire de Gauss. — Introduction des déterminants D, D', D''. — Expression de DD'' — D'² en fonction des coefficients qui entrent dans l'élément linéaire et de leurs dérivées. — Relations différentielles entre D, D', D'' et les coefficients de l'élément linéaire. — Rapprochement avec les formules de M. Codazzi. — Équations différentielles des lignes asymptotiques, des lignes de courbure, équation aux rayons de courbure principaux écrites au moyen des quantités D, D', D''. — Équations aux dérivées partielles du second ordre auxquelles satisfont les coordonnées rectangulaires d'un point de la surface, lorsqu'on connaît D, D', D''. — Équation aux dérivées partielles qui détermine les surfaces admettant un élément linéaire donné. — Les caractéristiques de cette équation sont les lignes asymptotiques de la surface.

---

698. Après avoir indiqué les méthodes qui permettent de reconnaître si deux surfaces données sont applicables l'une sur l'autre, nous allons étudier une question non moins importante, et nous nous proposerons de déterminer toutes les surfaces ayant un élément linéaire donné ou applicables sur une surface donnée. Cette question, mise au concours en 1859 par l'Académie des Sciences, a été l'objet de nombreux et importants travaux que nous avons déjà cités (¹). Il est curieux toutefois de remarquer qu'une étude attentive du Mémoire de Gauss devait conduire presque immédiatement et sans effort à l'équation aux dérivées partielles du second ordre des surfaces applicables sur une surface donnée. Nous allons étudier avec les détails nécessaires la belle

---

(¹) Bour (E.), *Théorie de la déformation des surfaces* (*Journal de l'École Polytechnique*, XXXIXᵉ Cahier, 1862).

Bonnet (O.), *Mémoire sur la théorie des surfaces applicables sur une surface donnée* (*Journal de l'École Polytechnique*, XLIᵉ et XLIIᵉ Cahier, 1865).

Codazzi (D.), *Mémoire relatif à l'application des surfaces les unes sur les autres, envoyé au Concours ouvert sur cette question, en 1859, par l'Académie des Sciences,* déjà cité et analysé [II, p. 369].

méthode de Gauss; il nous suffira d'ajouter quelques relations nouvelles pour obtenir un ensemble tout à fait équivalent aux formules de M. Codazzi.

Considérons la surface dont l'élément linéaire est défini par la relation

$$(1) \qquad ds^2 = \mathrm{E}\,du^2 + 2\mathrm{F}\,du\,dv + \mathrm{G}\,dv^2.$$

A l'exemple de Lamé, désignons par le signe S une somme étendue à trois termes jouant le même rôle par rapport aux trois axes coordonnés. Si x, y, z sont les coordonnées rectangulaires du point (u, v) de la surface, nous aurons

$$(2) \qquad \mathrm{S}\left(\frac{\partial x}{\partial u}\right)^2 = \mathrm{E}, \qquad \mathrm{S}\frac{\partial x}{\partial u}\frac{\partial x}{\partial v} = \mathrm{F}, \qquad \mathrm{S}\left(\frac{\partial x}{\partial v}\right)^2 = \mathrm{G},$$

et ces trois équations définissent complètement les relations qui existent entre les coordonnées rectangulaires et les coordonnées curvilignes d'un point quelconque de la surface.

Introduisons les cosinus directeurs de la normale en ce point. Si l'on pose, pour abréger,

$$(3) \qquad \mathrm{H} = \sqrt{\mathrm{EG} - \mathrm{F}^2},$$

on aura, en désignant par c, c', c'' ces cosinus,

$$(4) \qquad c = \frac{1}{\mathrm{H}}\frac{\partial(y, z)}{\partial(u, v)}, \qquad c' = \frac{1}{\mathrm{H}}\frac{\partial(z, x)}{\partial(u, v)}, \qquad c'' = \frac{1}{\mathrm{H}}\frac{\partial(x, y)}{\partial(u, v)},$$

et aussi

$$(5) \qquad \mathrm{S}c\frac{\partial x}{\partial u} = 0, \qquad \mathrm{S}c\frac{\partial x}{\partial v} = 0.$$

En différentiant successivement ces deux dernières relations, on trouve

$$\mathrm{S}\frac{\partial c}{\partial u}\frac{\partial x}{\partial u} = -\mathrm{S}c\frac{\partial^2 x}{\partial u^2}, \qquad \mathrm{S}\frac{\partial c}{\partial v}\frac{\partial x}{\partial u} = -\mathrm{S}c\frac{\partial^2 x}{\partial u\,\partial v},$$
$$\mathrm{S}\frac{\partial c}{\partial u}\frac{\partial x}{\partial v} = -\mathrm{S}c\frac{\partial^2 x}{\partial u\,\partial v}, \qquad \mathrm{S}\frac{\partial c}{\partial v}\frac{\partial x}{\partial v} = -\mathrm{S}c\frac{\partial^2 x}{\partial v^2}.$$

Remplaçons dans les seconds membres c, c', c'' par leurs valeurs tirées des formules (4) et posons, pour abréger,

$$(6)\qquad D=\begin{vmatrix}\frac{\partial^2 x}{\partial u^2} & \frac{\partial^2 y}{\partial u^2} & \frac{\partial^2 z}{\partial u^2}\\ \frac{\partial x}{\partial u} & \frac{\partial y}{\partial u} & \frac{\partial z}{\partial u}\\ \frac{\partial x}{\partial v} & \frac{\partial y}{\partial v} & \frac{\partial z}{\partial v}\end{vmatrix},\quad D'=\begin{vmatrix}\frac{\partial^2 x}{\partial u\,\partial v} & \frac{\partial^2 y}{\partial u\,\partial v} & \frac{\partial^2 z}{\partial u\,\partial v}\\ \frac{\partial x}{\partial u} & \frac{\partial y}{\partial u} & \frac{\partial z}{\partial u}\\ \frac{\partial x}{\partial v} & \frac{\partial y}{\partial v} & \frac{\partial z}{\partial v}\end{vmatrix},\quad D''=\begin{vmatrix}\frac{\partial^2 x}{\partial v^2} & \frac{\partial^2 y}{\partial v^2} & \frac{\partial^2 z}{\partial v^2}\\ \frac{\partial x}{\partial u} & \frac{\partial y}{\partial u} & \frac{\partial z}{\partial u}\\ \frac{\partial x}{\partial v} & \frac{\partial y}{\partial v} & \frac{\partial z}{\partial v}\end{vmatrix}.$$

Nous pourrons écrire

$$(7)\qquad \left\{\begin{aligned} &\mathbf{S}\frac{\partial c}{\partial u}\frac{\partial x}{\partial u}=-\frac{D}{H},\qquad \mathbf{S}\frac{\partial c}{\partial v}\frac{\partial x}{\partial v}=-\frac{D''}{H},\\ &\mathbf{S}\frac{\partial c}{\partial u}\frac{\partial x}{\partial v}=\mathbf{S}\frac{\partial c}{\partial v}\frac{\partial x}{\partial u}=-\frac{D'}{H}.\end{aligned}\right.$$

Ces relations vont nous permettre de déterminer les dérivées premières de c, c', c'' en fonction des dérivées premières de x, y, z et de D, D′, D″.

Remarquons d'abord qu'en tenant compte de l'identité

$$c\frac{\partial c}{\partial u}+c'\frac{\partial c'}{\partial u}+c''\frac{\partial c''}{\partial u}=0,$$

on peut poser

$$(8)\qquad \left\{\begin{aligned} \frac{\partial c}{\partial u}&=m\frac{\partial x}{\partial u}+n\frac{\partial x}{\partial v},\\ \frac{\partial c'}{\partial u}&=m\frac{\partial y}{\partial u}+n\frac{\partial y}{\partial v},\\ \frac{\partial c''}{\partial u}&=m\frac{\partial z}{\partial u}+n\frac{\partial z}{\partial v},\end{aligned}\right.$$

m et n étant deux coefficients à déterminer. On pourra de même, en introduisant deux inconnues nouvelles, écrire

$$(9)\qquad \left\{\begin{aligned} \frac{\partial c}{\partial v}&=m'\frac{\partial x}{\partial u}+n'\frac{\partial x}{\partial v},\\ \frac{\partial c'}{\partial v}&=m'\frac{\partial y}{\partial x}+n'\frac{\partial y}{\partial v},\\ \frac{\partial c''}{\partial v}&=m'\frac{\partial z}{\partial u}+n'\frac{\partial z}{\partial v}.\end{aligned}\right.$$

Si l'on substitue ces valeurs des dérivées de c, c', c'' dans les équations (7), on trouve les relations

$$(10)\quad \left\{\begin{aligned} &\frac{D}{H} + mE + nF = 0, &\quad& \frac{D'}{H} + mF + nG = 0,\\ &\frac{D'}{H} + m'E + n'F = 0, && \frac{D''}{H} + m'F + n'G = 0,\end{aligned}\right.$$

qui feront connaître m, n, m', n'. On obtient ainsi les valeurs

$$(11)\quad \left\{\begin{aligned} &m = \frac{FD' - GD}{H^3}, &\quad& n = \frac{FD - ED'}{H^3},\\ &m' = \frac{FD'' - GD'}{H^3}, && n' = \frac{FD' - ED''}{H^3},\end{aligned}\right.$$

entre lesquelles existent les relations

$$(12)\quad m'E + (n' - m)F - nG = 0,$$

$$(13)\quad mn' - nm' = \frac{DD'' - D'^2}{H^4},$$

dont nous aurons à faire usage. L'expression $DD'' - D'^2$ joue un rôle très important. Gauss a montré qu'on peut l'exprimer exclusivement au moyen des dérivées de E, F, G. Il suffit pour cela de s'appuyer sur les identités suivantes.

699. En différentiant les équations (2), on a évidemment

$$(14)\quad \left\{\begin{aligned} &\mathrm{S}\frac{\partial x}{\partial u}\frac{\partial^2 x}{\partial u^2} = \frac{1}{2}\frac{\partial E}{\partial u}, &\quad& \mathrm{S}\frac{\partial x}{\partial u}\frac{\partial^2 x}{\partial u\,\partial v} = \frac{1}{2}\frac{\partial E}{\partial v},\\ &\mathrm{S}\frac{\partial x}{\partial v}\frac{\partial^2 x}{\partial u\,\partial v} = \frac{1}{2}\frac{\partial G}{\partial u}, && \mathrm{S}\frac{\partial x}{\partial v}\frac{\partial^2 x}{\partial v^2} = \frac{1}{2}\frac{\partial G}{\partial v}.\end{aligned}\right.$$

Différentions par rapport à u la seconde des formules (2) et retranchons-en la dérivée de la première par rapport à v; nous trouverons ainsi

$$(15)\quad \mathrm{S}\frac{\partial x}{\partial v}\frac{\partial^2 x}{\partial u^2} = \frac{\partial F}{\partial u} - \frac{1}{2}\frac{\partial E}{\partial v}.$$

On démontrera par un procédé analogue la relation

$$(16)\quad \mathrm{S}\frac{\partial x}{\partial u}\frac{\partial^2 x}{\partial v^2} = \frac{\partial F}{\partial v} - \frac{1}{2}\frac{\partial G}{\partial u}.$$

Enfin, si l'on différentie l'équation (15) par rapport à v et que l'on en retranche la dérivée par rapport à u de la troisième équation (14), on obtiendra

$$(17)\qquad \mathrm{S}\left\{\frac{\partial^2 x}{\partial u^2}\frac{\partial^2 x}{\partial v^2}-\left(\frac{\partial^2 x}{\partial u\,\partial v}\right)^2\right\}=\frac{\partial^2 F}{\partial u\,\partial v}-\frac{1}{2}\frac{\partial^2 E}{\partial v^2}-\frac{1}{2}\frac{\partial^2 G}{\partial u^2};$$

nous poserons, pour abréger,

$$(18)\qquad L=\frac{\partial^2 F}{\partial u\,\partial v}-\frac{1}{2}\frac{\partial^2 E}{\partial v^2}-\frac{1}{2}\frac{\partial^2 G}{\partial u^2}.$$

La multiplication des déterminants D, D″ nous donnera

$$DD''=\begin{vmatrix}\mathrm{S}\frac{\partial^2 x}{\partial u^2}\frac{\partial^2 x}{\partial v^2} & \mathrm{S}\frac{\partial x}{\partial u}\frac{\partial^2 x}{\partial v^2} & \mathrm{S}\frac{\partial x}{\partial v}\frac{\partial^2 x}{\partial v^2}\\ \mathrm{S}\frac{\partial^2 x}{\partial u^2}\frac{\partial x}{\partial u} & \mathrm{S}\left(\frac{\partial x}{\partial u}\right)^2 & \mathrm{S}\frac{\partial x}{\partial u}\frac{\partial x}{\partial v}\\ \mathrm{S}\frac{\partial^2 x}{\partial u^2}\frac{\partial x}{\partial v} & \mathrm{S}\frac{\partial x}{\partial u}\frac{\partial x}{\partial v} & \mathrm{S}\left(\frac{\partial x}{\partial v}\right)^2\end{vmatrix}$$

ou, en tenant compte des formules (2), (14), (15),

$$(19)\qquad DD''=\begin{vmatrix}\mathrm{S}\frac{\partial^2 x}{\partial u^2}\frac{\partial^2 x}{\partial v^2} & \frac{\partial F}{\partial v}-\frac{1}{2}\frac{\partial G}{\partial u} & \frac{1}{2}\frac{\partial G}{\partial v}\\ \frac{1}{2}\frac{\partial E}{\partial u} & E & F\\ \frac{\partial F}{\partial u}-\frac{1}{2}\frac{\partial E}{\partial v} & F & G\end{vmatrix}.$$

Par un calcul analogue, on trouvera

$$(20)\qquad D'^2=\begin{vmatrix}\mathrm{S}\left(\frac{\partial^2 x}{\partial u\,\partial v}\right)^2 & \frac{1}{2}\frac{\partial E}{\partial v} & \frac{1}{2}\frac{\partial G}{\partial u}\\ \frac{1}{2}\frac{\partial E}{\partial v} & E & F\\ \frac{1}{2}\frac{\partial G}{\partial u} & F & G\end{vmatrix},$$

et, par conséquent, si l'on remarque que, dans les deux déterminants, les deux termes $\mathrm{S}\frac{\partial^2 x}{\partial u^2}\frac{\partial^2 x}{\partial v^2}$ et $\mathrm{S}\left(\frac{\partial^2 x}{\partial u\,\partial v}\right)^2$ ont le même multiplicateur, et si l'on tient compte des formules (17), (18), on obtiendra la formule définitive

$$(21)\qquad DD''-D'^2=\begin{vmatrix}L & \frac{\partial F}{\partial v}-\frac{1}{2}\frac{\partial G}{\partial u} & \frac{1}{2}\frac{\partial G}{\partial v}\\ \frac{1}{2}\frac{\partial E}{\partial u} & E & F\\ \frac{\partial F}{\partial u}-\frac{1}{2}\frac{\partial E}{\partial v} & F & G\end{vmatrix}-\begin{vmatrix}0 & \frac{1}{2}\frac{\partial E}{\partial v} & \frac{1}{2}\frac{\partial G}{\partial u}\\ \frac{1}{2}\frac{\partial E}{\partial v} & E & F\\ \frac{1}{2}\frac{\partial G}{\partial u} & F & G\end{vmatrix}.$$

Ainsi se trouve établi le résultat important que nous avions annoncé; le second membre ne contient absolument que les coefficients qui figurent dans l'élément linéaire et leurs dérivées.

700. Les relations précédentes constituent tout ce que l'on doit à Gauss dans cette partie de la théorie. Celles que nous allons ajouter et qui s'en déduisent immédiatement tiennent lieu des formules de M. Codazzi.

Différentions la première des équations (8) par rapport à v, la première des équations (9) par rapport à u et égalons les deux valeurs de $\frac{\partial^2 c}{\partial u\, \partial v}$ que l'on obtient de cette manière. Nous aurons

$$(22)\quad \left\{ \begin{aligned} &(m-n')\frac{\partial^2 x}{\partial u\, \partial v}+n\frac{\partial^2 x}{\partial v^2}-m'\frac{\partial^2 x}{\partial u^2}\\ &\qquad +\frac{\partial x}{\partial u}\left(\frac{\partial m}{\partial v}-\frac{\partial m'}{\partial u}\right)+\frac{\partial x}{\partial v}\left(\frac{\partial n}{\partial v}-\frac{\partial n'}{\partial u}\right)=0. \end{aligned} \right.$$

Cette équation est encore vérifiée quand on y remplace x par y et par z. Ajoutons les trois équations ainsi obtenues après les avoir multipliées respectivement d'abord par $\frac{\partial x}{\partial u}, \frac{\partial y}{\partial u}, \frac{\partial z}{\partial u}$, ensuite par $\frac{\partial x}{\partial v}, \frac{\partial y}{\partial v}, \frac{\partial z}{\partial v}$; nous aurons, en tenant compte des formules (2), (14), (15) et (16),

$$(23)\quad \left\{ \begin{aligned} &0=\frac{m-n'}{2}\frac{\partial E}{\partial v}+n\left(\frac{\partial F}{\partial v}-\frac{1}{2}\frac{\partial G}{\partial u}\right)-\frac{m'}{2}\frac{\partial E}{\partial u}\\ &\qquad +E\left(\frac{\partial m}{\partial v}-\frac{\partial m'}{\partial u}\right)+F\left(\frac{\partial n}{\partial v}-\frac{\partial n'}{\partial u}\right)=0,\\ &0=\frac{m-n'}{2}\frac{\partial G}{\partial u}+\frac{n}{2}\frac{\partial G}{\partial v}-m'\left(\frac{\partial F}{\partial u}-\frac{1}{2}\frac{\partial E}{\partial v}\right)\\ &\qquad +F\left(\frac{\partial m}{\partial v}-\frac{\partial m'}{\partial u}\right)+G\left(\frac{\partial n}{\partial v}-\frac{\partial n'}{\partial u}\right)=0. \end{aligned} \right.$$

Si l'on rapproche ces deux formules des équations (12) et (13) et si l'on remarque que $DD''-D'^2$ dépend seulement des coefficients de l'élément linéaire et de leurs dérivées, on aura constitué un système de quatre équations qui serviront à déterminer les inconnues m, n, m', n' quand l'élément linéaire sera seul connu.

Ce système peut être remplacé par le suivant. Substituons aux quantités m, n, m', n' leurs expressions en fonction de D, D', D''

données par les formules (11). Après un calcul facile, qui peut même être beaucoup abrégé si l'on tient compte des relations (10), on obtient, à la place des deux équations (23), les suivantes :

$$(24)\quad \begin{cases} H^2\left(\dfrac{\partial D'}{\partial u} - \dfrac{\partial D}{\partial v}\right) + D\left(\dfrac{1}{2}E\dfrac{\partial G}{\partial v} + G\dfrac{\partial E}{\partial v} - F\dfrac{\partial F}{\partial v} - \dfrac{1}{2}F\dfrac{\partial G}{\partial u}\right) \\ \qquad + D'\left(-F\dfrac{\partial E}{\partial v} + 2F\dfrac{\partial F}{\partial u} - G\dfrac{\partial E}{\partial u}\right) \\ \qquad + D''\left(\dfrac{1}{2}E\dfrac{\partial E}{\partial v} - E\dfrac{\partial F}{\partial u} + \dfrac{1}{2}F\dfrac{\partial E}{\partial u}\right) = 0, \end{cases}$$

$$(25)\quad \begin{cases} H^2\left(\dfrac{\partial D'}{\partial v} - \dfrac{\partial D''}{\partial u}\right) + D\left(\dfrac{1}{2}G\dfrac{\partial G}{\partial u} - G\dfrac{\partial F}{\partial v} + \dfrac{1}{2}F\dfrac{\partial G}{\partial v}\right) \\ \qquad + D'\left(-F\dfrac{\partial G}{\partial u} + 2F\dfrac{\partial F}{\partial v} - E\dfrac{\partial G}{\partial v}\right) \\ \qquad + D''\left(\dfrac{1}{2}G\dfrac{\partial E}{\partial u} + E\dfrac{\partial G}{\partial u} - F\dfrac{\partial F}{\partial u} - \dfrac{1}{2}F\dfrac{\partial E}{\partial v}\right) = 0. \end{cases}$$

Ces deux équations aux dérivées partielles, jointes à la relation (21), serviront à la détermination de D, D′, D″ quand on connaîtra les coefficients E, F, G de l'élément linéaire.

Si nous nous reportons au n° 503 [II, p. 378], nous reconnaîtrons aisément que le système précédent, formé par les équations (21), (24) et (25), est tout à fait l'équivalent des formules données par M. Codazzi. Il résulte, en effet, des formules (44) [II, p. 379] que les rotations du trièdre (T) peuvent s'exprimer linéairement en fonction des trois déterminants D, D′, D″. Une transformation très simple rattache donc le système précédent à celui que nous avons développé dans les premiers Chapitres du Livre V.

701. La remarque précédente permet de prévoir que l'on pourra obtenir tous les éléments relatifs à la courbure en introduisant seulement les quantités D, D′, D″. Cherchons d'abord les lignes asymptotiques. L'identité

$$dc\,dx + dc'\,dy + dc''\,dz = -c\,d^2x - c'\,d^2y - c''\,d^2z$$

nous donnera, à l'aide des formules (8) et (9),

$$(26)\qquad \mathrm{S}\,dc\,dx = -\frac{1}{H}(D\,du^2 + 2D'\,du\,dv + D''\,dv^2);$$

et, par conséquent, l'équation cherchée sera

$$D\,du^2 + 2D'\,du\,dv + D''\,dv^2 = 0. \tag{27}$$

Considérons maintenant les lignes de courbure et employons les équations d'Olinde Rodrigues

$$dx + R\,dc = 0, \qquad dy + R\,dc' = 0, \qquad dz + R\,dc'' = 0.$$

Si on les ajoute, après les avoir multipliées successivement par $\frac{\partial x}{\partial u}, \frac{\partial y}{\partial u}, \frac{\partial z}{\partial u}$ et par $\frac{\partial x}{\partial v}, \frac{\partial y}{\partial v}, \frac{\partial z}{\partial v}$, on obtient le système suivant :

$$\left\{\begin{aligned} &E\,du + F\,dv - \frac{R}{H}(D\,du + D'\,dv) = 0,\\ &F\,du + G\,dv - \frac{R}{H}(D'\,du + D''\,dv) = 0. \end{aligned}\right. \tag{28}$$

L'élimination de $\frac{du}{dv}$ nous conduit à l'équation aux rayons de courbure principaux,

$$(DD'' - D'^2)R^2 - RH(GD - 2FD' + ED'') + H^4 = 0. \tag{29}$$

Cette équation contient le théorème de Gauss; car on en déduit, pour la courbure totale, l'expression

$$\frac{1}{RR'} = \frac{DD'' - D'^2}{H^4}, \tag{30}$$

qui ne dépend, nous l'avons vu, que de l'élément linéaire.

Si l'on élimine R entre les équations (28), on obtiendra l'équation différentielle des lignes de courbure sous la forme

$$(FD - ED')\,du^2 + (GD - ED'')\,du\,dv + (GD' - FD'')\,dv^2 = 0. \tag{31}$$

Enfin la représentation sphérique de la surface sera donnée par la formule

$$\left\{\begin{aligned} d\sigma^2 &= dc^2 + dc'^2 + dc''^2\\ &= \frac{G}{H^4}(D\,du + D'\,dv)^2 - \frac{2F}{H^4}(D\,du + D'\,dv)(D'\,du + D''\,dv)\\ &\qquad + \frac{E}{H^4}(D'\,du + D''\,dv)^2. \end{aligned}\right. \tag{32}$$

702. Il nous reste maintenant à indiquer comment on résoudra la question suivante : Étant données les valeurs de D, D', D'' en fonction de u et de v, déterminer la surface, c'est-à-dire trouver les valeurs de x, y, z. La solution se présente ici sous une forme moins simple et moins symétrique que lorsqu'on emploie les formules de M. Codazzi. Cependant, on trouve encore dans le Mémoire de Gauss un système de formules qui peut conduire au résultat que nous avons en vue.

Il est aisé de reconnaître que les équations déjà obtenues permettent, lorsqu'on connaît D, D', D'', d'exprimer les dérivées secondes de x, y, z en fonction des dérivées premières. Si l'on reprend, en effet, l'expression de c, on aura évidemment

$$\begin{aligned} H^2c^2 &= \left(\frac{\partial y}{\partial u}\frac{\partial z}{\partial v} - \frac{\partial y}{\partial v}\frac{\partial z}{\partial u}\right)^2 \\ &= \left[\left(\frac{\partial y}{\partial u}\right)^2 + \left(\frac{\partial z}{\partial u}\right)^2\right]\left[\left(\frac{\partial y}{\partial v}\right)^2 + \left(\frac{\partial z}{\partial v}\right)^2\right] - \left(\frac{\partial y}{\partial u}\frac{\partial y}{\partial v} + \frac{\partial z}{\partial u}\frac{\partial z}{\partial v}\right)^2 \\ &= \left[E - \left(\frac{\partial x}{\partial u}\right)^2\right]\left[G - \left(\frac{\partial x}{\partial v}\right)^2\right] - \left[F - \frac{\partial x}{\partial u}\frac{\partial x}{\partial v}\right]^2, \end{aligned}$$

c'est-à-dire

$$c^2 = 1 - \Delta x, \tag{33}$$

Δx désignant l'invariant du premier ordre de x. En portant cette valeur de c dans les deux premières équations des systèmes (8) et (9), on aura deux équations qui contiendront les dérivées secondes de x. On les adjoindra à la relation (22) pour tirer de ces trois équations les trois dérivées secondes de x. Au reste, on peut obtenir le même résultat d'une manière plus élégante.

Remarquons, en effet, qu'on peut toujours trouver trois quantités A, B, C permettant d'écrire les relations

$$\left\{\begin{aligned} \frac{\partial^2 x}{\partial u^2} &= Ac + B\frac{\partial x}{\partial u} + C\frac{\partial x}{\partial v}, \\ \frac{\partial^2 y}{\partial u^2} &= Ac' + B\frac{\partial y}{\partial u} + C\frac{\partial y}{\partial v}, \\ \frac{\partial^2 z}{\partial u^2} &= Ac'' + B\frac{\partial z}{\partial u} + C\frac{\partial z}{\partial v}; \end{aligned}\right. \tag{34}$$

car ces équations, considérées comme devant déterminer A, B, C, ont leur déterminant différent de zéro.

Si on les ajoute, après les avoir multipliées respectivement par c, c', c'', puis par $\frac{\partial x}{\partial u}, \frac{\partial y}{\partial u}, \frac{\partial z}{\partial u}$, et enfin par $\frac{\partial x}{\partial v}, \frac{\partial y}{\partial v}, \frac{\partial z}{\partial v}$, on obtiendra les relations

$$A = \frac{D}{H},$$
$$\frac{1}{2}\frac{\partial E}{\partial u} = BE + CF,$$
$$\frac{\partial F}{\partial u} - \frac{1}{2}\frac{\partial E}{\partial v} = BF + CG,$$

d'où l'on pourra tirer les valeurs de A, B, C. En les portant dans la première des équations (34), on aura

$$(35)\quad \left\{ \begin{aligned} H^2 \frac{\partial^2 x}{\partial u^2} &= DHc + \left(\frac{G}{2}\frac{\partial E}{\partial u} - F\frac{\partial F}{\partial u} + \frac{F}{2}\frac{\partial E}{\partial v}\right)\frac{\partial x}{\partial u} \\ &\quad + \left(E\frac{\partial F}{\partial u} - \frac{E}{2}\frac{\partial E}{\partial v} - \frac{F}{2}\frac{\partial E}{\partial u}\right)\frac{\partial x}{\partial v}. \end{aligned} \right.$$

Par des calculs analogues, on obtiendra deux autres équations qui permettront de constituer le système suivant :

$$(36)\quad \left\{ \begin{aligned} H^2 \frac{\partial^2 x}{\partial u^2} &= DHc + \frac{1}{2}\frac{\partial E}{\partial u}\left(G\frac{\partial x}{\partial u} - F\frac{\partial x}{\partial v}\right) + \left(\frac{\partial F}{\partial u} - \frac{1}{2}\frac{\partial E}{\partial v}\right)\left(E\frac{\partial x}{\partial v} - F\frac{\partial x}{\partial u}\right), \\ H^2 \frac{\partial^2 x}{\partial u\,\partial v} &= D'Hc + \frac{1}{2}\frac{\partial E}{\partial v}\left(G\frac{\partial x}{\partial u} - F\frac{\partial x}{\partial v}\right) + \frac{1}{2}\frac{\partial G}{\partial u}\left(E\frac{\partial x}{\partial v} - F\frac{\partial x}{\partial u}\right), \\ H^2 \frac{\partial^2 x}{\partial v^2} &= D''Hc + \left(\frac{\partial F}{\partial v} - \frac{1}{2}\frac{\partial G}{\partial u}\right)\left(G\frac{\partial x}{\partial u} - F\frac{\partial x}{\partial v}\right) + \frac{1}{2}\frac{\partial G}{\partial v}\left(E\frac{\partial x}{\partial v} - F\frac{\partial x}{\partial u}\right). \end{aligned} \right.$$

Si l'on remplace c par sa valeur tirée de l'équation (33), les formules précédentes ne contiendront plus que les dérivées de x. On obtiendrait des relations analogues en remplaçant x et c par y et c' ou par z et c''.

703. Nous ne nous arrêterons pas à la discussion complète du système précédent, qui est entièrement dû à Gauss. Il serait aisé de prouver que les équations (36) admettent une intégrale contenant trois constantes arbitraires; mais nous répéterions, sous une forme différente, une discussion déjà faite au Livre I. Nous remarquerons, seulement, que le système précédent aurait pu conduire immédiatement à l'équation du second ordre qui définit les surfaces admettant l'élément linéaire donné.

Nous pouvons, en effet, déduire des formules (36) les valeurs de D, D', D″ et calculer DD″ — D'², ce qui donne

$$
(37)\quad \left\{
\begin{aligned}
&(DD'' - D'^2)c^2 H^2 \\
&= \left[H^2 \frac{\partial^2 x}{\partial u\, \partial v} - \frac{1}{2}\frac{\partial E}{\partial v}\left(G\frac{\partial x}{\partial u} - F\frac{\partial x}{\partial v}\right) - \frac{1}{2}\frac{\partial G}{\partial u}\left(E\frac{\partial x}{\partial v} - F\frac{\partial x}{\partial u}\right)\right]^2 \\
&\quad - \left[H^2 \frac{\partial^2 x}{\partial u^2} - \frac{1}{2}\frac{\partial E}{\partial u}\left(G\frac{\partial x}{\partial u} - F\frac{\partial x}{\partial v}\right) - \left(\frac{\partial F}{\partial u} - \frac{1}{2}\frac{\partial E}{\partial v}\right)\left(E\frac{\partial x}{\partial v} - F\frac{\partial x}{\partial u}\right)\right] \\
&\quad \times \left[H^2 \frac{\partial^2 x}{\partial v^2} - \left(\frac{\partial F}{\partial v} - \frac{1}{2}\frac{\partial G}{\partial u}\right)\left(G\frac{\partial x}{\partial u} - F\frac{\partial x}{\partial v}\right) - \frac{1}{2}\frac{\partial G}{\partial v}\left(E\frac{\partial x}{\partial v} - F\frac{\partial x}{\partial u}\right)\right].
\end{aligned}
\right.
$$

En remplaçant c^2 par sa valeur $1 - \Delta x$, tirée de l'équation (33), et $DD'' - D'^2$ par son expression déduite de la formule (21), on aura une équation ne contenant plus que les dérivées de x et les coefficients de l'élément linéaire. *C'est l'équation aux dérivées partielles du second ordre dont l'intégration donnerait la solution complète du problème proposé.* Nous l'obtiendrons par bien d'autres méthodes plus précises. Mentionnons, dès à présent, une propriété qui ressort assez simplement des raisonnements précédents.

Si l'on appelle selon l'usage r, s, t les dérivées secondes de x, l'équation différentielle des *caractéristiques* de l'équation précédente, écrite sous la forme $\Phi(r, s, t) = 0$, sera

$$\frac{\partial \Phi}{\partial r}\, dv^2 - \frac{\partial \Phi}{\partial s}\, du\, dv + \frac{\partial \Phi}{\partial t}\, du^2 = 0.$$

Les formules (36) nous montrent immédiatement que cette équation peut s'écrire

$$(38)\qquad D\, du^2 + 2D'\, du\, dv + D''\, dv^2 = 0.$$

Donc *les caractéristiques de l'équation aux dérivées partielles* (37) *sont les lignes asymptotiques de la surface.*

CHAPITRE IV.

ÉQUATION AUX DÉRIVÉES PARTIELLES DES SURFACES APPLICABLES SUR UNE SURFACE DONNÉE.

Méthode directe permettant d'obtenir immédiatement l'équation aux dérivées partielles dont dépend la recherche des surfaces applicables sur une surface donnée. — Remarque de Bour sur une intégrale première de cette équation — Autres méthodes conduisant à la même équation. — Emploi des paramètres différentiels de M. Beltrami. — Développement de l'équation lorsqu'on choisit différents systèmes de coordonnées. Coordonnées symétriques. — Courbes parallèles et leurs trajectoires orthogonales. — Cas où la surface est définie par son équation en coordonnées rectilignes.

---

701. Nous allons indiquer maintenant différentes méthodes qui permettent de former l'équation aux dérivées partielles des surfaces applicables sur une surface donnée. Une des plus directes est celle que nous avons donnée en 1872 dans notre *Mémoire sur une classe remarquable de courbes et de surfaces algébriques*.

Le problème posé peut s'énoncer comme il suit : E, F, G *étant des fonctions données de u et de v, trouver toutes les fonctions x, y, z de u et de v qui satisfont identiquement à l'équation*

$$dx^2 + dy^2 + dz^2 = E\,du^2 + 2F\,du\,dv + G\,dv^2, \tag{1}$$

où du et dv peuvent être pris arbitrairement.

Écrivons l'égalité précédente sous la forme

$$dx^2 + dy^2 = E\,du^2 + 2F\,du\,dv + G\,dv^2 - dz^2. \tag{2}$$

Le premier membre représente le carré de l'élément linéaire du plan et, par conséquent, la surface dont l'élément linéaire a pour carré

$$E\,du^2 + 2F\,du\,dv + G\,dv^2 - \left(\frac{\partial z}{\partial u}du + \frac{\partial z}{\partial v}dv\right)^2$$

devra avoir sa courbure nulle. En écrivant cette condition, on obtiendra une équation aux dérivées partielles pour z. Nous allons former cette équation, et nous verrons qu'elle est du second ordre.

Désignons, pour abréger, par p, q, r, s, t les dérivées premières et secondes de z par rapport à u et à v, et, pour exprimer que la courbure est nulle, servons-nous de la formule (21) du

Chapitre précédent, où nous remplacerons E, F, G respectivement par $E - p^2$, $F - pq$, $G - q^2$. Nous aurons l'équation

$$\begin{vmatrix} 4\frac{\partial^2 F}{\partial u\,\partial v} - 2\frac{\partial^2 E}{\partial v^2} - 2\frac{\partial^2 G}{\partial u^2} + 4s^2 - 4rt & \frac{\partial E}{\partial u} - 2pr & 2\frac{\partial F}{\partial u} - \frac{\partial E}{\partial v} - 2qr \\ 2\frac{\partial F}{\partial v} - \frac{\partial G}{\partial u} - 2pt & E - p^2 & F - pq \\ \frac{\partial G}{\partial v} - 2qt & F - pq & G - q^2 \end{vmatrix}$$

$$= \begin{vmatrix} 0 & \frac{\partial E}{\partial v} - 2ps & \frac{\partial G}{\partial u} - 2qs \\ \frac{\partial E}{\partial v} - 2ps & E - p^2 & F - pq \\ \frac{\partial G}{\partial u} - 2qs & F - pq & G - q^2 \end{vmatrix}.$$

Par quelques additions de colonnes, on donnera à cette équation la forme plus élégante

$$(3)\qquad \begin{vmatrix} 1 & 2r & p & q \\ 2t & 4L + 4s^2 & 2\frac{\partial F}{\partial v} - \frac{\partial G}{\partial u} & \frac{\partial G}{\partial v} \\ p & \frac{\partial E}{\partial u} & E & F \\ q & 2\frac{\partial F}{\partial u} - \frac{\partial E}{\partial v} & F & G \end{vmatrix} = \begin{vmatrix} 1 & 2s & p & q \\ 2s & 4s^2 & \frac{\partial E}{\partial v} & \frac{\partial G}{\partial u} \\ p & \frac{\partial E}{\partial v} & E & F \\ q & \frac{\partial G}{\partial u} & F & G \end{vmatrix},$$

où L est la quantité définie par l'équation (18) du Chapitre précédent. Le développement des deux déterminants n'offre aucune difficulté et nous conduit à l'équation cherchée

$$(4)\quad \left\{ \begin{aligned} & -4(EG - F^2)(rt - s^2) \\ & + 2pr\left[2G\frac{\partial F}{\partial v} - G\frac{\partial G}{\partial u} - F\frac{\partial G}{\partial v}\right] + 2qr\left[E\frac{\partial G}{\partial v} + F\frac{\partial G}{\partial u} - 2F\frac{\partial F}{\partial v}\right] \\ & + 4ps\left[F\frac{\partial G}{\partial u} - G\frac{\partial E}{\partial v}\right] + 4qs\left[F\frac{\partial E}{\partial v} - E\frac{\partial G}{\partial u}\right] \\ & + 2pt\left[G\frac{\partial E}{\partial u} + F\frac{\partial E}{\partial v} - 2F\frac{\partial F}{\partial u}\right] + 2qt\left[2E\frac{\partial F}{\partial u} - E\frac{\partial E}{\partial v} - F\frac{\partial E}{\partial u}\right] \\ & + (E - p^2)\left[\frac{\partial E}{\partial v}\frac{\partial G}{\partial v} - 2\frac{\partial F}{\partial u}\frac{\partial G}{\partial v} + \left(\frac{\partial G}{\partial u}\right)^2\right] \\ & + [F - pq]\left[\frac{\partial E}{\partial u}\frac{\partial G}{\partial v} - \frac{\partial E}{\partial v}\frac{\partial G}{\partial u} - 2\frac{\partial E}{\partial v}\frac{\partial F}{\partial v} - 2\frac{\partial G}{\partial u}\frac{\partial F}{\partial u} + 4\frac{\partial F}{\partial u}\frac{\partial F}{\partial v}\right] \\ & + [G - q^2]\left[\frac{\partial G}{\partial u}\frac{\partial E}{\partial u} - 2\frac{\partial F}{\partial v}\frac{\partial E}{\partial u} + \left(\frac{\partial E}{\partial v}\right)^2\right] \\ & + 2[EG - F^2 - Gp^2 - Eq^2 + 2Fpq]\left[2\frac{\partial^2 F}{\partial u\,\partial v} - \frac{\partial^2 E}{\partial v^2} - \frac{\partial^2 G}{\partial u^2}\right] = 0. \end{aligned} \right.$$

Il nous reste maintenant à examiner si toute solution de cette équation fournira une solution du problème, c'est-à-dire fera connaître une surface admettant l'élément linéaire donné.

Il semble au premier abord que la réponse doive être absolument affirmative. Nous avons exprimé, en effet, que la surface dont l'élément linéaire a pour expression

$$ds^2 = E\,du^2 + 2F\,du\,dv + G\,dv^2 - dz^2 \tag{5}$$

a sa courbure nulle. Or nous avons vu que, dans ce cas, on peut ramener l'élément linéaire à la forme

$$dx^2 + dy^2$$

et, par conséquent, constituer une solution du problème proposé. Mais la méthode suivie au n° 684 suppose essentiellement que l'élément linéaire (5) n'est pas un carré parfait; et, d'autre part, il est aisé de reconnaître que l'invariant de Gauss s'annule quand cet élément linéaire devient un carré parfait, c'est-à-dire lorsqu'on a

$$(E - p^2)(G - q^2) - (F - pq)^2 = 0.$$

Nous pouvons donc énoncer la proposition suivante :

L'équation différentielle du second ordre (3) *admet toutes les intégrales de l'équation du premier ordre*

$$\Delta z = 1, \tag{6}$$

dont dépend le problème des lignes géodésiques. Mais toute intégrale de l'équation (3) *qui ne satisfait pas à l'équation précédente donne une solution du problème, c'est-à-dire une surface admettant l'élément linéaire donné.*

Bour avait déjà remarqué [1], sans donner la raison de ce fait, que les solutions de l'équation (6) appartiennent à l'équation (3). D'autre part, M. Weingarten, qui, dans un travail très récent [2], a repris la méthode précédente, a remarqué qu'alors même que E, F, G et z seraient réels, la surface correspondante peut bien être

---

[1] *Journal de l'École Polytechnique*, XXXIXe Cahier, p. 15.

[2] WEINGARTEN (J.), *Ueber die Theorie der aufeinander abwickelbaren Oberflächen*. Berlin; 1884.

imaginaire. En effet, la solution z peut être telle que le second membre de la formule (5) soit décomposable en deux facteurs linéaires réels. Alors, si l'on ne veut employer que des fonctions réelles, il sera réductible seulement à la forme

$$dx^2 - dy^2.$$

Mais cette remarque n'a évidemment d'intérêt que si l'on se préoccupe de la distinction entre les quantités réelles et imaginaires, distinction qui est secondaire dans une telle question.

Dans le travail déjà cité, j'ai remarqué que la même méthode permettrait de former l'équation dont dépend la distance du point de la surface à un point fixe de l'espace. En effet, si l'on emploie des coordonnées polaires, l'équation à résoudre sera

$$dr^2 + r^2 \sin^2\theta\, d\varphi^2 + r^2 d\theta^2 = \mathrm{E}\, du^2 + 2\mathrm{F}\, du\, dv + \mathrm{G}\, dv^2$$

ou encore

$$\frac{\mathrm{E}\, du^2 + 2\mathrm{F}\, du\, dv + \mathrm{G}\, dv^2}{r^2} - \frac{dr^2}{r^2} = \sin^2\theta\, d\varphi^2 + d\theta^2.$$

En exprimant que le premier membre est le carré de l'élément linéaire d'une surface de courbure totale égale à 1, on obtiendra une équation du second ordre à laquelle satisfera r. Nous la formerons plus loin.

705. Nous allons maintenant faire connaître d'autres méthodes qui conduiraient également à l'équation (4). Imaginons, par exemple, que l'on rapporte la surface à un trièdre (T) et reprenons le système de formules employé au Livre V (Tableau I, p. 382).

Si nous désignons par x, y, z les coordonnées *par rapport au trièdre* (T) d'un point fixe A de l'espace, les projections du déplacement de ce point données par les formules (B) devront être toutes nulles. On aura donc

$$(7)\quad \begin{cases} \xi + qz - ry + \dfrac{\partial x}{\partial u} = 0, \\ \eta + rx - pz + \dfrac{\partial y}{\partial u} = 0, \\ py - qx + \dfrac{\partial z}{\partial u} = 0; \end{cases} \qquad (8)\quad \begin{cases} \xi_1 + q_1 z - r_1 y + \dfrac{\partial x}{\partial v} = 0, \\ \eta_1 + r_1 x - p_1 z + \dfrac{\partial y}{\partial v} = 0, \\ p_1 y - q_1 x + \dfrac{\partial z}{\partial v} = 0. \end{cases}$$

On sait que ξ, η, ξ_1, η_1, r et r_1 dépendent exclusivement de l'élément linéaire, tandis que p, q, p_1, q_1 varient lorsque la surface se déforme d'une manière quelconque. Posons

$$x^2+y^2+z^2=2\rho; \tag{9}$$

ρ désignera la moitié du carré de la distance du point fixe A au point considéré M de la surface. Nous allons former l'équation aux dérivées partielles à laquelle satisfait ρ. Pour cela nous ajouterons les équations de chacun des groupes (7) et (8) après les avoir multipliées respectivement par x, y, z, ce qui donnera les deux équations

$$\xi x+\eta y+\frac{\partial\rho}{\partial u}=0, \qquad \xi_1 x+\eta_1 y+\frac{\partial\rho}{\partial v}=0. \tag{10}$$

Au moyen des formules (9) et (10) nous pourrons exprimer x, y, z en fonction des dérivées de ρ et des coefficients de l'élément linéaire. Si maintenant nous tirons des équations (7) et (8) les valeurs de p, q, p_1, q_1, nous aurons

$$\left\{\begin{aligned} pz &= rx+\frac{\partial y}{\partial u}+\eta, & p_1 z &= r_1 x+\frac{\partial y}{\partial v}+\eta_1,\\ qz &= ry-\frac{\partial x}{\partial u}-\xi, & q_1 z &= r_1 y-\frac{\partial x}{\partial v}-\xi_1; \end{aligned}\right. \tag{11}$$

ces valeurs, substituées dans la formule

$$\frac{\partial r}{\partial v}-\frac{\partial r_1}{\partial u}=pq_1-qp_1,$$

nous donneront la relation

$$\left\{\begin{aligned} \left(\frac{\partial r}{\partial v}-\frac{\partial r_1}{\partial u}\right)z^2 = {} & \left(rx+\frac{\partial y}{\partial u}+\eta\right)\left(r_1 y-\frac{\partial x}{\partial v}-\xi_1\right)\\ & -\left(ry-\frac{\partial x}{\partial u}-\xi\right)\left(r_1 x+\frac{\partial y}{\partial v}+\eta_1\right). \end{aligned}\right. \tag{12}$$

Il suffira de remplacer x, y, z par leurs valeurs tirées des équations (9) et (10); on obtiendra ainsi une équation qui contiendra seulement ρ et ses dérivées des deux premiers ordres combinées avec ξ, η, ξ_1, η_1, r, r_1 et leurs dérivées, quantités qui, comme nous l'avons déjà remarqué, dépendent exclusivement des coefficients de l'élément linéaire donné. Si l'on introduit successivement les hypothèses qui correspondent aux différents systèmes de formules que nous avons développées au Livre V [II, p. 384, 385, 387], on aura, dans chaque cas, l'équation aux dérivées partielles dont dépend la variable ρ.

706. On peut employer une méthode analogue pour former l'équation à laquelle satisfait, non plus ρ, mais une des coordonnées rectangulaires du point de la surface cherchée rapportée à des axes fixes.

Si $a, b, c; a', b', \ldots$ désignent les cosinus directeurs qui déterminent la position du trièdre (T) invariablement lié à la surface, et si x, y, z sont maintenant les coordonnées du point de la surface, c'est-à-dire du sommet du trièdre, par rapport à des axes *fixes*, on a, comme l'on sait (n° 503),

$$\frac{\partial x}{\partial u} = a\xi + b\eta, \qquad \frac{\partial x}{\partial v} = a\xi_1 + b\eta_1, \tag{13}$$

de sorte que a, b peuvent s'exprimer en fonction des dérivées de x. Écrivons les équations

$$\left\{\begin{aligned} \frac{\partial a}{\partial u} &= br - cq, \\ \frac{\partial b}{\partial u} &= cp - ar; \end{aligned}\right. \tag{14} \qquad \left\{\begin{aligned} \frac{\partial a}{\partial v} &= br_1 - cq_1, \\ \frac{\partial b}{\partial v} &= cp_1 - ar_1. \end{aligned}\right. \tag{15}$$

Nous en déduisons

$$\left\{\begin{aligned} cp &= ar + \frac{\partial b}{\partial u}, \qquad & cp_1 &= ar_1 + \frac{\partial b}{\partial v}, \\ cq &= br - \frac{\partial a}{\partial u}, \qquad & cq_1 &= br_1 - \frac{\partial a}{\partial v}, \end{aligned}\right. \tag{16}$$

et si nous portons ces expressions de p, q, p_1, q_1 dans l'équation

$$\frac{\partial r}{\partial v} - \frac{\partial r_1}{\partial u} = pq_1 - qp_1, \tag{17}$$

il viendra

$$\left\{\begin{aligned} &(1 - a^2 - b^2)\left(\frac{\partial r}{\partial v} - \frac{\partial r_1}{\partial u}\right) \\ &\quad = \left(ar + \frac{\partial b}{\partial u}\right)\left(br_1 - \frac{\partial a}{\partial v}\right) - \left(ar_1 + \frac{\partial b}{\partial v}\right)\left(br - \frac{\partial a}{\partial u}\right). \end{aligned}\right. \tag{18}$$

Il suffit de remplacer a et b par leurs valeurs tirées des relations (13) pour obtenir l'équation du second ordre à laquelle satisfait x, et l'on voit de plus que toute intégrale de l'équation (18), pour laquelle on n'aura pas

$$c^2 = 1 - a^2 - b^2 = 0,$$

permettra de déterminer a, b, p, q, p_1, q_1 et par conséquent donnera une solution bien déterminée du problème proposé.

707. Enfin j'indiquerai une dernière méthode fondée sur la considération des paramètres différentiels.

Conservons les notations du n° 679; nous avons vu que, si l'on pose

$$2\rho = x^2 + y^2 + z^2,$$

les premiers invariants de ρ ont les expressions suivantes

$$(19)\qquad \left\{\begin{aligned} \Delta\rho &= 2\rho - P^2, \\ \Delta_2\rho &= P\left(\frac{1}{R} + \frac{1}{R'}\right) + 2, \\ \Delta(\rho, P) &= -\frac{Q^2}{R} - \frac{Q'^2}{R'}, \\ \Delta P &= \frac{Q^2}{R^2} + \frac{Q'^2}{R'^2}. \end{aligned}\right.$$

Il résulte d'ailleurs de la définition de P, Q, Q' que l'on a

$$(20)\qquad 2\rho = P^2 + Q^2 + Q'^2.$$

Ces diverses équations vont nous permettre d'établir une relation entre RR' et les invariants différentiels de ρ. On en déduit, en effet,

$$\Delta(\rho, P)[\Delta_2\rho - 2] = -P\,\Delta P - P\,\frac{Q^2 + Q'^2}{RR'}$$

ou, en tenant compte de l'équation (20),

$$\Delta(\rho, P)[\Delta_2\rho - 2] = -P\,\Delta P - P\,\frac{\Delta\rho}{RR'}.$$

Si l'on remplace P par sa valeur tirée de la première équation (19), ce qui donne

$$\Delta(\rho, \sqrt{2\rho - \Delta\rho})[\Delta_2\rho - 2] = -\sqrt{2\rho - \Delta\rho}\,\Delta(\sqrt{2\rho - \Delta\rho}) - \sqrt{2\rho - \Delta\rho}\,\frac{\Delta\rho}{RR'},$$

et si l'on développe les calculs, on est conduit à la relation cherchée

$$(21)\qquad 4\,\Delta\rho(\Delta_2\rho-1)+\Delta\,\Delta\rho-2\,\Delta_2\rho\,\Delta(\rho,\Delta\rho)+4\,\Delta\rho\,\frac{2\rho-\Delta\rho}{RR'}=0.$$

Il suffira maintenant de remplacer RR′ par sa valeur en fonction des coefficients de l'élément linéaire pour obtenir l'équation du second ordre à laquelle satisfait ρ.

Nous rencontrons ici un fait curieux et qui avait été déjà annoncé. Lorsqu'on fait des applications de l'équation (21), lorsqu'on la calcule dans des cas particuliers, on trouve qu'elle contient toujours en facteur $\Delta\rho$. En d'autres termes, le quotient

$$(22)\qquad \sigma(\rho)=\frac{\Delta\,\Delta\rho-2\,\Delta_2\rho\,\Delta(\rho,\Delta\rho)}{4\,\Delta\rho}$$

est toujours entier. C'est une fonction homogène et du second degré par rapport aux dérivées premières et secondes de ρ. Pour avoir l'équation aux dérivées partielles débarrassée de tout facteur étranger, il faut donc introduire ce nouvel invariant, et elle prend alors la forme simple

$$(23)\qquad \Delta_2\rho-1+\sigma(\rho)+\frac{2\rho-\Delta\rho}{RR'}=0.$$

Il est aisé maintenant d'en déduire l'équation à laquelle satisfait une fonction linéaire quelconque des coordonnées x, y, z.

En effet, l'équation précédente admet la solution

$$\rho=\frac{(x-a)^2+(y-b)^2+(z-c)^2}{2},$$

et cela, quelles que soient les constantes a, b, c. Si nous prenons les termes de degré supérieur en a, b, c, qui sont du second degré, leur ensemble sera donc égal à zéro. Posons, pour abréger,

$$(24)\qquad \varphi=ax+by+cz;$$

nous aurons ainsi

$$\sigma(\varphi)+\frac{a^2+b^2+c^2-\Delta(\varphi)}{RR'}=0.$$

Telle est l'équation à laquelle satisfera φ.

Si l'on fait

$$b=c=0,\qquad a=1,$$

φ deviendra égal à x, et il restera l'équation

$$\sigma(x) + \frac{1 - \Delta x}{RR'} = 0. \tag{25}$$

Mais, si l'on suppose que φ soit une de ces fonctions pour lesquelles on a

$$a^2 + b^2 + c^2 = 0,$$

si, par exemple, on prend

$$\varphi = x + iy,$$

il viendra l'équation

$$\sigma(\varphi) - \frac{\Delta\varphi}{RR'} = 0, \tag{26}$$

qui est homogène et plus simple que la précédente. Nous allons maintenant développer ces équations en employant différents systèmes de coordonnées.

708. Dans le cas des coordonnées symétriques, on a

$$ds^2 = 4\lambda^2\, du\, dv;$$

l'équation (4) devient ici

$$\left(r - 2p\frac{\partial \log\lambda}{\partial u}\right)\left(t - 2q\frac{\partial \log\lambda}{\partial v}\right) - s^2 - 4(\lambda^2 - pq)\frac{\partial^2 \log\lambda}{\partial u\, \partial v} = 0. \tag{27}$$

Elle coïncide, aux notations près, avec celle qui a été donnée par Bour (¹).

Si l'on garde seulement, dans l'équation précédente, les termes du second degré, on obtient la suivante

$$\left(r - 2p\frac{\partial \log\lambda}{\partial u}\right)\left(t - 2q\frac{\partial \log\lambda}{\partial v}\right) - s^2 + 4pq\frac{\partial^2 \log\lambda}{\partial u\, \partial v} = 0, \tag{28}$$

qui n'est autre que l'équation (26), écrite en coordonnées symétriques, et qui a été donnée par M. Bonnet (²).

Si l'on suppose que l'une des familles coordonnées soit formée de géodésiques, il faudra prendre

$$ds^2 = du^2 + C^2\, dv^2,$$

(¹) *Journal de l'École Polytechnique*, XXXIXᵉ Cahier, p. 15.
(²) *Journal de l'École Polytechnique*, XLIIᵉ Cahier, p 3.

et l'équation (4) nous donnera

$$(29)\quad \begin{cases} C(rt-s^2)+r\left[C^2\dfrac{\partial C}{\partial u}p-\dfrac{\partial C}{\partial v}q\right] \\ \quad +2qs\dfrac{\partial C}{\partial u}-C^2\dfrac{\partial^2 C}{\partial u^2}p^2-q^2\left[\dfrac{\partial^2 C}{\partial u^2}+\dfrac{1}{C}\left(\dfrac{\partial C}{\partial u}\right)^2\right]+C^2\dfrac{\partial^2 C}{\partial u^2}=0. \end{cases}$$

Nous ne multiplierons pas les exemples; mais nous indiquerons encore la forme que prend l'équation au cas où l'on veut trouver les surfaces applicables sur une surface qui est simplement définie par son équation en coordonnées rectangulaires,

$$z=f(x,y).$$

En désignant par les lettres $p, q, \ldots$ les dérivées de z, on aura ici

$$E=1+p^2,\qquad F=pq,\qquad G=1+q^2,$$

et l'équation cherchée sera

$$(30)\quad \begin{cases} (s^2-rt)(P^2+Q^2-1)+(S^2-RT)(1+p^2+q^2) \\ \qquad\qquad +(rT+tR-2sS)(Pp+Qq)=0, \end{cases}$$

les lettres majuscules désignant les dérivées de la fonction inconnue Z. L'équation admet la solution

$$Z=z;$$

ce qui était évident *a priori*.

CHAPITRE V.

ÉTUDE DE L'ÉQUATION AUX DÉRIVÉES PARTIELLES DONT DÉPEND LE PROBLÈME DE LA DÉFORMATION.

Notions préliminaires sur les équations du second ordre qui sont linéaires par rapport à r, s, t, $rt - s^2$. — Problème de Cauchy. — Définition précise des caractéristiques. — Théorie géométrique de l'intégration, reposant sur les propriétés des caractéristiques. — Application à quelques exemples simples. — Étude particulière de l'équation dont dépend le problème de la déformation. — On peut énoncer ici le problème de Cauchy sous la forme suivante : Déformer la surface de telle manière qu'une courbe tracée sur elle prenne une forme donnée à l'avance. — Propriété remarquable des asymptotiques. — Problèmes divers. — Déformer une surface de telle manière qu'elle puisse s'inscrire dans une développable donnée, suivant une courbe donnée. — Nouvelles manières de poser le problème de la déformation. — Équations simultanées auxquelles doivent satisfaire les paramètres des deux familles d'asymptotiques. — Démonstration de diverses propositions sur les asymptotiques et les surfaces gauches. — Équations simultanées auxquelles satisfont les coordonnées curvilignes, considérées comme fonctions des paramètres des deux familles d'asymptotiques. — Application à un cas particulier.

---

709. Nous avons déjà indiqué que les caractéristiques de l'équation aux dérivées partielles dont dépend le problème de la déformation sont les lignes asymptotiques de la surface cherchée. Avant de donner une démonstration nouvelle de ce résultat et d'en faire ressortir la signification et les conséquences, nous entrerons dans quelques considérations générales sur les courbes auxquelles on a donné le nom de *caractéristiques*. Cette étude préliminaire nous paraît d'autant plus nécessaire que Monge, il faut bien le reconnaître, n'a jamais donné une théorie satisfaisante de ses méthodes d'intégration.

Bornons-nous, pour plus de netteté, à une équation de la forme

$$A(rt - s^2) + Br + 2Cs + B't + D = 0, \tag{1}$$

où A, B, C, D, B' sont des fonctions quelconques de x, y, z, p, q, et considérons x, y, z comme les coordonnées d'un point de l'espace. Pour trouver toutes les solutions possibles de l'équation proposée, il est clair que l'on peut se contenter de chercher toutes les surfaces, satisfaisant à l'équation (1), assujetties à la condition de passer par une courbe donnée et d'admettre en chaque point de cette courbe un plan tangent déterminé.

Si l'on se déplace le long de cette courbe, x, y, z, p, q sont des fonctions connues d'un paramètre variable et la différentiation nous donne les relations

$$dz = p\,dx + q\,dy; \tag{2}$$

$$\begin{cases} dp = r\,dx + s\,dy, \\ dq = s\,dx + t\,dy. \end{cases} \tag{3}$$

Les deux équations (3) ne nous permettent pas de déterminer les valeurs des trois dérivées r, s, t au point considéré de la courbe; mais, si l'on en tire r et t en fonction de s pour les porter dans l'équation (1), celle-ci prend la forme

$$Ms - L = 0, \tag{4}$$

où l'on a

$$\begin{cases} M = A(dp\,dx - dq\,dy) + B\,dy^2 + B'\,dx^2 - 2C\,dx\,dy, \\ L = A\,dp\,dq + B\,dp\,dy + B'\,dq\,dx + D\,dx\,dy. \end{cases} \tag{5}$$

Par conséquent, si M n'est pas nul, l'équation (4) détermine s et les équations (3) font ensuite connaître r et t.

Le même raisonnement, appliqué aux dérivées d'ordre supérieur, nous montre que les valeurs de toutes ces dérivées peuvent toujours être déterminées en chaque point de la courbe. On voit donc que, si l'on suppose la fonction z développée par la série de Taylor, on aura tous les coefficients de ce développement, pourvu toutefois que les valeurs initiales x_0, y_0 de x et de y se rapportent à un point de la courbe (C). Cauchy a considéré ce développement, et il a montré que, sous certaines conditions de continuité qu'il est inutile d'énoncer ici, il sera convergent et définira une intégrale de l'équation proposée, intégrale qui satisfera aux conditions énoncées. C'est dans ce sens que nous dirons que la condition de passer par une courbe donnée et d'être inscrite suivant cette courbe à une développable donnée définit une intégrale de l'équation aux dérivées partielles.

710. Mais les raisonnements qui précèdent supposent essentiellement que l'équation (4) fournit pour s une valeur qui n'est ni infinie ni indéterminée.

Écartons la considération de ce qui arrive en des points isolés. Si M est nul en tous les points de la courbe sans que L le soit, le problème proposé sera évidemment impossible, au moins si l'on se borne aux surfaces qui n'ont pas la courbe (C) pour ligne singulière. Au contraire, si M et L sont nuls, l'un et l'autre, en chaque point de la courbe (C), il est impossible de déterminer s et l'on reconnaît de même, en passant aux dérivées d'ordre supérieur, que, *dans chacun des ordres considérés successivement, une des dérivées peut être prise arbitrairement.*

Nous donnerons le nom de caractéristique *à l'assemblage formé par une courbe et la développable qui la contient, toutes les fois que les fonctions d'une seule variable qui déterminent cet assemblage satisfont aux deux conditions*

$$M = 0, \qquad L = 0. \tag{6}$$

Sur toute intégrale il y a une infinité de caractéristiques. En effet, si l'on se déplace sur une intégrale, on aura toujours l'équation (4) comme conséquence des équations (1), (2), (3), et, si l'on choisit pour les déplacements les directions qui satisfont à l'unique condition $M=0$, l'équation (4) donnera également $L=0$.

Comme l'équation $M = 0$ est du second degré en $\frac{dy}{dx}$, il y a, en général, deux familles distinctes de caractéristiques. On peut du reste séparer nettement ces deux familles et obtenir leurs équations sous une forme simple en opérant de la manière suivante : λ désignant une arbitraire quelconque, on a

$$\begin{aligned} 0 = AL + \lambda M = (A\,dp + B'\,dx + \lambda\,dy)(A\,dq + B\,dy + \lambda\,dx) \\ -(\lambda^2 + 2C\lambda + BB' - AD)\,dx\,dy. \end{aligned}$$

Si donc on prend successivement pour λ les deux racines λ_1 et λ_2 de l'équation

$$\lambda^2 + 2C\lambda + BB' - AD = 0, \tag{7}$$

on sera conduit aux deux équations

$$\begin{aligned} (A\,dp + B'\,dx + \lambda_1\,dy)(A\,dq + B\,dy + \lambda_1\,dx) = 0, \\ (A\,dp + B'\,dx + \lambda_2\,dy)(A\,dq + B\,dy + \lambda_2\,dx) = 0, \end{aligned}$$

qui se décomposent elles-mêmes en d'autres plus simples. En associant convenablement les facteurs obtenus et en ajoutant l'équation évidente

$$dz = p\,dx + q\,dy,$$

on sera conduit aux deux systèmes suivants

$$(8)\qquad \begin{cases} dz - p\,dx - q\,dy = 0, \\ A\,dp + B'\,dx + \lambda_1\,dy = 0, \\ A\,dq + B\,dy + \lambda_2\,dx = 0; \end{cases}$$

$$(9)\qquad \begin{cases} dz - p\,dx - q\,dy = 0, \\ A\,dp + B'\,dx + \lambda_2\,dy = 0, \\ A\,dq + B\,dy + \lambda_1\,dx = 0, \end{cases}$$

qui définissent les deux familles de caractéristiques. On voit que ces deux familles seront distinctes tant que les deux racines λ_1 et λ_2 seront inégales.

711. En résumé, le problème qui consiste à déterminer une intégrale de l'équation (1) tangente suivant une courbe donnée (C) à une développable donnée (Δ) est, en général, pleinement déterminé et admet une solution unique à moins que l'assemblage formé par la courbe (C) et la développable (Δ) qui la contient ne satisfasse aux équations (6) ou à l'un des systèmes (8), (9).

On peut évidemment présenter ce résultat sous une autre forme en disant que les caractéristiques sont les seules courbes suivant lesquelles deux intégrales différentes puissent être tangentes ou osculatrices. Ainsi :

Si deux intégrales de l'équation (1) *sont tangentes suivant une courbe, cette courbe est une caractéristique; en lui adjoignant les plans tangents, on obtient un assemblage qui satisfait aux équations* (6) *ou à l'un des systèmes* (8), (9).

Il résulte également des remarques précédentes que, si une surface quelconque est engendrée par des caractéristiques, c'est-à-dire s'il est possible de trouver sur cette surface une famille de courbes se succédant suivant une loi continue et qui, associées aux plans tangents, satisfassent chacune aux équations (8) ou (9), ou, ce qui est la même chose, aux équations (6), cette surface donne une intégrale de l'équation (1). En effet, on peut toujours remonter de l'équation (6) à l'équation (4), puis, en remplaçant dp et dq par leurs valeurs, à l'équation (1). Cette équation sera vérifiée en tous les points par lesquels passera une caractéristique, c'est-à-dire dans toute l'étendue de la surface.

712. Bien que ce qui concerne l'intégration de l'équation aux dérivées partielles soit étranger au sujet que nous voulons étudier plus loin, nous allons en dire quelques mots pour montrer avec quelle facilité les résultats connus se déduisent des considérations précédentes.

Supposons que l'un des systèmes (8) et (9), le système (8) par exemple, présente une combinaison intégrable

$$\omega(dz - p\,dx - q\,dy) + \omega_1(A\,dp + B'\,dx + \lambda_1\,dy) + \omega_2(A\,dq + B\,dy + \lambda_2\,dx) = d\varphi.$$

Nous allons montrer que *toutes les intégrales de l'équation du premier ordre*

$$\varphi = \text{const.},$$

satisferont à l'équation proposée. En effet, pour toute intégrale I de l'équation précédente, les trois équations (8) se réduiront à deux. Il sera donc possible de satisfaire à ces deux équations en prenant des valeurs convenables pour les rapports de dx, dy, dz et, par suite, de déterminer, sur l'intégrale I, une famille de courbes pour lesquelles auront lieu les trois équations (8).

La surface I, contenant une famille de caractéristiques, sera nécessairement une intégrale de l'équation proposée. Cette conclusion ne pourrait souffrir d'exception que si, pour l'intégrale I, un au moins des facteurs ω se présentait sous une forme indéterminée.

Inversement, si toutes les solutions de l'équation

$$\varphi(x, y, z, p, q) = \text{const.} \tag{10}$$

sont des intégrales de l'équation (1), l'un des deux systèmes (8) et (9) admettra la combinaison intégrable $d\varphi$. En effet, les caractéristiques de l'équation (10) sont définies par le système

$$\frac{dx}{\dfrac{\partial\varphi}{\partial p}} = \frac{dy}{\dfrac{\partial\varphi}{\partial q}} = \frac{-dp}{\dfrac{\partial\varphi}{\partial x} + p\dfrac{\partial\varphi}{\partial z}} = \frac{-dq}{\dfrac{\partial\varphi}{\partial y} + q\dfrac{\partial\varphi}{\partial z}} = \frac{dz}{p\dfrac{\partial\varphi}{\partial p} + q\dfrac{\partial\varphi}{\partial q}}. \tag{11}$$

Comme on sait qu'il existe une infinité d'intégrales de l'équation (10), et par conséquent de l'équation (1), qui sont tangentes les unes aux autres suivant chacune de ces caractéristiques, on voit que les valeurs de dx, dy, dp, ... tirées des équations précédentes devront satisfaire à l'un des systèmes (8) et (9). On a ainsi pour φ l'un ou l'autre des deux systèmes

$$(12)\quad \begin{cases} -A\left(\dfrac{\partial\varphi}{\partial x}+p\dfrac{\partial\varphi}{\partial z}\right)+B'\dfrac{\partial\varphi}{\partial p}+\lambda_1\dfrac{\partial\varphi}{\partial q}=0, \\ -A\left(\dfrac{\partial\varphi}{\partial y}+q\dfrac{\partial\varphi}{\partial z}\right)+B\dfrac{\partial\varphi}{\partial q}+\lambda_2\dfrac{\partial\varphi}{\partial p}=0; \end{cases}$$

$$(13)\quad \begin{cases} -A\left(\dfrac{\partial\varphi}{\partial x}+p\dfrac{\partial\varphi}{\partial z}\right)+B'\dfrac{\partial\varphi}{\partial p}+\lambda_2\dfrac{\partial\varphi}{\partial q}=0, \\ -A\left(\dfrac{\partial\varphi}{\partial y}+q\dfrac{\partial\varphi}{\partial z}\right)+B\dfrac{\partial\varphi}{\partial q}+\lambda_1\dfrac{\partial\varphi}{\partial p}=0. \end{cases}$$

Supposons, par exemple, que le premier soit vérifié. Si nous ajoutons les équations (9) après les avoir multipliées respectivement par

$$\frac{\partial\varphi}{\partial z},\quad \frac{1}{A}\frac{\partial\varphi}{\partial p},\quad \frac{1}{A}\frac{\partial\varphi}{\partial q},$$

nous aurons

$$\begin{aligned} \frac{\partial\varphi}{\partial z}dz+\frac{\partial\varphi}{\partial p}dp+\frac{\partial\varphi}{\partial q}dq+\left(B'\frac{\partial\varphi}{\partial p}+\lambda_1\frac{\partial\varphi}{\partial q}-Ap\frac{\partial\varphi}{\partial z}\right)\frac{dx}{A}& \\ +\left(B\frac{\partial\varphi}{\partial q}+\lambda_2\frac{\partial\varphi}{\partial p}-Aq\frac{\partial\varphi}{\partial z}\right)\frac{dy}{A}&=0 \end{aligned}$$

ou, en tenant compte des équations (12),

$$d\varphi=0.$$

La proposition que nous avions en vue est donc établie : les équations (9) admettent la combinaison intégrable $d\varphi$; et l'on verra de même que, si la fonction φ satisfait aux équations (13), la combinaison intégrable $d\varphi$ est fournie par le système (8).

713. Ce premier point étant établi, arrivons au cas où l'un des systèmes (8) et (9) admet deux combinaisons intégrables du, dv. Alors il admettra aussi la combinaison intégrable

$$du-\varphi'(v)\,dv=d[u-\varphi(v)],$$

où φ désigne une fonction arbitraire; et, par suite, toutes les solutions de l'équation

$$(14)\qquad u - \varphi(v) = 0$$

appartiendront à la proposée (1). L'équation précédente est d'ailleurs équivalente à la proposée; car, si l'on élimine la fonction φ entre l'équation et ses deux premières dérivées, on est conduit à l'équation du second ordre

$$(15)\qquad \frac{\partial(u, v)}{\partial(x, y)} = 0,$$

qui ne diffère de la proposée que par un facteur ([1]). Ce facteur ne peut être nul, infini, ou indéterminé, que pour certaines solutions exceptionnelles; et, tant qu'il ne sera pas nul, l'équation (14) sera équivalente à la proposée.

Réciproquement, si l'équation du second ordre doit admettre une intégrale première de la forme (14), il résulte des raisonnements du numéro précédent que les trois fonctions

$$u, \quad v, \quad u - \varphi(v),$$

doivent chacune satisfaire à l'un des deux systèmes (12), (13). Mais, comme deux d'entre elles appartiennent au même système, il en sera nécessairement de même de la troisième, qui est une fonction des deux autres. Ainsi, *pour trouver, si cela est possible, les intégrales intermédiaires de la forme* (14), *il faudra rechercher si l'un des systèmes* (12) *ou* (13) *admet deux solutions distinctes.*

Le problème qui consiste à reconnaître si deux équations linéaires telles que les équations (12) ou (13) admettent une ou plusieurs solutions distinctes est un de ceux que l'on sait le mieux résoudre aujourd'hui. On peut donc déduire des propositions précédentes une méthode régulière de recherche des intégrales intermédiaires de l'équation proposée et, plus généralement, de toutes les équations du premier ordre dont les différentes solutions appartiennent à la proposée.

([1]) On le vérifie aisément en tenant compte des équations (12) ou (13) auxquelles satisfont à la fois les fonctions u et v. Un calcul facile donne

$$\frac{\partial(u, v)}{\partial(x, y)} = \frac{\dfrac{\partial u}{\partial p}\dfrac{\partial v}{\partial q} - \dfrac{\partial u}{\partial q}\dfrac{\partial v}{\partial p}}{A}[A(rt - s^2) + Br + 2Cs + B't + D].$$

714. Les indications précédentes, quelque incomplètes qu'elles soient, mettent en évidence le rôle des caractéristiques dans la recherche des intégrales de l'équation proposée. On pourrait les développer et en tirer une théorie complète de l'équation (1); nous nous contenterons ici de traiter quelques applications; mais auparavant il importe de remarquer que les équations (6) ne peuvent être remplacées par un des systèmes (8) ou (9) que si A est différent de zéro. Considérons, par exemple, le système (8). Lorsque A est nul, les deux dernières équations se réduisent à une seule. Pour éviter cet inconvénient nous remarquerons que, dans le cas général, on peut déduire des équations (8) les deux suivantes

$$(8)' \qquad \begin{cases} B\,dp - \lambda_1\,dq + D\,dx = 0, \\ B'\,dq - \lambda_2\,dp + D\,dy = 0, \end{cases}$$

par l'élimination soit de dx, soit de dy. Le système des équations (8) et (8)' se réduira dans tous les cas à trois équations distinctes. En ajoutant de même aux équations (9) les deux suivantes

$$(9)' \qquad \begin{cases} B\,dp - \lambda_2\,dq + D\,dx = 0, \\ B'\,dq - \lambda_1\,dp + D\,dy = 0, \end{cases}$$

on n'éprouvera aucune difficulté dans les applications.

Considérons d'abord l'équation bien connue des surfaces développables

$$rt - s^2 = 0.$$

On a ici

$$B = C = B' = D = 0, \qquad A = 1, \qquad \lambda_1 = \lambda_2 = 0.$$

Les équations (8) se réduisent aux suivantes

$$dz - p\,dx - q\,dy = 0, \qquad dp = 0, \qquad dq = 0,$$

qui présentent trois combinaisons intégrables

$$dp, \quad dq, \quad d(z - px - qy).$$

On aura donc les deux intégrales du premier ordre

$$q = f(p),$$
$$z - px - qy = \varphi(p).$$

Si l'on différentie la dernière équation, il restera

$$[x + y f'(p) + \varphi'(p)]\,dp = 0.$$

En supprimant dp, on a bien les trois équations qui définissent une surface développable.

Prenons maintenant l'équation

$$q^2 r - 2pqs + p^2 t = 0.$$

Ici encore, les deux valeurs de λ sont égales et les équations différentielles de la caractéristique sont

$$dz - p\,dx - q\,dy = 0,$$
$$p\,dx + q\,dy = 0,$$
$$q\,dp - p\,dq = 0.$$

Elles admettent les trois combinaisons intégrables

$$dz = 0, \qquad d\frac{p}{q} = 0, \qquad d\left(y + x\frac{p}{q}\right) = 0.$$

On aura donc

$$\frac{p}{q} = \varphi(z), \qquad y + x\frac{p}{q} = \psi(z);$$

et, par conséquent, z sera déterminé par l'équation

$$y + x\varphi(z) = \psi(z).$$

Dans l'un et l'autre des exemples précédents, l'équation en λ a ses deux racines égales, et les équations différentielles de la caractéristique admettent trois combinaisons intégrables. La coïncidence n'est pas fortuite, et l'on peut démontrer que, si l'un des systèmes (8) ou (9) admet trois combinaisons intégrables, on a nécessairement $\lambda_1 = \lambda_2$ (¹).

715. Considérons encore l'équation

$$(1 + q^2)s - pqt = 0,$$

qui définit les surfaces pour lesquelles les sections faites par des

---

(¹) *Voir*, en particulier, notre *Mémoire sur les solutions singulières des équations aux dérivées partielles du premier ordre* (*Mémoires présentés par divers savants à l'Académie des Sciences*, t. XXVII). Dans ce travail, nous donnons, après M. Lie, le moyen de former toutes les équations de la forme (1) pour lesquelles l'un des systèmes (8) et (9) admet trois combinaisons intégrables et qui peuvent être regardées, par suite, comme ayant deux intégrales intermédiaires du premier ordre.

plans parallèles au plan des yz sont des lignes de courbure. On a

$$A = B = D = 0, \qquad C = \frac{1+q^2}{2}, \qquad B' = -pq,$$
$$\lambda_1 = 0, \qquad \lambda_2 = -1 - q^2.$$

Les deux systèmes de caractéristiques sont définis par les équations

$$\begin{array}{ll} dz - p\,dx - q\,dy = 0, & dz - p\,dx - q\,dy = 0, \\ dx = 0, & pq\,dx + (1+q^2)\,dy = 0, \\ (1+q^2)\,dp - pq\,dq = 0, & (1+q^2)\,dq = 0, \end{array}$$

qui conduisent respectivement aux deux intégrales intermédiaires suivantes

$$(16) \qquad \frac{p^2}{1+q^2} = \varphi'^2(x), \qquad y + qz = \psi(q).$$

Tirons-en les valeurs de p et de y, pour les porter dans l'équation

$$dz = p\,dx + q\,dy.$$

Nous trouverons

$$dz = \sqrt{1+q^2}\,\varphi'(x)\,dx + q\,\psi'(q)\,dq - q^2\,dz - qz\,dq,$$

ce qui peut s'écrire

$$d\left(z\sqrt{1+q^2}\right) - \frac{\psi'(q)q\,dq}{\sqrt{1+q^2}} - \varphi'(x)\,dx = 0.$$

En intégrant, on aura donc

$$(17) \qquad z\sqrt{1+q^2} = \int \frac{\psi'(q)q\,dq}{\sqrt{1+q^2}} + \varphi(x).$$

L'équation précédente, jointe à celles du système (16), donnera l'intégrale complète de la proposée. Mais on peut obtenir une forme plus élégante. Effectuons la substitution définie par les formules

$$\frac{q}{\sqrt{1+q^2}} = \alpha, \qquad \psi(q) = \theta'(\alpha),$$

d'où l'on déduit

$$q = \frac{\alpha}{\sqrt{1-\alpha^2}}, \qquad \sqrt{1+q^2} = \frac{1}{\sqrt{1-\alpha^2}}.$$

L'équation (17) et la seconde des équations (16) nous conduiront au système des deux suivantes

$$(18)\qquad \begin{cases} z\sqrt{1-\alpha^2}-\alpha y+\theta(\alpha)=\varphi(x), \\ -\dfrac{z\alpha}{\sqrt{1-\alpha^2}}-y+\theta'(\alpha)=0, \end{cases}$$

entre lesquelles il faudra éliminer α. La seconde s'obtient en prenant la dérivée de la première par rapport à α.

La première intégrale intermédiaire (16) exprime que les plans des lignes de courbure coupent la surface sous un angle constant.

716. Étudions enfin l'équation

$$rt-s^2+a^2=0,$$

que l'on rencontre dans la théorie mécanique de la chaleur. On a ici

$$A=1,\qquad B=C=B'=0,\qquad D=a^2,\qquad \lambda_1=a,\qquad \lambda_2=-a.$$

Le système (8) devient le suivant

$$dz=p\,dx+q\,dy,\qquad dp+a\,dy=0,\qquad dq-a\,dx=0.$$

Il admet deux combinaisons intégrables évidentes $p+ay$ et $q-ax$, d'où l'on déduira une intégrale intermédiaire en écrivant que $p+ay$ est une fonction de $q-ax$. On pourra donc poser, en introduisant une variable auxiliaire α,

$$(19)\qquad \begin{cases} p+ay=2\alpha, \\ q-ax=2\varphi(\alpha). \end{cases}$$

La système (9) conduirait de même aux deux équations

$$(20)\qquad \begin{cases} p-ay=2\beta, \\ q+ax=2\psi(\beta), \end{cases}$$

qui, jointes aux précédentes, nous donnent

$$\begin{aligned} ax&=\psi(\beta)-\varphi(\alpha), & p&=\alpha+\beta, \\ ay&=\alpha-\beta, & q&=\varphi(\alpha)+\psi(\beta). \end{aligned}$$

Ces valeurs permettent de former la différentielle de z; on a

$$a\,dz=ap\,dx+aq\,dy=(\alpha+\beta)(d\psi-d\varphi)+(\varphi+\psi)(d\alpha-d\beta).$$

On déduit de là, en intégrant,

$$az = [\varphi(\alpha) + \psi(\beta)](\alpha - \beta) - 2\int \alpha\, d\varphi(\alpha) + 2\int \beta\, d\psi(\beta).$$

La solution est ainsi complètement déterminée; on peut la débarrasser de tout signe de quadrature en remplaçant les symboles φ et ψ par des dérivées φ' et ψ'. On trouve ainsi

$$(21)\quad \begin{cases} ax = \psi'(\beta) - \varphi'(\alpha), \\ ay = \alpha - \beta, \\ az = (\alpha + \beta)[\psi'(\beta) - \varphi'(\alpha)] + 2\varphi(\alpha) - 2\psi(\beta), \end{cases}$$

$$(22)\qquad p = \alpha + \beta, \qquad q = \varphi'(\alpha) + \psi'(\beta).$$

Il suffira d'éliminer α et β entre les trois premières équations pour obtenir l'expression de z en fonction de x et de y.

717. Dans les deux derniers exemples que nous venons d'examiner, on peut obtenir une confirmation des résultats que nous avons signalés relativement aux caractéristiques, en étudiant, à l'aide des formules qui donnent l'intégrale générale, ce que nous pouvons appeler le *problème de Cauchy*, c'est-à-dire la détermination de la surface qui satisfait à l'équation aux dérivées partielles, passe par une courbe donnée et admet en chaque point de cette courbe un plan tangent donné. Pour plus de simplicité, nous nous contenterons d'examiner à ce point de vue l'équation qui a été intégrée dans le numéro précédent.

Soit (C) la courbe par laquelle doit passer l'intégrale. Comme p, q sont donnés pour chaque point de cette courbe, il résulte des formules (19) et (20) qu'en chacun de ces points on connaîtra α, β, $\varphi(\alpha)$, $\psi(\beta)$. Si, comme il arrive généralement, α et β ne conservent pas la même valeur en tous les points de la courbe, on connaîtra, par cela même, les fonctions $\varphi(\alpha)$, $\psi(\beta)$ pour toutes les valeurs de l'argument; et, par suite, l'intégrale cherchée sera complètement déterminée.

Mais il y a des cas d'exception. Nous laisserons au lecteur le soin de les étudier tous et nous nous contenterons de faire remarquer que, si la courbe (C) est une caractéristique; si l'on a, par exemple, en chacun de ses points,

$$p + ay = C, \qquad q - ax = C',$$

C et C′ étant deux constantes, la fonction $\varphi(\alpha)$ ne sera plus déterminée que pour une valeur de l'argument. D'après les formules (19), il suffira qu'elle ait la valeur $\frac{C'}{2}$ pour la valeur $\frac{C}{2}$ de l'argument. L'intégrale satisfaisant aux conditions proposées contiendra alors dans son expression une fonction $\varphi(\alpha)$ qui sera presque entièrement arbitraire, puisqu'elle sera assujettie à l'unique condition d'avoir une valeur donnée pour une valeur particulière de l'argument. Quant à la fonction $\psi(\beta)$, elle se déterminera comme dans le cas général.

718. Dans le cas où l'un ou l'autre des systèmes (8), (9) ne présente pas deux combinaisons intégrables, on ne connaissait aucune méthode permettant d'obtenir l'intégration de l'équation aux dérivées partielles proposée. Dans un travail déjà ancien [1], j'en ai proposé une, qui va plus loin que celle de Monge et qui permet d'obtenir l'intégration dans une infinité de cas nouveaux. L'exposition de cette méthode nous entraînerait loin de notre sujet; je me contenterai d'avoir donné une définition précise des caractéristiques, définition que nous allons employer dans l'étude de l'équation aux dérivées partielles des surfaces applicables sur une surface donnée.

Reprenons, pour cela, la méthode développée au n° 706; a, b, c étant les cosinus des angles que font les axes du trièdre mobile avec l'axe des x du trièdre fixe, c'est-à-dire avec une droite fixe quelconque de l'espace, on a

$$(23)\qquad \frac{\partial x}{\partial u} = a\xi + b\eta, \qquad \frac{\partial x}{\partial v} = a\xi_1 + b\eta_1,$$

$$(24)\qquad \begin{cases} cp = ar + \dfrac{\partial b}{\partial u}, & cp_1 = ar_1 + \dfrac{\partial b}{\partial v}, \\[2ex] cq = br - \dfrac{\partial a}{\partial u}, & cq_1 = br_1 - \dfrac{\partial a}{\partial v}, \end{cases}$$

et l'équation aux dérivées partielles s'obtient en portant ces valeurs de p, q, p_1, q_1 dans la relation

$$(25)\qquad pq_1 - qp_1 = \frac{\partial r}{\partial v} - \frac{\partial r_1}{\partial u}.$$

---

[1] *Sur les équations aux dérivées partielles* (*Annales de l'École Normale*, 1re série, t. VII, p. 163; 1870).

Supposons, pour la commodité du langage, que l'on connaisse déjà une surface (S) admettant l'élément linéaire donné. Le *problème de Cauchy* peut s'énoncer ici de la manière suivante :

Étant donnée une courbe (Γ), *tracée sur* (S), *déterminer une fonction x, qui prenne, ainsi que ses deux dérivées premières, des valeurs données à l'avance en chaque point de* (Γ), ces fonctions devant évidemment satisfaire, quand on se déplacera sur (Γ), à la relation

$$(26) \qquad dx = \frac{\partial x}{\partial u} du + \frac{\partial x}{\partial v} dv,$$

qui détermine, par exemple, $\frac{\partial x}{\partial v}$ lorsqu'on se donne x et $\frac{\partial x}{\partial u}$.

Il résulte des formules (23) que a et b auront des valeurs connues en chaque point de la courbe (Γ). Il sera donc possible de calculer les différentielles da, db relatives à un déplacement s'effectuant sur cette courbe. Or on a

$$(27) \qquad \left\{ \begin{aligned} \frac{da}{ds} &= b\left(r\frac{du}{ds} + r_1\frac{dv}{ds}\right) - c\left(q\frac{du}{ds} + q_1\frac{dv}{ds}\right), \\ \frac{db}{ds} &= c\left(p\frac{du}{ds} + p_1\frac{dv}{ds}\right) - a\left(r\frac{du}{ds} + r_1\frac{dv}{ds}\right). \end{aligned} \right.$$

Comme la rotation $r\frac{du}{ds} + r_1\frac{dv}{ds}$ dépend exclusivement de l'élément linéaire, on voit qu'il sera possible de calculer, en chaque point de (Γ), les rotations

$$P = p\frac{du}{ds} + p_1\frac{dv}{ds}, \qquad Q = q\frac{du}{ds} + q_1\frac{dv}{ds}$$

relatives à un déplacement sur cette courbe.

Or, si l'on se reporte aux formules du Tableau II [II, p. 383], on reconnaît immédiatement que la connaissance des quantités précédentes permet de calculer, en chaque point de (Γ), la courbure normale, la courbure géodésique et la torsion de cette courbe. On pourra évidemment exprimer la courbure et la torsion en fonction de l'arc de (Γ); et l'on sait que ces expressions déterminent d'une manière complète la forme de la courbe.

Réciproquement, supposons que l'on se donne la transformée (D) de (Γ). Ajoutons, pour préciser, que l'on a marqué sur (D) le point B qui correspond à un point A de (Γ); alors le point M' de (D) qui correspond à un point quelconque M de (Γ) sera déterminé par la condition que l'arc BM' de (D) soit égal à l'arc AM de (Γ). Comme on connaît, en tous les points de (D), la courbure et la torsion, les formules des Tableaux I et II nous permettront de calculer, pour chaque point de cette courbe, l'angle ω que fait sa tangente avec l'axe des x du trièdre (T), ainsi que l'angle ϖ que fait la normale à la surface avec le plan osculateur [1] de la courbe. La détermination de ces deux angles permet évidemment de calculer sans ambiguïté les neuf cosinus directeurs qui feront connaître la position du trièdre (T) par rapport aux axes fixes lorsque (Γ) sera venue coïncider avec (D), et, en particulier, les cosinus a et b. On pourra donc déduire des formules (23) les valeurs de $\frac{\partial x}{\partial u}, \frac{\partial x}{\partial v}$, en chaque point de (D), ce qui nous ramènera à l'énoncé primitif.

Le problème que nous nous sommes proposé peut donc, dans tous les cas, être énoncé sous la forme suivante :

Étant donnée une surface (S), *la déformer de telle manière qu'une courbe* (Γ) *tracée sur cette surface vienne coïncider avec une courbe* (D), *donnée dans l'espace* [2].

Il sera susceptible d'une solution déterminée tant que la courbe (Γ) ne satisfera pas, en vertu des conditions posées, à la première des équations différentielles (5) des caractéristiques; et, par suite, l'étude de ses cas d'impossibilité et d'indétermi-

---

(1) L'angle ϖ toutefois ne sera réel que si la courbure $\frac{1}{\rho}$ en chaque point M' de (D) est supérieure à la courbure géodésique $\frac{1}{\rho_g}$ de (Γ) au point correspondant M. Cela résulte immédiatement de l'équation évidente

$$\frac{\sin\varpi}{\rho} = \frac{1}{\rho_g}.$$

Ajoutons que l'angle ϖ, étant déterminé par son sinus, pourra prendre deux valeurs supplémentaires l'une de l'autre; ce qui conduira à deux solutions distinctes du problème que nous avons en vue.

(2) Le cas particulier où (D) est une droite ne présente pas de difficulté particulière et ne met pas en défaut nos conclusions; mais, pour plus de netteté, nous l'écarterons en laissant au lecteur le soin de le traiter.

nation nous fera connaître ces caractéristiques. Nous allons le traiter directement, en choisissant les variables les plus simples.

719. Rapportons les points de la surface à un système de coordonnées rectangulaires tel que la courbe (Γ) devienne une des courbes coordonnées et soit représentée par l'équation

$$v = 0,$$

ce qui est évidemment toujours possible.

On aura, en adoptant les notations du Tableau IV [II, p. 385],

$$\frac{\partial x}{\partial u} = \mathrm{A}a, \qquad \frac{\partial x}{\partial v} = \mathrm{C}b. \tag{28}$$

Une fois connus a et b, les relations

$$\frac{\partial a}{\partial u} = br - cq, \qquad \frac{\partial b}{\partial u} = cp - ar, \tag{29}$$

relatives à un déplacement sur la courbe (Γ), feront connaître p et q. La relation, empruntée au Tableau IV,

$$\mathrm{A}q_1 + \mathrm{C}p = 0 \tag{30}$$

fera ensuite connaître q_1; et enfin l'équation (25) donnera p_1 *pourvu que q ne soit pas nulle*. Une fois connues les rotations p, q, p_1, q_1 pour chaque point de la courbe (Γ), les formules (24), donnant les dérivées premières des cosinus a et b, feront connaître par cela même les dérivées secondes de x pour chaque point de la courbe (Γ). Il résulte en effet des formules (28) que les dérivées secondes de x s'expriment en fonction de a, b et de leurs dérivées premières.

Le problème proposé, qui équivaut, nous l'avons vu, à la détermination des dérivées secondes de x en chaque point de (Γ), ne peut donc devenir impossible ou indéterminé que dans le cas où les conditions proposées donneraient pour q une valeur nulle. Or il suffit de se reporter à la formule (4) du Tableau IV pour reconnaître qu'alors la courbe (Γ) deviendrait une ligne asymptotique. Il est donc établi de nouveau que *les caractéristiques de l'équation aux dérivées partielles à laquelle satisfait x sont les lignes asymptotiques,* et nous pouvons énoncer le théorème suivant :

On peut toujours déformer une surface (S) *de telle manière qu'une courbe* (Γ), *tracée sur elle et donnée à l'avance, vienne coïncider avec une courbe* (D) *de l'espace, à moins que la condition ainsi proposée n'entraîne cette conséquence que* (D) *serait, après la déformation, une ligne asymptotique de la surface.*

On donnera plus de précision à la dernière partie de l'énoncé en la transformant de la manière suivante. Soit M le point de (Γ) qui devra coïncider avec un point quelconque M' de (D). Si la courbure de la courbe (D) en M' est constamment égale à la courbure géodésique de (Γ) au point correspondant M, le mouvement de déformation qui amènerait (Γ) à coïncider avec (D) ferait de cette courbe (D) une ligne asymptotique de la surface déformée, puisque la courbure géodésique de cette ligne serait, en chaque point, égale à sa courbure absolue. Nous obtenons donc la proposition suivante :

On peut toujours déformer la surface (S) *de telle manière qu'une de ses courbes* (Γ) *vienne coïncider avec une courbe quelconque de l'espace* (D), *pourvu que la courbure en chaque point de* (D) *ne soit pas égale à la courbure géodésique de* (Γ) *au point correspondant.*

720. Il ne nous reste plus qu'à distinguer les cas où le problème sera impossible de ceux où il sera indéterminé. C'est ce que l'on peut faire de la manière suivante.

Lorsque les équations (29) nous donneront pour q une valeur nulle, l'équation (25), qui faisait connaître p_1, se réduira, en chaque point de (Γ), à celle-ci

$$pq_1 = \frac{\partial r}{\partial v} - \frac{\partial r_1}{\partial u},$$

qui devient, si l'on tient compte de l'équation (30),

$$\left(\frac{p}{A}\right)^2 = -\frac{\dfrac{\partial r}{\partial v} - \dfrac{\partial r_1}{\partial u}}{AC}.$$

Si cette relation est vérifiée en chaque point de la courbe (D), le problème sera indéterminé; sinon il sera impossible. Or, si l'on emploie les formules des Tableaux II et IV, on peut remplacer l'équation précédente par la suivante

$$(31)\qquad \tau^2 = -RR',$$

où τ désigne le rayon de torsion de la courbe (D) et où R et R' sont les rayons de courbure principaux de la surface. Nous pouvons donc énoncer le résultat suivant :

Le problème proposé sera indéterminé si la torsion en chaque point de (D) *est égale à* $\sqrt{\frac{-1}{RR'}}$, $\frac{1}{RR'}$ *désignant la courbure de* (S) *au point correspondant de* (Γ). *Il sera impossible dans le cas contraire* (¹).

Nous retrouvons ici une propriété des lignes asymptotiques que nous devons à M. Enneper et qui a été déjà démontrée au n° 512. Elle se relie, on le voit, de la manière la plus étroite à la proposition fondamentale que nous étudions maintenant, et d'après laquelle les lignes asymptotiques sont les caractéristiques de l'équation aux dérivées partielles dont dépend le problème de la déformation d'une surface.

721. Pour éclaircir les considérations précédentes, nous allons étudier quelques applications particulières.

Étant donnée une surface (S) *et une courbe* (Γ), *tracée sur cette surface, peut-on déformer la surface sans déformer la courbe?*

La réponse est très simple : la déformation est impossible si la courbe (Γ) n'est pas une asymptotique ; elle est possible d'une infinité de manières dans le cas contraire. C'est là une remarquable propriété des lignes asymptotiques.

Peut-on déformer la surface (S) *de telle manière qu'une de ses courbes* (Γ) *devienne une asymptotique de la surface déformée?*

(¹) Quand nous disons que le problème est indéterminé, nous entendons par là que les coefficients des séries par lesquelles la surface serait définie demeurent, en partie, arbitraires, sans que la convergence de ces séries soit établie.

Au reste, dans tous les cas où l'on peut effectuer l'intégration, on reconnaît que l'indétermination existe réellement.

La courbe (D) dans laquelle doit se transformer (Γ) sera pleinement déterminée par les propositions précédentes, puisqu'on connaîtra, en chaque point de (D), la courbure absolue, qui sera égale à la courbure géodésique de (Γ) au point correspondant, et la torsion, qui sera égale à la courbure totale de la surface en ce même point de (Γ). Ces deux quantités seront, par suite, des fonctions données de l'arc s, et leur détermination permettra de construire la courbe (D). Mais, bien que l'on connaisse cette courbe, le problème proposé sera indéterminé : il y aura une infinité de déformations de (S) pour lesquelles (Γ) coïncidera avec (D).

Étant donnée une courbe (D) *et une développable* (Δ) *circonscrite à* (D), *est-il possible de déformer une surface* (S) *de telle manière qu'elle vienne passer par* (D) *et soit tangente à* (Δ) *en tous les points de* (D)?

Ce problème est tout à fait différent des précédents; car on n'indique nullement la courbe de (S) qui doit venir coïncider avec (D). On peut le résoudre de la manière suivante.

Supposons d'abord que la développable (Δ) ne soit pas l'enveloppe des plans osculateurs de (D). Si le problème est possible, (D) ne sera pas une asymptotique de la surface déformée. Cherchons la courbe (Γ) de (S) qui viendra coïncider avec (D). Soit M' le point de (Γ) qui viendra en un point quelconque M de (D). Comme on connaît, au point M, la courbure de (D) et l'angle que fait le plan osculateur de cette courbe avec le plan tangent de la développable (Δ), qui doit devenir le plan tangent de la surface déformée, on connaîtra, par cela même, la courbure géodésique qu'aura (D) en M et par suite (Γ) en M'. Ainsi la courbure géodésique $\frac{1}{\rho_g}$ pourra être exprimée en fonction de l'arc. Soit

$$\rho_g = \varphi(s) \tag{32}$$

la relation ainsi obtenue. On en déduit aisément une équation du troisième ordre à laquelle devra satisfaire la courbe cherchée (Γ). Réciproquement, d'après ce que nous avons vu plus haut, toute courbe intégrale de cette équation fournira une solution du problème proposé.

Si, au contraire, la développable (Δ) est l'enveloppe des plans osculateurs de (D), le problème ne sera possible que sous certaines conditions. En effet, au point M de (D), la torsion est connue, c'est une certaine fonction de l'arc. On a

$$\tau = \psi(s).$$

D'autre part, si le problème est possible, (D) sera évidemment une asymptotique de la surface déformée, et l'on aura nécessairement

$$\tau = \sqrt{-RR'},$$

$\frac{1}{RR'}$ étant la courbure totale de la surface au point M de (D) ou, ce qui est la même chose, au point M' de (Γ). On devra donc avoir

$$RR' = -\psi^2(s), \tag{33}$$

et cette relation, qui conduit à une équation du premier ordre pour la courbe (Γ), devra avoir au moins une intégrale particulière commune avec l'équation (32). On va voir qu'il résulte de là une condition pour la courbe (D).

Différentions, en prenant v comme variable indépendante, trois fois l'équation (33) et une fois l'équation (32), après y avoir remplacé la courbure géodésique par son expression en fonction des coordonnées u, v. Nous obtiendrons ainsi un système de six équations dont les premiers membres seront des fonctions connues de $u, v, \frac{du}{dv}, \frac{d^2u}{dv^2}, \frac{d^3u}{dv^3}$. L'élimination de ces cinq quantités conduira, en général, à une seule relation de la forme

$$\Phi(\varphi, \varphi', \psi, \psi', \psi'', \psi''') = 0$$

ou encore

$$\Phi\left(\rho, \frac{d\rho}{ds}, \tau, \frac{d\tau}{ds}, \frac{d^2\tau}{ds^2}, \frac{d^3\tau}{ds^3}\right) = 0, \tag{34}$$

ρ, τ, s désignant le rayon de courbure, le rayon de torsion et l'arc de la courbe (D). On forme ainsi une équation différentielle à laquelle cette courbe devra satisfaire. En d'autres termes, la relation précédente devra être vérifiée par toutes les asymptotiques des surfaces résultant de la déformation de (S).

Cette équation se simplifie d'ailleurs dans certains cas spéciaux. Si la courbure totale de la surface donnée est constante et égale à

$-\frac{1}{a^2}$, on devra avoir simplement

$$\tau = a.$$

Ainsi la courbe (D) devra avoir sa torsion constante.

Supposons, par exemple, que l'on prenne pour (D) une hélice tracée sur un cylindre de révolution. Les courbes de la surface qui pourront s'appliquer sur cette hélice, tout en devenant des lignes asymptotiques, sont, évidemment, les cercles géodésiques dont la courbure géodésique est égale à la courbure de l'hélice (¹).

722. Puisque les asymptotiques sont les caractéristiques de l'équation aux dérivées partielles que nous étudions, il est naturel d'introduire la considération de ces lignes et de chercher quelles sont les équations aux dérivées partielles qui les déterminent, lorsqu'on connaît seulement l'élément linéaire de la surface. Nous allons commencer par résoudre le problème suivant :

L'élément linéaire d'une surface étant donné sous la forme

$$ds^2 = \mathrm{E}\,du^2 + 2\mathrm{F}\,du\,dv + \mathrm{G}\,dv^2,$$

quelles relations doit-il y avoir entre E, F, G *pour que les lignes coordonnées soient les asymptotiques de l'une des surfaces résultant de la déformation de la proposée?*

Reportons-nous à l'équation (5) du Tableau I [II, p. 382]. En exprimant que les coefficients de du^2 et de dv^2 sont nuls dans l'équation différentielle des asymptotiques, nous aurons

$$p\eta - q\xi = 0, \qquad p_1\eta_1 - q_1\xi_1 = 0;$$

ces deux conditions nous permettent de poser

$$p = \lambda\xi, \qquad q = \lambda\eta, \qquad p_1 = \mu\xi_1, \qquad q_1 = \mu\eta_1.$$

(¹) En terminant ce sujet, nous nous empressons de signaler le Mémoire suivant :

WEINGARTEN (J.), *Ueber die Deformationen einer biegsamen unausdehnbaren Fläche* (*Journal de Crelle*, t. C, p. 296; 1886),

où se trouvent étudiées, par des méthodes toutes différentes, les questions analogues à celles que nous venons d'examiner.

La proposition fondamentale d'après laquelle les asymptotiques sont les caractéristiques de l'équation aux dérivées partielles en x a été déjà donnée dans notre Cours de 1882; les autres développements donnés dans le texte remontent à nos Leçons de 1885.

Portant ces valeurs dans les deux relations de la troisième ligne du système (A) (même Tableau), nous trouverons

$$\lambda + \mu = 0, \qquad \frac{\partial r}{\partial v} - \frac{\partial r_1}{\partial u} = \lambda\mu(\xi\eta_1 - \eta\xi_1).$$

Si donc on désigne, pour abréger, par k la quantité

$$k = \sqrt{\frac{\dfrac{\partial r_1}{\partial u} - \dfrac{\partial r}{\partial v}}{\xi\eta_1 - \eta\xi_1}} = \sqrt{\frac{-1}{RR'}}, \tag{35}$$

on aura

$$\lambda = -\mu = k, \tag{36}$$

et les équations (A) entre les rotations nous donneront

$$\left\{\begin{aligned} \frac{\partial(k\xi)}{\partial v} + \frac{\partial(k\xi_1)}{\partial u} &= k(\eta r_1 + r\eta_1), \\ \frac{\partial(k\eta)}{\partial v} + \frac{\partial(k\eta_1)}{\partial u} &= -k(r\xi_1 + \xi r_1). \end{aligned}\right. \tag{37}$$

On déduit de là, après quelques réductions et en remplaçant r et r_1 par leurs valeurs tirées des équations (A),

$$\left\{\begin{aligned} \frac{\partial \log k}{\partial u}(EG - F^2) &= F\frac{\partial E}{\partial v} - E\frac{\partial G}{\partial u}, \\ \frac{\partial \log k}{\partial v}(EG - F^2) &= F\frac{\partial G}{\partial u} - G\frac{\partial E}{\partial v}. \end{aligned}\right. \tag{38}$$

Telles sont les deux équations de condition cherchées.

Nous allons les écrire de manière qu'elles ne contiennent que des invariants des paramètres u et v des deux familles de lignes asymptotiques. Si l'on conserve H pour représenter $\sqrt{EG - F^2}$, on a

$$\Delta u = \frac{G}{H^2}, \qquad \Delta(u, v) = -\frac{F}{H^2}, \qquad \Delta_2 u = \frac{1}{H}\left[\frac{\partial}{\partial u}\left(\frac{G}{H}\right) - \frac{\partial}{\partial v}\left(\frac{F}{H}\right)\right],$$

$$\Delta(v, \Delta u) = \frac{E}{H^2}\frac{\partial \Delta u}{\partial v} - \frac{F}{H^2}\frac{\partial \Delta u}{\partial u} = \frac{E}{H^4}\frac{\partial G}{\partial v} - \frac{F}{H^4}\frac{\partial G}{\partial u} - \frac{2EG}{H^5}\frac{\partial H}{\partial v} + \frac{2GF}{H^5}\frac{\partial H}{\partial u},$$

et de là on déduit, par un calcul facile,

$$\Delta(v, \Delta u) - 2\,\Delta_2 u\,\Delta(u, v) = \frac{F}{H^4}\frac{\partial G}{\partial u} - \frac{G}{H^4}\frac{\partial E}{\partial v}.$$

D'autre part, on a aussi

$$\Theta(u, \log k) = \frac{1}{H}\frac{\partial \log k}{\partial v}, \qquad \Theta(u, v) = \frac{1}{H}.$$

Ces relations permettent de donner à la seconde équation (38) la forme définitive

$$(39) \qquad \Delta(v, \Delta u) - 2\Delta_2 u\, \Delta(u, v) = \Theta(u, \log k)\,\Theta(u, v),$$

qui ne contient plus que des invariants. Par raison de symétrie, la première des équations (38) prendra la forme analogue

$$(40) \qquad \Delta(u, \Delta v) - 2\Delta_2 v\, \Delta(u, v) = \Theta(v, \log k)\,\Theta(v, u).$$

Si maintenant, pour revenir à nos notations habituelles, nous désignons par u et v des coordonnées curvilignes quelconques et par α et β les paramètres des deux familles de lignes asymptotiques de la surface, nous voyons que ces paramètres α et β devront satisfaire aux deux équations simultanées du second ordre

$$(41) \qquad \begin{cases} \Delta(\alpha, \Delta\beta) - 2\Delta_2\beta\, \Delta(\alpha, \beta) = \Theta(\beta, \log k)\,\Theta(\beta, \alpha), \\ \Delta(\beta, \Delta\alpha) - 2\Delta_2\alpha\, \Delta(\alpha, \beta) = \Theta(\alpha, \log k)\,\Theta(\alpha, \beta). \end{cases}$$

La première est linéaire par rapport aux dérivées de α, la seconde par rapport à celles de β. En éliminant, soit α, soit β, on sera conduit à une équation du troisième ordre à laquelle satisfera la fonction que l'on conserve. Il serait facile de former et d'écrire, à l'aide des invariants, cette équation du troisième ordre; mais nous laisserons ce point à étudier au lecteur.

723. Les calculs précédents conduisent à plusieurs conséquences sur lesquelles il convient d'insister.

En premier lieu, nous voyons que, si l'on donne, en même temps que l'élément linéaire d'une surface, ses lignes asymptotiques des deux systèmes, la surface est pleinement déterminée. En effet, si l'on prend ces deux familles d'asymptotiques pour lignes coordonnées, les calculs du n° 722 nous montrent que l'on connaîtra, pour chaque point de la surface, les six rotations. La forme de la surface sera donc entièrement connue (n° 484). Comme on peut prendre un double signe pour la valeur de k, on obtiendra en réalité deux surfaces, symétriques l'une de l'autre.

Nous pouvons donc énoncer le théorème suivant, établi en premier lieu par M. O. Bonnet :

Si deux surfaces sont applicable, l'une sur l'autre de telle manière que toutes les lignes asymptotiques de l'une correspondent aux lignes asymptotiques de l'autre, les deux surfaces sont égales ou symétriques.

Mais on peut compléter cette proposition, en supposant que l'on connaisse une *seule* famille de lignes asymptotiques. Par exemple, dans les équations (41), on connaîtra α, dont l'expression sera donnée en fonction de u et de v. Il est aisé de voir que l'on pourra déterminer β.

En effet, substituons dans la seconde des équations (41) la valeur de α; elle prend la forme

$$M\frac{\partial\beta}{\partial u} + N\frac{\partial\beta}{\partial v} = 0.$$

Par suite, si M et N ne sont pas nuls en même temps, on obtiendra la seconde famille d'asymptotiques en intégrant l'équation du premier ordre

$$N\,du - M\,dv = 0,$$

où M et N ne dépendent que de l'élément linéaire et de l'expression de α. Par conséquent, *la connaissance d'une des familles de lignes asymptotiques entraînera celle de l'autre.*

Examinons maintenant le cas d'exception où M et N seraient nuls en même temps. Alors la seconde des équations (41) sera vérifiée identiquement quand on y remplacera α par son expression donnée; en d'autres termes, elle aura lieu quelle que soit la fonction β. En particulier, remplaçons-y β par α, il viendra

$$(42) \qquad \Delta(\alpha, \Delta\alpha) - 2\,\Delta_2(\alpha)\Delta\alpha = 0.$$

Or cette équation exprime, nous l'avons vu (n° 676), que les courbes de paramètre α sont des géodésiques. Comme elles sont déjà des asymptotiques, elles ne peuvent être que des droites; et notre cas d'exception se trouve ainsi défini : il ne peut avoir lieu que pour des surfaces réglées et pour la famille d'asymptotiques constituée par leurs génératrices rectilignes. En résumé, on obtient le résultat suivant :

Deux surfaces applicables l'une sur l'autre sont égales ou symétriques lorsque les lignes asymptotiques de l'un *des systèmes dans une des surfaces ont pour transformées des lignes asymptotiques (formant nécessairement un seul système) dans l'autre surface, à moins que les surfaces ne soient réglées et que les asymptotiques qui se correspondent ne soient les génératrices rectilignes.*

Cette proposition, qui est due à M. O. Bonnet [1], résulte immédiatement de ce que la connaissance d'une des familles asymptotiques entraîne celle de l'autre. Dans le Chapitre suivant, nous étudierons d'une manière spéciale la propriété qui se présente ici pour les surfaces gauches. Nous nous contenterons, pour le moment, de remarquer que, réciproquement, si la surface est gauche et si α est le paramètre des génératrices rectilignes, la seconde des équations (41) sera vérifiée identiquement quand on y remplacera β par une fonction quelconque. En effet, cette équation est vérifiée quand on y remplace β par α en vertu même de l'équation (42), à laquelle satisfait le paramètre α; elle l'est encore quand on y remplace β par le paramètre de la seconde famille de lignes asymptotiques; comme elle peut se ramener à la forme

$$M\frac{\partial\beta}{\partial u} + N\frac{\partial\beta}{\partial v} = 0,$$

elle ne peut admettre deux intégrales *distinctes* sans se réduire à une identité.

724. On déduit de cette remarque une démonstration très simple de la proposition de M. Bonnet, déjà établie au Chapitre II [p. 239].

Si deux surfaces gauches (S_1) *et* (S_2) *sont applicables l'une sur l'autre, les génératrices rectilignes se correspondent sur les deux surfaces, à moins qu'elles ne soient, l'une et l'autre, applicables sur une surface du second degré* (S) *de telle manière que les génératrices rectilignes de* (S_1) *et de* (S_2) *correspondent aux deux systèmes différents de droites de* (S).

---

[1] *Journal de l'École Polytechnique*, XLIIe Cahier, p. 44.

En effet, supposons les deux surfaces rapportées au même système de coordonnées, et soient α, β les paramètres des deux familles de génératrices rectilignes de (S_1) et de (S_2). D'après la remarque précédente, β étant le paramètre des génératrices rectilignes de (S_2), l'équation

$$\Delta(\alpha', \Delta\beta) - 2\Delta_2\beta\,\Delta(\alpha', \beta) = \Theta(\beta, \log k)\,\Theta(\beta, \alpha')$$

sera une identité, c'est-à-dire qu'elle sera vérifiée quelle que soit la fonction α'. Pour la même raison, l'équation

$$\Delta(\beta', \Delta\alpha) - 2\Delta_2\alpha\,\Delta(\beta', \alpha) = \Theta(\alpha, \log k)\,\Theta(\alpha, \beta')$$

aura lieu pour toutes les fonctions β'. Remplaçons, dans la première, α' par α et, dans la seconde, β' par β : nous retrouverons les deux équations (41). Or ces équations expriment que α et β sont les paramètres des asymptotiques d'une surface admettant l'élément linéaire donné. Il y a donc une surface (S) applicable sur les deux surfaces réglées et admettant pour asymptotiques les courbes de paramètres α et β. Mais, comme toutes ces courbes correspondent à des droites de (S_1) ou de (S_2), elles sont géodésiques et, par conséquent, ne peuvent devenir asymptotiques sans se réduire à des droites. La surface (S) est donc doublement réglée; et ainsi se trouve complètement démontrée la proposition que nous avions en vue.

725. On peut introduire d'une manière toute différente la considération des lignes asymptotiques.

Soient u et v les coordonnées curvilignes d'un point de la surface, α et β les paramètres des deux familles d'asymptotiques. Au lieu de chercher les expressions de α et de β en u et v, proposons-nous de déterminer u et v, considérées comme fonctions des deux paramètres α et β.

Pour cela, nous remarquerons que, si l'on conserve toutes les notations du Tableau I [II, p. 382], l'équation différentielle (4) des lignes asymptotiques peut être remplacée par le système des deux suivantes

$$(43)\qquad \begin{cases} p\,du + p_1\,dv = \lambda(\xi\,du + \xi_1\,dv), \\ q\,du + q_1\,dv = \lambda(\eta\,du + \eta_1\,dv), \end{cases}$$

où λ désigne une inconnue auxiliaire. Si, pour la déterminer, on élimine $\frac{du}{dv}$ entre les deux équations précédentes, on est conduit, en tenant compte d'une des équations du Tableau (A), à l'équation

$$\lambda^2(\xi\eta_1 - \eta\xi_1) + pq_1 - qp_1 = 0,$$

qui nous donne

$$\lambda^2 = \frac{-1}{RR'} = k^2, \qquad \lambda = \pm k. \tag{44}$$

Ainsi λ est un invariant dont on connaît la valeur. En prenant successivement les deux signes, on est conduit successivement aux deux systèmes

$$\left\{\begin{aligned} p\frac{\partial u}{\partial \alpha} + p_1\frac{\partial v}{\partial \alpha} &= \lambda\left(\xi\frac{\partial u}{\partial \alpha} + \xi_1\frac{\partial v}{\partial \alpha}\right),\\ q\frac{\partial u}{\partial \alpha} + q_1\frac{\partial v}{\partial \alpha} &= \lambda\left(\eta\frac{\partial u}{\partial \alpha} + \eta_1\frac{\partial v}{\partial \alpha}\right),\end{aligned}\right. \tag{45}$$

$$\left\{\begin{aligned} p\frac{\partial u}{\partial \beta} + p_1\frac{\partial v}{\partial \beta} &= -\lambda\left(\xi\frac{\partial u}{\partial \beta} + \xi_1\frac{\partial v}{\partial \beta}\right),\\ q\frac{\partial u}{\partial \beta} + q_1\frac{\partial v}{\partial \beta} &= -\lambda\left(\eta\frac{\partial u}{\partial \beta} + \eta_1\frac{\partial v}{\partial \beta}\right),\end{aligned}\right. \tag{45'}$$

qui permettront, par exemple, de calculer p, q, p_1, q_1. En portant les valeurs obtenues dans le système (A), on aura les équations aux dérivées partielles qui déterminent u et v, considérées comme fonctions de α et de β.

Le calcul est beaucoup abrégé si l'on écrit, par exemple, la première de ces relations sous la forme, qu'il est aisé de vérifier,

$$\begin{aligned}\frac{\partial}{\partial \beta}\left(p\frac{\partial u}{\partial \alpha} + p_1\frac{\partial v}{\partial \alpha}\right) - \frac{\partial}{\partial \alpha}\left(p\frac{\partial u}{\partial \beta} + p_1\frac{\partial v}{\partial \beta}\right) = &\left(q\frac{\partial u}{\partial \alpha} + q_1\frac{\partial v}{\partial \alpha}\right)\left(r\frac{\partial u}{\partial \beta} + r_1\frac{\partial v}{\partial \beta}\right)\\ &- \left(q\frac{\partial u}{\partial \beta} + q_1\frac{\partial v}{\partial \beta}\right)\left(r\frac{\partial u}{\partial \alpha} + r_1\frac{\partial v}{\partial \alpha}\right).\end{aligned}$$

En remplaçant $p\frac{\partial u}{\partial \alpha} + p_1\frac{\partial v}{\partial \alpha}$, $p\frac{\partial u}{\partial \beta} + p_1\frac{\partial v}{\partial \beta}$, $\ldots$, par leurs valeurs déduites des formules (45), on trouvera

$$\begin{aligned}2\lambda\xi\frac{\partial^2 u}{\partial \alpha\,\partial \beta} + 2\lambda\xi_1\frac{\partial^2 v}{\partial \alpha\,\partial \beta} + 2\frac{\partial u}{\partial \alpha}\frac{\partial u}{\partial \beta}\left(\frac{\partial \lambda\xi}{\partial u} - \lambda\eta r\right) + 2\frac{\partial v}{\partial \alpha}\frac{\partial v}{\partial \beta}\left(\frac{\partial \lambda\xi_1}{\partial v} - \lambda\eta_1 r_1\right)&\\ + \left(\frac{\partial u}{\partial \alpha}\frac{\partial v}{\partial \beta} + \frac{\partial u}{\partial \beta}\frac{\partial v}{\partial \alpha}\right)\left(\frac{\partial \lambda\xi}{\partial v} + \frac{\partial \lambda\xi_1}{\partial u} - \lambda\eta r_1 - \lambda\eta_1 r\right) &= 0.\end{aligned}$$

Cette relation peut même se décomposer en deux autres, à cause de l'indétermination des translations ξ, η, ξ_1, η_1 qui sont assujetties seulement aux trois conditions

$$\xi^2 + \eta^2 = E, \qquad \xi\xi_1 + \eta\eta_1 = F, \qquad \xi_1^2 + \eta_1^2 = G.$$

En annulant successivement ξ et ξ_1 et remplaçant les trois autres translations par leurs valeurs déduites des équations précédentes, on obtiendra ces deux équations aux dérivées partielles

$$(46) \quad \left\{ \begin{aligned} & 2H^2 \frac{\partial^2 u}{\partial\alpha\,\partial\beta} + \frac{\partial u}{\partial\alpha}\frac{\partial u}{\partial\beta}\left(2H^2\frac{\partial \log k}{\partial u} + G\frac{\partial E}{\partial u} - 2F\frac{\partial F}{\partial u} + F\frac{\partial E}{\partial v}\right) \\ & \qquad + \left(\frac{\partial u}{\partial\alpha}\frac{\partial v}{\partial\beta} + \frac{\partial u}{\partial\beta}\frac{\partial v}{\partial\alpha}\right)\left(H^2\frac{\partial \log k}{\partial v} + G\frac{\partial E}{\partial v} - F\frac{\partial G}{\partial u}\right) \\ & \qquad\qquad + \frac{\partial v}{\partial\alpha}\frac{\partial v}{\partial\beta}\left(2G\frac{\partial F}{\partial v} - G\frac{\partial G}{\partial u} - F\frac{\partial G}{\partial v}\right) = 0, \\ & 2H^2 \frac{\partial^2 v}{\partial\alpha\,\partial\beta} + \frac{\partial v}{\partial\alpha}\frac{\partial v}{\partial\beta}\left(2H^2\frac{\partial \log k}{\partial v} + E\frac{\partial G}{\partial v} - 2F\frac{\partial F}{\partial v} + F\frac{\partial G}{\partial u}\right) \\ & \qquad + \left(\frac{\partial u}{\partial\alpha}\frac{\partial v}{\partial\beta} + \frac{\partial u}{\partial\beta}\frac{\partial v}{\partial\alpha}\right)\left(H^2\frac{\partial \log k}{\partial u} + E\frac{\partial G}{\partial u} - F\frac{\partial E}{\partial v}\right) \\ & \qquad\qquad + \frac{\partial u}{\partial\alpha}\frac{\partial u}{\partial\beta}\left(2E\frac{\partial F}{\partial u} - E\frac{\partial E}{\partial v} - F\frac{\partial E}{\partial u}\right) = 0. \end{aligned} \right.$$

Elles sont, on le reconnaîtra aisément, nécessaires et suffisantes; de sorte qu'il suffirait de les intégrer pour obtenir les deux familles d'asymptotiques, par suite les six rotations (n° 722) et la surface elle-même.

726. Pour indiquer au moins une application, supposons que l'élément linéaire soit donné par la formule

$$(47) \qquad ds^2 = du^2 + (au^2 + 2bu + c)\,dv^2,$$

où a, b, c désignent des constantes. On aura ici

$$E = 1, \qquad F = 0, \qquad G = au^2 + 2bu + c, \qquad k = \frac{\sqrt{ac - b^2}}{G}.$$

Les deux équations en u et v deviendront

$$(48) \quad \left\{ \begin{aligned} & \frac{\partial^2 u}{\partial\alpha\,\partial\beta} - \frac{\partial \log G}{\partial u}\frac{\partial u}{\partial\alpha}\frac{\partial u}{\partial\beta} - \frac{1}{2}\frac{\partial G}{\partial u}\frac{\partial v}{\partial\alpha}\frac{\partial v}{\partial\beta} = 0, \\ & \frac{\partial^2 v}{\partial\alpha\,\partial\beta} = 0. \end{aligned} \right.$$

La seconde s'intègre immédiatement et admet deux solutions distinctes

$$v = \varphi(\alpha), \qquad v = \varphi(\alpha) + \psi(\beta),$$

qui peuvent être remplacées par les suivantes

$$v = \alpha, \qquad v = \alpha + \beta,$$

sans que la généralité soit diminuée.

La première solution $v = \alpha$ fait évidemment connaître les surfaces réglées admettant l'élément linéaire donné. La seconde,

$$v = \alpha + \beta,$$

nous conduit pour u à l'équation

$$\frac{\partial^2 u}{\partial\alpha\,\partial\beta} - \frac{\partial \log G}{\partial u}\frac{\partial u}{\partial\alpha}\frac{\partial u}{\partial\beta} - \frac{1}{2}\frac{\partial G}{\partial u} = 0.$$

Prenons, par exemple,

$$G = u;$$

on trouvera, en posant

(49) $$u = e^{\omega},$$

que ω doit satisfaire à l'équation

(50) $$\frac{\partial^2 \omega}{\partial\alpha\,\partial\beta} = \frac{1}{2}e^{-\omega}.$$

On sait intégrer cette équation (1); mais nous ne poursuivrons pas ici les calculs, que nous retrouverons plus loin et qui conduisent à la détermination de toutes les surfaces applicables sur les développées des surfaces minima.

---

(1) Son intégrale est déterminée par la formule

$$e^{-\omega} = \frac{4A'B'}{(A-B)^2},$$

où A et B désignent des fonctions arbitraires de α et de β respectivement. Elle a été donnée, en premier lieu, par M. Liouville, qui l'a déduite de la remarque suivante : l'équation aux dérivées partielles (50) exprime que la surface dont l'élément linéaire a pour expression

$$ds^2 = e^{-\omega}\,d\alpha\,d\beta$$

a sa courbure constante et égale à 1.

Si la constante a n'est pas nulle, on pourra ramener G à la forme

$$G = u^2 + b^2, \tag{51}$$

et, en posant

$$u = b \operatorname{tang} \frac{\omega}{2}, \tag{52}$$

on reconnaitra que ω doit satisfaire à l'équation

$$\frac{\partial^2 \omega}{\partial x \, \partial \mathfrak{z}} = \sin \omega. \tag{53}$$

La valeur (51) de G convient à l'alysséide et à l'hélicoïde minimum (nos 66 et 68). C'est donc de l'intégration de l'équation précédente que dépend la détermination des surfaces non réglées qui sont applicables sur ces surfaces. Nous retrouverons plus loin ce résultat.

CHAPITRE VI.

DÉFORMATION DES SURFACES GAUCHES.

Élément linéaire des surfaces gauches. — Surfaces dont les génératrices vont rencontrer le cercle de l'infini. — Surfaces qui admettent un plan directeur tangent au cercle de l'infini. — Détermination complète de toutes les surfaces gauches admettant un élément linéaire donné. — Différents problèmes relatifs à ces surfaces. — Autre méthode fondée sur l'emploi des formules de M. Codazzi. — Questions diverses relatives aux lignes asymptotiques et aux lignes de courbure. — Propriétés de la ligne de striction. — Surfaces réglées applicables sur les surfaces de révolution. — Il y a, dans ce cas, une relation linéaire entre les deux courbures de la ligne de striction.

---

727. Dans le Chapitre précédent, nous avons été conduits, par la discussion de différentes propositions, à considérer d'une manière spéciale le cas où une surface réglée se déforme sans que ses génératrices cessent d'être rectilignes. Cette déformation particulière des surfaces réglées, dont l'étude vient se présenter ici, mérite que nous nous y arrêtions assez longuement et que nous signalions les résultats intéressants obtenus sur ce sujet par différents géomètres.

Étant donnée une surface réglée (R), traçons sur cette surface une courbe (C) assujettie à l'unique condition de rencontrer toutes les génératrices rectilignes. Par un point M de la surface, on peut mener la génératrice rectiligne; elle ira couper la courbe (C) en un point M'. Soient v une variable propre à déterminer la position de M' sur la courbe (C) et u une quantité égale ou proportionnelle à la longueur de M'M ou de sa projection sur un plan quelconque. Les variables u et v définiront la position de M sur la surface et, si x, y, z désignent les coordonnées rectangulaires de ce point, on pourra écrire

$$(1)\qquad x = a_1 u + b_1, \qquad y = a_2 u + b_2, \qquad z = a_3 u + b_3,$$

a_1, a_2, a_3; b_1, b_2, b_3 désignant des fonctions quelconques de v.

Posons

$$(2)\quad \begin{cases} A = a_1'^2 + a_2'^2 + a_3'^2, & D = a_1 b_1' + a_2 b_2' + a_3 b_3', \\ B = a_1' b_1' + a_2' b_2' + a_3' b_3', & E = a_1^2 + a_2^2 + a_3^2. \\ C = b_1'^2 + b_2'^2 + b_3'^2, & \end{cases}$$

On trouvera

$$(3)\qquad ds^2 = E\,du^2 + (E' + 2D)\,du\,dv + (A u^2 + 2Bu + C)\,dv^2.$$

Cette formule va nous permettre d'indiquer la classification des surfaces réglées, tant imaginaires que réelles.

Si l'on a d'abord

$$E = a_1^2 + a_2^2 + a_3^2 = 0,$$

toutes les génératrices rectilignes vont rencontrer le cercle de l'infini; elles forment une des familles de longueur nulle de la surface. Cette première classe de surfaces réglées, toutes imaginaires si l'on excepte la sphère, comprend comme un genre spécial les développables définies au n° 116 [I, p. 148, note].

Si nous écartons ces surfaces exceptionnelles, nous pourrons supposer que u est la longueur MM', prise avec son signe, et que l'on a

$$(4)\qquad a_1^2 + a_2^2 + a_3^2 = 1.$$

La formule (3) se simplifie alors et devient

$$(5)\qquad ds^2 = du^2 + 2D\,du\,dv + (A u^2 + 2Bu + C)\,dv^2.$$

Nous avons déjà remarqué au n° 67 que l'on peut, par une simple quadrature et en remplaçant u par $u' - \int D\,dv$, faire disparaître le terme en $du'dv$ et déterminer ainsi les trajectoires orthogonales des génératrices. Nous pourrons donc, dans la suite, supposer D égal à zéro; mais, pour rendre les applications plus commodes, nous n'introduirons pas cette hypothèse d'une manière générale.

Si la surface est réelle ainsi que ses génératrices, la fonction A, somme de trois carrés, n'est pas nulle; mais on reconnaît aisément qu'elle le devient pour les surfaces qui ont un plan directeur tangent au cercle de l'infini, et pour celles-là seulement. Dans ce cas, l'élément linéaire est réductible à la forme

$$ds^2 = du^2 + 2D\,du\,dv + (2Bu + C)\,dv^2.$$

Une seule des surfaces correspondantes est réelle : c'est le paraboloïde de révolution. Si l'on prend l'équation de cette surface sous la forme

$$x^2 + y^2 = 2pz,$$

et si l'on pose

$$x + iy = \left(u + \frac{p}{2} + piv\right)e^{iv-1},$$

$$x - iy = 2pe^{-iv+1},$$

$$z = u + \frac{p}{2} + piv,$$

un calcul facile donne, pour l'élément linéaire, l'expression

$$ds^2 = du^2 + 2p(u + ipv)\,dv^2,$$

déjà signalée au n° 692.

728. Si l'on écarte les deux séries de surfaces exceptionnelles que nous venons de signaler et pour lesquelles *il n'y a ni ligne de striction ni point central sur chaque génératrice,* l'élément linéaire pourra toujours être réduit algébriquement à la forme (5), dans laquelle A sera différent de zéro. Nous bornant à cette hypothèse spéciale, qui convient d'ailleurs à toutes les surfaces dont les génératrices sont réelles, nous allons montrer en premier lieu qu'il existe une infinité de surfaces gauches admettant cet élément linéaire que l'on supposera donné *a priori*. Au reste, la méthode très élémentaire que nous allons suivre s'appliquerait presque sans modification aux deux cas spéciaux que nous laissons de côté (¹).

Joignons l'équation (4) aux quatre premières équations (2) : nous formerons ainsi un système de cinq équations où les fonctions

---

(¹) Le premier auteur qui ait étudié la question dont nous nous occupons ici est Minding. *Voir,* en particulier, le Mémoire *Ueber die Biegung gewisser Flächen,* inséré en 1838 au tome XVIII du *Journal de Crelle*. Depuis, MM. Bonnet, Bour, Beltrami et d'autres géomètres ont repris cette étude dans des Mémoires que nous citerons plus loin.

A, B, C, D seront connues, mais où figureront six fonctions inconnues a_1, a_2, a_3; b_1, b_2, b_3. On peut prendre arbitrairement une de ces fonctions; et l'on reconnaît ainsi immédiatement *qu'il y a une infinité de surfaces gauches admettant l'élément linéaire donné* (5).

Les fonctions a_1, a_2, a_3, prises isolément, doivent satisfaire aux deux équations

$$(6)\qquad \begin{cases} a_1^2 + a_2^2 + a_3^2 = 1, \\ a_1'^2 + a_2'^2 + a_3'^2 = A, \end{cases}$$

dont la résolution n'offre aucune difficulté. On prendra, par exemple, $a_2 = f(a_1)$; la première équation donnera a_3 en fonction de a_1 et la seconde déterminera a_1 en fonction de v par une quadrature.

a_1, a_2, a_3 sont les cosinus directeurs de la génératrice rectiligne; on peut les regarder comme les coordonnées rectangulaires d'un point situé sur la sphère de rayon 1. La résolution des équations précédentes équivaut donc au problème suivant :

Déterminer une courbe sphérique dont l'arc soit une fonction donnée de v.

Il est clair que cette courbe peut être tracée arbitrairement sur la sphère. En d'autres termes, *le cône directeur de la surface n'est jusqu'ici assujetti à aucune condition.*

Considérons donc a_1, a_2, a_3 comme connus. Alors les trois équations non employées

$$(7)\qquad \begin{cases} a_1 b_1' + a_2 b_2' + a_3 b_3' = D, \\ a_1' b_1' + a_2' b_2' + a_3' b_3' = B, \\ b_1'^2 + b_2'^2 + b_3'^2 = C \end{cases}$$

feront connaître b_1, b_2, b_3. On les résoudra comme il suit.

Prenons comme inconnue auxiliaire le déterminant fonctionnel

$$(8)\qquad H = \begin{vmatrix} a_1 & a_2 & a_3 \\ a_1' & a_2' & a_3' \\ b_1' & b_2' & b_3' \end{vmatrix};$$

si nous l'élevons au carré, nous trouverons, en tenant compte des équations (6) et (7),

$$(9)\qquad H^2 = \begin{vmatrix} 1 & 0 & D \\ 0 & A & B \\ D & B & C \end{vmatrix} = AC - B^2 - AD^2,$$

ce qui donnera la valeur de H. Alors l'équation (8) pourra être jointe aux deux premières du système (7) et, en résolvant ces équations *du premier degré,* on trouvera

$$(10)\qquad \left\{\begin{aligned} b'_1 &= Da_1 + \frac{B}{A}a'_1 + \frac{H}{A}(a_2a'_3 - a_3a'_2), \\ b'_2 &= Da_2 + \frac{B}{A}a'_2 + \frac{H}{A}(a_3a'_1 - a_1a'_3), \\ b'_3 &= Da_3 + \frac{B}{A}a'_3 + \frac{H}{A}(a_1a'_2 - a_2a'_1), \end{aligned}\right.$$

de sorte que b_1, b_2, b_3 s'obtiendront par de simples quadratures. Les formules précédentes appellent plusieurs remarques.

729. D'abord il résulte des propositions établies au Chapitre précédent qu'en laissant de côté le cas spécial, dont l'examen n'offre d'ailleurs aucune difficulté, où l'élément linéaire conviendrait à une surface du second degré, les formules (10) donnent bien *toutes les surfaces réglées admettant l'élément linéaire donné.*

En second lieu, le cône directeur de la surface pourra être choisi arbitrairement. En effet, soient donnés a_1, a_2, a_3 en fonction d'une variable t, satisfaisant à la première équation (6). La seconde nous donnera une équation de la forme

$$H(t)\,dt = A\,dv,$$

qui fera connaître t par une quadrature. Il y aura une infinité de solutions distinctes, à moins que le cône directeur ne soit de révolution ou ne se réduise à un plan.

Quelques considérations géométriques expliqueront assez bien le résultat précédent. Traçons sur une surface réglée (R) des génératrices rectilignes infiniment voisines (d_1), (d_2), (d_3), ...; considérons comme rigides les parties de la surface comprises entre les génératrices consécutives (d_{i-1}), (d_i), mais en admettant que, des deux parties séparées par une génératrice (d_i), l'une puisse tourner, tout d'une pièce, autour de (d_i) comme charnière sans entraîner l'autre. Soit, d'autre part, (C) un cône donné et soit (δ_1) une de ses génératrices, *choisie arbitrairement*. Par un mouvement d'ensemble de la surface gauche, amenons (d_1), à être parallèle à (δ_1). Faisons ensuite tourner toute la partie de la surface située du même côté que (d_2) par rapport à (d_1), jusqu'à ce que (d_2) devienne parallèle à une des génératrices du cône (C), et soit (δ_2) cette génératrice. Recommençant de même pour (d_2), on pourra, en faisant tourner toute la partie de la surface qui est du côté de (d_3), amener cette droite (d_3) à devenir parallèle à une génératrice (δ_3) de (C); et ainsi de suite. La nouvelle forme ainsi obtenue de la surface gauche dépendra, en général, du choix de la génératrice initiale (δ_1) qui n'est assujetti à aucune condition.

730. Les formules (10) prêtent encore à une remarque très intéressante, qui a été signalée rapidement par M. Beltrami [1], mais sur laquelle il convient d'insister. Elles contiennent une quantité H dont le carré seul est défini par l'équation (9) et qui, par suite, peut être prise avec un double signe.

Il existe donc toujours deux surfaces réglées applicables l'une sur l'autre et dans lesquelles les génératrices correspondantes sont parallèles et de même sens.

Considérons, par exemple, l'hyperboloïde de révolution défini par l'équation

$$\frac{x^2+y^2}{a^2} - \frac{z^2}{c^2} = 1. \tag{11}$$

On peut prendre ici

$$\left\{\begin{aligned} \frac{x}{a} &= \frac{u}{\Delta}\cos v + \sin v,\\ \frac{y}{a} &= \frac{u}{\Delta}\sin v - \cos v, \qquad (\Delta = \sqrt{a^2+c^2})\\ \frac{z}{c} &= \frac{u}{\Delta}. \end{aligned}\right. \tag{12}$$

---

[1] Beltrami (E.), *Sulla flessione delle superficie rigate* (*Annali di Matematica pura ed applicata*, pubblicati da B. Tortolini, t. VII, p. 105; 1865).

On trouvera

$$ds^2 = du^2 + 2\frac{a^2}{\Delta} du\, dv + \frac{a^2}{\Delta^2}(u^2 + \Delta^2)\, dv^2.$$

On a donc ici

$$D = \frac{a^2}{\Delta}, \qquad A = \frac{a^2}{\Delta^2}, \qquad B = 0, \qquad C = 0;$$

et, par suite, la surface qui est applicable sur l'hyperboloïde avec parallélisme des génératrices sera définie par les formules

$$(13) \qquad \begin{cases} \dfrac{x}{a} = \dfrac{u}{\Delta}\cos v + \dfrac{a^2 - c^2}{a^2 + c^2}\sin v, \\[2ex] \dfrac{y}{a} = \dfrac{u}{\Delta}\sin v - \dfrac{a^2 - c^2}{a^2 + c^2}\cos v, \\[2ex] z = \dfrac{c}{\Delta}u + 2\dfrac{a^2 c}{\Delta^2}v. \end{cases}$$

C'est une surface hélicoïde dans laquelle une hélice correspond au cercle de gorge de l'hyperboloïde.

Après cette application particulière, revenons à la proposition générale et proposons-nous de rechercher si les deux surfaces dans lesquelles les génératrices correspondantes sont parallèles peuvent se déduire l'une de l'autre par une *déformation continue*. Pour répondre à cette question, il est nécessaire de rappeler quelques propriétés élémentaires des surfaces gauches.

Remarquons d'abord que, d'après la seconde des formules (6), $\sqrt{A}\, dv$ sera l'angle des deux génératrices infiniment voisines de paramètres v et $v + dv$.

D'après cela, supposons que, dans l'expression (5) de ds^2, on laisse v et dv constants, mais que l'on fasse varier u et du; on aura la distance de deux points infiniment voisins, pris respectivement sur les génératrices de paramètres v et $v + dv$. Or cette distance devient la plus petite possible lorsqu'on a

$$du = -D\, dv, \qquad u = -\frac{B}{A};$$

et elle est égale alors à $\dfrac{H}{\sqrt{A}} dv$. Donc, si l'on désigne par $\beta\, dv$ la plus courte distance des deux génératrices (v) et $(v + dv)$, on a

$$(14) \qquad \beta = \frac{H}{\sqrt{A}}.$$

De plus, le pied de cette plus courte distance, ou le *point central*, correspond à la valeur de u définie par l'équation

$$(15)\qquad u = -\frac{B}{A}.$$

Et enfin, d'après une propriété connue des surfaces gauches ([1]), le paramètre de distribution, qui est égal à $\beta\,dv$ divisé par l'angle des génératrices infiniment voisines, aura pour valeur

$$(16)\qquad \varpi = \frac{\beta}{\sqrt{A}} = \pm\frac{H}{A}.$$

Il y a lieu ici de faire une remarque essentielle.

731. Si l'élément linéaire seul est donné, l'expression de ϖ contient un radical et, par suite, le signe de ϖ ne peut être déterminé. Mais il n'en est plus de même lorsque la surface est définie par des équations de la forme (1). Alors, en remplaçant H et A par

---

([1]) Pour plus de clarté, nous allons rapporter ici la démonstration bien connue qui donne l'élément linéaire et les propriétés élémentaires des surfaces gauches. Soient (*fig.* 73) AA', BB' deux génératrices infiniment voisines dont les para-

Fig. 73.

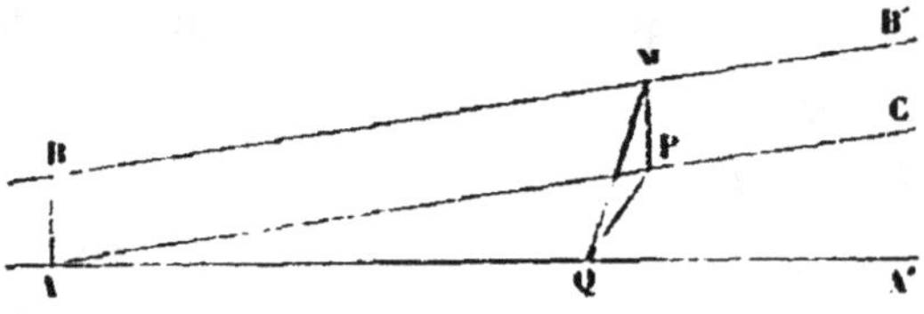

mètres seront v et $v + dv$. Si AB est la plus courte distance de ces deux génératrices, la valeur principale de AB sera

$$AB = \beta\,dv,$$

β étant une certaine fonction de v. Menons par A une parallèle AC à BB' et, par le point M de BB', menons MP, perpendiculaire à AC, et MQ, perpendiculaire à AA'. Le triangle MPQ étant rectangle, nous avons

$$(a)\qquad PQ = MP\,\text{tang}\,\varphi,\qquad MQ^2 = MP^2 + PQ^2,$$

φ désignant l'angle QMP. D'autre part, le triangle APQ rectangle en Q nous donne, en négligeant les infiniment petits d'ordre supérieur

$$PQ = AQ\,d\sigma,$$

leurs valeurs dans l'équation (16), on trouve

$$\varpi = \frac{\pm 1}{a_1'^2 + a_2'^2 + a_3'^2} \begin{vmatrix} a_1 & a_2 & a_3 \\ a_1' & a_2' & a_3' \\ b_1' & b_2' & b_3' \end{vmatrix},$$

de sorte que le signe du second membre reste à déterminer. Pour cela, conformément à une méthode bien connue, plaçons-nous dans une hypothèse particulière et supposons que la génératrice considérée vienne coïncider avec l'axe des z. On aura alors

$$a_1 = a_2 = 0, \qquad a_3 = 1, \qquad b_1 = b_2 = b_3 = 0.$$

Le plan tangent à la surface gauche, en un point de l'axe des z, aura pour équation

$$\frac{Y}{X} = \frac{a_2' z + b_2'}{a_1' z + b_1'}.$$

Si l'on veut que l'origine soit le *point central* et le plan des xz le *plan central*, il faudra que l'on ait

$$b_2' = 0, \qquad a_1' = 0,$$

$d\sigma$ étant l'angle des deux génératrices AA' et BB'. Si l'on désigne par u et α les distances de Q et de A au point où une trajectoire orthogonale fixe coupe AA', on a

$$AQ = u - \alpha,$$

et, par suite, les formules (a) nous donnent

$$(b) \qquad \operatorname{tang}\varphi = \frac{(u-\alpha)\,d\sigma}{\beta\,dv}, \qquad MQ^2 = \beta^2 dv^2 + (u-\alpha)^2 d\sigma^2.$$

Or MQ peut être regardé comme étant égal à l'arc, compris entre AA' et BB', de la trajectoire des génératrices passant en M. On aura donc pour l'élément linéaire la formule

$$ds^2 = du^2 + \left[\beta^2 + (u-\alpha)^2 \frac{d\sigma^2}{dv^2}\right] dv^2$$

et, si l'on a choisi v de telle manière que $d\sigma$ soit égal à dv,

$$(c) \qquad ds^2 = du^2 + [\beta^2 + (u-\alpha)^2]\,dv^2.$$

D'autre part, φ est évidemment l'angle que fait le plan tangent en M avec le plan tangent en B au point central; et, par suite, la première des équations (b) nous donne le théorème de M. Chasles, exprimé par la formule

$$(d) \qquad \operatorname{tang}\varphi = \frac{u-\alpha}{\varpi}, \qquad \text{où} \qquad \varpi = \frac{\beta\,dv}{d\sigma}.$$

Ce sont les résultats que nous rappelons dans le texte. Nous emploierons plus loin la formule (c), où l'on connaît la signification géométrique de tous les termes.

équations auxquelles on peut joindre la suivante

$$a'_3 = 0,$$

obtenue en différentiant la relation identique entre les trois cosinus. D'après cela, l'équation du plan tangent deviendra

$$Y = \frac{a'_2}{b'_1} z X,$$

et le paramètre de distribution sera

$$\varpi = \frac{b'_1}{a'_2}.$$

En comparant à la valeur générale de ϖ, on voit qu'il faut prendre

$$(17) \qquad \varpi = \frac{-1}{a'^2_1 + a'^2_2 + a'^2_3} \begin{vmatrix} a_1 & a_2 & a_3 \\ a'_1 & a'_2 & a'_3 \\ b'_1 & b'_2 & b'_3 \end{vmatrix}.$$

Il suit de cette détermination précise du signe de ϖ [1] que les deux surfaces gauches signalées plus haut, qui sont applicables l'une sur l'autre avec parallélisme des génératrices homologues, par cela seul qu'elles correspondent à des valeurs de H égales et de signes contraires, ont leurs paramètres de distribution égaux et de signes contraires pour deux génératrices homologues. Or il est clair que, si l'on déforme, *d'une manière continue,* une surface réglée, on ne change pas le signe du paramètre de distribution. Ainsi, quoique les deux surfaces soient applicables l'une sur l'autre, on ne peut, en général, passer de l'une à l'autre par une déformation continue. C'est là le fait que nous voulions mettre hors de doute.

Ajoutons cette propriété : Quand deux points correspondants décrivent sur les deux surfaces des génératrices parallèles, les plans tangents tournent toujours du même angle, mais dans des sens

---

[1] Il est très facile de comprendre pourquoi le paramètre de distribution a un signe. Fixons un sens sur une génératrice rectiligne; quand le point se déplacera dans ce sens, le plan tangent tournera autour de la droite dans le sens des rotations positives ou dans le sens opposé. Dans le premier cas, le paramètre de distribution est positif, il est négatif dans le second. Le signe ainsi établi ne dépend pas du sens que l'on a fixé sur la génératrice.

opposés. Ils sont parallèles pour les points centraux et pour les points à l'infini.

732. Les formules que nous avons données permettent de résoudre ou d'aborder quelques questions intéressantes que nous allons indiquer rapidement.

Peut-on déformer une surface réglée de telle manière que l'une de ses courbes devienne plane?

Nous pouvons évidemment supposer que cette courbe corresponde à l'hypothèse $u = 0$. Admettons, d'autre part, que le plan dans lequel elle sera située ait été choisi pour plan des yz. On devra avoir

$$b'_1 = 0,$$

c'est-à-dire

$$\mathrm{AD}a_1 + \mathrm{B}a'_1 + \mathrm{H}(a_2a'_3 - a_3a'_2) = 0.$$

Mais, d'après les équations (6), on peut écrire

$$\begin{aligned} a_2a'_3 - a_3a'_2 &= \sqrt{(a_2^2 + a_3^2)(a'^2_2 + a'^2_3) - (a_2a_2 + a_3a'_3)^2} \\ &= \sqrt{(\mathrm{A} - a'^2_1)(1 - a_1^2) - a_1^2a'^2_1}. \end{aligned}$$

L'équation du problème devient donc

$$\mathrm{AD}a_1 + \mathrm{B}a'_1 = \mathrm{H}\sqrt{\mathrm{A}(1 - a_1^2) - a'^2_1} \tag{18}$$

et ne contient plus que l'inconnue a_1; a_2 et a_3 se détermineront ensuite par la première équation (6) jointe à la suivante

$$\frac{a_2a'_3 - a_3a'_2}{a_2^2 + a_3^2} = \frac{\sqrt{\mathrm{A}(1 - a_1^2) - a'^2_1}}{1 - a_1^2}, \tag{19}$$

qui donnera $\frac{a_2}{a_3}$ par une quadrature. Tout se ramène donc (¹) à l'intégration de l'équation différentielle.

On peut intégrer dans le cas où la courbe donnée est une trajectoire orthogonale des génératrices; car alors on a $\mathrm{D} = 0$, et

---

(¹) BELTRAMI (E.), Mémoire cité plus haut, p. 119.

l'équation peut s'écrire

$$(20) \qquad \frac{a'_1}{\sqrt{1-a_1^2}} = \frac{H\sqrt{\Lambda}}{\sqrt{B^2+H^2}}.$$

Une simple quadrature fera connaître a_1 ([1]).

733. *Peut-on déformer une surface réglée de telle manière qu'une de ses lignes devienne droite?*

Cette ligne devra, évidemment, être géodésique; il faut donc trouver une condition correspondante.

Admettons toujours que la ligne donnée corresponde à l'hypothèse $u = 0$ et prenons pour axe des z la droite dans laquelle elle se transformera. On devra avoir cette fois

$$b'_1 = b'_2 = 0,$$

et, par suite, les équations (7) nous donneront

$$a_3 b'_3 = D, \qquad a'_3 b'_3 = B, \qquad b'^2_3 = C.$$

On en déduit

$$b'_3 = \sqrt{C}, \qquad a_3 = \frac{D}{\sqrt{C}}, \qquad a'_3 = \frac{B}{\sqrt{C}},$$

et de là résulte la condition annoncée

$$\frac{B}{\sqrt{C}} = \left(\frac{D}{\sqrt{C}}\right)'.$$

Connaissant a_3, on aura a_1 et a_2 par les deux équations

$$a_1^2 + a_2^2 = 1 - a_3^2, \qquad a'^2_1 + a'^2_2 = \Lambda - a'^2_3,$$

qui se résolvent, on le reconnaît aisément, par une quadrature; car

---

([1]) Dans le cas général, l'équation appartient au type suivant

$$My^2 + 2Nyy' + Py'^2 = 1,$$

où M, N, P sont des fonctions de x. On peut la ramener à l'une des formes suivantes

$$y^2 + y'^2 = \varphi(x),$$
$$y' = a + by + cy^2 + dy^{-1},$$

a, b, c, d étant des fonctions de x.

on en déduit

$$(21)\qquad \frac{a_1 a'_2 - a_2 a'_1}{a_1^2 + a_2^2} = \frac{\sqrt{\Lambda(1-a_3^2) - a_3^2}}{1-a_3^2}.$$

Ce problème a été aussi l'objet des recherches de M. Beltrami, ainsi que le suivant, qui peut toujours être résolu par des quadratures et dont nous nous contenterons de donner l'énoncé :

Peut-on déformer la surface de manière à transformer une de ses courbes en une courbe d'ombre relative à des rayons parallèles?

734. On peut encore étudier la déformation des surfaces gauches en employant, sans aucune modification, la méthode générale qui a été développée au Livre V [II, p. 347 et suivantes]. Pour obtenir des résultats plus nets, nous prendrons maintenant l'élément linéaire sous la forme

$$(22)\qquad ds^2 = du^2 + [(u-\alpha)^2 + \beta^2]\,dv^2.$$

Alors l'angle ω que fait une courbe tracée sur la surface avec la génératrice rectiligne sera défini par les formules du Tableau IV [II, p. 385],

$$(23)\qquad ds\cos\omega = du, \qquad ds\sin\omega = \sqrt{(u-\alpha)^2 + \beta^2}\,dv.$$

Si l'on introduit encore l'angle φ que fait le plan tangent au point considéré avec le plan tangent au point central de la génératrice qui passe en ce point, on aura, comme on sait,

$$(24)\qquad \tan\varphi = \frac{u-\alpha}{\beta}, \qquad \cos\varphi = \frac{\beta}{\sqrt{(u-\alpha)^2 + \beta^2}};$$

de sorte que l'on pourra écrire

$$(25)\qquad \cos\omega = \frac{du}{ds}, \qquad \sin\omega = \frac{\beta\,dv}{\cos\varphi\,ds}.$$

Si l'on exprime maintenant que les courbes de paramètre v sont des droites, c'est-à-dire qu'elles sont des asymptotiques, on trouve, en se reportant au Tableau indiqué,

$$q = 0.$$

Les équations (A) de ce Tableau donnent alors

$$q_1 \cos\varphi + \beta p = 0, \qquad r = 0, \qquad r_1 = \sin\varphi,$$

$$\frac{\partial p}{\partial v} - \frac{\partial p_1}{\partial u} = 0, \qquad \frac{\partial q_1}{\partial u} = p r_1 \qquad p q_1 = -\frac{1}{\beta}\cos^3\varphi.$$

On déduit de là

$$q_1^2 = \cos^2\varphi.$$

Suivant le signe que l'on prendra pour q_1, on aura une surface ou sa symétrique. Choisissons la valeur

$$q_1 = -\cos\varphi,$$

qui nous conduira sans difficulté au système suivant

$$(26) \qquad \left\{ \begin{array}{lll} p = \dfrac{\partial\varphi}{\partial u} = \dfrac{1}{\beta}\cos^2\varphi, & q = 0, & r = 0, \\ p_1 = \dfrac{\partial\varphi}{\partial v} + V, & q_1 = -\cos\varphi, & r_1 = \sin\varphi, \end{array} \right.$$

où V désigne une fonction de v. Les rotations étant connues, la surface, nous le savons, est pleinement déterminée de forme; mais, pour l'obtenir, nous devrons intégrer les systèmes linéaires que nous avons étudiés au Livre I et qui définissent les cosinus directeurs des axes du trièdre (T). Ils deviennent ici

$$(27) \quad \left\{ \begin{array}{l} \dfrac{\partial a}{\partial u} = 0, \\ \dfrac{\partial b}{\partial u} = c\dfrac{\partial\varphi}{\partial u}, \\ \dfrac{\partial c}{\partial u} = -b\dfrac{\partial\varphi}{\partial u}; \end{array} \right. \qquad (28) \quad \left\{ \begin{array}{l} \dfrac{\partial a}{\partial v} = b\sin\varphi + c\cos\varphi, \\ \dfrac{\partial b}{\partial v} = c\left(\dfrac{\partial\varphi}{\partial v} + V\right) - a\sin\varphi, \\ \dfrac{\partial c}{\partial v} = -a\cos\varphi - b\left(\dfrac{\partial\varphi}{\partial v} + V\right). \end{array} \right.$$

Le premier s'intègre sans difficulté et nous donne

$$a = V_1, \qquad b = V_2\cos\varphi + V_3\sin\varphi, \qquad c = -V_2\sin\varphi + V_3\cos\varphi,$$

V_1, V_2, V_3 étant des fonctions de v. En substituant les valeurs de a, b, c dans le second système, on trouve les équations suivantes

$$(29) \qquad V_1' = V_3, \qquad V_2' = VV_3, \qquad V_3' = -VV_2 - V_1,$$

qui feront connaître V_1, V_2, V_3. On en déduit

$$V_3 = V_1', \qquad V_2 = -\frac{V_1 + V_1''}{V}$$

et V_1 sera déterminé par l'équation

$$V_1^2 + V_2^2 + V_3^2 = 1,$$

qui donne

$$V_1^2 + V_1'^2 + \frac{(V_1 + V_1'')^2}{V^2} = 1. \tag{30}$$

Comme V est arbitraire, on pourra prendre arbitrairement V_1, et l'équation précédente donnera V ; puis, comme on aura une solution particulière des systèmes (27) et (28), la solution générale sera donnée par une quadrature.

Avant d'entreprendre l'étude de la surface, donnons la signification géométrique de cette fonction V qui figure dans l'expression de p_1. Soit M un point de la surface ; menons par un point fixe O des droites parallèles aux axes du trièdre (T) relatif au point M ; nous formerons un trièdre (T_1) dont l'axe des x sera parallèle à la génératrice qui passe en M. Le lieu de cet axe sera donc le cône directeur de la surface gauche. Si M s'éloigne à l'infini sur la génératrice, le plan des xy du trièdre (T_1) deviendra le plan tangent au cône directeur. On a alors $\varphi = \frac{\pi}{2}$ et les rotations du trièdre (T_1), égales à celles du trièdre (T), deviennent

$$p_1 = V, \qquad q_1 = 0, \qquad r_1 = 1.$$

Donc les projections sur les axes du trièdre (T_1) du déplacement d'un point pris à la distance 1 sur l'axe des z seront (n° 3)

$$0, \quad -V\,dv, \quad 0.$$

On voit donc que $V\,dv$ est l'angle formé par deux plans tangents consécutifs du cône directeur ou, ce qui est la même chose, V est la courbure géodésique (relative à la sphère) de la section du cône directeur par la sphère concentrique de rayon 1 (¹). Ce point étant établi, nous pouvons étudier les applications.

735. Le Tableau II [II, p. 383] nous donne, pour une courbe

(¹) V est la courbure géodésique de la section du cône directeur par la sphère de rayon 1 ; v est l'arc de cette courbe ; comme V est une fonction arbitraire de v, on voit que le cône directeur pourra être choisi arbitrairement. L'hypothèse $V = \text{const.}$ correspond au cas où le cône directeur est de révolution. Il se réduit à un plan pour $V = 0$.

tracée sur la surface, les formules suivantes :

(31) $$\sin\varpi \frac{ds}{\rho} = d\omega + \sin\varphi\, dv,$$

(32) $$\cos\varpi \frac{ds}{\rho} = (d\varphi + V\, dv)\sin\omega + \cos\varphi \cos\omega\, dv,$$

(33) $$\frac{ds}{\tau} - d\varpi = \cos\varphi \sin\omega\, dv - (d\varphi + V\, dv)\cos\omega.$$

Il résulte de là que l'équation des lignes asymptotiques sera

(34) $$(d\varphi + V\, dv)\sin\omega + \cos\varphi \cos\omega\, dv = 0$$

ou, en remplaçant φ et ω par leurs valeurs,

(35) $$2\beta \frac{du}{dv} + \alpha\beta' - \beta\alpha' - \beta' u + V[(u-\alpha)^2 + \beta^2] = 0.$$

C'est une équation de Riccati. Nous pouvons donc énoncer le théorème suivant, dû à M. Paul Serret (¹) :

Le rapport anharmonique des points où quatre asymptotiques coupent une même génératrice rectiligne demeure constant quand la génératrice varie.

Et nous voyons de plus que, si l'on connaît une seule asymptotique, on pourra déterminer toutes les autres par de simples quadratures.

En particulier, si $V = 0$, le cône directeur se réduit à un plan, une des asymptotiques est rejetée à l'infini et l'équation (35) devient linéaire.

Signalons une autre conséquence énoncée par M. Beltrami et M. O. Bonnet. On peut toujours disposer de V de telle manière que l'équation (35) admette une solution donnée $u = \varphi(v)$. Donc :

On peut toujours déformer une surface gauche de telle manière qu'une ligne donnée devienne asymptotique.

Mais la détermination de la surface exige alors l'intégration d'une équation de Riccati, celle dont dépendent les cosinus directeurs des axes du trièdre (T).

En particulier, si la ligne donnée était géodésique, elle deviendra rectiligne ; nous retrouvons ainsi un résultat donné plus haut (n° 733).

(¹) PAUL SERRET, *Théorie nouvelle géométrique et mécanique des courbes à double courbure*, p. 165 et suiv. ; 1860.

Si la courbe est une trajectoire orthogonale des génératrices, on obtient évidemment le théorème suivant :

Il existe toujours une déformation de la surface gauche telle que ses génératrices rectilignes deviennent les normales principales d'une de leurs trajectoires orthogonales, choisie arbitrairement.

Bour, qui a établi ce théorème, a montré de plus que les génératrices pourront devenir à la fois les normales principales de deux courbes si α et β satisfont à la condition

$$(\alpha - m)^2 + (\beta - n)^2 = p^2, \tag{36}$$

où m, n, p sont trois constantes.

736. Passons maintenant aux lignes de courbure. Elles sont déterminées ici par le système suivant (Tableau IV)

$$\left\{\begin{aligned} &du - \mathrm{R}\cos\varphi\, dv = 0,\\ &\beta\, dv - \mathrm{R}\cos\varphi(d\varphi + \mathrm{V}\, dv) = 0,\end{aligned}\right. \tag{37}$$

où R est le rayon de courbure principal. Éliminant R, on a l'équation différentielle des lignes de courbure

$$du(d\varphi + \mathrm{V}\, dv) - \beta\, dv^2 = 0. \tag{38}$$

Éliminant au contraire $\frac{du}{dv}$, on obtient l'équation aux rayons de courbure principaux

$$\mathrm{R}^2\cos^2\varphi + \mathrm{R}\beta\cos\varphi\left(\mathrm{V} + \frac{\partial\varphi}{\partial v}\right) - \beta^2 = 0. \tag{39}$$

On trouve ainsi

$$\mathrm{RR}' = -\frac{\beta^2}{\cos^4\varphi} = -\left[\frac{(u-\alpha)^2 + \beta^2}{\beta}\right]^2, \tag{40}$$

ce qui montre que, si l'on se déplace sur une génératrice, RR′ est minimum pour le point central.

Considérons d'abord l'équation différentielle (38) et remplaçons-y φ par sa valeur. Elle deviendra

$$\beta\, du(du - d\alpha) - (u-\alpha)\, du\, d\beta + [(u-\alpha)^2 + \beta^2](\mathrm{V}\, du\, dv - \beta\, dv^2) = 0. \tag{41}$$

On pourra donc toujours déterminer V de telle manière qu'elle admette une solution particulière donnée $u = \varphi(v)$, pourvu toutefois que $\varphi(v)$ ne soit pas constante. Ainsi :

On peut toujours déformer une surface gauche de telle manière qu'une courbe tracée sur la surface devienne ligne de courbure, à moins que cette courbe ne se réduise à une génératrice rectiligne ou à une trajectoire orthogonale des génératrices rectilignes.

Proposons-nous encore de rechercher si une des deux familles de lignes de courbure peut être formée par des courbes *équidistantes*, c'est-à-dire telles que deux d'entre elles interceptent le même segment sur toutes les génératrices. L'équation d'une telle famille de courbes est évidemment

$$u = f(v) + C,$$

C désignant la constante arbitraire. En substituant la valeur précédente de u dans l'équation (41) et exprimant que les coefficients des diverses puissances de C sont nuls, nous trouvons

$$f'V - \beta = 0, \qquad \beta' = 0, \qquad f' = \alpha'.$$

Et de là nous déduisons

$$f(v) = \alpha, \qquad \beta' = 0, \qquad V\alpha' - \beta = 0.$$

Ces relations expriment que la ligne de striction $u = \alpha$ est une ligne de courbure et que le paramètre de distribution β est constant. Il faut de plus que α soit variable, c'est-à-dire que la ligne de striction ne coupe pas les génératrices à angle droit. Ainsi :

Les seules surfaces réglées pour lesquelles une des deux familles de lignes de courbure soit composée de courbes équidistantes les unes des autres sont celles dont le paramètre de distribution est constant et dont la ligne de striction est une ligne de courbure (¹).

(¹) *Voir* sur ce sujet une Note de M. LELIEUVRE, *Sur les lignes de courbure et les lignes asymptotiques des surfaces* (*Comptes rendus*, t. CVI, p. 183; 1888).

Dans l'Ouvrage que nous avons cité [p. 308], M. Paul Serret avait déjà obtenu les mêmes surfaces (p. 156 et suiv.) en cherchant si les lignes de courbure de l'une des familles peuvent être équidistantes de la ligne de striction.

En supprimant le facteur $du - d\alpha$ qui se présente alors dans l'équation (41), on trouve que les lignes de courbure de la seconde famille sont définies par l'équation de Riccati

$$\alpha' du + [(u-\alpha)^2 + \beta^2]\, dv = 0, \tag{42}$$

ce qui montre qu'elles divisent homographiquement les différentes génératrices.

737. Pour terminer cette étude rapide, nous allons indiquer quelques propriétés élégantes de la ligne de striction. On a, pour cette ligne,

$$u = \alpha, \qquad \sin\varphi = 0. \tag{43}$$

Si l'on se reporte à la formule (31), on voit que la ligne de striction est aussi *caractérisée* par l'équation

$$\sin\varpi \frac{ds}{\rho} = d\omega. \tag{44}$$

Si donc on se rappelle la signification géométrique de ω et de ϖ, on obtient la proposition suivante, due à M. O. Bonnet (¹) :

Une ligne tracée sur une surface réglée peut être, soit une géodésique, soit une trajectoire des génératrices sous un angle constant, soit la ligne de striction. Si deux quelconques de ces propriétés lui appartiennent, il en est de même de la troisième (²).

Par exemple, si la ligne de striction est une géodésique, elle coupe nécessairement les génératrices sous un angle constant, et *vice versa*.

Les surfaces dont la ligne de striction a les propriétés que nous venons de signaler peuvent être aisément définies. Comme on a,

---

(¹) O. Bonnet, *Mémoire sur la théorie générale des surfaces* (*Journal de l'École Polytechnique*, XXXIIe Cahier, p. 70; 1848).

(²) Cette proposition est susceptible d'extension. Considérons sur une surface une famille quelconque de géodésiques et appelons *ligne de striction* le lieu des points où chaque géodésique est le plus rapprochée ou le plus éloignée de la géodésique infiniment voisine. Le théorème énoncé dans le texte s'applique à cette ligne de striction; il faut excepter toutefois le cas où les géodésiques auraient une enveloppe et où la ligne de striction se réduirait à cette enveloppe.

pour la ligne de striction,

$$\cos\omega = \frac{\alpha'}{\sqrt{\alpha'^2+\beta^2}}, \qquad \sin\omega = \frac{\beta}{\sqrt{\alpha'^2+\beta^2}},$$

on voit que α et β seront liés par la relation

$$(45) \qquad \beta = \alpha' \operatorname{tang}\omega,$$

où ω est un angle constant.

738. Si nous supposons de plus que le paramètre β soit constant, nous retrouverons les surfaces très intéressantes rencontrées déjà au n° 692.

Remarquons d'abord que deux de ces surfaces qui correspondent aux mêmes valeurs de β et de ω sont applicables l'une sur l'autre. En effet, on déduit de l'équation (45), en intégrant,

$$(46) \qquad \alpha = \beta v \cot\omega + \beta_0,$$

β_0 désignant une constante; mais on peut faire disparaître cette constante en choisissant convenablement la trajectoire orthogonale pour laquelle on a $u = 0$; de telle sorte que l'élément linéaire est défini par l'équation

$$(47) \qquad ds^2 = du^2 + [(u - \beta v \cot\omega)^2 + \beta^2]\, dv^2,$$

qui ne contient d'autres constantes que ω et β. Notre proposition se trouve ainsi démontrée.

Ce point une fois établi, supposons d'abord que la ligne de striction soit trajectoire orthogonale des génératrices. On aura $\omega = \frac{\pi}{2}$, et l'on retrouvera la forme de l'élément linéaire qui convient à l'hélicoïde gauche à plan directeur et à l'alysséide (n° 68). Ainsi :

Toutes les surfaces gauches dont la ligne de striction coupe les génératrices à angle droit et pour lesquelles le paramètre de distribution des génératrices est constant sont applicables sur une alysséide.

Examinons maintenant le cas où ω est différent de $\frac{\pi}{2}$. Parmi les surfaces correspondantes se trouvent évidemment l'hyperboloïde de révolution à une nappe et les hélicoïdes gauches différents de celui qui est applicable sur l'alysséide. Cela résulte immédiatement de ce que ces surfaces peuvent prendre un déplacement continu dans lequel elles ne cessent pas de coïncider avec elles-mêmes. D'autre part, à toute valeur de ω différente de $\frac{\pi}{2}$ et à une valeur quelconque de β, correspond toujours un hyperboloïde déterminé. En effet, si a est l'axe réel et b l'axe imaginaire d'un hyperboloïde, l'angle ω et le paramètre de distribution β ont pour valeurs

$$\omega = \text{arc tang} \frac{b}{a}, \qquad \beta = b.$$

Donc, d'après la remarque faite plus haut,

Toutes les surfaces réglées pour lesquelles le paramètre de distribution est constant, et dont la ligne de striction coupe les génératrices sous un angle constant mais non droit, sont applicables sur l'hyperboloïde de révolution à une nappe.

Il en est ainsi, en particulier, de tous les hélicoïdes gauches qui ne coupent pas leur ligne de striction à angle droit, c'est-à-dire qui ne sont pas engendrés par les binormales d'une hélice.

739. Une curieuse propriété signalée par Laguerre peut être ici rapidement établie ([1]).

Les formules générales (32) et (33), où l'on fera $\varpi = 0$, $\varphi = 0$, nous donnent ici, pour la courbure et la torsion de la ligne de striction, les valeurs suivantes :

$$(48) \qquad \frac{1}{\rho} = \frac{V \sin^2\omega + \sin\omega\cos\omega}{\beta}, \qquad \frac{1}{\tau} = \frac{\sin^2\omega - V\sin\omega\cos\omega}{\beta}.$$

Ces valeurs ne contiennent d'autre variable que V. Si on l'élimine, on trouve que ρ et τ satisfont à l'équation ([2])

$$(49) \qquad \frac{\cos\omega}{\rho} + \frac{\sin\omega}{\tau} = \frac{\sin\omega}{\beta}.$$

([1]) LAGUERRE (E.), *Sur une propriété de l'hyperboloïde de révolution* (*Bulletin des Sciences mathématiques et astronomiques*, t. II, p. 279; 1871).

([2]) D'une manière générale, lorsqu'on déforme une surface gauche, on a toujours, pour une courbe quelconque, la relation

$$\cos\omega \frac{\cos\varpi}{\rho} + \sin\omega\left(\frac{1}{\tau} - \frac{d\varpi}{ds}\right) = \sin\omega \frac{\cos^2\varphi}{\beta} - \frac{\sin\omega}{\sqrt{-RR'}}.$$

Supposons d'abord $\omega = \frac{\pi}{2}$. Nous obtenons ce théorème :

Toutes les surfaces réglées qui résultent de la déformation de la surface de vis à filet carré ont pour ligne de striction une courbe à torsion constante, trajectoire orthogonale des génératrices rectilignes.

Supposons maintenant $\omega \neq \frac{\pi}{2}$. La proposition correspondante sera :

Si l'on déforme un hyperboloïde de révolution à une nappe, le cercle de gorge se transforme en une courbe de M. Bertrand (1) (*c'est-à-dire pour laquelle il y aura une relation linéaire entre la courbure et la torsion*).

La proposition réciproque a été énoncée par M. Bioche (2) :

Si l'on a une courbe de M. Bertrand, on obtiendra une surface applicable sur un hyperboloïde de révolution en menant par ses différents points des parallèles aux binormales de la courbe qui admet les mêmes normales principales.

740. Il ne nous reste plus, pour terminer ce Chapitre, qu'à indiquer rapidement la solution d'une question qui a été l'objet des études simultanées de MM. Beltrami et Dini (3).

Quelles sont les surfaces réglées pour lesquelles les rayons de courbure principaux sont fonctions l'un de l'autre?

Si nous nous reportons à l'équation qui donne les rayons de courbure principaux et si nous posons, pour abréger,

$$(50) \qquad h = \frac{1}{R} + \frac{1}{R'}, \qquad k = \frac{1}{\sqrt{-RR'}},$$

---

(1) *Voir* au sujet de ces courbes le Livre I, Chap. I.

(2) Bioche (Ch.), *Sur certaines surfaces réglées* (*Comptes rendus*, t. CVI, p. 829; 1888).

(3) Beltrami (E.), *Risoluzione di un problema relativo alla teoria delle superficie gobbe* (*Annales de Tortolini*, t. VII, p. 139; 1865).

Dini (U.), *Sulle superficie gobbe nelle quali uno dei due raggi di curvatura principale è una funzione dell' altro* (même Recueil et même tome, p. 205).

nous trouvons

$$(51)\quad \begin{cases} h = \dfrac{\cos\varphi}{\beta}\left(V + \dfrac{\partial\varphi}{\partial v}\right) = \dfrac{V\cos\varphi}{\beta} - \dfrac{\alpha'\cos^3\varphi}{\beta^2} - \dfrac{\beta'\sin\varphi\cos^2\varphi}{\beta^2}, \\ k = \dfrac{\cos^2\varphi}{\beta}. \end{cases}$$

L'élimination de φ nous conduit à la relation

$$(52)\qquad \beta h = (V - \alpha' k)\sqrt{\beta k} - \beta' k\sqrt{1 - \beta k},$$

qui a lieu en tous les points d'une même génératrice et qui doit être indépendante de v s'il y a effectivement une relation entre les rayons de courbure, c'est-à-dire entre h et k. Or, si l'on développe h suivant les puissances de $\sqrt{k}$, on trouve que les premiers coefficients sont

$$\frac{V}{\sqrt{\beta}},\quad \frac{-\beta'}{\beta},\quad \frac{-\alpha'}{\sqrt{\beta}},\quad \frac{\beta'}{2}.$$

Comme ils doivent être constants, nous voyons qu'il en est de même de α', β, V. La relation (52) devient alors

$$(53)\qquad h\sqrt{\beta} = (V - \alpha' k)\sqrt{k}.$$

Comme α' et β sont des constantes, les surfaces obtenues appartiennent à la classe de celles que nous avons étudiées au numéro précédent. De plus, V étant aussi constante, il résulte des formules (48) que la ligne de striction aura ses deux courbures invariables et sera, par suite, une hélice tracée sur un cylindre circulaire droit. Les surfaces obtenues sont donc les hélicoïdes et l'hyperboloïde réglé de révolution.

C'est le résultat obtenu par MM. Beltrami et Dini. Mais, il faut le remarquer, nous avons laissé de côté les surfaces développables et, aussi, ces surfaces réglées imaginaires qui ont été écartées au début de ce Chapitre. Il y a, par exemple, une infinité de surfaces gauches à courbure totale constante qui résultent de la déformation de la sphère, considérée comme surface réglée; elles ont été signalées par M. J.-A. Serret, dans un article inséré en 1848 au *Journal de Liouville* (t. XIII, p. 361) sous le titre suivant : *Note sur une équation aux dérivées partielles.*

CHAPITRE VII.

LES THÉORÈMES DE M. WEINGARTEN.

Rappel des formules relatives au système de coordonnées formé par les lignes de courbure. — Relations entre les rayons de courbure et la représentation sphérique. — Premier théorème de M. Weingarten : pour déterminer une surface dont les rayons de courbure sont liés par une relation, il faut ramener à une certaine forme l'élément linéaire de la sphère. — Applications : surfaces canaux; surfaces minima. — Nouvelle classe de surfaces découverte par M. Weingarten. — Intégration d'une équation aux dérivées partielles. — Second théorème de M. Weingarten. — Propositions générales relatives à la développée d'une surface. — Les deux nappes de la développée d'une surface W, c'est-à-dire d'une surface dont les rayons de courbure sont fonctions l'un de l'autre, sont applicables sur une surface de révolution dont l'élément linéaire dépend seulement de la relation entre les rayons de courbure. — Réciproque et démonstrations géométriques de M. Beltrami. — Applications. — On sait déterminer toutes les surfaces applicables sur le paraboloïde de révolution.

---

741. Nous avons vu [II, p. 372 ou Tableau V] que, si une surface est rapportée à ses lignes de courbure, les formules de M. Codazzi deviennent d'une extrême simplicité.

L'élément linéaire étant pris sous la forme

$$(1)\qquad ds^2 = A^2\,du^2 + C^2\,dv^2,$$

et les axes des x et des y du trièdre (T) coïncidant avec les tangentes aux lignes coordonnées, on a

$$(2)\qquad p = q_1 = 0,$$

et les formules fondamentales se réduisent aux suivantes

$$(3)\qquad \left\{ \begin{aligned} & r = -\frac{1}{C}\frac{\partial A}{\partial v} = \frac{1}{p_1}\frac{\partial q}{\partial v}, \qquad r_1 = \frac{1}{A}\frac{\partial C}{\partial u} = -\frac{1}{q}\frac{\partial p_1}{\partial u}, \\ & \frac{\partial r}{\partial v} - \frac{\partial r_1}{\partial u} = -q p_1. \end{aligned} \right.$$

On a vu que, si R et R′ désignent les rayons de courbure principaux qui correspondent respectivement aux arcs $A\,du$ et $C\,dv$, on a

$$(4)\qquad R = -\frac{A}{q}, \qquad R' = \frac{C}{p_1}.$$

Ces expressions permettent de substituer R, R' à A et à C dans les relations (3). On obtient ainsi les équations

$$(5)\qquad \begin{cases} \dfrac{\partial R}{\partial v} = \dfrac{1}{q}\dfrac{\partial q}{\partial v}(R' - R), \qquad \dfrac{\partial R'}{\partial u} = -\dfrac{1}{p_1}\dfrac{\partial p_1}{\partial u}(R' - R), \\ \dfrac{\partial}{\partial v}\left(\dfrac{1}{p_1}\dfrac{\partial q}{\partial v}\right) + \dfrac{\partial}{\partial u}\left(\dfrac{1}{q}\dfrac{\partial p_1}{\partial u}\right) + q p_1 = 0, \end{cases}$$

qui peuvent remplacer le système (3). Si l'on se rappelle que l'élément linéaire de la représentation sphérique est donné par la formule [II, p. 372]

$$(6)\qquad d\sigma^2 = q^2\,du^2 + p_1^2\,dv^2,$$

on reconnaît immédiatement que le système (5) contient toutes les relations qui existent entre cette représentation sphérique et les rayons de courbure. La dernière équation est évidemment vérifiée pour tout système de courbes orthogonales tracé sur la sphère de rayon 1; elle exprime, en effet, que la courbure totale de la surface est égale à 1.

742. Les formules précédentes peuvent être utilement employées dans un grand nombre d'applications. En particulier, elles vont nous permettre d'étudier avec M. Weingarten les surfaces dont les rayons de courbure sont liés par une équation donnée *a priori*. Ces surfaces satisfont à une équation aux dérivées partielles du second ordre qui n'avait encore été intégrée que dans des cas très spéciaux (surfaces canaux; surfaces minima). Les propositions que M. Weingarten a fait connaître successivement sur ce beau sujet ont fait de son étude un des chapitres les plus attrayants de la Géométrie. Comme elles se relient à la théorie de la déformation des surfaces, le moment est venu de les exposer avec tous les développements nécessaires.

Si l'on considère R' comme une fonction de R, les deux premières équations (5) peuvent être intégrées et nous donnent

$$q = U e^{\int \frac{dR}{R' - R}}, \qquad p_1 = V e^{-\int \frac{dR'}{R' - R}},$$

U désignant une fonction de u et V une fonction de v. Mais, si l'on se reporte à la formule (6) qui définit la représentation sphérique, on voit qu'en choisissant convenablement les paramètres des lignes de courbure, il sera permis de remplacer U et V par l'unité. Ainsi l'on pourra prendre

$$(7) \qquad q = e^{\int \frac{dR}{R'-R}}, \qquad p_1 = e^{-\int \frac{dR'}{R'-R}}.$$

Pour la simplicité des applications, il convient de se débarrasser des quadratures qui figurent dans ces formules. On y parvient aisément en posant

$$(8) \qquad R = \varphi(k), \qquad R' = \varphi(k) - k\varphi'(k),$$

k étant une variable auxiliaire. Alors on trouvera

$$(9) \qquad q = \frac{1}{k}, \qquad p_1 = \frac{1}{\varphi'(k)},$$

et les formules (4) feront ensuite connaître les valeurs suivantes

$$(10) \qquad A = -\frac{\varphi(k)}{k}, \qquad C = \frac{\varphi(k) - k\varphi'(k)}{\varphi'(k)}$$

de A et de C.

Lorsqu'on se donnera *a priori* la relation entre R et R', les variables k et $\varphi(k)$ seront déterminées par les formules

$$k = e^{\int \frac{dR}{R-R'}}, \qquad \varphi(k) = R.$$

On pourra donner telle valeur que l'on voudra à la constante introduite par la première quadrature.

Il reste encore à exprimer que la dernière des relations (5) est vérifiée. En y substituant les valeurs de q et de p_1, on obtient l'équation aux dérivées partielles

$$(11) \qquad \frac{\partial}{\partial u}\left(\frac{k\varphi''}{\varphi'^2}\frac{\partial k}{\partial u}\right) + \frac{\partial}{\partial v}\left(\frac{\varphi'}{k^2}\frac{\partial k}{\partial v}\right) - \frac{1}{k\varphi'} = 0,$$

dont l'intégration fera connaître k en fonction de u et de v. Mais comme cette équation exprime simplement, d'après une remarque faite plus haut, que l'élément linéaire défini par la formule (6), c'est-à-dire par la suivante

$$d\sigma^2 = \frac{1}{k^2}du^2 + \frac{1}{\varphi'^2(k)}dv^2,$$

est celui d'une sphère de rayon 1, nous sommes conduits au premier théorème de M. Weingarten (¹) :

La recherche des surfaces pour lesquelles les rayons de courbure principaux sont fonctions l'un de l'autre (nous les appellerons dans la suite des surfaces W) *revient à celle des systèmes sphériques orthogonaux pour lesquels l'élément linéaire de la sphère prend la forme*

$$d\sigma^2 = \frac{1}{k^2}\,du^2 + \frac{1}{\varphi'^2(k)}\,dv^2 \tag{12}$$

ou, ce qui est la même chose,

$$d\sigma^2 = \alpha\,du^2 + \psi(\alpha)\,dv^2.$$

La réciproque est évidemment vraie.

Toutes les fois que l'élément linéaire de la sphère est ramené à la forme (12), $\varphi(k)$ *sera déterminée à une constante près, et, par suite, les formules* (8) *ou* (10) *feront connaître une famille de surfaces parallèles dont la représentation sphérique sera définie par la formule* (12) *et dont chacune sera une surface* W.

Toutefois, il y a ici deux cas bien distincts à considérer.

Si le système orthogonal tracé sur la sphère est entièrement connu, c'est-à-dire si l'on a les expressions des cosinus directeurs c, c', c'' de la normale à la surface cherchée en fonction de u et v, les formules d'Olinde Rodrigues (nº 141) nous donneront les coordonnées du point correspondant de la surface par les quadratures suivantes :

$$\tag{13} \left\{ \begin{aligned} x &= -\int\left(R\frac{\partial c}{\partial u}\,du + R'\frac{\partial c}{\partial v}\,dv\right), \\ y &= -\int\left(R\frac{\partial c'}{\partial u}\,du + R'\frac{\partial c'}{\partial v}\,dv\right), \\ z &= -\int\left(R\frac{\partial c''}{\partial u}\,du + R'\frac{\partial c''}{\partial v}\,dv\right) \end{aligned} \right.$$

(¹) WEINGARTEN (J.), *Ueber die Oberflächen für welche einer der beiden Hauptkrümmungshalbmesser eine Function des anderen ist* (*Journal de Crelle*, t. LXII, p. 160; 1862).

Mais, si les expressions de p_1 et de q sont seules connues, la détermination de c, c', c'' exigera encore l'intégration d'une équation de Riccati (n° 484).

743. Le point essentiel et le plus difficile est, on le voit, de ramener à la forme (12) l'élément linéaire de la sphère. Le problème auquel nous sommes ainsi conduits a déjà été étudié d'une manière générale au n° 578. Il se ramène en définitive à l'intégration de l'équation (11).

Commençons par un cas très particulier où la solution s'offre immédiatement. On sait que l'on peut mettre l'élément linéaire de la sphère sous la forme

$$ds^2 = dv^2 + g^2\, du^2,$$

en prenant pour les lignes $u =$ const. une famille quelconque de géodésiques, c'est-à-dire de grands cercles. On aura ici

$$\varphi'(k) = 1, \qquad g^2 = \frac{1}{k^2},$$

ce qui donne, a désignant une constante,

$$\varphi(k) = k + a, \qquad g = \frac{1}{k},$$
$$\mathrm{R} = \frac{1}{g} + a, \qquad \mathrm{R}' = a.$$

L'un des rayons de courbure étant constant, on obtient une *surface canal*. Les formules générales nous donnent ensuite

$$q = g, \qquad p_1 = 1,$$
$$\mathrm{A} = -1 - ag, \qquad \mathrm{C} = a.$$

Comme nous savons (n° 599) que g est de la forme

$$g = \mathrm{U}\cos v + \mathrm{U}_1 \sin v,$$

on voit que nous avons tous les éléments nécessaires pour étudier la surface.

744. Une application plus importante se rapporte aux surfaces minima. Nous savons mettre, de toutes les manières possibles, l'élément linéaire de la sphère sous la forme

$$ds^2 = \lambda^2(du^2 + dv^2), \tag{14}$$

qui correspond aux systèmes isothermes. On aura ici

$$\lambda^2 = \frac{1}{k^2} = \frac{1}{\varphi'^2(k)}, \quad \text{d'où} \quad \varphi'(k) = k.$$

En négligeant une constante dont l'introduction donnerait seulement les surfaces parallèles à celle que nous allons obtenir, on peut prendre

$$\varphi(k) = \frac{k^2}{2}.$$

Il vient alors

$$\mathrm{R} = \frac{k^2}{2}, \qquad q = \frac{1}{k}, \qquad \mathrm{A} = -\frac{k}{2},$$

$$\mathrm{R}' = -\frac{k^2}{2}, \qquad p_1 = \frac{1}{k}, \qquad \mathrm{C} = -\frac{k}{2}.$$

La relation entre les rayons de courbure,

$$\mathrm{R} + \mathrm{R}' = 0,$$

caractérise les *surfaces minima*. On retrouve en même temps deux de leurs propriétés les plus importantes, puisqu'on reconnaît que les lignes de courbure forment un système isotherme et qu'il en est de même de leur représentation sur la sphère. Les formules (13) nous permettraient de calculer les coordonnées d'un point de la surface; nous ne reviendrons pas sur ce sujet.

745. Les résultats que nous venons de signaler avaient été obtenus déjà par d'autres méthodes; mais M. Weingarten a montré que son théorème permet de trouver une classe *nouvelle* de surfaces définies par une relation entre les rayons de courbure.

Nous avons vu, en effet, au n° 527, que, si l'on prend comme coordonnées d'un point ses distances géodésiques u' et v' à deux courbes distinctes, l'élément linéaire est défini par la formule

$$ds^2 = \frac{du'^2 + dv'^2 + 2\cos\omega\, du'\, dv'}{\sin^2\omega}. \tag{15}$$

Si l'on adopte ensuite les variables

$$u = \frac{u' + v'}{2}, \qquad v = \frac{u' - v'}{2},$$

l'élément prend la forme

$$(16)\qquad ds^2 = \frac{du^2}{\sin^2\frac{\omega}{2}} + \frac{dv^2}{\cos^2\frac{\omega}{2}},$$

que nous avons aussi signalée. Réciproquement, si l'élément linéaire a pu être ramené à la forme (15) par exemple, u' et v' sont les distances géodésiques à deux courbes; car on a, comme il est aisé de le vérifier,

$$\Delta u' = \Delta v' = 1.$$

Nous voyons donc que, *si l'on sait déterminer les lignes géodésiques d'une surface, on saura aussi, de la manière la plus générale, ramener son élément linéaire à l'une des deux expressions précédentes.*

Appliquons cette remarque à la sphère et comparons l'élément linéaire (16) à celui qui est donné par l'équation (12). On voit que l'on pourra prendre ici

$$k = \sin\frac{\omega}{2}, \qquad \varphi'(k) = \cos\frac{\omega}{2},$$

d'où l'on déduira

$$\varphi'(k)\,dk = \frac{1}{2}\cos^2\frac{\omega}{2}\,d\omega, \qquad \varphi(k) = \frac{\omega + \sin\omega}{4}.$$

Nos formules générales nous donnent donc

$$(17)\qquad \left\{\begin{aligned} R &= \frac{\omega + \sin\omega}{4}, & R' &= \frac{\omega - \sin\omega}{4},\\ p_1 &= \frac{1}{\cos\frac{\omega}{2}}, & q &= \frac{1}{\sin\frac{\omega}{2}},\\ A &= -\frac{\omega + \sin\omega}{4\sin\frac{\omega}{2}}, & C &= \frac{\omega - \sin\omega}{4\cos\frac{\omega}{2}}.\end{aligned}\right.$$

Éliminant ω entre les équations qui déterminent les valeurs de R et de R', on trouve

$$(18)\qquad 2R - 2R' = \sin(2R + 2R').$$

Telle est la relation entre les rayons de courbure de la surface correspondante. On voit qu'elle est de forme très compliquée.

746. Si l'on exprime que l'élément linéaire (16) convient à la sphère de rayon 1, c'est-à-dire que la courbure totale est égale à 1, on sera conduit à l'équation aux dérivées partielles

$$\frac{\partial}{\partial u}\left(\operatorname{tang}^2\frac{\omega}{2}\frac{\partial\omega}{\partial u}\right)-\frac{\partial}{\partial v}\left(\cot^2\frac{\omega}{2}\frac{\partial\omega}{\partial v}\right)+\frac{4}{\sin\omega}=0. \tag{19}$$

Les recherches précédentes peuvent donc être considérées comme faisant connaître l'intégrale générale de cette équation. Nous allons, à l'exemple de M. O. Bonnet [1], développer les calculs qui conduisent à cette intégrale.

Soit

$$ds^2 = d\theta^2 + \sin^2\theta\, d\sigma^2 \tag{20}$$

l'élément linéaire de la sphère. Toute fonction F satisfaisant à l'équation

$$\Delta F = 1$$

sera le résultat de l'élimination de α entre les deux équations

$$F = \alpha\sigma + \int\frac{\sqrt{\sin^2\theta-\alpha^2}}{\sin\theta}\,d\theta + f(\alpha),$$

$$0 = \sigma - \int\frac{\alpha\, d\theta}{\sin\theta\sqrt{\sin^2\theta-\alpha^2}} + f'(\alpha).$$

Il suit de là que l'on aura deux fonctions de ce genre, u' et v', en prenant

$$(21)\quad\begin{cases} u' = \alpha\sigma + \displaystyle\int\frac{\sqrt{\sin^2\theta-\alpha^2}}{\sin\theta}\,d\theta + f(\alpha),\\ 0 = \sigma - \displaystyle\int\frac{\alpha\, d\theta}{\sin\theta\sqrt{\sin^2\theta-\alpha^2}} + f'(\alpha);\end{cases}$$

$$(22)\quad\begin{cases} v' = \beta\sigma + \displaystyle\int\frac{\sqrt{\sin^2\theta-\beta^2}}{\sin\theta}\,d\theta + \varphi(\beta),\\ 0 = \sigma - \displaystyle\int\frac{\beta\, d\theta}{\sin\theta\sqrt{\sin^2\theta-\beta^2}} + \varphi'(\beta).\end{cases}$$

On déduit de là, en différentiant,

$$du' = \alpha\, d\sigma + \frac{\sqrt{\sin^2\theta-\alpha^2}}{\sin\theta}\,d\theta,$$

$$dv' = \beta\, d\sigma + \frac{\sqrt{\sin^2\theta-\beta^2}}{\sin\theta}\,d\theta.$$

---

[1] *Journal de l'École Polytechnique*, XLIIe Cahier, p. 95 et suiv.

Ces formules donnent les valeurs de $d\theta$, $d\sigma$; portons-les dans l'élément linéaire (20) de la sphère; il prendra, comme cela était évident *a priori*, la forme (15) avec la valeur de ω définie par l'équation

$$\cos\omega = -\frac{\alpha\sqrt{\sin^2\theta-\alpha^2}+\beta\sqrt{\sin^2\theta-\beta^2}}{\beta\sqrt{\sin^2\theta-\alpha^2}+\alpha\sqrt{\sin^2\theta-\beta^2}}. \tag{23}$$

L'intégrale de l'équation (19) s'obtiendra maintenant de la manière suivante. Effectuons les quadratures indiquées dans les équations (21) et (22), éliminons σ, remplaçons u' et v' par $u+v$ et $u-v$; nous aurons les trois équations

$$(24)\quad \left\{\begin{aligned} u+v &= f(\alpha)-\alpha f'(\alpha)+\arcsin\frac{\sqrt{\sin^2\theta-\alpha^2}}{\sqrt{1-\alpha^2}},\\ u-v &= \varphi(\beta)-\beta\varphi'(\beta)+\arcsin\frac{\sqrt{\sin^2\theta-\beta^2}}{\sqrt{1-\beta^2}},\\ f'(\alpha)-\varphi'(\beta) &= \arcsin\frac{\sqrt{\sin^2\theta-\alpha^2}}{\sin\theta\sqrt{1-\alpha^2}}-\arcsin\frac{\sqrt{\sin^2\theta-\beta^2}}{\sin\theta\sqrt{1-\beta^2}}, \end{aligned}\right.$$

qui, jointes à la précédente (23), donneront l'intégrale cherchée. Pour obtenir l'expression de ω en fonction de u et de v, il suffira d'éliminer θ, α et β entre ces quatre équations.

L'élimination est impossible dans le cas général; mais on peut remplacer l'équation (23) par l'une des suivantes

$$(25)\quad \sqrt{\sin^2\theta-\alpha^2}=\frac{\beta+\alpha\cos\omega}{\sin\omega},\qquad \sqrt{\sin^2\theta-\beta^2}=-\frac{\alpha+\beta\cos\omega}{\sin\omega},$$

qui permettent d'éliminer θ. On est ainsi conduit au système

$$(26)\quad \left\{\begin{aligned} \alpha\beta+\cos\omega &= \sqrt{1-\alpha^2}\sqrt{1-\beta^2}\cos(f'-\varphi'),\\ \beta+\alpha\cos\omega &= \sin\omega\sqrt{1-\alpha^2}\sin(u+v-f+\alpha f'),\\ \alpha+\beta\cos\omega &= \sin\omega\sqrt{1-\beta^2}\sin(u-v-\varphi+\beta\varphi'), \end{aligned}\right.$$

plus simple à quelques égards que les équations (23) et (24).

747. Avant d'établir les remarquables théorèmes qui précèdent, M. Weingarten avait déjà fait connaître, sur le même sujet, une proposition qui est du plus haut intérêt pour la Géométrie (¹) et que nous allons maintenant démontrer.

Revenons aux surfaces W les plus générales, et proposons-nous de déterminer leur *surface des centres de courbure* que nous appellerons aussi leur *développée*.

Pour la *première* nappe, c'est-à-dire pour celle qui contient les centres de courbure des courbes de paramètre v, les coordonnées x_1, y_1, z_1 du centre de courbure sont données par les formules

$$(27) \qquad x_1 = x + c\mathrm{R}, \qquad y_1 = y + c'\mathrm{R}, \qquad z_1 = z + c''\mathrm{R},$$

x, y, z désignant les coordonnées du pied de la normale et c, c', c'' ses cosinus directeurs. En vertu des formules d'Olinde Rodrigues, on a

$$\frac{\partial x}{\partial u} + \mathrm{R}\frac{\partial c}{\partial u} = 0, \qquad \frac{\partial x}{\partial v} + \mathrm{R}'\frac{\partial c}{\partial v} = 0$$

et les équations analogues en y, z; on trouve donc

$$(28) \qquad \begin{cases} dx_1 = (\mathrm{R} - \mathrm{R}')\dfrac{\partial c}{\partial v}\, dv + c\, d\mathrm{R}, \\ dy_1 = (\mathrm{R} - \mathrm{R}')\dfrac{\partial c'}{\partial v}\, dv + c'\, d\mathrm{R}, \\ dz_1 = (\mathrm{R} - \mathrm{R}')\dfrac{\partial c''}{\partial v}\, dv + c''\, d\mathrm{R}, \end{cases}$$

et, par suite, l'élément linéaire de la première nappe aura pour expression

$$(29) \qquad ds_1^2 = p_1^2(\mathrm{R} - \mathrm{R}')^2\, dv^2 + d\mathrm{R}^2.$$

On trouvera de même, pour la *seconde* nappe de la développée,

$$(30) \qquad ds_2^2 = q^2(\mathrm{R} - \mathrm{R}')^2\, du^2 + d\mathrm{R}'^2;$$

et ces deux formules s'appliquent, il faut le remarquer, quand la surface donnée est quelconque.

Elles mettent d'ailleurs en évidence des propositions que nous avons déjà signalées. Par exemple, la première, qui convient à la

---

(¹) WEINGARTEN (J.), *Ueber eine Klasse auf einander abwickelbarer Flächen* (*Journal de Crelle*, t. LIX, p. 382; 1861).

première nappe, nous montre qu'aux lignes de courbure de la surface de paramètre v correspondent, sur cette nappe, des géodésiques dont les trajectoires orthogonales sont les courbes $R =$ const.

Nous reviendrons au Chapitre suivant sur la surface des centres; pour le moment, nous nous contenterons des formules précédentes et nous les appliquerons aux surfaces W. Si nous y remplaçons p_1, q, R, R' par leurs expressions (8) et (9) déjà données, nous trouverons

$$ds_1^2 = k^2 dv^2 + \varphi'^2(k)\, dk^2, \tag{31}$$

$$ds_2^2 = \varphi'^2(k)\, du^2 + k^2\varphi''^2(k)\, dk^2. \tag{32}$$

Or ces deux formes conviennent évidemment à des surfaces applicables sur des surfaces de révolution. Donc :

Si l'on considère toutes les surfaces W *qui correspondent à une même relation entre les rayons de courbure, la première et la seconde nappe de la développée de toutes ces surfaces sont, l'une et l'autre, applicables sur des surfaces de révolution dont les éléments linéaires dépendent uniquement de la relation entre les rayons de courbure et, par conséquent, demeurent les mêmes pour toutes les surfaces considérées.*

748. La réciproque de cette proposition est exacte et peut se démontrer comme il suit.

Considérons une surface (S_1) rapportée à une famille de géodésiques et à leurs trajectoires orthogonales. Son élément linéaire sera donné par la formule

$$ds_1^2 = du^2 + C^2 dv^2. \tag{33}$$

Construisons, en chaque point, le trièdre (T) formé par la normale et les tangentes aux courbes coordonnées et conservons toutes les notations relatives à ce trièdre. Nous savons que les tangentes aux géodésiques $v =$ const. sont normales à une famille de surfaces (n° 441). Il est aisé de vérifier ici cette proposition et de déterminer l'une quelconque des surfaces parallèles auxquelles toutes ces droites sont normales.

En effet, en chaque point, la tangente à la géodésique est l'axe des x du trièdre (T). Un point situé sur cet axe des x, à la distance λ du sommet du trièdre, est défini par les formules

$$(34) \qquad x_0 = x_1 + a\lambda, \qquad y_0 = y_1 + a'\lambda, \qquad z_0 = z_1 + a''\lambda.$$

Différentions l'une quelconque de ces formules, par exemple la première, et remplaçons dx_1 et da par leurs valeurs

$$dx_1 = a\,du + b\mathrm{C}\,dv,$$

$$da = b(r\,du + r_1\,dv) - c(q\,du + q_1\,dv) = b\frac{\partial \mathrm{C}}{\partial u}dv - c(q\,du + q_1\,dv),$$

nous trouverons

$$(35) \qquad dx_0 = a\,d(u + \lambda) + b\left(\mathrm{C} + \lambda\frac{\partial \mathrm{C}}{\partial u}\right)dv - c\lambda(q\,du + q_1\,dv);$$

et nous aurions des formules analogues pour dy_0, dz_0.

D'après cela, pour que la surface décrite par le point (x_0, y_0, z_0) soit normale à l'axe des x, il suffira que le coefficient de a soit nul dans l'équation précédente, c'est-à-dire que l'on ait

$$\lambda + u = \text{const.}$$

En nous bornant à une seule des surfaces normales, nous pouvons prendre

$$(36) \qquad \lambda = -u.$$

Si nous portons cette valeur dans les équations (34), nous obtiendrons les expressions suivantes

$$(37) \qquad x = x_1 - au, \qquad y = y_1 - a'u, \qquad z = z_1 - a''u,$$

qui définissent, en général (¹), une surface (Σ) normale à toutes les tangentes des géodésiques.

D'autre part, si l'on veut que la surface décrite par le point (x_0, y_0, z_0) soit tangente aux mêmes droites et, par suite, constitue avec (S_1) la seconde nappe (S_2) de la développée de (Σ), il faut prendre pour λ la valeur

$$(38) \qquad \lambda = -\frac{\mathrm{C}}{\dfrac{\partial \mathrm{C}}{\partial u}},$$

(¹) Il convient toutefois de signaler ici un cas particulier. Il peut arriver exceptionnellement que le lieu décrit par le point (x, y, z) ne soit pas une surface. Le déterminant fonctionnel de deux quelconques des coordonnées contient, en

qui annule le coefficient de b dans l'équation (35). On a donc, pour les coordonnées x_2, y_2, z_2 du point de (S_2), les expressions

$$(39) \qquad x_2 = x - a\frac{C}{\frac{\partial C}{\partial u}}, \qquad y_2 = y - a'\frac{C}{\frac{\partial C}{\partial u}}, \qquad z_2 = z - a''\frac{C}{\frac{\partial C}{\partial u}};$$

et il résulte immédiatement des formules (36) et (38) que les deux rayons de courbure de (Σ) ont pour valeurs

$$(40) \qquad R = u, \qquad R' = u - \frac{C}{\frac{\partial C}{\partial u}}.$$

749. Appliquons ces résultats généraux au cas particulier où C est une fonction de la seule variable u, ce qui caractérise les surfaces applicables sur les surfaces de révolution.

Dans ce cas, les deux rayons R et R' dépendront de la seule variable u et seront toujours fonctions l'un de l'autre. De plus, la relation qui les lie l'un à l'autre demeurera la même quand on déformera d'une manière quelconque la surface (S_1). Ainsi :

Si une surface (S_1) est applicable sur une surface de révolution, les tangentes à celles des géodésiques de (S_1) qui correspondent aux méridiens de la surface de révolution sont normales à une famille de surfaces parallèles W. La relation entre les deux rayons de courbure principaux de chaque surface W demeure la même quand on déforme (S_1) de toutes les manières possibles.

---

effet, le facteur

$$q\left(C - u\frac{\partial C}{\partial u}\right).$$

Lorsque ce facteur est nul, et dans ce cas seulement, la surface (Σ) se réduit à une courbe ou à un point.

Si q est nul, c'est que les géodésiques sont des droites; alors le théorème n'aurait aucun sens.

Si l'autre facteur est nul, on a encore

$$C = u\varphi(v).$$

La surface considérée est une développable et les surfaces normales aux tangentes des géodésiques sont des surfaces-canaux dont l'une se réduit à une courbe. C'est précisément celle qui est déterminée par les formules (37).

D'autre part, si l'on remplace λ, dans la formule (35), par la valeur qui convient à la surface (S_2), on obtient l'équation

$$dx_2 = a\,d\left(u - \frac{C}{\frac{\partial C}{\partial u}}\right) + \frac{C}{\frac{\partial C}{\partial u}}(q\,du + q_1\,dv)c,$$

à laquelle on peut ajouter les formules analogues pour dy_2 et dz_2. On peut donc en déduire l'élément linéaire de la nappe (S_2), qui sera déterminé par la formule

$$ds_2^2 = \left[d\left(u - \frac{C}{\frac{\partial C}{\partial u}}\right)\right]^2 + \frac{C^2}{\left(\frac{\partial C}{\partial u}\right)^2}(q\,du + q_1\,dv)^2.$$

Dans le cas où C ne dépend que de u, l'expression

$$C(q\,du + q_1\,dv)$$

est une différentielle exacte en vertu des formules de M. Codazzi [II, p. 385, (A)], et l'élément linéaire se réduit à la forme suivante

$$(41) \qquad ds_2^2 = \left[\frac{C\frac{d^2C}{du^2}}{\left(\frac{dC}{du}\right)^2}\right]^2 du^2 + \frac{dw^2}{\left(\frac{dC}{du}\right)^2},$$

qui convient, comme il fallait s'y attendre, à une surface applicable sur une surface de révolution.

750. Quelques remarques très simples permettent de démontrer complètement, et d'une manière intuitive, la seconde proposition de M. Weingarten.

Considérons d'abord une surface (Σ) : soient M un de ses points, C et C' les centres de courbure principaux relatifs à ce point. Aux lignes de première courbure correspondent, sur la première nappe de la développée, des géodésiques dont les trajectoires orthogonales sont évidemment les courbes pour lesquelles le premier rayon principal $R = MC$ demeure constant ; car, si le segment MC se meut en demeurant invariable, il doit être normal à la trajectoire de C, comme il l'est à celle de M.

Ainsi l'élément linéaire de la première nappe de la développée, correspondante aux lignes de courbure de paramètre v par exemple, est certainement de la forme

$$ds^2 = dR^2 + K^2 dv^2.$$

Mais nous savons (n° 637) que le centre de courbure géodésique de la courbe $R = \text{const.}$ est situé sur la seconde nappe de la développée. Le rayon de courbure géodésique de cette courbe est donc égal, en grandeur et en signe, à $R' - R$; ce qui permet d'écrire l'équation

$$\frac{1}{R' - R} = -\frac{1}{K}\frac{\partial K}{\partial R},$$

où K est considéré comme fonction de R et de v.

Cette formule est tout à fait générale. Si on l'applique au cas où R' est fonction de R, on pourra en déduire

$$K = \varphi(v) e^{\int \frac{dR}{R - R'}},$$

et cette valeur de K caractérise les surfaces applicables sur les surfaces de révolution.

La proposition directe est ainsi démontrée. La réciproque peut être établie de même et sans aucune difficulté.

Considérons en effet une surface (S_1) et une famille de géodésiques tracées sur cette surface. Chacune de ces géodésiques a une infinité de développantes; associons toutes celles de ces développantes qui ont leur point de départ sur une même trajectoire orthogonale des géodésiques. Nous formerons ainsi une surface (Σ) qui sera normale à toutes les tangentes des géodésiques. On le démontre immédiatement de la manière suivante.

Considérons sur chaque tangente à la géodésique le point de contact M et le point P où elle rencontre la surface (Σ). Si le point M décrit la géodésique, le point P, décrivant une développante de cette géodésique, se déplacera normalement au segment MP. De même, si le point M se déplace sur la trajectoire orthogonale des géodésiques, le segment MP conservera sa longueur, et, comme le point M se déplace normalement à MP, il en sera de même du point P. La tangente MP, étant normale à deux déplacements distincts du point P, sera nécessairement normale à la surface (Σ) lieu de ce point.

Le reste de la démonstration n'offre aucune difficulté. Soit u le segment MP. L'élément linéaire de (S_1) sera de la forme

$$ds^2 = du^2 + C^2 dv^2$$

et les deux rayons de courbure principaux de (Σ) en P seront, comme précédemment,

$$u \quad \text{et} \quad u - \frac{C}{\frac{\partial C}{\partial u}}.$$

Si donc la surface (S_1) est de révolution, C dépendra uniquement de u et les deux rayons de courbure seront liés par une relation déterminée.

Ces élégantes démonstrations sont dues à M. Beltrami [1].

731. Après avoir démontré par l'Analyse et par la Géométrie la seconde proposition fondamentale de M. Weingarten, appliquons-la aux cas particuliers que nous avons étudiés plus haut.

Considérons d'abord les surfaces-canaux, pour lesquelles on a

$$\varphi(k) = k + a. \tag{42}$$

Les formules (31) et (32) nous donneront pour les éléments linéaires des deux nappes de la développée les expressions

$$ds_1^2 = k^2 dv^2 + dk^2, \qquad ds_2^2 = du^2. \tag{43}$$

La première nappe est une développable; la seconde se réduit à une courbe. Tous ces résultats sont bien connus.

Considérons maintenant les surfaces minima, qui correspondent à la valeur suivante

$$\varphi(k) = \frac{k^2}{2} \tag{44}$$

de $\varphi(k)$. Nous aurons ici

$$\left\{\begin{aligned} ds_1^2 &= k^2(dv^2 + dk^2),\\ ds_2^2 &= k^2(du^2 + dk^2).\end{aligned}\right. \tag{45}$$

On voit que les deux nappes sont applicables l'une sur l'autre. Il est aisé de définir géométriquement les surfaces de révolution

---

(1) *Ricerche*, art. XIX.

qui admettent l'élément linéaire précédent. Comme la seule surface minima de révolution est l'alysséide (n° 66), cet élément linéaire convient aux surfaces engendrées par la révolution de la développée d'une chaînette autour de la base de cette courbe. Ces surfaces ont déjà été signalées au n° 692.

Examinons enfin la classe nouvelle de surfaces découvertes par M. Weingarten. On a trouvé

$$(46)\qquad \left\{\begin{aligned} k &= \sin\frac{\omega}{2}, & \varphi'(k) &= \cos\frac{\omega}{2},\\ dk &= \frac{1}{2}\cos\frac{\omega}{2}\,d\omega, & \varphi''(k) &= -\operatorname{tang}\frac{\omega}{2}.\end{aligned}\right.$$

On aura donc, pour les deux nappes de la développée,

$$(47)\qquad \left\{\begin{aligned} ds_1^2 &= k^2\,dv^2 + (1-k^2)\,dk^2,\\ ds_2^2 &= (1-k^2)\,du^2 + \frac{k^4\,dk^2}{1-k^2}.\end{aligned}\right.$$

Ces deux expressions se ramènent l'une à l'autre par le changement de k en $\sqrt{1-k^2}$. *Les deux nappes de la développée sont donc applicables l'une sur l'autre,* et l'on peut se contenter de considérer la première. Elle est applicable sur la surface de révolution définie par les formules

$$(48)\qquad \rho = mk, \qquad z = \int\sqrt{1-k^2-m^2}\,dk,$$

où ρ désigne la distance à l'axe des z.

Si l'on prend $m = 1$, on obtient le paraboloïde

$$(49)\qquad z = i\frac{\rho^2}{2}.$$

Ainsi *l'on saura déterminer toutes les surfaces applicables sur le paraboloïde de révolution.*

A la vérité, le paraboloïde précédent est imaginaire; mais il est aisé de démontrer que l'on pourra obtenir un paraboloïde réel. Reprenons, en effet, les calculs du n° 745, en adoptant pour u' une solution imaginaire quelconque de l'équation

$$\Delta u' = 1,$$

c'est-à-dire la distance géodésique à une courbe imaginaire. Prenons pour v' la fonction imaginaire conjuguée de u'. Alors u sera réelle; mais v sera une imaginaire pure. Donc si, dans la formule (16), on remplace v par vi, il faudra aussi remplacer $\cos\frac{\omega}{2}$ par ki, et l'élément linéaire de la sphère deviendra

$$ds^2 = \frac{du^2}{k^2+1} + \frac{dv^2}{k^2}$$

ou, en échangeant u et v,

$$(50)\qquad ds^2 = \frac{du^2}{k^2} + \frac{dv^2}{k^2+1}.$$

Cette forme, où n'entrent que des variables réelles u, v, k, correspond à la valeur suivante

$$\varphi'(k) = \sqrt{k^2+1}$$

de $\varphi'(k)$. Et, dans ce cas, la formule (31) nous donne

$$ds_1^2 = k^2\,dv^2 + (k^2+1)\,dk^2.$$

C'est l'élément linéaire qui convient aux surfaces de révolution définies par les équations

$$(51)\qquad \rho = mk, \qquad z = \int \sqrt{k^2+1-m^2}\,dk.$$

Pour $m = 1$, *on a, cette fois, le paraboloïde réel.*

Il y aurait évidemment intérêt à développer ici les calculs et à obtenir toutes les surfaces applicables sur cette surface du second degré, qui a, en définitive, le même degré de généralité, sinon le même intérêt, que la sphère. Nous reviendrons plus loin, au Chapitre IX, sur ce sujet; mais, auparavant il convient que nous entreprenions une étude détaillée de la développée d'une surface et des relations qui existent entre ses deux nappes.

CHAPITRE VIII.

LA SURFACE DES CENTRES DE COURBURE. PROPRIÉTÉS GÉNÉRALES.

Rappel de différentes propositions relatives aux deux nappes de la développée. — Formules relatives à chacune de ces nappes : élément linéaire, lignes asymptotiques, lignes de courbure, rayons de courbure principaux. — Propositions relatives au contact de deux surfaces; existence de relations entre les éléments du même ordre des deux nappes de la développée. — Recherche de ces relations dans le cas du second ordre. — Paraboloïde des huit droites. — Théorème de M. Ribaucour relatif au cas où les lignes de courbure se correspondent sur les deux nappes de la développée. — Généralisation de certaines propriétés de la développée. — Théorèmes de MM. Beltrami et Laguerre relatifs à des droites entraînées dans le mouvement de déformation d'une surface. — Proposition de M. Ribaucour relative à des courbes situées dans les plans tangents d'une surface donnée.

---

752. Considérons une surface (Σ), rapportée à ses lignes de courbure. Soient (*fig.* 74) M un point de cette surface, (T) le

Fig. 74.

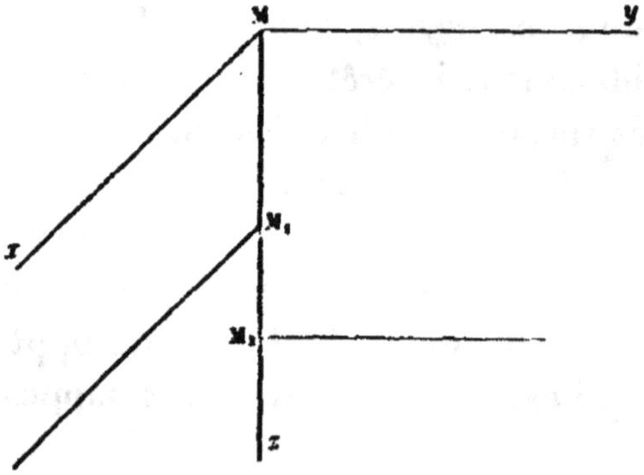

trièdre formé par les tangentes principales Mx, My et la normale Mz. Pour abréger, nous désignerons sous le nom de *lignes de première courbure* celles qui sont tangentes à Mx; les *lignes de seconde courbure* seront tangentes à My. Les deux nappes (S_1) et (S_2) de la développée contiendront respectivement les centres de première et de seconde courbure M_1 et M_2. La normale à chaque nappe sera parallèle à la tangente principale correspondante. Convenons, pour abréger, de dire que les lignes de première courbure sont *associées* à la première nappe et les lignes de seconde courbure *associées* à la seconde nappe. Alors, sur chacune de ces nappes, les géodésiques (g_1) ou (g_2) tangentes à la normale de (Σ) correspondent aux lignes de courbure associées, et les courbes conjuguées (c_1) ou (c_2) de ces géodésiques aux lignes de courbure non associées. Dans la correspondance entre les deux nappes (S_1) et (S_2), les géodésiques (g_2) ont pour homologues les courbes (c_1), et, de même, les géodésiques (g_1) correspondent aux courbes (c_2). La correspondance est donc telle qu'au système conjugué formé des courbes (c_1) et (g_1) de (S_1) correspond le système conjugué formé des courbes (g_2) et (c_2) de (S_2). Cette propriété, comprise dans celle que nous avons signalée au n° 319, est très essentielle; elle nous permettra de prévoir ou d'expliquer différents résultats.

Ajoutons la remarque suivante. Lorsqu'on se déplace sur la ligne de première courbure, par exemple, deux plans normaux consécutifs à cette ligne sont tangents à la nappe (S_1) et ont leurs points de contact sur la géodésique (g_1) qui passe en M_1. Leur intersection est donc la tangente en M_1 à la courbe (c_1) qui passe en ce point. Or cette intersection est l'*axe de courbure* de la ligne de première courbure pour le point M; elle est, comme on sait, perpendiculaire au plan osculateur en M. Comme, d'autre part, la tangente à (g_1) est la normale en M à (Σ), on voit que :

L'angle des deux courbes (c) *et* (g) *qui se croisent en un point de l'une des nappes de la développée est égal à l'angle que fait, au point correspondant de* (Σ), *le plan osculateur de la ligne de courbure associée avec le plan tangent de* (Σ). *La tangente à la courbe* (c) *est l'axe de courbure de cette ligne de courbure.*

Rappelons également que les trajectoires orthogonales des géodésiques (g) sont, sur chaque nappe, les courbes pour lesquelles le rayon de courbure associé demeure constant.

753. Toutes les propriétés précédentes sont élémentaires et

bien connues; pour approfondir cette étude, nous allons employer les méthodes développées au Livre V.

Conservons toutes les notations du Chapitre précédent et associons au trièdre (T), de sommet M, deux autres trièdres parallèles (T_1) et (T_2) ayant respectivement pour sommets M_1 et M_2. Ces trois trièdres auront tous les mêmes rotations. Pour chacun d'eux, *l'une des faces est tangente à la surface décrite par le sommet.* Nous pourrons donc appliquer à chacune des nappes (S_1) et (S_2), en changeant seulement quelques notations, les formules du Livre V.

Considérons, par exemple, le trièdre (T_1). Le point M_1, ayant pour coordonnées o, o et R par rapport à (T), les projections de son déplacement sur les axes de (T), ou sur ceux de (T_1), seront [formules (B), II, p. 385 et 386]

$$(A + qR)\,du, \quad (C - p_1 R)\,dv, \quad dR$$

ou, en remplaçant A et C par leurs valeurs,

$$o, \quad p_1(R' - R)\,dv, \quad dR.$$

On a donc, pour les six translations de (T_1), les valeurs suivantes

$$(1)\qquad \begin{cases} \xi = o, & \eta = o, & \zeta = \dfrac{\partial R}{\partial u}, \\ \xi_1 = o, & \eta_1 = p_1(R' - R), & \zeta_1 = \dfrac{\partial R}{\partial v}. \end{cases}$$

Quant aux rotations, ce sont celles de (T), c'est-à-dire

$$(2)\qquad \begin{cases} p = o, & q, & r, \\ p_1, & q_1 = o, & r_1. \end{cases}$$

D'après cela, si l'on remarque que les formules du Tableau I [II, p. 382] s'appliquent à un trièdre dont les rotations sont quelconques et pour lequel deux seulement des translations sont nulles, à savoir ζ et ζ_1, on voit que l'on pourra appliquer ici à (S_1) et au trièdre (T_1) toutes les formules des Tableaux I et II, sous la condition d'y faire subir aux translations ainsi qu'aux rotations la permutation circulaire qui équivaut à changer le nom des axes de (T) et à remplacer les axes des x, des y et des z par les axes des y, des z et des x respectivement. On obtiendra ainsi les formules suivantes.

L'angle ω_1 d'une courbe tracée sur (S_1) avec l'axe des y de (T_1) ou de (T) sera défini par les équations

$$(3)\quad \begin{cases} ds_1 \cos\omega_1 = \eta\, du + \eta_1\, dv = p_1(R' - R)\, dv, \\ ds_1 \sin\omega_1 = \zeta\, du + \zeta_1\, dv = dR. \end{cases}$$

L'élément linéaire de (S_1) aura donc pour expression

$$(4)\quad ds_1^2 = dR^2 + p_1^2(R' - R)^2\, dv^2,$$

comme nous l'avons déjà trouvé directement. La courbure normale d'une courbe sera donnée par la formule

$$(5)\quad \frac{\cos\varpi_1}{\rho_1} ds_1 = \sin\omega_1(q\, du + q_1\, dv) - \cos\omega_1(r\, du + r_1\, dv)$$

ou, en substituant,

$$(6)\quad \frac{\cos\varpi_1}{\rho_1} ds_1^2 = \frac{q}{r}\left(\frac{\partial R}{\partial u} r\, du^2 - \frac{\partial R}{\partial v} r_1\, dv^2\right).$$

L'équation différentielle des asymptotiques sera, par suite,

$$(7)\quad r\frac{\partial R}{\partial u} du^2 - r_1 \frac{\partial R}{\partial v} dv^2 = 0.$$

Elle est privée du terme en $du\, dv$; il fallait s'y attendre, puisque les lignes coordonnées sont des courbes conjuguées.

De même, tout ce qui se rapporte aux lignes de courbure de la nappe (S_1) s'obtiendra en effectuant la permutation indiquée sur les équations (7) du Tableau I, qui deviennent ainsi

$$(8)\quad \begin{cases} p_1(R' - R)\, dv + R_1(r\, du + r_1\, dv) = 0, \\ dR - R_1 q\, du = 0, \end{cases}$$

R_1 désignant le rayon de courbure principal. L'élimination de $\frac{du}{dv}$ donne l'équation aux rayons de courbure principaux de (S_1)

$$(9)\quad q r_1 R_1^2 - \left[r_1 \frac{\partial R}{\partial u} - r\frac{\partial R}{\partial v} + q p_1(R - R')\right] R_1 - \frac{\partial R}{\partial u} p_1(R' - R) = 0.$$

L'élimination de R_1 conduit à l'équation différentielle des lignes de courbure

$$(10)\quad p_1 q(R - R')\, du\, dv = dR(r\, du + r_1\, dv),$$

dont le développement nous donne

$$(11)\qquad r\frac{\partial R}{\partial u}du^2 + r_1\frac{\partial R}{\partial v}dv^2 + \left[r\frac{\partial R}{\partial v} + r_1\frac{\partial R}{\partial u} + qp_1(R'-R)\right]du\,dv = 0.$$

751. Une méthode toute semblable s'applique au trièdre (T_2) et à la nappe (S_2). On trouve, pour les translations de ce trièdre, les valeurs suivantes :

$$(12)\qquad \begin{cases} \xi = q(R'-R), & \eta = 0, & \zeta = \dfrac{\partial R'}{\partial u}, \\ \xi_1 = 0, & \eta_1 = 0, & \zeta_1 = \dfrac{\partial R'}{\partial v}. \end{cases}$$

Ici encore le Tableau I, où l'on effectuera toutes les permutations circulaires qui équivalent à remplacer z, x, y par y, z, x, nous fournira tous les résultats que nous avons donnés pour la nappe (S_1).

Désignant cette fois par ω_2 l'angle de l'axe des z avec la tangente à une courbe tracée sur (S_2), on aura

$$(13)\qquad ds_2\cos\omega_2 = dR', \qquad ds_2\sin\omega_2 = q(R'-R)\,du;$$

et, par suite, on retrouvera l'expression déjà obtenue (n° 747)

$$(14)\qquad ds_2^2 = dR'^2 + q^2(R'-R)^2\,du^2$$

de l'élément linéaire.

On trouvera, de même, pour la courbure normale d'une courbe tracée sur la surface, la formule

$$(15)\qquad \begin{cases} ds_2\dfrac{\cos\varpi_2}{\rho_2} = \sin\omega_2(r\,du + r_1\,dv) - \cos\omega_2 p_1\,dv, \\ ds_2^2\dfrac{\cos\varpi_2}{\rho_2} = \dfrac{p_1}{r_1}\left(r\dfrac{\partial R'}{\partial u}du^2 - r_1\dfrac{\partial R'}{\partial v}dv^2\right), \end{cases}$$

ce qui donnera l'équation différentielle des lignes asymptotiques

$$(16)\qquad r\frac{\partial R'}{\partial u}du^2 - r_1\frac{\partial R'}{\partial v}dv^2 = 0.$$

Enfin la détermination des lignes de courbure de (S_2) dépendra du système suivant

$$(17)\qquad \begin{cases} dR' + R_2 p_1\,dv = 0, \\ q(R'-R)\,du - R_2(r\,du + r_1\,dv) = 0, \end{cases}$$

où R_2 désigne le rayon de courbure principal. En l'éliminant, on obtient l'équation des lignes de courbure

$$(18)\qquad dR'(r\,du + r_1\,dv) + qp_1(R' - R)\,du\,dv = 0$$

ou, en développant,

$$(19)\qquad r\frac{\partial R'}{\partial u}du^2 + r_1\frac{\partial R'}{\partial v}dv^2 + \left[r\frac{\partial R'}{\partial v} + r_1\frac{\partial R'}{\partial u} + qp_1(R' - R)\right]du\,dv = 0.$$

L'équation aux rayons de courbure principaux R_2 sera

$$(20)\qquad rp_1 R_2^2 - \left[r_1\frac{\partial R'}{\partial u} - r\frac{\partial R'}{\partial v} + qp_1(R' - R)\right]R_2 - q(R' - R)\frac{\partial R'}{\partial v} = 0.$$

D'une manière générale, la remarque qui nous a donné les équations précédentes permettra de résoudre par la simple application des formules du Livre V toutes les questions relatives aux deux nappes de la développée. Les résultats qui précèdent sont d'ailleurs résumés dans le Tableau suivant.

TABLEAU VII (suite au Tableau V)

Nappes de la développée (S_1) *et* (S_2).

1° Nappe (S_1) :

Trièdre (T_1), translations
$$\begin{cases} \xi = 0, & \eta = 0, & \zeta = \dfrac{\partial R}{\partial u}, \\ \xi_1 = 0, & \eta_1 = p_1(R' - R), & \zeta_1 = \dfrac{\partial R}{\partial v}. \end{cases}$$

Courbe tracée sur (S_1); ω_1 angle avec l'axe des y,

(1) $$ds_1 \cos\omega_1 = p_1(R' - R)\,dv, \qquad ds_1 \sin\omega_1 = dR,$$

(2) $$ds_1^2 = dR^2 + p_1^2(R' - R)^2\,dv^2,$$

(3) $$\frac{\sin\varpi_1}{\rho_1}\,ds_1 = d\omega_1 + p_1\,dv,$$

(4) $$\frac{\cos\varpi_1}{\rho_1}\,ds_1^2 = \frac{q}{r}\left(r\frac{\partial R}{\partial u}\,du^2 - r_1\frac{\partial R}{\partial v}\,dv^2\right).$$

Lignes asymptotiques

(5) $$r\frac{\partial R}{\partial u}\,du^2 - r_1\frac{\partial R}{\partial v}\,dv^2 = 0.$$

Relation entre deux directions conjuguées

(6) $$r\frac{\partial R}{\partial u}\,du\,\delta u - r_1\frac{\partial R}{\partial v}\,dv\,\delta v = 0.$$

Lignes de courbure; R_1 rayon de courbure principal

(7) $$\begin{cases} p_1(R' - R)\,dv + R_1(r\,du + r_1\,dv) = 0, \\ dR - R_1 q\,du = 0. \end{cases}$$

Équation différentielle des lignes de courbure

(8) $$r\frac{\partial R}{\partial u}\,du^2 + r_1\frac{\partial R}{\partial v}\,dv^2 + \left[r\frac{\partial R}{\partial v} + r_1\frac{\partial R}{\partial u} + qp_1(R' - R)\right]du\,dv = 0.$$

Équation aux rayons de courbure principaux

(9) $$qr_1R_1^2 - \left[r_1\frac{\partial R}{\partial u} - r\frac{\partial R}{\partial v} + qp_1(R - R')\right]R_1 - p_1(R' - R)\frac{\partial R}{\partial u} = 0.$$

Produit des rayons de courbure

(10) $$R_1R_1' = -(R - R')^2\,\frac{\dfrac{\partial R}{\partial u}}{\dfrac{\partial R'}{\partial u}}.$$

2° *Nappe* (S_2):

Trièdre (T_2), translations $\begin{cases} \xi = q(R'-R), & \eta = 0, & \zeta = \dfrac{\partial R}{\partial u}, \\ \xi_1 = 0, & \eta_1 = 0, & \zeta_1 = \dfrac{\partial R'}{\partial v}. \end{cases}$

Courbe tracée sur (S_2); ω_2 angle avec l'axe des z

$$(1) \qquad ds_2 \cos\omega_2 = dR', \qquad ds_2 \sin\omega_2 = q(R'-R)\,du,$$

$$(2) \qquad ds_2^2 = dR'^2 + q^2(R-R')^2\,du^2,$$

$$(3) \qquad \frac{\sin\varpi_2}{\rho_2}\,ds_2 = d\omega_2 + q\,du,$$

$$(4) \qquad \frac{\cos\varpi_2}{\rho_2}\,ds_2^2 = \frac{p_1}{r_1}\left(r\frac{\partial R'}{\partial u}du^2 - r_1\frac{\partial R'}{\partial v}dv^2\right).$$

Lignes asymptotiques

$$(5) \qquad r\frac{\partial R'}{\partial u}du^2 - r_1\frac{\partial R'}{\partial v}dv^2 = 0.$$

Relation entre deux directions conjuguées

$$(6) \qquad r\frac{\partial R'}{\partial u}du\,\delta u - r_1\frac{\partial R'}{\partial v}dv\,\delta v = 0.$$

Lignes de courbure; R_2 rayon de courbure principal

$$(7) \qquad \begin{cases} dR' + R_2 p_1\,dv = 0, \\ q(R'-R)\,du - R_2(r\,du + r_1\,dv) = 0. \end{cases}$$

Équation différentielle des lignes de courbure

$$(8) \qquad r\frac{\partial R'}{\partial u}du^2 + r_1\frac{\partial R'}{\partial v}dv^2 + \left[r\frac{\partial R'}{\partial v} + r_1\frac{\partial R'}{\partial u} + qp_1(R'-R)\right]du\,dv = 0.$$

Équation aux rayons de courbure principaux

$$(9) \qquad rp_1 R_2^2 - \left[r_1\frac{\partial R'}{\partial u} - r\frac{\partial R'}{\partial v} + qp_1(R'-R)\right]R_2 - q(R'-R)\frac{\partial R'}{\partial v} = 0.$$

Produit des rayons de courbure

$$(10) \qquad R_2 R'_2 = -(R-R')^2\,\frac{\dfrac{\partial R'}{\partial v}}{\dfrac{\partial R}{\partial v}}.$$

755. Les différentes formules que nous venons d'établir conduisent à plusieurs conséquences. Pour le moment, nous signalerons seulement celles qui ont un caractère tout à fait général.

Étant donné (*fig.* 74) un point M de la surface (Σ), les points correspondants M_1 et M_2 des deux nappes (S_1) et (S_2), ainsi que les plans tangents en ces points, dépendent exclusivement des éléments du second ordre de (Σ). Cette remarque, combinée avec l'emploi des différentiations successives, nous montre que :

Les éléments du $n^{\text{ième}}$ ordre des deux nappes de la développée en M_1 et en M_2 dépendent exclusivement des éléments de la surface en M jusqu'à l'ordre $n+1$.

En d'autres termes :

Si deux surfaces ont en un point un contact d'ordre n, les deux nappes de leurs développées auront, aux points correspondants, des contacts d'ordre $n-1$.

La réciproque est exacte et se démontre de la même manière :

Si deux surfaces ont un point commun M et si leurs développées ont, aux points correspondants M_1 et M_2, des contacts d'ordre n, ces surfaces ont en M un contact d'ordre $n+1$.

Or, pour assurer un contact d'ordre μ, il faut $\frac{(\mu+1)(\mu+2)}{2}$ conditions; par suite, suivant que l'on exprimera directement le contact d'ordre n des deux surfaces, ou celui d'ordre $n-1$ des deux nappes de leurs développées, on aura à écrire, soit $\frac{(n+1)(n+2)}{2}$, soit $2\frac{n(n+1)}{2}$ équations. Les équations du second groupe sont en nombre plus grand, à partir de la valeur 3 de n. Il y aura donc nécessairement des relations entre les éléments du même ordre des deux nappes de la développée ([1]). Dans le cas où

([1]) On peut obtenir un résultat analogue en se proposant de définir la seconde nappe de la développée quand on connaît la première. Soient, en effet,

$$z = f(x, y), \qquad z' = f_1(x', y')$$

les équations des deux nappes.

Si x, y, z; x', y', z' désignent les coordonnées de deux points correspondants,

n est égal à 3, ces relations se présentent sous une forme assez simple si l'on introduit, avec MM. Mannheim et Ribaucour, la considération du *paraboloïde des huit droites,* à laquelle on est conduit naturellement par les remarques suivantes.

736. Envisageons un trièdre (T') dont les axes soient parallèles à ceux de (T) et dont l'origine soit un point M' de la normale en M, l'abscisse MM' étant d'ailleurs une quantité quelconque z'. Suivant que l'on donnera à z' les valeurs o, R, R', on aura l'un des trièdres (T), (T_1), (T_2) déjà définis. Quand le trièdre (T), et par suite le trièdre (T'), subira un déplacement infiniment petit, tout point invariablement lié à (T') aura, par rapport à (T), un mouvement qui se réduira à une translation dz', parallèle à Mz. On obtiendra donc le déplacement d'un point (x, y, z) invariablement lié à (T') en composant avec la translation dz' le déplacement du point considéré comme invariablement lié à (T); par suite, les composantes de ce déplacement seront [II, p. 385]

$$\begin{aligned}
A\,du + q\,z\,du - (r\,du + r_1\,dv)y &= \quad q\,(z - R)\,du - y(r\,du + r_1\,dv),\\
C\,dv + (r\,du + r_1\,dv)x - p_1 z\,dv &= -p_1(z - R')\,dv + x(r\,du + r_1\,dv),\\
& dz' + p_1 y\,dv - q\,x\,du.
\end{aligned}$$

Si l'on veut que le déplacement du trièdre (T') se réduise à une rotation, il faudra qu'il y ait une ligne de points dont le déplacement soit nul; ces points, qui formeront l'axe de rotation, devront donc satisfaire aux trois équations

$$(21)\qquad \begin{cases}
q(z - R)\,du - y(r\,du + r_1\,dv) = 0,\\
p_1(z - R')\,dv - x(r\,du + r_1\,dv) = 0,\\
dz' + p_1 y\,dv - q\,x\,du = 0.
\end{cases}$$

---

les relations entre les deux nappes se traduisent par les équations évidentes

$$\begin{aligned}
pp' + qq' + 1 &= 0,\\
z - z' &= p(x - x') + q(y - y'),\\
z - z' &= p'(x - x') + q'(y - y'),
\end{aligned}$$

où p, q; p', q' ont la signification habituelle. Si, entre ces trois équations, on élimine x et y, on aura une équation aux dérivées partielles du premier ordre qui définira, autant qu'elle peut l'être, la seconde nappe. Si l'on garde les équations précédentes et si on les différentie une fois, par exemple, on trouvera deux relations entre les éléments du second ordre des deux nappes; et ainsi de suite.

Si, pour plus de netteté, on veut seulement considérer le trièdre (T), on peut dire que ces trois équations définissent tous les déplacements qui amènent (T) de sa position dans une position infiniment voisine et qui se composent *d'une translation parallèle à la normale, associée à une simple rotation*. La translation est définie par la troisième équation; les deux premières, prises seules, font connaître l'axe de rotation, *axe qui existe pour tout déplacement*. Comme la translation n'a d'autre effet que de faire glisser sur lui-même le dièdre des plans principaux, on peut dire que les deux premières équations (21) *définissent les axes des rotations par lesquelles le dièdre des plans principaux peut être amené de sa position actuelle dans toute position infiniment voisine*.

Le lieu des axes de toutes ces rotations s'obtiendra par l'élimination de $\frac{du}{dv}$ entre ces deux équations. On trouve ainsi le paraboloïde défini par l'équation

$$1 = \frac{ry}{q(z-R)} + \frac{r_1 x}{p_1(z-R')}. \tag{22}$$

Nous allons indiquer les huit génératrices de cette surface qui ont été signalées par M. Mannheim (¹).

Il y a d'abord les droites

$$\begin{cases} y = 0, \\ z = R, \end{cases} \qquad \begin{cases} x = 0, \\ z = R', \end{cases}$$

qui sont les normales aux deux nappes (S_1) et (S_2) et qui appartiennent à un même système de génératrices rectilignes, celles qui ne sont pas les axes de rotations.

(¹) Les Notes de M. MANNHEIM relatives à ce sujet sont insérées dans le t. LXXIV (1872) et le t. LXXXIV (1877) des *Comptes rendus*. Nous signalerons plus particulièrement les deux suivantes : *Détermination de la liaison géométrique qui existe entre les éléments de la courbure des deux nappes de la surface des centres de courbure principaux d'une surface donnée* (*Comptes rendus*, t. LXXIV, p. 458). *Sur le paraboloïde des huit droites* (même Recueil, t. LXXXIV, p. 645.)

Une Note de M. RIBAUCOUR sur les *développées des surfaces*, insérée au t. LXXIV, page 1399 du même Recueil contient des résultats qui se rapportent au même sujet.

Les six autres droites sont toutes des axes de rotation et, par suite, *rencontrent toutes les deux normales précédentes*. Elles correspondent aux cas où le trièdre (T′) se réduit à l'un des trois trièdres (T), (T_1), (T_2).

Quand on se déplace sur une ligne de courbure de (Σ), le trièdre (T) peut être amené dans sa position infiniment voisine par une rotation (n° 489) qui, dans le cas actuel, s'effectue évidemment autour de l'axe de courbure de la ligne considérée. Ainsi les tangentes en M_1, M_2 aux courbes (c_1), (c_2) appartiennent au paraboloïde précédent.

Supposons maintenant que, z' devenant égal à R, (T′) se confonde avec (T_1). Les déplacements de M, pour lesquels le trièdre (T_1) est animé d'une simple rotation, s'effectuent (n° 489) suivant une des lignes de courbure de (S_1); l'axe de cette rotation se trouve dans le plan normal à la ligne de courbure et va passer par le centre de courbure principal correspondant. Cet axe devra, d'après une remarque déjà faite, rencontrer la normale à (S_2). Ainsi :

Si l'on considère sur une des nappes de la développée une ligne de courbure (γ), *le plan normal à cette ligne va couper la normale à l'autre nappe en un point qui, joint au centre de courbure de la première nappe correspondant à la ligne de courbure* (γ), *donne une des génératrices du paraboloïde précédent.*

On obtient ainsi quatre génératrices nouvelles, ce qui donne bien, en tout, les huit droites du paraboloïde.

Il est aisé maintenant de reconnaître comment la considération du paraboloïde des huit droites permet d'exprimer sous une forme géométrique les deux relations qui existent entre les éléments du second ordre des deux nappes (S_1), (S_2) aux points correspondants. Supposons, en effet, que l'on connaisse, pour chacune des deux nappes, les directions principales et les centres de courbure principaux. Il sera toujours possible de construire les quatre génératrices qui figurent dans l'énoncé précédent : *elles devront être parallèles à un même plan*. Telle est la relation cherchée.

Le paraboloïde des huit droites, ne contenant pas dans son

équation $\frac{\partial R}{\partial v}$, $\frac{\partial R'}{\partial v}$, ne peut donner tout ce qui se rapporte aux courbures des deux nappes; mais il est commode pour certaines constructions. Sans insister sur ce point, nous nous attacherons surtout à la conséquence suivante de la méthode que nous avons suivie.

757. En ajoutant les équations (21) après les avoir multipliées respectivement par $p_1\,dv$, $-q\,du$, $r\,du + r_1\,dv$, on trouve la relation

$$(23) \qquad p_1 q (R' - R)\, du\, dv + dz'(r\, du + r_1\, dv) = 0,$$

qui détermine dz'. Si donc deux trièdres (T′), (T″), correspondants à des valeurs z', z'' de z, prennent en même temps un mouvement qui se réduit à une rotation, on devra avoir

$$dz' = dz''.$$

Donc *$z' - z''$ sera constant dans la suite de ce mouvement.*

Appliquons cette remarque aux deux trièdres (T_1) et (T_2) qui correspondent aux valeurs R et R′ de z. Quand leur mouvement se réduira à une rotation, leur sommet décrira une ligne de courbure de la nappe correspondante. Donc :

Si une famille de lignes de courbure de (S_1) *correspond à une famille de lignes de courbure de* (S_2), *la différence* $R - R'$ *demeure constante quand on se déplace sur une de ces lignes.*

La condition nécessaire et suffisante pour que les deux familles de lignes de courbure se correspondent sur les deux nappes de la développée d'une surface est que cette surface ait des rayons de courbure principaux dont la différence soit constante.

Ce dernier théorème est dû à M. Ribaucour (¹).

Au reste, ces deux propositions se déduisent très aisément des équations différentielles des lignes de courbure des deux nappes, prises sous les formes (10) et (18). On voit, en effet, qu'il faut,

(¹) Ribaucour, *Note sur les développées des surfaces* (*Comptes rendus*, t. LXXIV, p. 1399; 1872).

pour que ces équations soient compatibles, que l'on ait

$$dR = dR',$$

ce qui conduit immédiatement aux deux théorèmes précédents.

758. Avant d'appliquer aux surfaces W les résultats généraux que nous avons obtenus, nous signalerons une série de recherches que l'une des propriétés fondamentales de la surface des centres a suggérées à MM. Beltrami, Laguerre et Ribaucour.

Étant donnée une surface que, pour plus de netteté, nous supposerons rapportée à un système de coordonnées rectilignes rectangulaires, imaginons que, par chacun de ses points, on mène une droite, définie par les angles α, β, γ qu'elle fait avec les axes du trièdre (T) relatif à ce point. Nous allons chercher la condition pour que toutes les droites ainsi obtenues soient normales à une surface.

Pour cela, prenons sur la droite un point M' à une distance l de M; les projections de son déplacement sur les trois axes du trièdre (T) seront, si nous conservons toutes les notations du Tableau IV [II, p. 385],

$$(24)\quad \begin{cases} d(l\cos\alpha) + A\,du + (q\,du + q_1\,dv)l\cos\gamma - (r\,du + r_1\,dv)l\cos\beta, \\ d(l\cos\beta) + C\,dv \;\; + (r\,du + r_1\,dv)l\cos\alpha - (p\,du + p_1\,dv)l\cos\gamma, \\ d(l\cos\gamma) \qquad\quad\;\; + (p\,du + p_1\,dv)l\cos\beta - (q\,du + q_1\,dv)l\cos\alpha. \end{cases}$$

Il faut exprimer que l'on peut choisir pour l une fonction de u et de v, telle que ce déplacement soit normal à la droite, quels que soient du et dv. Écrivons cette condition : nous aurons, en ajoutant les composantes précédentes après les avoir multipliées par $\cos\alpha$, $\cos\beta$, $\cos\gamma$, la condition

$$(25)\qquad dl + A\cos\alpha\,du + C\cos\beta\,dv = 0.$$

Et, comme dl doit être une différentielle exacte, il faudra que l'on ait

$$(26)\qquad \frac{\partial(A\cos\alpha)}{\partial v} = \frac{\partial(C\cos\beta)}{\partial u}.$$

Telle est la condition cherchée. Comme elle est indépendante de p, q, p_1, q_1, nous obtenons la proposition suivante :

Si l'on considère des droites partant des différents points d'une surface (Σ) et si l'on suppose que la surface (Σ) se déforme en entraînant ces droites dans son mouvement, le système des droites ainsi reliées à (Σ) sera toujours formé de normales à une surface, ou ne le sera jamais (¹).

Notre méthode cinématique permettait de prévoir ce résultat. La déformation de la surface fait varier seulement les rotations p, q, p_1, q_1 et l'effet de ces rotations sur les points d'une droite passant par l'origine est de leur imprimer des déplacements normaux à la droite. On peut donc, si l'on doit exprimer qu'une droite est perpendiculaire au déplacement d'un de ses points, négliger les rotations du trièdre (T) et se borner à introduire les translations, qui dépendent seulement de l'élément linéaire.

On peut évidemment substituer aux deux équations (25) et (26) celles-ci

$$A\cos\alpha = -\frac{\partial l}{\partial u}, \qquad C\cos\beta = -\frac{\partial l}{\partial v}, \tag{27}$$

qui nous donnent, pour les coordonnées x', y' du point M′ où la droite MM′ est normale à la surface (Σ'), les valeurs suivantes

$$x' = l\cos\alpha = -\frac{l}{A}\frac{\partial l}{\partial u}, \qquad y' = l\cos\beta = -\frac{l}{C}\frac{\partial l}{\partial v}, \tag{28}$$

d'où l'on déduit

$$z' = l\cos\gamma = l\sqrt{1 - \frac{1}{A^2}\left(\frac{\partial l}{\partial u}\right)^2 - \frac{1}{C^2}\left(\frac{\partial l}{\partial v}\right)^2}. \tag{29}$$

Or, si, du point M comme centre, on décrit une sphère de rayon l, elle enveloppera évidemment la surface (Σ'). Le résultat obtenu par M. Beltrami peut donc s'énoncer ainsi :

Si l'on construit des sphères ayant leurs centres aux différents points d'une surface (Σ), les droites qui joignent chaque point de l'enveloppe (Σ') des sphères au point correspondant

---

(¹) Cette proposition est due à M. BELTRAMI (*Ricerche*, art. VI, p. 15). Elle a été depuis retrouvée par LAGUERRE. (*Voir* une Note *Sur les systèmes de droites normales à une surface,* insérée en 1878 aux *Nouvelles Annales de Mathématiques,* t. XVII, p. 181.)

de (Σ) *demeurent invariablement liées à cette surface quand on la déforme de toutes les manières possibles. En d'autres termes, les coordonnées du point de contact de chaque sphère, par rapport au trièdre* (T) *relatif à son centre, dépendent seulement de l'élément linéaire.*

Il est aisé de rattacher aux propositions précédentes les propriétés de la surface des centres. Imaginons, en effet, que les droites soient prises tangentes à la surface (Σ); et supposons même, ce qui est toujours permis, que l'on ait choisi les coordonnées de telle manière que ces droites soient tangentes aux courbes de paramètre v. On aura alors

$$\cos\alpha = 1, \qquad \cos\beta = 0,$$

et la condition d'orthogonalité (26) deviendra

$$\frac{\partial A}{\partial v} = 0.$$

On pourra donc prendre $A = 1$, et l'on voit que les droites devront être les tangentes à une famille de géodésiques.

759. D'une manière générale, prenons pour les courbes de paramètre v celles qui sont, en chaque point, tangentes à la projection de la droite correspondante sur le plan tangent de (Σ). Alors on aura constamment $\cos\beta = 0$, et la condition d'orthogonalité (26) nous donnera

$$A\cos\alpha = \varphi(u). \tag{30}$$

Le cas particulier où A est égal à 1 nous conduit au théorème suivant, qui a été énoncé par M. Beltrami :

Si l'on construit une famille de géodésiques et leurs trajectoires orthogonales; que, par les différents points de la surface, on mène des droites normales aux trajectoires, faisant avec la surface un angle, constant sur chaque trajectoire, mais pouvant varier quand on passe d'une de ces courbes à la suivante, les droites ainsi obtenues seront normales à une même surface.

En particulier, on peut supposer que l'angle est constant, et l'on réalise ainsi un assemblage géométrique dans lequel des droites normales à une surface (Σ') sont coupées sous un angle constant par une autre surface (Σ). On voit qu'alors *les projections des droites sur* (Σ) *sont tangentes à une famille de géodésiques.*

D'autres conséquences peuvent encore être déduites des formules précédentes et, en particulier, le théorème de Malus et de Dupin. Mais, comme nous avons déjà étudié cette question, nous renverrons aux Mémoires déjà cités. Nous nous contenterons de signaler une interprétation géométrique du paramètre différentiel Δl d'une fonction quelconque l.

Si, des différents points de (Σ), on décrit les sphères de rayon l, nous avons vu que la droite qui joint le centre de chaque sphère au point de contact de cette sphère avec son enveloppe fait avec la normale un angle γ défini par la formule (29). On en déduit

$$\sin^2\gamma = \Delta l. \tag{31}$$

760. Nous allons rattacher aux propositions précédentes des recherches plus générales relatives à des courbes quelconques.

Étant donnée une congruence quelconque de courbes (C), on peut établir de bien des manières une correspondance entre les différentes courbes (C) et les points d'une surface (Σ). Par exemple, on fera correspondre à chaque courbe (C) le point où elle coupe (Σ) ou bien le point où un plan normal à (C) peut être tangent à (Σ), etc. La correspondance une fois établie, chaque courbe (C) occupe une certaine position par rapport au trièdre (T) du point correspondant de (Σ). Or, quand la surface se déforme, elle entraîne les trièdres (T) de chacun de ses points, et l'on peut concevoir qu'elle entraîne aussi les courbes (C), que l'on supposera invariablement liées chacune au trièdre correspondant. Cette notion du mouvement de déformation qui entraîne les courbes (C) étant admise, on peut se demander si ces courbes pourront être, pour chacune des formes que prend (Σ), normales à une famille de surfaces. Il y a là une série de questions, analogues à celles que nous avons étudiées pour les droites, et que nous allons examiner dans les cas particuliers qui paraissent les plus intéressants.

Supposons que les courbes (C) soient planes et situées dans les plans tangents de (Σ). Rapportons chacune d'elles au trièdre (T) du point de contact de son plan et de (Σ). Alors les coordonnées x, y d'un point quelconque de cette courbe peuvent être considérées comme des fonctions d'un paramètre t, dont la variation donnera tous les points de la courbe, et des coordonnées curvilignes u et v du sommet du trièdre (T). Si nous conservons toutes les notations du Tableau I [II, p. 382], les projections du déplacement du point (x, y) seront

$$(32)\quad \begin{cases} dx + \xi\, du + \xi_1\, dv - (r\, du + r_1\, dv)y, \\ dy + \eta\, du + \eta_1\, dv + (r\, du + r_1\, dv)x, \\ \quad (p\, du + p_1\, dv)y - (q\, du + q_1\, dv)x. \end{cases}$$

Il faut exprimer que l'on peut choisir pour t une fonction de u et de v telle que le déplacement soit, pour toutes les valeurs de du et de dv, normal à la courbe (C). On obtient ainsi la condition

$$\frac{\partial x}{\partial t}[dx + \xi\, du + \xi_1\, dv - (r\, du + r_1\, dv)y]$$
$$+ \frac{\partial y}{\partial t}[dy + \eta\, du + \eta_1\, dv + (r\, du + r_1\, dv)x] = 0.$$

Si l'on y remplace dx, dy par leurs valeurs, et si l'on pose

$$(33)\quad \begin{cases} P = \left(\dfrac{\partial x}{\partial t}\right)^2 + \left(\dfrac{\partial y}{\partial t}\right)^2, \\ M = \dfrac{\partial x}{\partial t}\left(\dfrac{\partial x}{\partial u} + \xi - ry\right) + \dfrac{\partial y}{\partial t}\left(\dfrac{\partial y}{\partial u} + \eta + rx\right), \\ M_1 = \dfrac{\partial x}{\partial t}\left(\dfrac{\partial x}{\partial v} + \xi_1 - r_1 y\right) + \dfrac{\partial y}{\partial t}\left(\dfrac{\partial y}{\partial v} + \eta_1 + r_1 x\right), \end{cases}$$

elle prend la forme

$$(34)\qquad P\, dt + M\, du + M_1\, dv = 0.$$

Comme P, M, M_1 ne dépendent que de l'élément linéaire de la surface (Σ), on peut déduire de la théorie bien connue des équations de la forme précédente le théorème suivant :

Considérons des courbes planes formant une congruence et normales à une ou plusieurs surfaces (S'), (S''), ... Admettons qu'elles soient entraînées dans la déformation de la surface (Σ) enveloppe de leurs plans; les points de ces courbes qui se trou-

vaient sur (S′), (S″), ... *ne cesseront pas de former des surfaces orthogonales aux courbes.*

En particulier, si les courbes sont normales à toute une famille de surfaces, elles conserveront toujours cette propriété (¹).

Ici encore, des considérations cinématiques très simples expliquent les résultats précédents. Les rotations p, q, p_1, q_1, qui varient seules dans la déformation d'une surface, n'impriment à tout point du plan tangent qu'un déplacement normal à ce plan, et il est clair que ce déplacement ne peut intervenir dans la question telle qu'elle a été posée.

761. Le cas particulier où la courbe (C) est un cercle conduit à une proposition élégante et nouvelle que nous allons faire connaître, parce qu'elle se rattache directement à la théorie de la déformation d'une surface. Prenons les équations qui définissent le cercle sous la forme

$$x = x_0 + R\cos t, \qquad y = y_0 + R\sin t; \tag{35}$$

x_0, y_0 seront les coordonnées du centre, R le rayon du cercle; et ces trois variables seront des fonctions de u et de v. On pourra prendre ici, d'après les équations (33),

$$(36)\quad \begin{cases} P = R, \\ M = \left(\dfrac{\partial y_0}{\partial u} + \eta + r x_0\right)\cos t - \left(\dfrac{\partial x_0}{\partial u} + \xi - r y_0\right)\sin t + rR, \\ M_1 = \left(\dfrac{\partial y_0}{\partial v} + \eta_1 + r_1 x_0\right)\cos t - \left(\dfrac{\partial x_0}{\partial v} + \xi_1 - r_1 y_0\right)\sin t + r_1 R. \end{cases}$$

Si l'on écrit la condition d'intégrabilité de l'équation (34)

$$P\left(\frac{\partial M}{\partial v} - \frac{\partial M_1}{\partial u}\right) + M\left(\frac{\partial M_1}{\partial t} - \frac{\partial P}{\partial v}\right) + M_1\left(\frac{\partial P}{\partial u} - \frac{\partial M}{\partial t}\right) = 0,$$

on trouvera, après quelques réductions et en tenant compte des

(¹) RIBAUCOUR, *Sur la déformation des surfaces* (*Comptes rendus*, t. LXX, p. 330; 1870).

formules (A) du Tableau I,

$$\left[\frac{\partial R}{\partial u}\left(\frac{\partial y_0}{\partial v}+\eta_1+r_1 x_0\right)\right.$$
$$\left.-\frac{\partial R}{\partial v}\left(\frac{\partial y_0}{\partial u}+\eta+r x_0\right)+R x_0\left(\frac{\partial r}{\partial v}-\frac{\partial r_1}{\partial u}\right)\right]\cos t,$$
$$-\left[\frac{\partial R}{\partial u}\left(\frac{\partial x_0}{\partial v}+\xi_1-r_1 y_0\right)\right.$$
$$\left.-\frac{\partial R}{\partial v}\left(\frac{\partial x_0}{\partial u}+\xi-r y_0\right)-R y_0\left(\frac{\partial r}{\partial v}-\frac{\partial r_1}{\partial u}\right)\right]\sin t$$
$$+\left(\frac{\partial x_0}{\partial u}+\xi-r y_0\right)\left(\frac{\partial y_0}{\partial v}+\eta_1+r_1 x_0\right)$$
$$-\left(\frac{\partial x_0}{\partial v}+\xi_1-r_1 y_0\right)\left(\frac{\partial y_0}{\partial u}+\eta+r x_0\right)+R^2\left(\frac{\partial r}{\partial v}-\frac{\partial r_1}{\partial u}\right)=0,$$

Cette équation, considérée comme devant déterminer t, ne peut admettre plus de deux solutions sans être identiquement vérifiée. Par suite :

Si les cercles d'une congruence sont normaux à plus de deux surfaces, ils admettent toute une famille de surfaces trajectoires orthogonales.

C'est le théorème déjà démontré par des méthodes différentes aux nos 448 et 477.

Pour qu'il y ait une infinité de surfaces normales à tous les cercles, il faudra que, dans l'équation précédente, les coefficients de $\sin t$, de $\cos t$ et le terme indépendant de t soient nuls séparément; ce qui donnera trois relations. Résolvons les deux premières par rapport aux dérivées de R; nous obtiendrons le système suivant :

$$(37)\quad\left\{\begin{aligned}
R\frac{\partial R}{\partial u}&=x_0\frac{\partial x_0}{\partial u}+y_0\frac{\partial y_0}{\partial u}+\xi x_0+\eta y_0,\\
R\frac{\partial R}{\partial v}&=x_0\frac{\partial x_0}{\partial v}+y_0\frac{\partial y_0}{\partial v}+\xi_1 x_0+\eta_1 y_0,\\
-R^2\left(\frac{\partial r}{\partial v}-\frac{\partial r_1}{\partial u}\right)&=\left(r x_0+\frac{\partial y_0}{\partial u}+\eta\right)\left(r_1 y_0-\frac{\partial x_0}{\partial v}-\xi_1\right)\\
&\quad-\left(r y_0-\frac{\partial x_0}{\partial u}-\xi\right)\left(r_1 x_0+\frac{\partial y_0}{\partial v}+\eta_1\right).
\end{aligned}\right.$$

Or il suffit de comparer ces équations à celles que nous avons obtenues sous les n^{os} (10) et (12) à la page 257 pour reconnaître qu'elles n'en diffèrent que par les notations : on passe des unes aux autres en remplaçant x, y, z par x_0, y_0, Ri. Si l'on remarque que, dans le problème actuel, x_0, y_0, Ri sont, par rapport au trièdre (T), les coordonnées du centre d'une des sphères de rayon nul passant par le cercle, tandis que, dans le problème traité à la page 257, x, y, z sont les coordonnées d'un point fixe de l'espace par rapport au trièdre (T), on sera conduit au théorème suivant qui établit les rapports annoncés entre la théorie des systèmes que nous avons appelés *cycliques* (Livre IV, Chap. XV) et celle de la déformation des surfaces :

Pour trouver le système cyclique le plus général formé de cercles situés dans les plans tangents d'une surface (Σ), *on prendra l'une quelconque* (Σ') *des surfaces applicables sur* (Σ) *et l'on construira tous les cercles* (C') *qui sont à l'intersection des plans tangents de* (Σ') *et d'une sphère fixe de rayon nul. Si la surface* (Σ') *se déforme en entraînant les cercles* (C'), *de manière à venir coïncider avec la surface proposée* (Σ), *la congruence des cercles* (C') *se transforme dans le système cyclique cherché.*

762. On peut, à l'aide de quelques considérations géométriques, expliquer en partie et même généraliser la proposition précédente. Étant donnée une surface (Σ), déformons-la de manière à obtenir une nouvelle surface (Σ') et supposons que les différents plans tangents de (Σ) soient entraînés dans cette déformation. Un point M de l'espace se trouve dans une infinité de plans tangents de (Σ); et, par suite, il viendra, après la déformation de cette surface, occuper une infinité de positions différentes distribuées sur une courbe (γ), suivant qu'on le regardera comme lié à tel ou tel de ces plans tangents. Puisque à chaque point M correspond ainsi une courbe (γ), il suit de là qu'à tous les points d'une ligne quelconque (K) correspondra une surface (Φ), qui se replierait et se réduirait à (K) si la surface (Σ'), en se déformant, venait de nouveau coïncider avec (Σ). Cela posé, soit (Δ) une développable circonscrite au cercle de l'infini; elle est coupée par les plans tangents de (Σ) suivant des courbes (C) qui, entraînées dans la déformation de (Σ), deviennent des courbes (C'), situées dans les plans tangents de (Σ'). Nous allons montrer que ces courbes (C') *sont normales à toutes les surfaces* (Φ) *qui correspondent aux différentes génératrices rectilignes de* (Δ).

Pour établir cette proposition, il suffit de remarquer qu'elle subsistera pour toutes les formes de (Σ'), quand elle sera établie pour l'une d'elles (n° 760). Prenons donc la surface dans sa forme initiale (Σ); alors la proposition devient évidente; car toutes les courbes (C) qui passent en un point M de la développable (Δ) y sont orthogonales à la génératrice rectiligne, qui, *pour ces développables singulières, est aussi la normale à la surface;* et cette génératrice rectiligne est bien la forme actuelle de l'une des surfaces (Φ).

Il suffit maintenant de supposer que la développable (Δ) soit une sphère de rayon nul pour retrouver les systèmes cycliques qui font l'objet de la proposition énoncée à la fin du numéro précédent.

Cette proposition a de nombreuses conséquences sur lesquelles nous n'insisterons pas en ce moment. On en déduit, par exemple, que, si l'on connaît les trois familles orthogonales qui composent un système cyclique, on peut, sans aucune intégration, trouver une surface (Σ') applicable sur la surface (Σ) enveloppe des plans des cercles du système, puis d'autres systèmes cycliques pour lesquels les cercles soient dans les plans tangents de (Σ) ou de (Σ'), ... Tous ces résultats, que le lecteur pourra développer, nous éloigneraient de notre sujet; nous nous attacherons, au contraire, à la proposition suivante, qui joue un rôle fondamental dans la théorie des surfaces à courbure constante et qui a été établie analytiquement par M. Ribaucour dans la Note citée plus haut.

Cherchons s'il existe des systèmes cycliques formés avec des cercles tous de même rayon R. Si nous conservons toutes les notations du théorème fondamental, nous voyons que tous les plans tangents de la surface (Σ') devront être coupés suivant des cercles de même rayon R par une sphère de rayon nul. Si O est le centre de cette sphère réduite à un point, il faudra évidemment que (Σ') soit une sphère de centre O et de rayon Ri; de plus, tous les cercles situés dans les plans tangents de (Σ') auront leurs centres aux points de contact de ces plans. Revenant de là à la surface (Σ), nous obtenons le théorème de M. Ribaucour :

Il existe des systèmes cycliques pour lesquels les cercles sont tous égaux. On les obtient en prenant une surface quelconque à courbure totale constante $\frac{-1}{R^2}$ *et en décrivant, dans chaque plan tangent de cette surface et du point de contact comme centre, un cercle de rayon* R.

Il résulte de notre méthode que l'on saura trouver les trois familles qui composent le système orthogonal dès que l'on saura appliquer la surface sur la sphère de rayon Ri, c'est-à-dire trouver ses géodésiques (n° 684). Mais nous reviendrons plus loin (Chap. XI) sur ce sujet. Nous avons voulu seulement montrer comment la proposition que nous venons d'énoncer se rattache au théorème général du numéro précédent.

CHAPITRE IX.

PROPRIÉTÉS DIVERSES DES SURFACES W.

Première propriété : Théorème de M. Halphen, relation entre les courbures totales des deux nappes de la développée. — Deuxième propriété : Détermination par de simples quadratures des lignes de courbure de toute surface W ; remarque de M. Weingarten. — Troisième propriété, due à M. Ribaucour : les lignes asymptotiques se correspondent sur les deux nappes de la développée ; la véritable origine de cette remarquable proposition se trouve dans le fait que les asymptotiques sont les caractéristiques de l'équation aux dérivées partielles dont dépend le problème de la déformation d'une surface. — Propriété géométrique relative aux asymptotiques des développées pour la nouvelle classe de surfaces W découverte par M. Weingarten. — Recherche directe de toutes les surfaces qui possèdent cette propriété. — Détermination et construction géométrique de toutes les surfaces applicables sur le paraboloïde de révolution. — Rapports avec la théorie des surfaces minima.

---

763. Après avoir rappelé les propriétés essentielles de la développée d'une surface, nous pouvons maintenant poursuivre l'étude des surfaces W et indiquer différentes propositions relatives à ces surfaces.

Reprenons d'abord les formules (10) données au Chapitre précédent [Tableau VII, p. 340]

$$(1)\qquad R_1 R'_1 = -(R-R')^2 \frac{\dfrac{\partial R}{\partial u}}{\dfrac{\partial R'}{\partial u}}, \qquad R_2 R'_2 = -(R-R')^2 \frac{\dfrac{\partial R'}{\partial v}}{\dfrac{\partial R}{\partial v}}.$$

En les multipliant membre à membre, on en déduit la relation suivante

$$(2)\qquad R_1 R'_1 R_2 R'_2 - (R-R')^4 = (R-R')^4 \frac{\dfrac{\partial R}{\partial u}\dfrac{\partial R'}{\partial v} - \dfrac{\partial R}{\partial v}\dfrac{\partial R'}{\partial u}}{\dfrac{\partial R}{\partial v}\dfrac{\partial R'}{\partial u}},$$

qui met en évidence un remarquable théorème de M. Halphen :

Pour qu'une surface donnée soit une surface W, il faut et

il suffit que, pour chaque point M de cette surface, le produit des quatre rayons de courbure principaux des deux nappes de la développée aux centres de courbure principaux correspondants M_1 et M_2 (fig. 74) soit égal à la quatrième puissance de la distance de ces deux points (¹).

Ainsi l'on a, pour toute surface W,

$$R_1 R'_1 R_2 R'_2 = (R - R')^4, \tag{3}$$

et cette remarquable relation montre immédiatement que, pour toute surface W, les deux nappes de la développée sont, aux points correspondants M_1 et M_2, toutes deux convexes ou toutes deux à courbures opposées.

On reconnaît aussi que ces deux nappes ne peuvent être, l'une et l'autre, à courbure totale constante que si la relation entre les rayons de courbure est

$$R - R' = \text{const}.$$

Mais nous reviendrons plus loin sur cette proposition.

764. Une seconde propriété caractéristique des surfaces W a été signalée tout récemment par M. Weingarten; elle se rattache à une remarque très intéressante de M. Lie (²).

Une surface W étant donnée, on connaît, par cela même, les deux nappes (S_1) et (S_2) de sa développée, et l'on sait que ces deux nappes sont applicables l'une et l'autre sur des surfaces de révolution. Or nous avons vu (nº 689) que, si une surface donnée est applicable sur une surface de révolution, on peut toujours, par de simples quadratures, déterminer les géodésiques qui correspondent aux méridiens de la surface de révolution, toutes les fois au moins que la courbure totale de la surface proposée n'est pas constante. D'ailleurs, ces géodésiques, prises successivement

---

(¹) Halphen (G.), *Théorème concernant les surfaces dont les rayons de courbure principaux sont liés par une relation* (*Bulletin de la Société mathématique*, t. IV, p. 94; 1876).

(²) Lie (S.), *Ueber Flächen deren Krümmungsradien durch eine Relation verknüpft sind* (*Archiv for Mathematik og Naturvidenskab*, t. IV, p. 507; 1879).

sur les deux nappes (S_1) et (S_2), répondent évidemment aux lignes de courbure de la surface W; de là résulte le théorème de M. Lie :

On peut toujours, par de simples quadratures, déterminer les lignes de courbure de toute surface W donnée.

C'est cette intéressante proposition que M. Weingarten a démontrée de la manière suivante :

x, y, z étant les coordonnées d'un point de la surface et c, c', c'' les cosinus directeurs de la normale en ce point, considérons le déterminant

$$\mathfrak{F} = \begin{vmatrix} dx & dy & dz \\ c & c' & c'' \\ dc & dc' & dc'' \end{vmatrix}, \tag{4}$$

qui est une forme quadratique des différentielles du, dv des coordonnées curvilignes u et v. Si l'on conserve toutes les notations des Tableaux I et II [II, p. 382], on trouve qu'elle se réduit à

$$(p\,du + p_1\,dv)(\xi\,du + \xi_1\,dv) + (q\,du + q_1\,dv)(\eta\,du + \eta_1\,dv);$$

et, par conséquent, égalée à zéro, elle donnerait, nous le savions déjà (n° 138), l'équation différentielle des lignes de courbure. D'autre part, si l'on considère la courbe tangente à la direction définie par les différentielles du, dv, cette forme quadratique revêtira l'expression entièrement géométrique

$$\mathfrak{F} = \left(d\varpi - \frac{ds}{\tau}\right) ds. \tag{5}$$

Cela posé, M. Weingarten [1] a montré que *la condition nécessaire et suffisante pour que cette forme quadratique puisse se ramener à un produit $d\alpha\,d\beta$ de deux différentielles, c'est-à-dire pour qu'elle ait une courbure totale nulle, est que la surface proposée soit une surface* W.

En effet, supposons que les variables u et v soient les paramètres des lignes de courbure; alors la forme quadratique prend

[1] WEINGARTEN (J.), *Ueber eine Eigenschaft der Flächen bei denen der eine Hauptkrümmungsradius eine Function des anderen ist* (*Journal de Crelle*, t. CIII, p. 184; 1888).

l'expression suivante [II, p. 386]

$$\mathfrak{F} = p_1 q(R' - R)\, du\, dv,$$

et sa courbure totale [II, p. 387] est

$$-\frac{2}{p_1 q(R' - R)} \frac{\partial^2}{\partial u\, \partial v} \log[p_1 q(R' - R)].$$

Si l'on tient compte des formules (5) du Tableau V, on trouve, après quelques réductions faciles,

$$\frac{2}{p_1 q(R' - R)^3} \left[\frac{\partial R}{\partial u}\frac{\partial R'}{\partial v} - \frac{\partial R}{\partial v}\frac{\partial R'}{\partial u}\right],$$

ce qui démontre la proposition de M. Weingarten.

D'après cela, si l'on donne une surface W, il sera toujours possible de former, avec un système de coordonnées d'ailleurs quelconque, la forme quadratique $\mathfrak{F}$. Comme cette forme est réductible à un produit $d\alpha\, d\beta$, nous savons (n° 684) que l'*on pourra toujours, par de simples quadratures, déterminer les variables* α *et* β, *c'est-à-dire les paramètres des deux familles de lignes de courbure*. La proposition de M. Lie se trouve ainsi démontrée par une voie moins directe, mais plus précise.

765. La troisième propriété caractéristique des surfaces W se déduit immédiatement de la comparaison des équations différentielles (5) [p. 340 et 341] qui conviennent aux lignes asymptotiques des deux nappes de la développée. On reconnaît, en effet, que ces équations différentielles deviennent identiques dans le cas où l'on a

$$\frac{\partial R}{\partial u}\frac{\partial R'}{\partial v} - \frac{\partial R}{\partial v}\frac{\partial R'}{\partial u} = 0,$$

et dans ce cas seulement (¹). De là résulte cette remarquable proposition, due à M. Ribaucour (²) :

Pour que les lignes asymptotiques se correspondent sur les deux nappes de la développée d'une surface donnée, c'est-

---

(¹) Nous laisserons au lecteur le soin d'examiner l'hypothèse où l'une des quantités r, r_1 serait nulle.

(²) RIBAUCOUR, *Note sur les développées des surfaces* (*Comptes rendus des séances de l'Académie des Sciences*, t. LXXIV, p. 1399; 1872).

à-dire pour qu'à tout système conjugué tracé sur la première nappe corresponde un système conjugué de la seconde nappe, il faut et il suffit que les deux rayons de courbure principaux de cette surface soient fonctions l'un de l'autre.

Une seule condition est nécessaire, on le voit, pour que les *deux* familles d'asymptotiques se correspondent sur les deux nappes (S_1) et (S_2) de la développée. On explique aisément ce fait si singulier si l'on remarque que, sur chacune de ces nappes, les courbes de paramètres u et v, qui correspondent aux lignes de courbure de la proposée (Σ), forment deux familles de lignes conjuguées (n° 752).

Si l'on se reporte à l'équation

$$(6) \qquad \frac{\partial}{\partial u}\left(\frac{k\varphi''}{\varphi'^2}\frac{\partial\varphi}{\partial u}\right)+\frac{\partial}{\partial v}\left(\frac{\varphi'}{k^2}\frac{\partial k}{\partial v}\right)-\frac{1}{k\varphi'}=0,$$

dont dépend (n° 742) la détermination de la surface (Σ) et, par suite, des deux nappes (S_1) et (S_2), on reconnaît immédiatement que les caractéristiques de cette équation aux dérivées partielles, définies par l'équation différentielle

$$(7) \qquad \varphi'^3\,du^2+k^3\varphi''\,dv^2=0,$$

sont représentées, sur l'une et l'autre nappe, par les lignes asymptotiques de ces nappes. Cette remarque nous dévoile la véritable origine de la proposition de M. Ribaucour.

Si les lignes asymptotiques se correspondent sur les deux nappes (S_1) *et* (S_2) *de la développée d'une surface W, cela tient à ce que ces lignes sont les caractéristiques de l'équation aux dérivées partielles dont dépend le problème de la déformation de l'une et de l'autre nappe; et, dans le cas des surfaces W, ces deux problèmes se ramènent l'un à l'autre et se résolvent en même temps.*

766. Laissant au lecteur le soin de développer cette remarque, nous indiquerons seulement les résultats suivants, dont la vérification ou la démonstration n'offre aucune difficulté.

Considérons la surface (Σ), les deux nappes (S_1), (S_2) et la sphère (S) sur laquelle s'effectue la représentation des lignes de courbure de (Σ). Cela posé, les caractéristiques de l'équation (6), c'est-à-dire les asymptotiques de (S_1) et de (S_2), correspondent :

Aux lignes de longueur nulle de la sphère dans le cas des surfaces minima ou des surfaces pour lesquelles la somme des rayons de courbure est constante;

Aux lignes de longueur nulle de la surface dans le cas des surfaces dont la courbure moyenne est constante;

Aux asymptotiques de la surface dans le cas des surfaces à courbure totale constante;

A des lignes rectangulaires de la sphère quand la différence des rayons de courbure est constante;

A des lignes rectangulaires de la surface quand la différence des inverses des rayons de courbure est constante;

A des lignes conjuguées de la surface quand le rapport des rayons de courbure est constant.

Examinons maintenant ce qu'elles deviennent pour la nouvelle classe de surfaces W découverte par M. Weingarten. On a alors (n° 745)

$$k = \sin\frac{\omega}{2}, \qquad \varphi'(k) = \cos\frac{\omega}{2}, \qquad \varphi''(k) = -\operatorname{tang}\frac{\omega}{2}; \tag{8}$$

et, par suite, l'équation différentielle (7) devient ici

$$du^2 = \operatorname{tang}^4\frac{\omega}{2}\,dv^2. \tag{9}$$

Or l'élément linéaire de la sphère (S) sur laquelle s'effectue la représentation sphérique de la surface, élément linéaire donné par la formule (12) [p. 319], devient ici

$$d\sigma^2 = \frac{du^2}{\sin^2\frac{\omega}{2}} + \frac{dv^2}{\cos^2\frac{\omega}{2}} = [d(u \pm v)]^2 + \cot^2\frac{\omega}{2}\left(du \mp \operatorname{tang}^2\frac{\omega}{2}\,dv\right)^2;$$

et l'on voit ainsi que les lignes asymptotiques de l'une quelconque des nappes (S_1) et (S_2) correspondent, sur la sphère (S), aux géodésiques qui sont les trajectoires orthogonales des deux familles de courbes parallèles

$$u + v = \text{const.}, \qquad u - v = \text{const.}$$

Comme la normale à la sphère est parallèle à la normale correspondante de (Σ), il résulte de là une propriété géométrique des nappes (S_1) et (S_2).

Il existe, sur chacune de ces nappes, une famille de géodésiques telle que les tangentes à ces lignes, en tous les points où elles sont coupées par une asymptotique quelconque, sont parallèles à un plan fixe, qui varie, en général, quand on passe d'une asymptotique à une autre, et qui, d'ailleurs, n'est pas généralement tangent au cercle de l'infini.

Il est intéressant de rechercher si l'on peut déterminer la surface des centres en s'appuyant uniquement sur ce résultat, sans même admettre qu'elle soit applicable sur une surface de révolution. Ce sera l'objet du calcul que nous allons développer.

767. Soit

$$ds^2 = du^2 + C^2 dv^2 \tag{10}$$

l'expression de l'élément linéaire rapporté à la famille des géodésiques qui figurent dans l'énoncé précédent et à leurs trajectoires orthogonales. Si nous désignons par α et β les paramètres des deux familles de lignes asymptotiques, on aura (n° 725)

$$\left\{\begin{aligned} p\frac{\partial u}{\partial \alpha} + p_1\frac{\partial v}{\partial \alpha} &= -\sqrt{\frac{C''}{C}}\,\frac{\partial u}{\partial \alpha},\\ q\frac{\partial u}{\partial \alpha} + q_1\frac{\partial v}{\partial \alpha} &= -\sqrt{CC''}\,\frac{\partial v}{\partial \alpha};\end{aligned}\right. \tag{11}$$

$$\left\{\begin{aligned} p\frac{\partial u}{\partial \beta} + p_1\frac{\partial v}{\partial \beta} &= \sqrt{\frac{C''}{C}}\,\frac{\partial u}{\partial \beta},\\ q\frac{\partial u}{\partial \beta} + q_1\frac{\partial v}{\partial \beta} &= \sqrt{CC''}\,\frac{\partial v}{\partial \beta},\end{aligned}\right. \tag{12}$$

C', C'' désignant les dérivées première et seconde de C par rapport à la variable u.

Si, conformément à nos notations habituelles, nous désignons par a, a', a'' les cosinus directeurs de la tangente à la géodésique, la propriété de la surface cherchée se traduit par les deux équations

$$\left\{\begin{aligned} af + a'\varphi + a''\psi &= 0,\\ af_1 + a'\varphi_1 + a''\psi_1 &= 0,\end{aligned}\right. \tag{13}$$

où f, φ, ψ sont des fonctions de α et f_1, φ_1, ψ_1 des fonctions de β. Comme les rapports seuls de ces fonctions interviennent dans les équations précédentes, on peut, pour simplifier les calculs ultérieurs, supposer que l'on a

$$(14)\qquad \begin{cases} f^2+\varphi^2+\psi^2=1, \\ f_1^2+\varphi_1^2+\psi_1^2=1. \end{cases}$$

En choisissant convenablement les paramètres α et β, nous pourrons encore, sans diminuer la généralité, ajouter les deux équations suivantes :

$$(15)\qquad \begin{cases} f'^2+\varphi'^2+\psi'^2=1, \\ f_1'^2+\varphi_1'^2+\psi_1'^2=1. \end{cases}$$

Différentions la première des équations (13) par rapport à β; nous trouverons

$$(16)\qquad f\frac{\partial a}{\partial\beta}+\varphi\frac{\partial a'}{\partial\beta}+\psi\frac{\partial a''}{\partial\beta}=0.$$

Or on a, par exemple, b et c conservant leur signification habituelle,

$$\frac{\partial a}{\partial\beta}=b\left(r\frac{\partial u}{\partial\beta}+r_1\frac{\partial v}{\partial\beta}\right)-c\left(q\frac{\partial u}{\partial\beta}+q_1\frac{\partial v}{\partial\beta}\right)$$

ou, en remplaçant r, r_1 par leurs valeurs et tenant compte de la seconde formule (12),

$$(17)\qquad \frac{\partial a}{\partial\beta}=\left[b\mathrm{C}'-c\sqrt{\mathrm{CC}'}\right]\frac{\partial v}{\partial\beta}.$$

Si l'on substitue cette expression de $\frac{\partial \alpha}{\partial\beta}$ et les expressions analogues de $\frac{\partial a'}{\partial\beta}$, $\frac{\partial a''}{\partial\beta}$ dans l'équation (16), il viendra

$$(bf+b'\varphi+b''\psi)\mathrm{C}'-(cf+c'\varphi+c''\psi)\sqrt{\mathrm{CC}'}=0.$$

On peut donc poser

$$(18)\qquad \begin{cases} bf+b'\varphi+b''\psi=\lambda\sqrt{\mathrm{CC}'}, \\ cf+c'\varphi+c''\psi=\lambda\mathrm{C}', \end{cases}$$

λ étant un facteur que l'on obtiendra d'ailleurs immédiatement si l'on ajoute les deux équations précédentes et la première (13), après les avoir élevées au carré. On trouve ainsi

$$\lambda^2(C'^2 + CC'') = 1. \tag{19}$$

En différentiant de même la seconde équation (13) par rapport à α, on obtiendra encore les deux relations

$$\left\{\begin{aligned} & bf_1 + b'\varphi_1 + b''\psi_1 = -\lambda\sqrt{CC''}, \\ & cf_1 + c'\varphi_1 + c''\psi_1 = \lambda C', \end{aligned}\right. \tag{20}$$

où λ a la même valeur que dans les formules (18).

Cela posé, différentions la première équation (18) par rapport à β. Comme on a

$$\frac{\partial b}{\partial \beta} = c\left(p\frac{\partial u}{\partial \beta} + p_1\frac{\partial v}{\partial \beta}\right) - a\left(r\frac{\partial u}{\partial \beta} + r_1\frac{\partial v}{\partial \beta}\right),$$

et les équations analogues en b', b'', on trouvera

$$\lambda C'\left(p\frac{\partial u}{\partial \beta} + p_1\frac{\partial v}{\partial \beta}\right) = \frac{\partial}{\partial u}(\lambda\sqrt{CC''})\frac{\partial u}{\partial \beta} + \frac{\partial}{\partial v}(\lambda\sqrt{CC''})\frac{\partial v}{\partial \beta}.$$

Si l'on remplace $p\dfrac{\partial u}{\partial \beta} + p_1\dfrac{\partial v}{\partial \beta}$ par sa valeur tirée de la première équation (12), il viendra

$$C\frac{\partial}{\partial u}\left(\lambda\sqrt{\frac{C''}{C}}\right)\frac{\partial u}{\partial \beta} + \frac{\partial}{\partial v}(\lambda\sqrt{CC''})\frac{\partial v}{\partial \beta} = 0.$$

En différentiant la première équation (20) par rapport à α, on obtiendra de même la relation

$$C\frac{\partial}{\partial u}\left(\lambda\sqrt{\frac{C''}{C}}\right)\frac{\partial u}{\partial \alpha} + \frac{\partial}{\partial v}(\lambda\sqrt{CC''})\frac{\partial v}{\partial \alpha} = 0,$$

qui, rapprochée de la précédente, nous donne

$$C\frac{\partial}{\partial u}\left(\lambda\sqrt{\frac{C''}{C}}\right) = 0, \qquad \frac{\partial}{\partial v}(\lambda\sqrt{CC''}) = 0.$$

Intégrons ces deux équations; nous aurons

$$\lambda\sqrt{\frac{C''}{C}} = V, \qquad \lambda\sqrt{CC''} = U, \tag{21}$$

U désignant une fonction de u et V une fonction de v. Si maintenant on divise membre à membre, on trouvera

$$C = \frac{U}{V}. \tag{22}$$

On voit donc que *la surface cherchée doit être applicable sur une surface de révolution;* et l'on peut supposer V égal à l'unité. En remplaçant λ par sa valeur, tirée de l'équation (19), dans l'une quelconque des équations (21), nous aurons

$$C' = C(C'^2 + CC''). \tag{23}$$

Telle est l'équation différentielle qui fera connaître C. Son intégration, qui n'offre aucune difficulté, nous donne

$$\sqrt{1 - C^2}\, dC = k\, du, \tag{24}$$

k désignant une constante. On a donc

$$C' = \frac{k}{\sqrt{1 - C^2}}, \qquad C'' = \frac{k^2 C}{(1 - C^2)^2} \tag{25}$$

et, en tenant compte de l'équation (19),

$$\lambda = \frac{1 - C^2}{k}. \tag{26}$$

Alors les équations (13), (18) et (20) prendront la forme définitive

$$\begin{aligned} af + a'\varphi + a''\psi &= 0, & af_1 + a'\varphi_1 + a''\psi_1 &= 0, \\ bf + b'\varphi + b''\psi &= C, & bf_1 + b'\varphi_1 + b''\psi_1 &= -C, \\ cf + c'\varphi + c''\psi &= \sqrt{1 - C^2}; & cf_1 + c'\varphi_1 + c''\psi_1 &= \sqrt{1 - C^2}. \end{aligned}$$

Comme on en déduit

$$\begin{aligned} a(f - f_1) + a'(\varphi - \varphi_1) + a''(\psi - \psi_1) &= 0, \\ c(f - f_1) + c'(\varphi - \varphi_1) + c''(\psi - \psi_1) &= 0, \end{aligned}$$

on voit que les cosinus b, b', b'' sont proportionnels à $f - f_1$, $\varphi - \varphi_1$, $\psi - \psi_1$. On démontrerait de même que c, c', c'' sont proportionnels à $f + f_1$, $\varphi + \varphi_1$, $\psi + \psi_1$. Cette double remarque conduit rapidement à la détermination des neuf cosinus. Si l'on pose

$$H = ff_1 + \varphi\varphi_1 + \psi\psi_1, \tag{27}$$

on obtient les valeurs suivantes

$$(28)\quad \left\{\begin{array}{lll} a = \dfrac{\varphi\psi_1 - \psi\varphi_1}{\sqrt{1-H^2}}, & b = \dfrac{f - f_1}{\sqrt{2(1-H)}}, & c = \dfrac{f + f_1}{\sqrt{2(1+H)}}, \\ a' = \dfrac{\psi f_1 - f\psi_1}{\sqrt{1-H^2}}, & b' = \dfrac{\varphi - \varphi_1}{\sqrt{2(1-H)}}, & c' = \dfrac{\varphi + \varphi_1}{\sqrt{2(1+H)}}, \\ a'' = \dfrac{f\varphi_1 - \varphi f_1}{\sqrt{1-H^2}}, & b'' = \dfrac{\psi - \psi_1}{\sqrt{2(1-H)}}, & c'' = \dfrac{\psi + \psi_1}{\sqrt{2(1+H)}}, \end{array}\right.$$

H et C étant liés par les deux équations

$$(29)\qquad C = \sqrt{\frac{1-H}{2}}, \qquad \sqrt{1-C^2} = \sqrt{\frac{1+H}{2}},$$

qui se ramènent à une seule. On déduit de là, en tenant compte de la formule (24),

$$(30)\qquad k\,du = -\frac{1}{4}\sqrt{\frac{1+H}{1-H}}\,dH,$$

équation qui fera connaître l'expression de u en α et β.

Pour obtenir de même l'expression de v, on remarquera que l'on a, par définition,

$$a\,db + a'\,db' + a''\,db'' = -r\,du - r_1\,dv = -C'\,dv.$$

En remplaçant les cosinus $a, b, \ldots$ par leurs valeurs (28), nous trouverons

$$(31)\qquad 2k(1-H)\,dv = \begin{vmatrix} f & f_1 & df_1 - df \\ \varphi & \varphi_1 & d\varphi_1 - d\varphi \\ \psi & \psi_1 & d\psi_1 - d\psi \end{vmatrix},$$

équation qui déterminera v par une quadrature.

Il ne reste plus maintenant, pour définir complètement la surface, qu'à employer les formules

$$dx = a\,du + bC\,dv, \qquad \ldots,$$

dans lesquelles on remplacera a, b, du, dv par leurs valeurs. Il vient ainsi

$$4k\,dx = (\varphi + \varphi_1)(d\psi_1 - d\psi) - (\psi + \psi_1)(d\varphi_1 - d\varphi).$$

En intégrant et en employant les formules analogues relatives à

y et z, on aura

$$(32)\quad \begin{cases} 4kx = \varphi\psi_1 - \psi\varphi_1 + \int(\varphi_1\, d\psi_1 - \psi_1\, d\varphi_1) - \int(\varphi\, d\psi - \psi\, d\varphi), \\ 4ky = \psi f_1 - f\psi_1 + \int(\psi_1\, df_1 - f_1\, d\psi_1) - \int(\psi\, df - f\, d\psi), \\ 4kz = f\varphi_1 - \varphi f_1 + \int(f_1\, d\varphi_1 - \varphi_1\, df_1) - \int(f\, d\varphi - \varphi\, df); \end{cases}$$

telles sont les formules par lesquelles la surface se trouve déterminée de la manière la plus élégante. On en déduit immédiatement une nouvelle et remarquable propriété géométrique de cette surface. Comme l'on a

$$(33)\quad \begin{cases} f'\dfrac{\partial x}{\partial \alpha} + \varphi'\dfrac{\partial y}{\partial \alpha} + \psi'\dfrac{\partial z}{\partial \alpha} = 0, \\ f_1'\dfrac{\partial x}{\partial \beta} + \varphi_1'\dfrac{\partial y}{\partial \beta} + \psi_1'\dfrac{\partial z}{\partial \beta} = 0, \end{cases}$$

on peut énoncer le résultat suivant :

En chaque point d'une ligne asymptotique, la tangente à l'autre ligne asymptotique est parallèle à un plan fixe.

Mais cette propriété n'est pas *caractéristique* et se distingue par là de celle qui nous a servi de point de départ. Elle appartient à toutes les surfaces définies par les formules (32), alors même qu'il n'y a aucune relation entre les fonctions f, φ, ψ ou f_1, φ_1, ψ_1.

768. Il ne sera pas inutile de vérifier les résultats que nous venons d'obtenir en cherchant directement l'élément linéaire de la surface définie par les formules (32), où nous supposerons toujours que les fonctions f, f_1, ... vérifient les relations (14) et (15). On aura

$$\begin{aligned} 16k^2\, ds^2 = {} & [(f+f_1)^2 + (\varphi+\varphi_1)^2 + (\psi+\psi_1)^2] \\ & \times [(df - df_1)^2 + (d\varphi - d\varphi_1)^2 + (d\psi - d\psi_1)^2] \\ & - [(f+f_1)(df - df_1) \\ & \quad + (\varphi+\varphi_1)(d\varphi - d\varphi_1) + (\psi+\psi_1)(d\psi - d\psi_1)]^2, \end{aligned}$$

ce que l'on peut écrire, en conservant la signification donnée à H par la formule (27),

$$16k^2\, ds^2 = (2 + 2\mathrm{H})\left[d\alpha^2 + d\beta^2 - 2\frac{\partial^2 \mathrm{H}}{\partial\alpha\,\partial\beta}\, d\alpha\, d\beta\right] - \left(\frac{\partial \mathrm{H}}{\partial\alpha}\, d\alpha - \frac{\partial \mathrm{H}}{\partial\beta}\, d\beta\right)^2.$$

Introduisons la variable u définie par l'équation

$$(34) \qquad 4k\,du = -\sqrt{\frac{1+H}{1-H}}\,dH;$$

nous aurons

$$(35) \qquad \begin{cases} 8k^2(1-H)(ds^2-du^2) \\ \quad = \left[1-H^2-\left(\dfrac{\partial H}{\partial \alpha}\right)^2\right]d\alpha^2 + \left[1-H^2-\left(\dfrac{\partial H}{\partial \beta}\right)^2\right]d\beta^2 \\ \quad -2\left[H\dfrac{\partial H}{\partial \alpha}\dfrac{\partial H}{\partial \beta}+(1-H^2)\dfrac{\partial^2 H}{\partial \alpha\,\partial \beta}\right]d\alpha\,d\beta. \end{cases}$$

Or reprenons la valeur de dv donnée par la formule (31) et élevons-la au carré. Nous trouverons

$$(36) \qquad 4k^2(1-H)^2\,dv^2 = \begin{vmatrix} 1 & H & \dfrac{\partial H}{\partial \beta}d\beta \\ H & 1 & -\dfrac{\partial H}{\partial \alpha}d\alpha \\ \dfrac{\partial H}{\partial \beta}d\beta & -\dfrac{\partial H}{\partial \alpha}d\alpha & d\alpha^2+d\beta^2-2\dfrac{\partial^2 H}{\partial \alpha\,\partial \beta}d\alpha\,d\beta \end{vmatrix}.$$

Il suffit de développer et de comparer à la formule (35) pour obtenir l'expression suivante de l'élément linéaire

$$(37) \qquad ds^2 = du^2 + \frac{1-H}{2}\,dv^2,$$

qui, rapprochée de l'équation (29), confirme tous les calculs précédents.

En exprimant que le second membre de la formule (36) est un carré parfait, on reconnaît que H doit satisfaire à l'équation aux dérivées partielles

$$\left[(1-H^2)\frac{\partial^2 H}{\partial \alpha\,\partial \beta}+H\frac{\partial H}{\partial \alpha}\frac{\partial H}{\partial \beta}\right]^2 = \left[1-H^2-\left(\frac{\partial H}{\partial \alpha}\right)^2\right]\left[1-H^2-\left(\frac{\partial H}{\partial \beta}\right)^2\right].$$

Si l'on remarque que l'on peut poser

$$(38) \qquad H = \cos\omega,$$

ω étant la variable déjà employée plus haut (n° 766), l'équation se simplifie beaucoup et devient

$$(39) \qquad \sin\omega\,\frac{\partial^2 \omega}{\partial \alpha\,\partial \beta} = \sqrt{1-\left(\frac{\partial \omega}{\partial \alpha}\right)^2}\sqrt{1-\left(\frac{\partial \omega}{\partial \beta}\right)^2},$$

de sorte que les recherches précédentes en donnent l'intégration complète, et sous la forme la plus simple.

La valeur de dv fournie par l'équation (36) peut s'écrire comme il suit

$$(40)\qquad 2k\,dv = \cot\frac{\omega}{2}\left[\sqrt{1-\left(\frac{\partial\omega}{\partial\alpha}\right)^2}\,d\alpha + \sqrt{1-\left(\frac{\partial\omega}{\partial\beta}\right)^2}\,d\beta\right];$$

et l'on retrouve encore l'équation (39) en exprimant que cette valeur de dv est réellement une différentielle exacte.

Enfin, comme l'équation (39) n'est pas modifiée quand on y remplace ω par $\pi - \omega$ en changeant le signe de l'un des radicaux, on voit que l'on pourra définir une fonction v' par l'équation

$$(41)\qquad 2k\,dv' = \operatorname{tang}\frac{\omega}{2}\left[\sqrt{1-\left(\frac{\partial\omega}{\partial\alpha}\right)^2}\,d\alpha - \sqrt{1-\left(\frac{\partial\omega}{\partial\beta}\right)^2}\,d\beta\right];$$

les courbes $v' = \text{const.}$ seront les conjuguées des courbes de paramètre v.

Il résulte de la formule (34) que l'on a

$$(42)\qquad 2k\,du = -\cos^2\frac{\omega}{2}\,d\omega,$$

ce qui permet de donner à l'équation (37) la forme suivante

$$(43)\qquad 4k^2\,ds^2 = \cos^4\frac{\omega}{2}\,d\omega^2 + 4k^2\sin^2\frac{\omega}{2}\,dv^2.$$

Cette expression de l'élément linéaire convient aux surfaces applicables sur le paraboloïde de révolution

$$(44)\qquad z = \frac{ik}{2}(x^2 + y^2),$$

c'est-à-dire sur le paraboloïde de paramètre $\frac{i}{k}$.

769. En changeant un peu les notations, nous pouvons énoncer le théorème suivant, qui résume toute cette recherche :

Les équations

$$(45)\qquad \begin{cases} x = \varphi\psi_1 - \psi\varphi_1 + \int(\varphi_1\,d\psi_1 - \psi_1\,d\varphi_1) - \int(\varphi\,d\psi - \psi\,d\varphi), \\ y = \psi f_1 - f\psi_1 + \int(\psi_1\,df_1 - f_1\,d\psi_1) - \int(\psi\,df - f\,d\psi), \\ z = f\varphi_1 - \varphi f_1 + \int(f_1\,d\varphi_1 - \varphi_1\,df_1) - \int(f\,d\varphi - \varphi\,df), \end{cases}$$

où f, φ, ψ sont des fonctions de α et f_1, φ_1, ψ_1 des fonctions de β assujetties à vérifier les relations

$$(46) \qquad \begin{cases} f^2 + \varphi^2 + \psi^2 = h, \\ f_1^2 + \varphi_1^2 + \psi_1^2 = h, \end{cases}$$

h étant une constante quelconque, représentent la surface la plus générale applicable sur le paraboloïde

$$(47) \qquad x^2 + y^2 = 8hiz;$$

α et β sont les paramètres des deux familles d'asymptotiques.

Nous ajouterons les remarques suivantes :

Pour obtenir la surface qui, associée à la précédente, forme la développée complète d'une surface W, il faut simplement, dans les formules (45), changer le signe de f_1, φ_1, ψ_1 ou celui de f, φ, ψ.

Nous reviendrons sur les surfaces définies d'une manière générale par les formules (45); mais, dès à présent, nous pouvons indiquer une génération très simple de ces surfaces.

Considérons les deux courbes (Γ) et (Γ_1), définies respectivement par les équations

$$(\Gamma) \quad \begin{cases} X = -2\int(\varphi\, d\psi - \psi\, d\varphi), \\ Y = -2\int(\psi\, df - f\, d\psi), \\ Z = -2\int(f\, d\varphi - \varphi\, df), \end{cases} \qquad (\Gamma_1) \quad \begin{cases} X_1 = 2\int(\varphi_1\, d\psi_1 - \psi_1\, d\varphi_1), \\ Y_1 = 2\int(\psi_1\, df_1 - f_1\, d\psi_1), \\ Z_1 = 2\int(f_1\, d\varphi_1 - \varphi_1\, df_1). \end{cases}$$

Comme on a, par exemple,

$$f\, dX + \varphi\, dY + \psi\, dZ = 0, \qquad df\, dX + d\varphi\, dY + d\psi\, dZ = 0,$$

on reconnaît que f, φ, ψ sont proportionnels aux cosinus directeurs c, c', c'' de la binormale à la courbe (Γ). Nous poserons donc

$$f = \lambda c, \qquad \varphi = \lambda c', \qquad \psi = \lambda c'';$$

et, en portant ces valeurs dans l'équation

$$dX = -2(\varphi\, d\psi - \psi\, d\varphi),$$

nous aurons

$$dX = 2\lambda^2(c''\, dc' - c'\, dc'').$$

Si l'on se sert des formules de M. Serret (n° 4), en désignant par τ le rayon de torsion de (Γ), on trouvera

$$2\lambda^2 = \tau.$$

Ainsi, on pourra poser

$$(48)\qquad f = c\sqrt{\frac{\tau}{2}},\qquad \varphi = c'\sqrt{\frac{\tau}{2}},\qquad \psi = c''\sqrt{\frac{\tau}{2}}.$$

On trouverait de même, τ_1 désignant le rayon de torsion de (Γ_1) et c_1, c'_1, c''_1 les cosinus directeurs de la binormale à cette courbe,

$$(49)\qquad f_1 = c_1\sqrt{\frac{-\tau_1}{2}},\qquad \varphi_1 = c'_1\sqrt{\frac{-\tau_1}{2}},\qquad \psi_1 = c''_1\sqrt{\frac{-\tau_1}{2}}.$$

Cela posé, adjoignons à la surface (S_1) définie par les formules (45) celle que l'on obtient en changeant dans ces formules le signe de f_1, φ_1, ψ_1, et que nous désignerons par (S_2). Il est aisé de voir d'abord que, si M_1 et M_2 sont les points de ces deux surfaces correspondants aux mêmes valeurs de α et de β, la droite M_1M_2 est toujours tangente aux deux surfaces; de sorte que (S_1) et (S_2) forment les deux nappes de la surface focale pour la congruence des droites M_1, M_2. Mais on peut écrire comme il suit les équations qui définissent les points M_1, M_2

$$(50)\qquad \left\{\begin{aligned} x &= \frac{X + X_1}{2} + \frac{1}{2}\sqrt{-\tau\tau_1}\,(c'c''_1 - c''c'_1),\\ y &= \frac{Y + Y_1}{2} + \frac{1}{2}\sqrt{-\tau\tau_1}\,(c''c_1 - cc''_1),\\ z &= \frac{Z + Z_1}{2} + \frac{1}{2}\sqrt{-\tau\tau_1}\,(cc'_1 - c'c_1),\end{aligned}\right.$$

en donnant successivement au radical les deux signes différents. L'interprétation géométrique de ces formules ne présente aucune difficulté et conduit au théorème suivant :

Soient (Γ), (Γ_1) *deux courbes quelconques. On construit la surface* (S_0) *lieu du milieu* μ *de la corde qui joint un point* P *de la première à un point* P_1 *de la seconde. Si, par le point* μ, *on mène une parallèle* (d) *à l'intersection des plans osculateurs en* P *et en* P_1, *la droite* (d) *touche deux surfaces* (S_1) *et* (S_2) *en des points* M_1 *et* M_2 *tels que le milieu du segment* M_1M_2 *soit en* μ *et que l'on ait*

$$M_1M_2 = \sqrt{-\tau\tau_1}\,\sin\omega,$$

τ et τ_1 étant, en grandeur et en signe, les rayons de torsion des deux courbes en P et en P_1 et ω l'angle des plans osculateurs en ces points. Les asymptotiques se correspondent, sur (S_1) *et sur* (S_2); *et elles correspondent, sur* (S_0), *aux courbes conjuguées que l'on obtient en laissant immobile un des points* P, P_1, *et déplaçant l'autre sur la courbe qui le contient.*

770. Nous reviendrons plus loin sur cette proposition; pour le moment, appliquons-la au cas particulier dans lequel les deux conditions (46) sont vérifiées. En vertu des formules (48) et (49), ces conditions nous donnent

$$\tau = 2h, \qquad \tau_1 = -2h,$$

ce qui nous conduit à la proposition suivante :

Si les courbes (Γ), (Γ_1), *au lieu d'être quelconques, ont des torsions constantes, égales et de signes contraires* $\frac{1}{\tau}$ *et* $-\frac{1}{\tau}$, *la droite* (*d*) *qui figure dans l'énoncé précédent sera normale, dans toutes ses positions, à une surface* W *appartenant à la nouvelle classe découverte par M. Weingarten; et les deux surfaces* (S_1) *et* (S_2), *qui constitueront les deux nappes de la développée de cette surface* W, *seront applicables sur le paraboloïde de paramètre* $2\tau i$. *Cette construction donne toutes les surfaces applicables sur le paraboloïde de révolution.*

La génération précédente s'étend au cas limite où, τ devenant nul, (Γ) et (Γ_1) deviennent des courbes de longueur nulle. Alors la surface (S_0) devient une surface minima; (S_1) et (S_2) constituent les deux nappes de la développée de cette surface, et nous pouvons énoncer le théorème suivant :

Si l'on suppose les fonctions f, φ, ψ *et* f_1, φ_1, ψ_1 *liées par les relations*

$$(51) \qquad \begin{cases} f^2 + \varphi^2 + \psi^2 = 0, \\ f_1^2 + \varphi_1^2 + \psi_1^2 = 0, \end{cases}$$

les équations (45) *définissent les développées des surfaces minima, toutes applicables, comme on sait, les unes sur les autres.*

Remarquons, en terminant ce Chapitre, que, si l'on veut avoir toutes les surfaces réelles applicables sur le paraboloïde réel, il faudra, dans les formules (45), remplacer h par hi, f, φ, f_1, ... par $f\sqrt{i}$, $\varphi\sqrt{i}$, $f_1\sqrt{i}$, ..., puis prendre pour f et f_1, φ et φ_1, ψ et ψ_1 des fonctions imaginaires conjuguées. Les points réels des surfaces correspondantes s'obtiendront en donnant à α et à β des valeurs imaginaires conjuguées.

Dans la génération indiquée plus haut, cela revient à prendre pour (Γ) une courbe imaginaire dont la torsion soit une imaginaire pure et pour (Γ_1) la courbe imaginaire conjuguée.

Les rapports de cette théorie avec celle des surfaces minima sont nombreux et évidents; nous nous contenterons maintenant des indications précédentes. Toute cette théorie se représentera lorsque nous nous occuperons de la déformation infiniment petite d'une surface.

CHAPITRE X.

APPLICATION DES THÉORÈMES DE M. WEINGARTEN AUX SURFACES POUR LESQUELLES LA COURBURE TOTALE OU LA COURBURE MOYENNE EST CONSTANTE.

Remarque de M. O. Bonnet : La recherche des surfaces dont la courbure moyenne est constante se ramène à celle des surfaces pour lesquelles la courbure totale est constante. — Les surfaces à courbure constante négative considérées comme surfaces W. — Propriétés géométriques relatives aux lignes asymptotiques. — Transformation de M. Bonnet et de M. Lie; surfaces à courbure constante qu'on peut faire dériver d'une surface donnée. — Propriétés géométriques signalées par M. O. Bonnet; les lignes de courbure de toute surface à courbure moyenne constante forment un système isotherme. — Toute surface à courbure moyenne constante est applicable sur une infinité de surfaces avec conservation des rayons de courbure principaux aux points correspondants. — Développées des surfaces à courbure constante négative; elles sont applicables sur l'hélicoïde minimum. — Les surfaces à courbure constante considérées comme applicables sur des surfaces de révolution. — Étude des trois formes distinctes que l'on obtient pour l'élément linéaire d'une surface de révolution à courbure constante négative. — Surfaces complémentaires; elles sont applicables sur les surfaces de révolution engendrées par la révolution d'une tractrice ordinaire, d'une tractrice allongée ou raccourcie.

---

771. Le rôle que jouent, en Géométrie, la courbure totale et, en Physique mathématique, la courbure moyenne, donne la plus grande importance à la détermination et à l'étude des surfaces pour lesquelles l'une ou l'autre de ces courbures est constante.

Une ingénieuse remarque, due à M. O. Bonnet [1], permet de montrer que la difficulté du problème est la même, quelle que soit celle des deux courbures que l'on considère. Si l'on donne, en effet, une surface dont la courbure totale soit égale à $\frac{1}{a^2}$, la surface parallèle, menée à la distance k de la première, aura ses

---

[1] BONNET (O.), *Note sur une propriété de maximum relative à la sphère* (*Nouvelles Annales de Mathématiques*, t. XII, p. 433; 1853).

rayons de courbure principaux liés par la relation

$$(R - k)(R' - k) = a^2.$$

Si donc on prend

$$k^2 = a^2, \quad k = \pm a,$$

il restera

$$\frac{1}{R} + \frac{1}{R'} = \frac{1}{k}.$$

Ainsi :

A toute surface dont la courbure totale est constante et égale à $\frac{1}{a^2}$ correspondent deux surfaces parallèles, menées à la distance $\pm a$ de la première, et dont la courbure moyenne est égale à $\frac{1}{2a}$.

On démontrera, de même, que :

A toute surface dont la courbure moyenne est constante et différente de zéro correspondent deux surfaces parallèles, l'une dont la courbure totale est constante, l'autre dont la courbure moyenne est aussi constante et a même valeur que pour la surface proposée.

Il est vrai que, si l'on donne une surface réelle à courbure totale constante négative $\frac{-1}{a^2}$, les surfaces parallèles à courbure moyenne constante qu'on en dérive sont menées à la distance ai de la première et sont, par suite, imaginaires. Cette remarque peut avoir de l'importance au point de vue des applications ; mais elle ne nous empêche pas de reconnaître, avec M. Bonnet, que l'étude des surfaces à courbure totale constante est liée de la manière la plus étroite à celle des surfaces dont la courbure moyenne est constante.

Si la courbure moyenne devient égale à zéro, on obtient une surface minima. On voit donc que la recherche des surfaces pour lesquelles l'une ou l'autre des courbures est constante peut être considérée comme le premier problème qui s'offre aux efforts des géomètres après l'étude des surfaces minima. D'autres remarques confirmeront cette opinion ; nous allons montrer, maintenant, que l'on peut trouver dans l'étude des théorèmes de M. Weingarten des moyens très variés d'entreprendre la recherche précédente et d'obtenir, sous la forme la plus simple, les équations aux dérivées partielles dont elle dépend.

772. Nous nous attacherons surtout aux surfaces à courbure totale constante, et nous commencerons par celles pour lesquelles cette courbure a une valeur négative. On peut toujours, en employant une transformation homothétique réelle, réduire cette valeur à -1; de sorte que l'on aura

$$RR' = -1.$$

Les rayons de courbure étant liés par une relation, la surface peut être considérée comme une surface W. Appliquons-lui les formules du n° 742. En introduisant une variable ω, on peut écrire

$$(1) \qquad \begin{cases} R = \varphi(k) = -\cot\omega, \\ R' = \varphi(k) - k\varphi'(k) = \operatorname{tang}\omega. \end{cases}$$

On déduit de là

$$k\varphi'(k) = \frac{-1}{\sin\omega\cos\omega}, \qquad \varphi'(k)\,dk = \frac{d\omega}{\sin^2\omega}$$

et, par conséquent,

$$\frac{dk}{k} = -\cot\omega\,d\omega.$$

L'intégration nous donnera

$$(2) \qquad k = \frac{1}{\sin\omega}$$

et, par suite,

$$\varphi'(k) = -\frac{1}{\cos\omega}.$$

Nous aurions, d'après les formules (9) [p. 318],

$$q = \sin\omega, \qquad p_1 = -\cos\omega.$$

Mais, pour la commodité des calculs, nous prendrons

$$(3) \qquad q = \sin\omega, \qquad p_1 = \cos\omega,$$

ce qui est évidemment permis (n° 742).

Alors, nous pourrons écrire le Tableau complet suivant

$$(4)\quad \begin{cases} q = \sin\omega, & R = -\cot\omega, & A = \cos\omega, & r = \dfrac{\partial\omega}{\partial v}, \\ p_1 = \cos\omega, & R' = \tang\omega, & C = \sin\omega, & r_1 = \dfrac{\partial\omega}{\partial u}, \end{cases}$$

où A, C, r, r_1 ont la même signification que dans le Tableau V [II, p. 386]. La dernière relation (A) de ce Tableau, entre les rotations, nous donne l'équation aux dérivées partielles

$$(5)\quad \frac{\partial^2\omega}{\partial u^2} - \frac{\partial^2\omega}{\partial v^2} = \sin\omega\cos\omega,$$

à laquelle devra satisfaire ω. La solution complète du problème dépendra donc de l'intégration de cette équation, à laquelle on peut donner la forme un peu plus simple

$$(6)\quad \frac{\partial^2\Omega}{\partial u^2} - \frac{\partial^2\Omega}{\partial v^2} = \sin\Omega,$$

en posant $\Omega = 2\omega$. Toutefois, il est bon de remarquer que, lorsqu'on aura la valeur de ω, il restera encore, si l'on veut obtenir la surface, à intégrer les équations de Riccati dont dépend la détermination des neuf cosinus [I, p. 56, éq. (2)].

Ces équations, si l'on y remplace σ par $e^{i\theta}$, prennent la forme remarquable

$$(7)\quad \begin{cases} \dfrac{\partial\theta}{\partial u} + \dfrac{\partial\omega}{\partial v} = -i\sin\omega\cos\theta, \\ \dfrac{\partial\theta}{\partial v} + \dfrac{\partial\omega}{\partial u} = i\cos\omega\sin\theta, \end{cases}$$

que nous retrouverons plus loin. Nous verrons que les systèmes de ce genre jouent un rôle fondamental dans la théorie qui nous occupe.

Quelque réduite que paraisse l'équation (6), on peut encore la simplifier. En effet, l'équation générale des lignes asymptotiques

$$A q\, du^2 - C p_1\, dv^2 = 0$$

devient ici

$$du^2 - dv^2 = 0.$$

Par conséquent, les asymptotiques des deux systèmes sont définies par les équations

$$u + v = \text{const.}, \qquad u - v = \text{const.}$$

Si l'on pose

$$(8) \qquad u + v = 2\alpha, \qquad u - v = 2\beta,$$

et si l'on substitue les paramètres α et β des asymptotiques à ceux des lignes de courbure, on aura

$$u = \alpha + \beta, \qquad v = \alpha - \beta.$$

L'élément linéaire de la surface et celui de sa représentation sphérique seront respectivement déterminés par les formules suivantes

$$(9) \qquad ds^2 = \cos^2\omega\, du^2 + \sin^2\omega\, dv^2 = d\alpha^2 + d\beta^2 + 2\cos 2\omega\, d\alpha\, d\beta,$$

$$(10) \qquad d\sigma^2 = \sin^2\omega\, du^2 + \cos^2\omega\, dv^2 = d\alpha^2 + d\beta^2 - 2\cos 2\omega\, d\alpha\, d\beta;$$

et l'équation (5) prendra la forme

$$(11) \qquad \frac{\partial^2\omega}{\partial\alpha\,\partial\beta} = \sin\omega\cos\omega \qquad \text{ou} \qquad \frac{\partial^2(2\omega)}{\partial\alpha\,\partial\beta} = \sin 2\omega,$$

que l'on obtiendrait d'ailleurs immédiatement en écrivant que l'élément linéaire défini par la formule (9) appartient à une surface de courbure égale à -1.

773. Les relations précédentes mettent en évidence quelques propositions géométriques que nous allons signaler.

Si l'on fait croître u et v par degrés égaux, on voit que l'on décompose la surface, et aussi sa représentation sphérique, en rectangles dont les diagonales sont toutes égales. Sur la surface, ces diagonales sont les tangentes asymptotiques.

Si l'on fait, de même, croître α et β par degrés égaux, la surface sera décomposée par les lignes asymptotiques en losanges ayant tous les mêmes côtés [1].

Comme il en est de même de la sphère sur laquelle s'effectue la représentation sphérique, on peut dire que la connaissance des

---

[1] Ces propriétés ont été signalées en premier lieu par M. DINI. (*Voir* le Mémoire *Sopra alcune formole generali della teoria delle superficie e loro applicazioni*, inséré en 1870 au tome IV des *Annali di Matematica*, p. 175.)

lignes asymptotiques de toute surface à courbure constante négative permettra de déterminer sur la sphère et, par suite, sur toute autre surface à courbure constante positive, deux familles de lignes pouvant diviser la surface en losanges ayant tous le même côté (¹).

On peut encore signaler la propriété géométrique suivante. Considérons l'aire comprise entre quatre asymptotiques formant un parallélogramme curviligne ABCD (*fig.* 75); elle sera donnée par l'intégrale

$$\iint \sin 2\omega \, d\alpha \, d\beta,$$

Fig. 75.

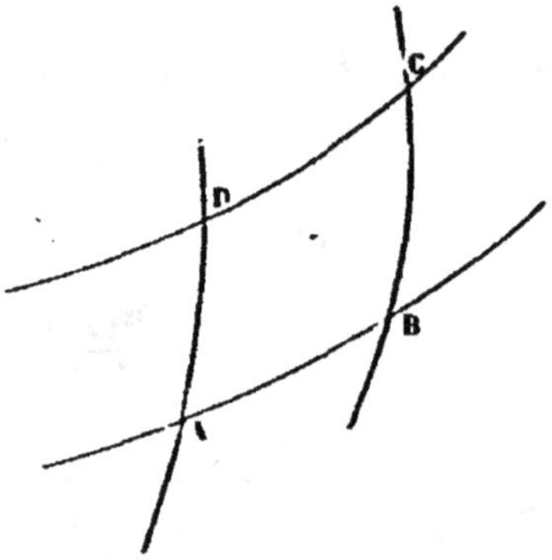

étendue à tout l'intérieur du parallélogramme. Si l'on tient compte de l'équation aux dérivées partielles (11), on peut écrire cette intégrale comme il suit

$$\iint \frac{\partial^2(2\omega)}{\partial\alpha\,\partial\beta} \, d\alpha \, d\beta;$$

(¹) Il est bon de remarquer que, la surface étant donnée, on peut toujours obtenir les lignes asymptotiques par de simples quadratures. En effet, si $\mathfrak{F}$ désigne la forme quadratique définie au n° 761, les deux équations

$$ds^2 = \cos^2\omega \, du^2 + \sin^2\omega \, dv^2,$$
$$\mathfrak{F} = du \, dv$$

vont nous permettre de déterminer ω, u, v. On en déduit

$$ds^2 \pm 2 \sin\omega \cos\omega \, \mathfrak{F} = (\cos\omega \, du \pm \sin\omega \, dv)^2.$$

En exprimant donc que la forme

$$ds^2 + \lambda \mathfrak{F}$$

est un carré parfait, on obtiendra une équation du second degré, en λ, dont les

et, sous cette forme, on en trouve immédiatement la valeur, qui est

$$A + B + C + D - 2\pi,$$

A, B, C, D étant les angles du parallélogramme. Comme cette expression doit être positive, on voit que la somme des angles est supérieure à 2π. Si le quadrilatère était formé avec des lignes géodésiques, au lieu d'un *excès*, il y aurait un *déficit* (n° 641), et l'aire du quadrilatère serait égale à ce déficit.

771. La considération des asymptotiques et la forme particulière (11) à laquelle on est conduit pour l'équation aux dérivées partielles donnent encore naissance à une remarque intéressante, qui a été faite par M. Lie ([1]). Comme l'équation (11) ne change pas lorsqu'on y remplace α par $m\alpha$ et β par $\frac{\beta}{m}$, m étant une constante quelconque, on voit que, si l'on a trouvé une solution

$$\omega = \varphi(\alpha, \beta)$$

de cette équation, on pourra en déduire la solution plus générale

$$\omega = \varphi\left(\alpha m, \frac{\beta}{m}\right).$$

Transportant ce résultat au cas où l'on a conservé les variables u et v, le lecteur reconnaîtra sans peine qu'à toute solution

$$\omega = \psi(u, v)$$

---

deux racines seront $\pm \sin 2\omega$; puis on aura, d'après l'équation précédente,

$$2\cos\omega\, du = \sqrt{ds^2 + \mathcal{J}\sin 2\omega} + \sqrt{ds^2 - \mathcal{J}\sin 2\omega},$$
$$2\sin\omega\, dv = \sqrt{ds^2 + \mathcal{J}\sin 2\omega} - \sqrt{ds^2 - \mathcal{J}\sin 2\omega},$$

et ces relations feront connaître du et dv au signe près. On en déduira

$$d\alpha = \frac{1}{2}(du + dv), \qquad d\beta = \frac{1}{2}(du - dv);$$

α et β seront donc déterminés, comme u et v, à une constante additive près.

([1]) Lie (S.), *Ueber Flächen deren Krümmungsradien durch eine Relation verknüpft sind* (*Archiv for Mathematik og Naturvidenskab*, t. IV, p. 510; 1879).

on peut faire correspondre la solution

$$\omega = \psi\left(\frac{u + v\sin h}{\cos h}, \frac{v + u\sin h}{\cos h}\right),$$

où h désigne un angle quelconque.

Mais, il importe de le remarquer, toutes les surfaces que l'on associe ainsi à une surface donnée, définie par exemple par son équation, ne sont pas aussi complètement connues que celle d'où elles dérivent. Il ne suffit pas, en effet, de connaître la valeur de ω; il faudra encore intégrer les équations de Riccati correspondantes à cette solution; et cette intégration ne paraît pas pouvoir être effectuée lorsqu'on laisse à m ou à h toute leur généralité.

775. Avant M. Lie, M. Bonnet avait donné une remarquable propriété du groupe de surfaces que l'on obtient ainsi ou, plus exactement, de l'ensemble des surfaces à courbure moyenne constante qui leur sont parallèles [1]. Nous allons rapidement indiquer les résultats de M. Bonnet.

La surface parallèle, menée à la distance λ de la proposée, aura pour rayons de courbure principaux

$$(12) \qquad \begin{cases} R = \lambda - \cot\omega, \\ R' = \lambda + \tan\omega. \end{cases}$$

Comme p_1 et q conservent leurs valeurs, l'élément linéaire de cette surface aura donc pour expression

$$(13) \qquad ds^2 = (\cos\omega - \lambda\sin\omega)^2\,du^2 + (\sin\omega + \lambda\cos\omega)^2\,dv^2.$$

La relation entre ses rayons de courbure sera

$$(14) \qquad RR' - \lambda(R + R') + \lambda^2 + 1 = 0.$$

Pour que la courbure moyenne devienne constante, il faudra donc prendre $\lambda = \pm i$. Soit, par exemple,

$$\lambda = -i.$$

Alors l'élément linéaire deviendra

$$(15) \qquad ds^2 = e^{2i\omega}(du^2 - dv^2).$$

---

[1] O. Bonnet, *Mémoire sur la théorie des surfaces applicables sur une surface donnée* (*Journal de l'École Polytechnique*, XLIIe Cahier, p. 77; 1867).

Et de là résultent les deux propositions suivantes :

Les lignes de courbure de toute surface à courbure moyenne constante forment un système isotherme.

Les lignes de longueur nulle de la surface correspondent aux asymptotiques de la surface à courbure totale constante qui lui est parallèle.

La première de ces propositions avait déjà été établie au n° 433. La seconde met en évidence, une fois de plus, que, si la surface à courbure moyenne constante est réelle, elle est nécessairement parallèle à une surface dont la courbure totale a une valeur constante et *positive*.

Examinons maintenant ce que devient, pour les surfaces à courbure moyenne constante, la transformation de M. Lie.

Introduisons, au lieu de u et v, les paramètres α et β; l'élément linéaire donné par la formule (15) deviendra

$$ds^2 = 4e^{2i\omega}\, d\alpha\, d\beta. \tag{16}$$

Soit donnée une valeur de ω

$$\omega = \varphi(\alpha, \beta);$$

on en pourra déduire une autre en prenant

$$\omega_1 = \varphi\left(\alpha m, \frac{\beta}{m}\right).$$

Nous allons montrer que *les deux surfaces correspondantes sont applicables l'une sur l'autre avec conservation des deux rayons de courbure principaux aux points correspondants.*

Soient, en effet,

$$ds^2 = 4e^{2i\omega}\, d\alpha\, d\beta, \qquad ds_1^2 = 4e^{2i\omega_1}\, d\alpha\, d\beta$$

les deux éléments linéaires de ces surfaces. Si l'on fait correspondre au point (α, β) de la première surface le point (α_1, β_1) de la seconde défini par les valeurs

$$\alpha_1 = \frac{\alpha}{m}, \qquad \beta_1 = m\beta,$$

on aura évidemment, aux points correspondants,

$$\omega_1 = \omega \qquad \text{et} \qquad d\alpha_1\, d\beta_1 = d\alpha\, d\beta.$$

On déduit de là

$$ds^2 = ds_1^2.$$

Les surfaces seront donc applicables l'une sur l'autre; de plus, comme les rayons de courbure principaux dépendent seulement de la valeur de ω, ils seront nécessairement égaux.

Ainsi se trouve établie la proposition de M. O. Bonnet :

Toute surface à courbure moyenne constante est applicable sur une infinité de surfaces ayant même courbure moyenne, avec conservation des rayons de courbure principaux aux points correspondants.

L'éminent géomètre y a été conduit en cherchant tous les couples de surfaces applicables, l'une sur l'autre, de telle manière que les deux rayons de courbure principaux soient égaux aux points correspondants. Nous renverrons, pour l'étude détaillée de cette intéressante question, au Mémoire que nous avons cité plus haut [p. 382]. Relativement au cas particulier qui se présente ici, M. Bonnet a donné des propriétés géométriques que le lecteur établira aisément et que l'on peut énoncer comme il suit :

Faisons la carte de la surface donnée de telle manière que ses lignes de courbure soient représentées par les droites du plan parallèles aux axes coordonnés; pour les autres surfaces associées, les lignes de courbure seront représentées par deux séries de droites parallèles faisant des angles constants α et $\alpha + \frac{\pi}{2}$ avec les axes coordonnés.

La détermination complète de toutes ces surfaces associées dépend de l'intégration du système (7).

776. Dans les numéros précédents, nous avons supposé que la surface étudiée avait une courbure totale négative; le cas où la courbure est constante et positive se ramène facilement à celui que nous venons d'examiner. Effectuons, en effet, une transformation homothétique avec le rapport de similitude i, ce qui change le signe de ds^2. Les rayons de courbure principaux deviendront

$$R = -i \cot \omega, \qquad R' = i \operatorname{tang} \omega.$$

L'élément linéaire de la surface et celui $d\sigma$ de la représentation sphérique seront donnés par les formules

$$\begin{aligned} ds^2 &= -\cos^2\omega\, du^2 - \sin^2\omega\, dv^2, \\ d\sigma^2 &= \quad \sin^2\omega\, du^2 + \cos^2\omega\, dv^2. \end{aligned}$$

On voit que les rayons de courbure deviendront réels si l'on remplace ω par $-\omega' i$, ω' étant réel. L'expression de $d\sigma^2$ montre ensuite qu'il faudra remplacer u par $u' i$. Ainsi l'on aura les formules suivantes

$$(17)\quad \left\{ \begin{aligned} & \mathrm{R} = \frac{e^{\omega'} + e^{-\omega'}}{e^{\omega'} - e^{-\omega'}}, \qquad \mathrm{R}' = \frac{e^{\omega'} - e^{-\omega'}}{e^{\omega'} + e^{-\omega'}}, \\ & ds^2 = \left(\frac{e^{\omega'} + e^{-\omega'}}{2}\right)^2 du'^2 + \left(\frac{e^{\omega'} - e^{-\omega'}}{2}\right)^2 dv^2, \\ & d\sigma^2 = \left(\frac{e^{\omega'} - e^{-\omega'}}{2}\right)^2 du'^2 + \left(\frac{e^{\omega'} + e^{-\omega'}}{2}\right)^2 dv^2, \\ & \frac{\partial^2 \omega'}{\partial u'^2} + \frac{\partial^2 \omega'}{\partial v^2} = \frac{1}{4}(e^{-2\omega'} - e^{2\omega'}), \end{aligned} \right.$$

que l'on pourra employer si l'on veut étudier les surfaces à courbure constante et positive. Les surfaces parallèles dont la courbure moyenne est constante auraient pour élément linéaire

$$(18)\qquad ds^2 = e^{\pm 2\omega'}(du'^2 + dv^2).$$

Soit

$$\omega' = \varphi(u, v)$$

une valeur de ω' satisfaisant à la dernière équation (17); l'ensemble des surfaces réelles à courbure moyenne constante considérées par M. Bonnet, et qui sont applicables les unes sur les autres avec conservation des rayons de courbure, correspondrait aux valeurs de ω' comprises dans l'expression générale

$$\omega' = \varphi(u \cos\alpha - v \sin\alpha,\ u \sin\alpha + v \cos\alpha),$$

où α désigne une constante réelle.

777. On peut aussi conserver toutes les notations de M. Weingarten en employant la valeur

$$(19)\qquad \varphi(k) = \sqrt{a^2 + k^2},$$

pour les surfaces à courbure positive $\frac{1}{a^2}$, et la suivante

$$\varphi(k) = \sqrt{k^2 - a^2}, \tag{20}$$

pour les surfaces à courbure négative $\frac{-1}{a^2}$.

Cette remarque permet même d'examiner très simplement ce que devient ici le second théorème de M. Weingarten (n° 747).

Si l'on choisit, par exemple, la valeur (20) de $\varphi(k)$, l'élément linéaire de la première nappe de la développée sera donné par la formule

$$ds^2 = d\varphi^2 + k^2\,dv^2$$

ou

$$ds^2 = d\varphi^2 + (\varphi^2 + a^2)\,dv^2. \tag{21}$$

La comparaison de cette formule avec celles qui ont été données (n°s 66 et 68) nous conduit au théorème suivant :

Les deux nappes de la développée d'une surface à courbure constante négative sont applicables sur une même alysséide ou sur un même hélicoïde minimum.

Ainsi la connaissance de toute surface à courbure constante nous permettra de déterminer deux surfaces applicables sur l'alysséide.

Et, réciproquement,

Toute surface non réglée applicable sur l'hélicoïde minimum donnera, par de simples quadratures, une surface à courbure constante négative.

Ces propositions expliquent pourquoi nous avons déjà été conduit, au n° 726, dans la recherche des surfaces non réglées applicables sur l'hélicoïde, à une équation aux dérivées partielles qui est évidemment identique, aux notations près, à celle que nous avons obtenue plus haut.

778. Les remarques précédentes semblaient épuiser tout ce que l'on peut déduire des théorèmes de M. Weingarten relativement aux surfaces à courbure constante; mais, dans un travail publié en

1879 ([1]), M. L. Bianchi s'est placé à un point de vue tout nouveau et a obtenu des résultats que nous allons maintenant exposer.

Les surfaces à courbure constante forment, sans doute, une classe spéciale de surfaces W; mais on peut aussi les régarder comme formant l'ensemble des surfaces applicables sur des surfaces de révolution déterminées, sur la sphère ou sur la pseudosphère suivant que leur courbure est positive ou négative. On est ainsi conduit à rechercher les surfaces W pour lesquelles l'une des nappes de la développée a sa courbure totale constante.

Supposons, pour fixer les idées, que cette courbure totale soit négative et égale à $-\frac{1}{a^2}$. Les résultats obtenus au n° 66 [I, p. 79] nous permettent d'affirmer qu'il y a trois formes différentes, et trois seulement, pour les surfaces de révolution dont la courbure totale a cette valeur $\frac{-1}{a^2}$.

Nous aurons d'abord la *pseudosphère* engendrée par la révolution de la *tractrice* dont toutes les tangentes sont égales à a. L'élément linéaire de cette surface rapportée à ses méridiens et à ses parallèles sera donné par la formule

$$ds^2 = a^2(du^2 + e^{2u}\,dv^2). \tag{22}$$

Puis viendra la surface, représentée dans la *fig.* 3 [I, p. 80], dont tous les méridiens vont couper l'axe et dont l'élément linéaire est réductible à la forme

$$ds^2 = a^2\left[du^2 + \left(\frac{e^u - e^{-u}}{2}\right)^2 dv^2\right]. \tag{23}$$

Enfin nous aurons la surface représentée dans la *fig.* 2 [I, p. 81] dont les méridiens ne coupent pas l'axe de révolution et dont l'élément linéaire a pour expression

$$ds^2 = a^2\left[du^2 + \left(\frac{e^u + e^{-u}}{2}\right)^2 dv^2\right]. \tag{24}$$

Comme ces différentes formes sont, d'une infinité de manières,

---

([1]) Bianchi (L.), *Ricerche sulle superficie a curvatura costante e sulle elicoidi* (*Annali della R. Scuola normale superiore di Pisa*, t. II, p. 285; 1879).
Ueber die Flächen mit constanter negativer Krümmung (*Mathematische Annalen*, t. XVI, p. 577; 1880).

applicables les unes sur les autres et conviennent à toute surface de courbure totale $\frac{-1}{a^2}$, nous pouvons énoncer la proposition suivante :

L'élément linéaire de toute surface à courbure totale $\frac{-1}{a^2}$ *peut être ramené d'une infinité de manières à l'une des formes* (22), (23), (24); *et ces formes sont les seules pour lesquelles les géodésiques de paramètre* v *puissent devenir, après une déformation, les méridiens d'une surface de révolution.*

779. On peut retrouver ce résultat par une méthode toute différente, qui repose sur la remarque suivante.

Pour toute surface de révolution, les parallèles sont des cercles géodésiques. Par suite, si une surface est applicable sur une surface de révolution, les géodésiques qui se transforment dans les méridiens admettent nécessairement pour trajectoires orthogonales des cercles géodésiques.

D'après cela, soit (Σ) une surface à courbure constante $\frac{-1}{a^2}$. Prenons sur cette surface un cercle géodésique quelconque (C), de rayon b. Les géodésiques normales à ce cercle formeront la famille la plus générale qui puisse se transformer dans les méridiens d'une surface de révolution quand on déformera convenablement la surface. Nous allons montrer qu'elles jouissent effectivement de cette propriété.

Si l'on rapporte, en effet, la surface au système de coordonnées formé par ces géodésiques et leurs trajectoires orthogonales, l'élément linéaire prendra la forme suivante (n° 599)

$$ds^2 = a^2\left[du^2 + \left(V\frac{e^u - e^{-u}}{2} + V_1\frac{e^u + e^{-u}}{2}\right)^2 dv^2\right], \tag{25}$$

dans laquelle on peut supposer que u soit l'arc de la géodésique compté à partir de son pied sur le cercle (C). Le rayon de courbure géodésique ρ_g des trajectoires orthogonales sera donné par la formule générale

$$\frac{a}{\rho_g} = -\frac{V\dfrac{e^u + e^{-u}}{2} + V_1\dfrac{e^u - e^{-u}}{2}}{V\dfrac{e^u - e^{-u}}{2} + V_1\dfrac{e^u + e^{-u}}{2}}; \tag{26}$$

et, si l'on exprime qu'il est égal à b pour le cercle (C), c'est-à-dire pour $u = 0$, on aura

$$\frac{a}{b} = -\frac{V}{V_1}.$$

Comme on peut, en choisissant convenablement v, réduire V à l'unité ou à telle constante que l'on voudra, on pourra ramener l'élément linéaire à la forme

$$ds^2 = a^2\left[du^2 + \frac{1}{4}[(a-b)e^u + (a+b)e^{-u}]^2 dv^2\right],$$

qui caractérise bien une surface applicable sur une surface de révolution. Mais, pour la réduction définitive, il y a plusieurs cas à distinguer :

1° Si b est égal à a en valeur absolue, si l'on a, par exemple,

$$b = -a,$$

on aura l'expression réduite (22);

2° Si b est plus petit que a, on déterminera une constante u_0 par l'équation

$$(a-b)e^{u_0} = (a+b)e^{-u_0},$$

puis la substitution

$$u \mid u + u_0, \qquad (a-b)e^{u_0}v \mid av$$

ramènera l'élément linéaire à la forme (24).

3° Enfin, si b est supérieur à a, on déterminera une nouvelle constante u_0 par l'équation

$$(a-b)e^{u_0} + (a+b)e^{-u_0} = 0,$$

et la substitution

$$u \mid u + u_0, \qquad (a-b)e^{u_0}v \mid av$$

nous ramènera à la forme (23).

Les trois expressions différentes de l'élément linéaire que nous venons d'obtenir offrent un caractère commun qui nous permet d'énoncer la proposition suivante :

Sur toute surface à courbure constante les courbes parallèles à un cercle géodésique sont elles-mêmes des cercles géodésiques.

Réciproquement, si les courbes parallèles à tout cercle géodésique sont elles-mêmes des cercles géodésiques, la surface a sa courbure totale constante; car elle pourra être déformée de manière à devenir une surface de révolution admettant pour un de ses parallèles un cercle géodésique quelconque, assigné à l'avance. Par suite la courbure totale, devant demeurer constante lorsqu'on se déplacera sur ce parallèle, sera nécessairement la même pour tous les points de la surface.

780. Examinons maintenant séparément les trois formes de l'élément linéaire.

Pour la première (22) *les trajectoires orthogonales des géodésiques ont toutes un rayon constant et égal à a*. Et il est aisé de voir qu'il y a là une propriété caractéristique : *S'il existe sur une surface une famille de courbes parallèles formée de cercles géodésiques dont le rayon de courbure géodésique a la même valeur a, la surface a sa courbure totale constante et égale à* $\frac{-1}{a^2}$.

Soit, en effet,

$$ds^2 = du^2 + C^2 dv^2$$

l'expression de l'élément linéaire rapporté à ces courbes parallèles et aux géodésiques orthogonales. La propriété énoncée se traduit par l'équation

$$\frac{1}{C}\frac{\partial C}{\partial u} = \pm\frac{1}{a},$$

qui donne

$$C = Ve^{\pm\frac{u}{a}},$$

V étant une fonction de v, et de là on déduit, en effet,

$$\frac{1}{C}\frac{\partial^2 C}{\partial u^2} = -\frac{1}{a^2}.$$

Pour les deux autres formes de l'élément linéaire les trajectoires orthogonales sont toutes des cercles géodésiques; mais, pour la deuxième, *ces cercles ont tous des rayons inférieurs à a et décroissant jusqu'à zéro, de telle manière que les géodésiques vont toutes passer par un point fixe* ($u = 0$); au contraire, pour la troisième, *les rayons des cercles sont tous supérieurs à a, et ils grandissent indéfiniment de telle manière que l'un d'eux*

$(u=0)$ *devient une géodésique à laquelle toutes les autres sont normales.*

Ainsi, tandis que, sur la sphère, tout cercle géodésique est parallèle à la fois à un cercle de rayon nul et à un cercle de rayon infini, c'est-à-dire à une géodésique, ces deux propriétés s'excluent réciproquement dans les surfaces à courbure constante négative.

781. Écrivons comme il suit

$$ds^2 = a^2(du^2 + C^2 dv^2)$$

l'une quelconque des trois expressions de l'élément linéaire, et supposons que l'on mène les tangentes aux géodésiques de paramètre v. Elles seront normales à une surface W pour laquelle les deux rayons de courbure principaux seront déterminés par les équations (n° 748)

$$(27) \qquad \frac{R}{a} = u, \qquad \frac{R'}{a} = u - \frac{C}{C'},$$

et elles toucheront une deuxième surface (Σ') qui formera avec la première (Σ) la développée complète de la surface W. Nous dirons avec M. Bianchi que (Σ') est la *surface complémentaire* de (Σ). Nous avons vu (n° 749) que l'élément linéaire de (Σ') a pour expression

$$(28) \qquad ds^2 = a^2\left[\left(\frac{CC''}{C'^2}\right)^2 du^2 + \frac{1}{C'^2}dv^2\right].$$

Appliquons ces résultats en substituant successivement les diverses valeurs de C.

Si l'on prend d'abord

$$C = e^u,$$

on a

$$R = au, \qquad R' = au - a, \qquad C = C' = C''.$$

La relation entre les rayons de courbure de la surface W correspondante est donc

$$(29) \qquad R - R' = a;$$

et l'élément linéaire de la surface complémentaire (Σ') devient

$$(30) \qquad ds^2 = a^2(du^2 + e^{-2u}dv^2).$$

Cette seconde nappe est donc, elle aussi, à courbure constante $-\frac{1}{a^2}$, comme pouvait le faire prévoir la forme de la relation entre R et R'.

Voici un autre raisonnement qui conduit au même résultat :

Soient M, M' les deux points de contact d'une normale à une surface (S) avec les deux nappes (Σ), (Σ') de la développée : MM' est le rayon de courbure géodésique des trajectoires orthogonales des géodésiques tangentes aux normales, tracées sur (Σ) et tangentes aux normales, aussi bien que des trajectoires orthogonales des géodésiques tracées sur (Σ'). Si donc ce rayon de courbure géodésique est constant pour l'une des nappes, il le sera aussi pour l'autre et, d'après la propriété que nous avons signalée plus haut, les deux nappes seront nécessairement à courbure constante $-\frac{1}{\overline{\text{MM}'}^2}$ (*voir* aussi n° 763).

Si l'on prend ensuite pour C la valeur

$$C = \frac{e^u + e^{-u}}{2}, \tag{31}$$

qui correspond à l'équation (24), la relation entre les rayons de courbure R et R' deviendra

$$\frac{R - R'}{a} = \frac{e^{\frac{R}{a}} + e^{-\frac{R}{a}}}{e^{\frac{R}{a}} - e^{-\frac{R}{a}}}. \tag{32}$$

On trouverait de même la relation

$$\frac{R - R'}{a} = \frac{e^{\frac{R}{a}} - e^{-\frac{R}{a}}}{e^{\frac{R}{a}} + e^{-\frac{R}{a}}}, \tag{33}$$

pour la valeur

$$C = \frac{e^u - e^{-u}}{2} \tag{34}$$

relative à la forme (23).

Ainsi, il revient au même de déterminer les surfaces à courbure constante ou les surfaces W pour lesquelles les rayons de courbure sont liés par une des relations (29), (32) ou (33).

782. Par un calcul qui n'offre aucune difficulté, on trouvera éga-

lement que la seconde nappe (Σ') de la développée est applicable sur la surface de révolution dont le méridien est défini par les équations

$$(35) \qquad z = a\left(\cos\varphi + \log\tang\frac{1}{2}\varphi\right), \qquad r = \frac{am}{\sqrt{m^2-\varepsilon}}\sin\varphi,$$

où r désigne la distance à l'axe de révolution; m est une constante arbitraire et ε doit être pris égal à 0,1 ou -1 suivant qu'il s'agit de la première des formes (22), (23) ou (24).

Pour $\varepsilon = 0$, ces équations représentent la *tractrice;* donc, pour les deux autres cas, elles représentent une tractrice dont on aura augmenté ou diminué dans un rapport constant les ordonnées perpendiculaires à la base. C'est ce que M. Bianchi a nommé des *tractrices allongées* ou *raccourcies*.

On peut encore remarquer que, dans la seconde forme, en prenant pour m la valeur limite,

$$m = \sqrt{\varepsilon} = 1,$$

on obtiendra le méridien

$$(36) \qquad r = a e^{\frac{z}{a}}.$$

Il suffirait donc de savoir déterminer toutes les surfaces applicables sur la surface de révolution dont le méridien est défini par l'équation précédente ou par les formules (35).

Toutes ces transformations paraissent n'avoir d'autre avantage que de nous faire connaître des problèmes équivalents au fond, quoique très différents en apparence. Mais M. Bianchi a su trouver dans l'étude d'un cas particulier de la méthode un moyen nouveau d'obtenir un nombre illimité des surfaces à courbure constante. L'exposé des résultats que nous lui devons sera mieux compris quand nous l'aurons fait précéder d'une étude rapide sur la géométrie des surfaces à courbure constante négative : ce sera l'objet du Chapitre suivant.

CHAPITRE XI.

LES SURFACES A COURBURE TOTALE NÉGATIVE.

Surface pseudosphérique. — Représentation conforme de la partie réelle de la surface sur le demi-plan supérieur. — Étude des transformations qui conservent l'élément linéaire et qui réalisent, par suite, une application de la surface sur elle-même. — Représentation des géodésiques par des cercles ayant leur centre sur l'axe des x. — Distance géodésique de deux points. — Les cercles géodésiques sont représentés par des cercles. — Division des différents cercles géodésiques en trois espèces. — Les cercles situés tout entiers à distance finie ont seuls un centre; aire de ces cercles, longueur de leur circonférence. — Classification, due à M. Klein, des transformations qui conservent l'élément linéaire. — Analogies et différences entre la géométrie des diverses surfaces à courbure constante. — Géométrie non euclidienne. — Résolution d'un problème relatif au changement de coordonnées. — Considérations géométriques conduisant à la représentation conforme qui vient d'être étudiée. — Représentation de M. Beltrami dans laquelle les géodésiques ont des droites pour images. — Formules qui permettent de passer de l'une à l'autre de ces représentations.

---

782. Toutes les surfaces à courbure constante $-\frac{1}{a^2}$ étant applicables les unes sur les autres, nous choisirons, pour plus de netteté, la *surface pseudosphérique,* dont l'élément linéaire est défini par la formule

$$ds^2 = a^2(du^2 + e^{2u}\,dv^2), \tag{1}$$

et qui est engendrée par la révolution de la tractrice

$$r = a\sin\varphi, \qquad z = a\left(\log\tang\frac{\varphi}{2} + \cos\varphi\right) \tag{2}$$

autour de sa base. On peut donner des formes très simples à l'élément linéaire défini par la formule (1).

Posons d'abord

$$v = x, \qquad e^{-u} = y, \tag{3}$$

l'élément linéaire deviendra

$$ds^2 = a^2\,\frac{dx^2 + dy^2}{y^2}, \tag{4}$$

de sorte que, si l'on considère x et y comme les coordonnées rectangulaires d'un point dans un plan, on obtiendra ainsi une carte géographique dans laquelle *toute la partie réelle de la surface sera représentée sur la partie supérieure du plan avec similitude des éléments infiniment petits*. Nous allons présenter d'abord quelques remarques sur cette représentation.

A tout point réel M de la surface correspond certainement un point m du plan, qui est réel et situé au-dessus de l'axe des x; mais la proposition réciproque n'est pas complètement exacte. Écartons d'abord une première difficulté relative aux limites entre lesquelles varie v. Si la surface pseudosphérique était formée d'un seul feuillet, v et par suite x prendraient seulement des valeurs comprises dans un intervalle de 2π; mais on peut admettre que la surface est composée d'un nombre illimité de feuillets superposés, qui correspondront à toutes les valeurs tant positives que négatives de v, et qui seraient engendrés en quelque manière par les révolutions, répétées soit dans un sens, soit dans l'autre, de la tractrice autour de sa base. Il est bon d'ailleurs de remarquer que ces différents feuillets se séparent les uns des autres quand on déforme la surface de manière à la transformer en un hélicoïde, comme nous l'avons indiqué au n° 74.

Il reste maintenant à étudier la seconde équation (3). Si l'on se reporte au n° 78 [I, p. 96], on voit que, m désignant une constante d'ailleurs quelconque, choisie à l'avance, il n'y aura de point réel de la surface correspondant à une valeur réelle de y que si l'on a

$$m^2 e^{2u} < 1, \tag{5}$$

c'est-à-dire

$$y > m.$$

Par suite, si une figure est tracée sur la partie supérieure du plan, au-dessus d'une parallèle à l'axe des x, il existera une surface pseudosphérique sur laquelle elle pourra être rapportée tout entière. Mais, si elle vient toucher l'axe des x, il y a toujours, dans le voisinage de cet axe, des parties de la figure qui ne seront pas représentées sur la pseudosphère. Ces parties toutefois pourront être réduites autant qu'on le voudra, si l'on diminue indéfiniment la constante m qui figure dans l'inégalité précédente.

Il y a là, on le voit, un fait très curieux, sur lequel nous avons déjà insisté. Il semble, au premier abord, que, l'élément linéaire restant réel, il devrait en être de même de la surface; en réalité cela n'a pas lieu, et l'on ne connaît d'ailleurs aucune surface donnant la représentation complète des éléments linéaires (1) ou (4), c'est-à-dire ayant un point réel pour chaque valeur réelle de u et de v.

783. La forme (4) de l'élément linéaire a été employée de la manière la plus utile dans d'importantes recherches d'Analyse moderne ([1]). Elle met immédiatement en évidence différentes propriétés intéressantes que nous allons signaler.

On voit tout d'abord que l'élément linéaire ne change pas de forme si l'on effectue les deux substitutions très simples $(x;\, x-h)$ ou $(x, y;\, hx, hy)$, h désignant une constante quelconque. La première équivaut à une translation h parallèle à l'axe des x, la seconde à une transformation homothétique par rapport à l'origine, ayant h pour module; h doit être positive si l'on veut que la partie supérieure du plan se corresponde à elle-même. En combinant ces deux transformations, on aura une homothétie dont le pôle sera un point quelconque de l'axe des x.

Il existe une autre transformation très simple qui conserve l'élément linéaire; c'est une inversion ayant pour pôle un point quelconque de l'axe des x. On le vérifie aisément en employant les formules

$$(6) \qquad x - h = \frac{k^2(x'-h)}{(x'-h)^2+y'^2}, \qquad y = \frac{k^2 y'}{(x'-h)^2+y'^2},$$

qui définissent cette inversion. Pour que la partie supérieure du plan se transforme en elle-même, il faut que le module soit positif.

784. Au reste, on peut obtenir très simplement toutes les transformations qui n'altèrent pas l'élément linéaire (4). A cet effet, intro-

---

([1]) Consulter en particulier les Mémoires suivants :

KLEIN (F.), *Elliptische Functionen und Gleichungen fünften Grades* (*Mathematische Annalen*, t. XIV, p. 111; 1878).

POINCARÉ (H.), *Théorie des groupes fuchsiens* (*Acta mathematica*, t. I, p. 1; 1882). — *Mémoire sur les fonctions fuchsiennes* (*Ibid.*, p. 193).

Voir aussi :

SCHWARZ (H.-A.), *Gesammelte mathematische Abhandlungen*, t. II, 18

duisons les coordonnées symétriques

$$\alpha = x + iy, \qquad \beta = x - iy; \tag{7}$$

l'élément linéaire prendra la forme

$$ds^2 = -4a^2 \frac{d\alpha\, d\beta}{(\alpha - \beta)^2}, \tag{8}$$

que nous aurions pu obtenir immédiatement; car elle convient évidemment à une sphère de rayon ai (n° 23). Il y a toutefois une différence essentielle à signaler; tandis que, dans la sphère réelle et pour les points réels, α est l'imaginaire conjuguée de $\frac{-1}{\beta}$, ici α est la conjuguée de β.

Les transformations de α et de β qui conservent l'élément linéaire s'obtiendront par la résolution de l'équation

$$\frac{d\alpha\, d\beta}{(\alpha - \beta)^2} = \frac{d\alpha_1\, d\beta_1}{(\alpha_1 - \beta_1)^2}, \tag{9}$$

qui admet, nous le savons, deux espèces différentes de solutions.

Les premières sont définies par les formules

$$\alpha = \frac{m\alpha_1 + n}{p\alpha_1 + q}, \qquad \beta = \frac{m\beta_1 + n}{p\beta_1 + q}, \tag{10}$$

où m, n, p, q désignent des constantes quelconques. Si l'on veut que des points réels correspondent aux points réels, il faudra évidemment que ces constantes soient réelles : alors la première équation (10) donnera la seconde par le changement de i en $-i$. Les formules précédentes, considérées comme s'appliquant au plan, définissent ce que nous avons appelé une *transformation circulaire* [I, p. 162]; si nous admettons de plus que l'on ait

$$mq - np > 0, \tag{11}$$

la transformation fera correspondre à tout point de la partie supérieure du plan un point compris dans la même région [I, p. 172].

Les autres transformations qui conservent l'élément linéaire (8) sont définies par les formules

$$\alpha = \frac{m\beta_1 + n}{p\beta_1 + q}, \qquad \beta = \frac{m\alpha_1 + n}{p\alpha_1 + q}, \tag{12}$$

qui se ramènent aux premières par l'échange de α_1 et de β_1 et qui ne font correspondre la partie supérieure du plan à elle-même que si l'on a

$$mq - np < 0. \tag{13}$$

Toute inversion ayant son pôle sur l'axe des x est un cas particulier de ces dernières transformations. Par exemple, les équations (6) peuvent être remplacées par les suivantes

$$\alpha - h = \frac{k}{\beta_1 - h}, \qquad \beta - h = \frac{k}{\alpha_1 - h}, \tag{14}$$

comprises comme cas particulier dans les équations générales (12).

785. Les remarques précédentes mettent en évidence une propriété fondamentale de ces substitutions linéaires à coefficients réels qui interviennent si fréquemment dans les recherches des analystes modernes. Si l'on envisage, dans les formules (11) et (12), α et β comme les coordonnées symétriques d'un point du plan, elles définissent une transformation plane dont on peut dire seulement qu'elle a lieu avec conservation des angles; mais, si l'on regarde α et β comme les coordonnées symétriques d'un point de la *pseudosphère*, on reconnaît que la transformation y conserve les arcs, et par suite les angles et les aires, ce qui est un résultat infiniment plus précis [1]. En d'autres termes, la transformation réalise une application de la surface sur elle-même; et, si l'on se reporte aux résultats du n° 683, on reconnaîtra que cette application est la plus générale de toutes celles que l'on peut obtenir [2].

Si l'on considère, en particulier, les formules (10) et si l'on sup-

---

[1] H. Poincaré, *Acta mathematica*, p. 8.

[2] On peut établir directement cette proposition de la manière suivante : soit à résoudre l'équation

$$\frac{d\alpha\, d\beta}{(\alpha - \beta)^2} = \frac{d\alpha_1\, d\beta_1}{(\alpha_1 - \beta_1)^2}.$$

Cette équation ne peut admettre (n° 117) que des solutions pour lesquelles α_1 et β_1 dépendent d'une seule des variables α et β. Soit d'abord

$$\alpha_1 = f(\alpha), \qquad \beta_1 = f_1(\beta).$$

Donnons à β une valeur particulière b; β_1 et $\frac{d\beta_1}{d\beta}$ prendront des valeurs b_1, b'_1, et

pose que m, n, p, q y varient d'une manière continue en partant des valeurs 1, 0, 0, 1, on obtiendra ainsi une déformation continue dans laquelle la surface ne cessera pas de coïncider avec elle-même. Toute figure tracée sur cette surface subira une série de déformations tout à fait analogues au mouvement d'une figure sphérique sur la sphère qui la contient.

Nous reviendrons plus loin sur les transformations définies par les formules (10) et (12); nous nous contenterons de remarquer qu'on peut les obtenir toutes par l'emploi combiné de translations parallèles Ox et d'inversions par rapport à un point de cet axe.

786. Si nous avons étudié d'abord les transformations qui conservent l'élément linéaire, c'est qu'elles permettent, une fois connues, d'établir sans calcul les propriétés principales de la surface. D'après la forme même (4) de cet élément linéaire, on reconnaît immédiatement que, dans le plan, les parallèles à l'axe des y représentent des géodésiques de la surface; et de là résulte immédiatement que *les différentes géodésiques de la surface admettent pour images des cercles ayant leur centre sur l'axe des x.*

Soit, en effet, BMM_1C un de ces cercles (*fig.* 76). Si l'on effectue une inversion en prenant comme pôle l'un des points C où il coupe l'axe des x, le cercle se transformera en une droite bmm_1 parallèle à l'axe des y; comme cette droite est l'image d'une géodésique et que d'ailleurs l'inversion n'a pas changé l'élément linéaire, on voit que le demi-cercle BMM_1C représente, lui aussi,

---

l'on aura

$$\frac{d\alpha}{(\alpha - b)^2} = \frac{b'_1\, d\alpha_1}{(\alpha_1 - b_1)^2}.$$

On déduit de là, en intégrant,

$$\frac{1}{\alpha - b} = \frac{b'_1}{\alpha_1 - b_1} + c,$$

c désignant une nouvelle constante.

α est donc une fonction linéaire de α_1 et, de même, β une fonction linéaire de β_1. La substitution de ces deux fonctions linéaires dans l'équation à résoudre montre aisément qu'elles doivent être identiques.

Les solutions pour lesquelles α_1 dépend de β et β_1 de α se déduisent immédiatement des précédentes par l'échange de α et de β.

une géodésique. D'ailleurs, on peut toujours construire un tel cercle en le définissant par la condition de passer en un point et d'y admettre une tangente donnée; il suit de là qu'il représente la géodésique *la plus générale* tracée sur la surface. Ainsi l'équation de cette géodésique sera

$$x^2 + y^2 + 2bx + c = 0,$$

b et c désignant deux constantes arbitraires.

Fig. 76.

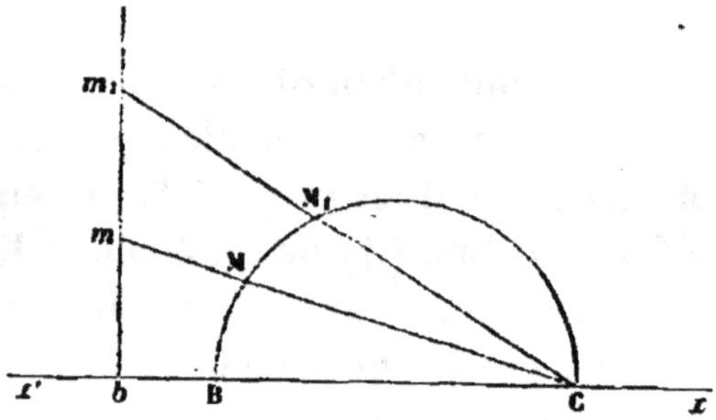

La représentation précédente nous montre immédiatement que, *par deux points réels* M, M_1 *de la surface, on ne peut faire passer qu'une géodésique;* car il passe, par deux points de la partie supérieure du plan, un seul cercle ayant son centre sur Ox. On peut, du reste, déterminer très simplement la distance géodésique de ces deux points; elle est égale à celle des deux points m, m_1 qui leur correspondent dans l'inversion employée plus haut (*fig.* 76). Or, pour deux points situés sur une parallèle à l'axe des y, on a

$$ds = a\frac{dy}{y},$$

d'où l'on déduit

$$\text{arc}\, mm_1 = a \log \frac{bm_1}{bm} = a \log \frac{\text{tang}\, M_1CB}{\text{tang}\, MCB}.$$

Ainsi *la distance géodésique de deux points* M, M_1 *est proportionnelle au logarithme du rapport anharmonique des quatre points* M, M_1, B, C *sur le cercle qui représente la géodésique.*

Cette distance devenant infinie lorsque l'un des points M, M_1 se rapproche de l'axe des x, on peut dire que *les points de cet axe représentent les points à l'infini de la surface.* Quant aux points du plan qui sont à l'infini dans toutes les directions, comme une inversion ayant son pôle sur Ox les ramène tous à se confondre avec ce pôle, on reconnait qu'ils correspondent tous à un seul point à l'infini de la surface, celui par lequel passent toutes les géodésiques représentées par des parallèles à l'axe des y.

On peut encore obtenir la distance géodésique de deux points de coordonnées symétriques α, β et α_1, β_1, en se servant des formules (5) [I, p. 32] ([1]), dans lesquelles on remplacera d par $\frac{d}{a}$ pour une sphère de rayon a, et par $\frac{d}{ai}$ pour une pseudo-sphère de rayon a. On trouvera ainsi

$$(16)\quad \left\{\begin{aligned} \sin^2\frac{d}{2ai} &= \frac{(\alpha-\alpha_1)(\beta-\beta_1)}{(\alpha-\beta)(\alpha_1-\beta_1)} \\ &= \frac{(x-x_1)^2+(y-y_1)^2}{-4yy_1} = R(\alpha, \beta_1, \alpha_1, \beta), \\ \cos^2\frac{d}{2ai} &= \frac{(\alpha-\beta_1)(\beta-\alpha_1)}{(\alpha-\beta)(\beta_1-\alpha_1)} \\ &= \frac{(x-x_1)^2+(y+y_1)^2}{4yy_1} = R(\alpha, \alpha_1, \beta_1, \beta). \end{aligned}\right.$$

787. Nous allons maintenant nous occuper des cercles géodésiques et de leur représentation sur le plan. On a vu au Chapitre précédent que les géodésiques normales à un cercle géodésique dont le rayon est différent de a vont toutes passer par un point fixe ou sont toutes normales à une autre géodésique (n° 780).

D'après cela, prenons dans le plan tous les cercles ayant leur centre sur Ox et passant par un point M; leurs trajectoires orthogonales représenteront des cercles géodésiques de la surface. Or ces trajectoires orthogonales sont, comme on sait, des cercles admettant pour axe radical l'axe des x et pour *points limites* le point M et son symétrique par rapport à Ox. Ainsi :

Tous les cercles géodésiques de rayon moindre que a sont représentés par des cercles ne coupant pas l'axe des x.

Construisons maintenant, dans le plan, tous les cercles ayant leur centre sur Ox et normaux à un cercle fixe (C) dont le centre se

---

([1]) Le lecteur est prié de tenir compte de l'errata du tome II.

trouve aussi sur Ox. D'après la proposition que nous avons rappelée, leurs trajectoires orthogonales représenteront des cercles géodésiques parallèles à une géodésique et, par suite, de rayon plus grand que a. Or ces trajectoires orthogonales sont les cercles passant par l'intersection de (C) avec Ox. Ainsi :

Tous les cercles géodésiques de rayon supérieur à a sont représentés par des cercles coupant l'axe des x en deux points réels et distincts.

Le rapprochement des deux résultats précédents montre que :

Les cercles géodésiques de rayon a sont représentés par des cercles tangents à l'axe des x.

788. On peut vérifier et confirmer ces différents résultats en appliquant à la recherche des cercles géodésiques la formule donnée au n° 653. Un calcul que nous omettons montre que l'équation générale du cercle géodésique ayant pour courbure $\frac{1}{\rho}$ est

$$(x-h)^2+(y-l)^2=l^2\frac{\rho^2}{a^2}. \tag{17}$$

Ainsi *les cercles de la surface ont bien pour images les cercles du plan.*

Soit (C) le cercle du plan représenté par l'équation précédente : cherchons son intersection avec l'axe des x. Si nous faisons $y=0$, nous trouverons

$$(x-h)^2=l^2\frac{\rho^2-a^2}{a^2};$$

les valeurs de x fournies par cette équation seront réelles et inégales, égales, ou imaginaires suivant que ρ sera supérieur, égal, ou inférieur à a.

Le cercle (C) fait avec l'axe des x un angle φ qui est défini par la formule

$$\frac{l}{a}\sqrt{\rho^2-a^2}=l\operatorname{tang}\varphi,$$

d'où l'on déduit

$$\rho=\frac{a}{\cos\varphi}. \tag{18}$$

Ainsi *la courbure du cercle géodésique dépend uniquement de l'angle sous lequel son image* (C) *coupe l'axe des* x.

789. Pour le plan et pour la sphère, les cercles géodésiques, c'est-à-dire les lignes dont la courbure est constante, peuvent être regardés aussi comme lieux des points qui sont à une distance donnée d'un centre fixe. Cette propriété fondamentale ne s'étend pas complètement à la pseudo-sphère : pour toute surface à courbure constante, les lignes parallèles à un cercle géodésique sont elles-mêmes des cercles géodésiques; mais, dans le cas de la pseudo-sphère de rayon a, les géodésiques normales à un cercle géodésique ne vont concourir en un point réel situé à distance finie que si la courbure du cercle est supérieure à $\frac{1}{a}$. C'est ce que montre d'ailleurs le calcul suivant :

D'après les formules (16), le lieu des points à la distance d du point (x_0, y_0) sera défini par l'équation

$$(x - x_0)^2 + (y + y_0)^2 = 4yy_0 \cos^2 \frac{d}{2ai}. \tag{19}$$

Identifions-la avec l'équation (17) d'un cercle de courbure $\frac{1}{\rho}$; nous aurons

$$x_0 = h, \qquad l = y_0 \cos \frac{d}{ai}, \qquad l^2(a^2 - \rho^2) = a^2 y_0^2;$$

on déduit de là

$$\frac{\rho}{a} = i \operatorname{tang} \frac{d}{ai} = \frac{e^{\frac{d}{a}} - e^{-\frac{d}{a}}}{e^{\frac{d}{a}} + e^{-\frac{d}{a}}}, \tag{20}$$

et cette équation ne fournira pour d une valeur réelle que si ρ est inférieur à a. Dans ce cas, nous l'avons vu, le cercle (C) sera tout entier au-dessus de Ox. Les coordonnées x_0, y_0 du point du plan qui correspond au centre du cercle seront

$$x_0 = h, \qquad y_0 = \frac{l}{a}\sqrt{a^2 - \rho^2}. \tag{21}$$

Ce point sera le centre du cercle de rayon nul passant par l'intersection du cercle (C) avec l'axe des x.

790. Parmi les cercles géodésiques, ceux qui ont des centres sont seuls des cercles finis; les autres admettent un ou deux points réels à l'infini suivant que ρ est égal ou supérieur à a; on ne peut donc se proposer d'évaluer la longueur d'une circonférence ou l'aire d'un cercle géodésique que dans le cas où ρ est inférieur à a. Si l'on emploie l'équation (17) et si l'on pose

$$x - h_0 = l\frac{\rho}{a}\cos t, \qquad y - l = \frac{l\rho}{a}\sin t,$$

la formule (4) nous donnera

$$ds = \frac{a\,dt}{\frac{a}{\rho} + \sin t},$$

et par suite la longueur L de la circonférence géodésique sera

$$(22) \qquad L = \int_0^{2\pi} \frac{a\,dt}{\frac{a}{\rho} + \sin t} = \frac{2\pi a \rho}{\sqrt{a^2 - \rho^2}}.$$

Si l'on introduit, au lieu de la courbure géodésique, la distance au centre d, définie par l'équation (20), on trouvera

$$(23) \qquad L = \pi a\left(e^{\frac{d}{a}} - e^{-\frac{d}{a}}\right).$$

Quant à la surface S du cercle, elle est donnée par l'équation

$$(24) \qquad S = \left(\frac{L}{\rho} - 2\pi\right)a^2,$$

qui se déduit immédiatement de la formule (11) [p. 126]. En remplaçant L par sa valeur, on trouve

$$(25) \qquad S = \pi a^2\left(e^{\frac{d}{2a}} - e^{-\frac{d}{2a}}\right)^2.$$

791. Nous allons maintenant revenir aux transformations qui conservent l'élément linéaire et en donner la classification, qui ne peut être précise que si l'on y fait intervenir les propriétés des cercles géodésiques.

Considérons d'abord celles qui sont définies par les formules (10) et cherchons s'il existe des points qui ne sont pas déplacés par la transformation. Pour cela, faisons $\alpha = \alpha_1$, $\beta = \beta_1$; α et β seront les racines de l'équation

$$(26) \qquad pz^2 + (q - m)z - n = 0.$$

Cette équation à coefficients réels admet deux racines, imaginaires ou réelles. Désignons-les par z', z''; les quatre points définis par les équations

$$(27) \quad \begin{cases} x + iy = z', \\ x - iy = z'', \end{cases} \qquad (28) \quad \begin{cases} x + iy = z'', \\ x - iy = z', \end{cases}$$

$$(29) \quad \begin{cases} x + iy = z', \\ x - iy = z', \end{cases} \qquad (30) \quad \begin{cases} x + iy = z'', \\ x - iy = z'' \end{cases}$$

ne seront pas déplacés par la déformation. Pour les deux derniers on a $y = 0$; ils seront donc à l'infini sur la surface. Les deux premiers, au contraire, seront à distance finie, au moins tant que z' sera différent de z''. Mais, pour compléter la discussion, nous allons examiner successivement les différents cas :

1° Supposons d'abord les racines z', z'' imaginaires; elles seront nécessairement conjuguées. Des quatre points du plan définis par les équations précédentes, les deux premiers seulement seront réels; mais, comme ils sont placés symétriquement par rapport à l'axe des x, un seul correspondra à un point réel M de la surface. Ainsi un seul point réel de la surface sera demeuré immobile; tous les autres, étant assujettis à rester à une distance invariable de M, se déplaceront sur les cercles géodésiques de la surface décrits du point M comme centre. Dans ce cas, la substitution est dite *elliptique*, d'après M. Klein (¹); elle peut se ramener à la forme

$$(31) \qquad \frac{\alpha - z'}{\alpha - z''} = e^{-i\theta} \frac{\alpha_1 - z'}{\alpha_1 - z''},$$

où θ est réelle. Si l'on déforme la surface de manière que toutes les géodésiques qui passent par M deviennent des méridiens, l'élément linéaire se ramènera à la forme (23) (n° 778), et la formule

(¹) KLEIN (F.), *Mathematische Annalen*, t. XIV, p. 122.

précédente définira simplement une rotation d'angle θ autour de l'axe de révolution. C'est ce que l'on reconnaît d'ailleurs en effectuant la substitution définie par les formules

$$(32)\qquad \frac{\alpha - z'}{\alpha - z''} = \frac{e^u - i}{e^u + i} e^{iv}, \qquad \frac{\beta - z''}{\beta - z'} = \frac{e^u - i}{e^u + i} e^{-iv},$$

qui ramène l'élément linéaire de la surface à la forme

$$(33)\qquad ds^2 = a^2\left[du^2 + \left(\frac{e^u - e^{-u}}{2}\right)^2 dv^2\right].$$

La transformation, exprimée à l'aide des variables u et v, est alors définie par les formules

$$(34)\qquad u = u_1, \qquad v = v_1 - \theta.$$

2° Supposons maintenant les racines z', z'' réelles et inégales. Les deux équations (27), (28) définiront des points imaginaires; la transformation ne laissera invariables que les deux points du plan

$$(35)\qquad \begin{cases} y = 0, \\ x = z', \end{cases} \qquad \begin{cases} y = 0, \\ x = z'', \end{cases}$$

qui correspondent à des points à l'infini de la surface; les formules qui la définissent admettront la forme canonique

$$(36)\qquad \frac{\alpha - z'}{\alpha - z''} = k\frac{\alpha_1 - z'}{\alpha_1 - z''}, \qquad \frac{\beta - z'}{\beta - z''} = k\frac{\beta_1 - z'}{\beta_1 - z''},$$

où k désigne une constante réelle. La transformation laissant invariables deux points réels à l'infini, nous dirons avec M. Klein que, dans ce cas, elle est *hyperbolique*. Nous allons démontrer qu'ici encore on peut déformer la surface de telle manière que la transformation se réduise à une simple rotation.

On pourrait d'abord établir ce résultat en effectuant le changement de variables défini par les formules

$$(37)\qquad \frac{\alpha - z'}{\alpha - z''} = e^{v + 2i \operatorname{arctang} e^u}, \qquad \frac{\beta - z'}{\beta - z''} = e^{v - 2i \operatorname{arctang} e^u};$$

l'élément linéaire serait ramené à la forme

$$(38)\qquad ds^2 = a^2\left[du^2 + \left(\frac{e^u + e^{-u}}{2}\right)^2 dv^2\right],$$

et la transformation serait exprimée par les formules

$$(39) \qquad u_1 = u, \qquad v = v_1 + \log k,$$

qui définissent une rotation égale à $\log k$ pour l'une des surfaces de révolution admettant l'élément linéaire (38). Mais on peut encore employer les considérations géométriques suivantes.

Des équations (36), on déduit

$$(40) \qquad \frac{\alpha - z'}{\alpha - z''} : \frac{\beta - z'}{\beta - z''} = \frac{\alpha_1 - z'}{\alpha_1 - z''} : \frac{\beta_1 - z'}{\beta_1 - z''},$$

ce qui montre que, dans le plan, la transformation laisse invariables tous les cercles (C) passant par les deux points z', z'', définis par les formules (35). Donc, sur la surface, elle laissera invariables tous les cercles géodésiques (C′) ayant pour images les cercles (C), c'est-à-dire ayant en commun deux points à l'infini. Nous allons montrer que la surface peut être déformée et transformée en une surface de révolution dont les cercles (C′) seront les parallèles.

Pour cela, il suffit de remarquer que les cercles (C) du plan passant par les deux points réels z', z'' admettront pour trajectoires orthogonales des cercles (D) ayant leur centre sur la droite $z'z''$, c'est-à-dire sur l'axe des x. Ces cercles (D) seront donc l'image d'une famille de géodésiques (D′) tracées sur la surface et coupant à angle droit tous les cercles (C′). Comme, au nombre de ces cercles, il y en a un, représenté par le cercle (C) décrit sur $z'z''$ comme diamètre, qui se réduit à une géodésique, on voit que *toutes les géodésiques* (D′) *seront normales à une même géodésique* et, par suite, pourront être transformées dans les méridiens d'une surface de révolution dont l'élément linéaire sera donné par la formule (38). La transformation, laissant invariables les parallèles de cette surface, se réduira nécessairement à une simple rotation autour de cet axe.

3° Enfin, si les racines z', z'' sont égales, la forme canonique de la transformation est la suivante :

$$(41) \qquad \frac{1}{\alpha - z'} = \frac{1}{\alpha_1 - z'} + m.$$

La transformation est dite alors *parabolique;* elle laisse invariable un seul point réel, à l'infini,

$$x = z', \qquad y = 0.$$

Si l'on effectue la substitution

$$(42) \qquad \frac{1}{\alpha - z'} = v + ie^{-u},$$

l'élément linéaire est ramené à la forme

$$(43) \qquad ds^2 = a^2(du^2 + e^{2u}\,dv^2),$$

et la transformation s'exprime par les formules

$$(44) \qquad u = u_1, \qquad v = v_1 + m,$$

qui montrent qu'ici encore on peut la ramener à une rotation.

En résumé, *les trois types de transformations définis par les formules* (10) *sont représentés par des rotations des trois surfaces distinctes de révolution à courbure constante négative.*

792. Nous dirons peu de mots des transformations correspondantes aux formules (12); elles se ramènent aux précédentes suivies de celle qui est définie par les équations

$$\alpha = \beta_1, \qquad \beta = \alpha_1,$$

et qui équivaut à une transformation par symétrie, relative à l'axe des y. Nous nous contenterons de remarquer qu'*en général* elles déplacent tous les points de la surface situés à distance finie. Si en effet, dans les formules (12), l'on fait $\beta = \alpha_1$ et $\alpha = \beta_1$, on est conduit aux deux équations

$$p\alpha\beta - n = 0, \qquad (q + m)(\alpha - \beta) = 0,$$

qui donnent

$$y = 0,$$

toutes les fois que l'on a

$$q + m \neq 0.$$

Mais, si la somme précédente $q + m$ est nulle, les formules (12) prennent la forme suivante :

$$(45) \qquad \alpha = \frac{m\beta_1 + n}{p\beta_1 - m}, \qquad \beta = \frac{m\alpha_1 + n}{p\alpha_1 - m}.$$

Elles définissent une inversion ayant son pôle sur Ox; *tous* les points situés sur le *cercle principal* de cette inversion demeureront invariables par la transformation. On dit quelquefois que la figure primitive et sa transformée sont *symétriques* par rapport à ce cercle principal; la transformation est alors involutive.

793. Nous pouvons maintenant indiquer de la manière la plus nette les analogies et les différences entre la géométrie du plan et celle des diverses surfaces à courbure constante. Pour toutes ces surfaces, il passe une géodésique et une seule par deux points donnés; toutefois, si la surface a sa courbure positive et si les deux points correspondent à deux points diamétralement opposés de la sphère, il passera une infinité de lignes géodésiques par ces deux points. Toute figure tracée sur l'une de ces surfaces peut subir un mouvement de déformation dans lequel les angles et les longueurs ne sont pas altérés et qui dépend de trois constantes arbitraires; c'est-à-dire que l'on peut amener deux quelconques de ses points A et B à coïncider avec deux autres points quelconques A_1 et B_1 de la surface, pourvu que les distances géodésiques AB et A_1B_1 soient égales. Il résulte, d'ailleurs, du théorème de Gauss relatif à la courbure totale que cette propriété fondamentale convient seulement aux surfaces à courbure constante.

En ce qui concerne les cercles géodésiques, c'est-à-dire les courbes dont la courbure géodésique est constante, une propriété commune rapproche les trois surfaces : toute courbe parallèle à un cercle géodésique est un cercle géodésique. Mais, si l'on veut approfondir, on constate des propriétés particulières aux surfaces à courbure constante négative. Tandis que, dans les surfaces à courbure positive ou nulle, tout cercle géodésique peut être défini comme le lieu des points situés à la même distance d'un centre fixe, il peut se faire, dans les surfaces à courbure négative, qu'un cercle géodésique n'ait pas de centre : les géodésiques normales à un cercle géodésique concourent en un point situé à distance finie, ou bien elles concourent en un point à l'infini, ou enfin, elles n'ont aucun point réel commun à distance finie ou à l'infini; ce dernier cas se présente, en particulier, pour les géodésiques normales à une géodésique.

Pour les triangles géodésiques, il résulte du théorème de Gauss (n° 641) que la somme des angles est supérieure, égale ou inférieure à π, suivant que la courbure est positive, nulle ou négative. L'*excès* dans le premier cas, le *déficit* dans le troisième, sont égaux à la surface du triangle multipliée par la valeur absolue de la courbure.

794. Appliquons ces remarques à l'étude des problèmes les plus simples qui se présentent au début de la Géométrie plane. Nous reconnaissons immédiatement que deux géodésiques, perpendiculaires à une troisième géodésique, se rencontrent toujours si la courbure est positive et ne se rencontrent jamais si elle est nulle ou négative. Ainsi, pour les surfaces à courbure négative comme pour le plan, *on ne peut mener par un point qu'une géodésique perpendiculaire à une géodésique donnée*. Et d'ailleurs, si l'on fait usage de la représentation que nous avons étudiée dans ce Chapitre, on reconnaîtra que l'*on peut toujours en mener une*.

Proposons-nous maintenant de voir ce que devient la théorie des parallèles. Étant donnée une géodésique (g) et un point M, cherchons s'il existe des géodésiques passant par M et ne rencontrant pas (g). Cela est évidemment impossible dans le cas de la sphère où deux géodésiques se rencontrent toujours. Dans le plan tel que nous l'étudions lorsque nous admettons le postulatum d'Euclide, il y a une seule géodésique ne rencontrant pas (g) et passant en M; c'est la parallèle à (g) menée par le point M. Considérons maintenant une surface à courbure négative. En faisant usage des transformations que nous avons indiquées, on peut, sans diminuer la généralité, admettre que (g) est représentée par l'axe des y (*fig.* 77).

Fig. 77.

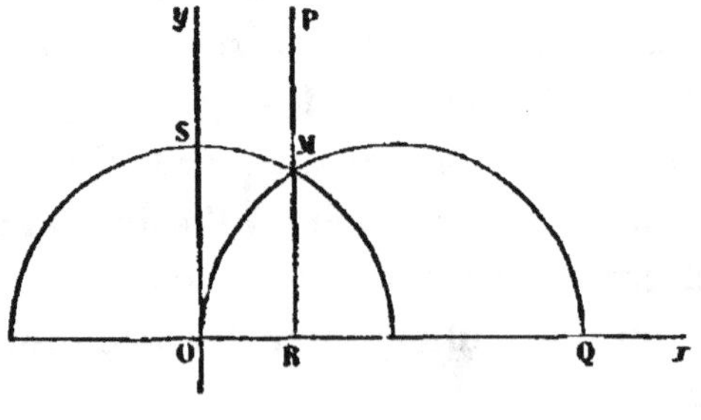

Alors *il y aura deux géodésiques passant en* M *et rencontrant* (g) *à l'infini*. L'une sera représentée par la parallèle MP à l'axe des y; l'autre par le cercle OMQ tangent à l'origine au même axe. Ainsi :

Une géodésique réelle peut être considérée comme ayant 0, 1 ou 2 points réels à l'infini suivant qu'elle appartient aux surfaces à courbure positive, nulle ou négative.

On voit ici que les géodésiques passant en M se diviseront en deux classes; les unes, représentées par les cercles qui pénètrent dans l'angle PMO, couperont la géodésique proposée (g); les autres, ayant pour images les cercles qui pénètrent dans l'angle OMR, ne rencontreront pas (g). Menons du point O comme centre un cercle MS passant par M; ce cercle représente la géodésique menée par le point M perpendiculairement à (g). Il est d'ailleurs aisé de voir que les deux angles SMO et SMP sont égaux. D'après cela, toutes les géodésiques passant en M et faisant avec la géodésique normale un angle inférieur à SMO couperont la géodésique (g); au contraire, celles qui feront un angle supérieur à SMO ne rencontreront pas (g). Pour cette raison, on a donné à SMO le nom d'*angle de parallélisme*. On peut obtenir son expression en fonction de la distance du point M à la géodésique (g). Cette distance, étant celle des deux points M et S, s'obtient par la simple application de la formule donnée au n° 786. On a, en la désignant par p,

$$p = a \log \frac{\operatorname{tang} \frac{\text{MOR}}{2}}{\operatorname{tang} \frac{\text{SOR}}{2}} = a \log \operatorname{tang} \frac{\text{MOR}}{2}.$$

D'autre part, on a

$$\text{SMO} = \text{SMP} = \text{MOR},$$

de sorte que, si l'on désigne par $\Pi(p)$ l'angle du parallélisme, il viendra

$$(46) \qquad \operatorname{tang} \frac{1}{2} \Pi(p) = e^{\frac{p}{a}}, \qquad \operatorname{tang} \Pi(p) = \frac{2e^{\frac{p}{a}}}{1 - e^{\frac{2p}{a}}}.$$

Il résulte de cette formule que, lorsque p varie de 0 à ∞, $\Pi(p)$ décroît de $\frac{\pi}{2}$ à 0.

795. On sait que, dans une étude approfondie des principes de la Géométrie, Gauss, Lobatschefsky et Bolyai ont montré que le célèbre postulatum d'Euclide ne doit pas être considéré comme compris dans les autres axiomes ou dans les faits d'expérience que nous invoquons d'une manière plus ou moins explicite au début de la Géométrie. Les recherches de ces géomètres et de leurs successeurs nous ont montré qu'il est possible de constituer, sans admettre le postulatum d'Euclide, une géométrie où toutes les propositions s'enchaînent sans conduire à aucune contradiction et qui comprend comme cas limite la géométrie d'Euclide et de Legendre. Cette théorie plus générale à laquelle Lobatschefsky avait donné le nom de *Pangéométrie,* et que l'on s'accorde aujourd'hui à désigner sous le nom de *Géométrie non euclidienne,* concorde entièrement, dans le cas du plan, avec celle que nous venons de développer pour les surfaces à courbure constante négative. Cette remarque, développée d'une manière complète par M. Beltrami (¹), se justifie de la manière suivante :

Il suffit de se reporter au Traité d'Euclide pour reconnaître que toutes les propositions qui reposent sur la notion du déplacement d'une figure invariable s'appliquent aux diverses surfaces à courbure constante, pourvu qu'on y remplace les droites du plan par les géodésiques de la surface. Le fait, admis dans les éléments, que l'on ne peut mener plus d'une droite par deux points, exclut les surfaces à courbure positive. Il suit de là que toute Géométrie dans laquelle on n'ajoutera pas le postulatum d'Euclide aux faits antérieurement admis devra convenir aux surfaces à courbure constante négative aussi bien qu'au plan. Telle est, dans ses traits généraux, l'explication que nous devons à M. Beltrami de l'analogie complète qui existe entre la géométrie non euclidienne du plan et celle des surfaces à courbure constante négative. Nous nous contenterons de ces indications rapides et nous renverrons, pour plus de détails, à l'élégant Mémoire de M. Beltrami.

796. L'étude détaillée que nous venons de faire nous permet de résoudre simplement une question dont la solution nous sera né-

---

(¹) Beltrami (E.), *Essai d'interprétation de la Géométrie non euclidienne* (*Annales de l'École Normale*, 1ʳᵉ série, t. VI, p. 256; 1869). Ce Mémoire, traduit de l'italien par M. Hoüel, a paru en 1868 dans le tome VI du *Giornale di Matematiche.* (*Voir* aussi dans le même volume des *Annales*, p. 357, un autre Mémoire de M. Beltrami, intitulé : *Théorie fondamentale des espaces de courbure constante.*)

cessaire dans le Chapitre suivant. Nous avons pris comme point de départ la réduction de l'élément linéaire d'une surface de courbure constante négative à la forme (1). Nous savons, d'ailleurs (n° 683), que cette réduction est possible d'une infinité de manières. Proposons-nous de rechercher le changement de coordonnées le plus général qui conserve cette forme de l'élément linéaire. Pour résoudre cette question, il suffit de remarquer que, dans la forme (1) de l'élément linéaire, les courbes de paramètre v sont des géodésiques passant toutes par un même point à l'infini de la surface, les courbes de paramètre u sont les trajectoires orthogonales de ces génératrices. Il suit de là que, si l'on veut conserver la forme de l'élément linéaire, il sera nécessaire et suffisant de prendre, pour les courbes nouvelles de paramètre v', toutes les géodésiques représentées par des cercles tangents les uns aux autres en un point déterminé de l'axe des x et, pour les courbes de paramètre u', les trajectoires orthogonales de ces géodésiques. En d'autres termes, il suffira d'effectuer une inversion par rapport à un point quelconque de l'axe des x. Les formules qui résolvent la question proposée seront donc les suivantes

$$(47) \qquad x' = \frac{x-\alpha}{(x-\alpha)^2+y^2}, \qquad y' = \frac{y}{(x-\alpha)^2+y^2},$$

si l'on substitue à u et à v les variables x et y qui figurent dans l'équation (4); ou bien

$$(48) \qquad v' = \frac{v-\alpha}{(v-\alpha)^2+e^{-2u}}, \qquad e^{-u'} = \frac{e^{-u}}{(v-\alpha)^2+e^{-2u}},$$

si l'on conserve les variables u et v. On voit que le changement de coordonnées dépend d'une seule constante arbitraire α.

797. Nous venons d'étudier les surfaces à courbure constante négative en faisant usage d'une représentation conforme de la surface qui repose tout entière sur l'expression (4) de l'élément linéaire. Il ne sera pas inutile de montrer comment on peut obtenir cette représentation de la surface, et d'autres encore, par l'emploi de quelques considérations géométriques très simples.

Étant donnée une sphère (S), de rayon a, effectuons la projection stéréographique de cette surface sur le plan (P) d'un de ses grands cercles en prenant comme point de vue l'un des pôles A de ce grand cercle. On sait que, dans cette représentation, les angles seront conservés et que les cercles se transformeront en cercles. D'après cela, soient (C) et (C′) deux cercles de la sphère : ils admettront comme projections stéréographiques deux cercles (c) et (c') qui se couperont sous le même angle que (C) et (C′). Cet angle peut être calculé de la manière suivante.

Soient O le centre de (S), α et α' les pôles par rapport à (S) des plans de (C) et de (C′); il est clair que l'angle φ de ces deux cercles sera égal à celui des deux sphères qui ont pour centres α et α' et passent respectivement par (C) et (C′). Or, les rayons de ces sphères étant $\sqrt{\overline{O\alpha}^2 - a^2}$, $\sqrt{\overline{O\alpha'}^2 - a^2}$, on aura

$$\overline{\alpha\alpha'}^2 = \overline{O\alpha}^2 - a^2 + \overline{O\alpha'}^2 - a^2 + 2\sqrt{\overline{O\alpha}^2 - a^2}\sqrt{\overline{O\alpha'}^2 - a^2}\cos\varphi.$$

Telle est la formule qui fera connaître l'angle φ des deux cercles (C), (C′) ou, ce qui est la même chose, des cercles (c) et (c') de la carte. Cela posé, supposons que le cercle (C′) vienne coïncider avec le cercle à l'infini de la sphère, c'est-à-dire qu'il se trouve aussi sur la sphère de rayon nul ayant A pour centre. Sa projection stéréographique sera un cercle (K) que nous appellerons *cercle fondamental* et qui sera décrit de O comme centre, dans le plan (P), avec le rayon ai. Quant au pôle α', il viendra coïncider avec O. La formule précédente nous donnera donc, pour l'angle φ de (c) avec le cercle fondamental (K), l'expression

$$\cos\varphi = \frac{ai}{\sqrt{\overline{O\alpha}^2 - a^2}} = \frac{ai}{\rho}, \tag{49}$$

ρ désignant le rayon de courbure géodésique du cercle (C), qui est évidemment égal à la tangente menée du pôle α à la sphère (S).

798. La formule précédente joue un rôle essentiel dans la projection stéréographique; car elle permet de calculer la courbure géodésique d'un petit cercle de la sphère au moyen de l'angle φ qui n'est autre que l'angle de la représentation de ce petit cercle sur la carte avec le cercle fondamental (K).

On en déduit, en particulier, que tous les grands cercles de la sphère sont représentés en projection par des cercles normaux au cercle fondamental.

Ainsi *la projection stéréographique de la sphère permet d'obtenir une carte de toute surface à courbure constante positive dans laquelle les géodésiques sont représentées par des cercles normaux à un cercle fixe dont le rayon est imaginaire.*

Si l'on désigne par x et y les coordonnées du point de la carte par rapport à des axes rectangulaires dont l'origine est en O, au centre du cercle fondamental, l'élément linéaire de la sphère se déterminera sans difficulté; on trouvera

$$(50) \qquad ds^2 = \frac{4a^4(dx^2+dy^2)}{(x^2+y^2+a^2)^2}.$$

Supposons maintenant que l'on change a en ai : la courbure de la surface deviendra négative et égale à $\frac{-1}{a^2}$; l'expression précédente de l'élément linéaire se transformera dans la suivante

$$(51) \qquad ds^2 = \frac{4a^4(dx^2+dy^2)}{(x^2+y^2-a^2)^2},$$

qui conviendra aux surfaces à courbure négative. Le cercle fondamental (K) deviendra réel, et les géodésiques seront représentées par les cercles orthogonaux à ce cercle réel. Les cercles géodésiques de la surface seront représentés encore par des cercles, et la formule (49), où l'on changera a en ai, nous donnera, en négligeant un signe,

$$(52) \qquad \cos\varphi = \frac{a}{\rho}.$$

Ainsi la courbure géodésique $\frac{1}{\rho}$ de tout cercle de la surface sera une fonction, déterminée par l'équation précédente, de l'angle φ sous lequel le cercle qui le représente sur la carte coupe le cercle fondamental (K).

Il suffira maintenant d'appliquer à la représentation précédente une inversion qui transforme le cercle (K) en une droite pour retrouver toutes les propriétés que nous avons étudiées au début de ce Chapitre.

799. Dans ses études sur la géométrie des surfaces à courbure constante, M. Beltrami a employé une autre représentation dont nous avons déjà dit quelques mots (n°s 599 et 607) et dans laquelle les géodésiques sont représentées par des droites. On peut très simplement la rattacher aux précédentes.

Considérons d'abord les surfaces à courbure positive. Si l'on effectue une projection de la sphère sur un plan en prenant pour point de vue le centre de la sphère, on réalisera une représentation de cette surface qui cessera à la vérité d'être conforme, mais dans laquelle les géodésiques seront représentées par des lignes droites indéfinies.

Désignons par x, y et par X, Y les coordonnées des deux points qui sont respectivement la projection stéréographique et la projection centrale du même point de la sphère; un calcul facile donnera les relations

$$(53)\quad \begin{cases} X = \dfrac{2ax}{x^2+y^2-a^2}, \\ Y = \dfrac{2ay}{x^2+y^2-a^2}; \end{cases} \qquad (54)\quad \begin{cases} x = \dfrac{aX}{\sqrt{X^2+Y^2+1}-1}, \\ y = \dfrac{aY}{\sqrt{X^2+Y^2+1}-1}, \end{cases}$$

qui permettent de passer de l'une à l'autre de ces deux projections. On en déduit, en particulier, que l'élément linéaire de toute surface à courbure constante $\frac{1}{a^2}$, donné par la formule (50), le sera aussi par la suivante

$$(55)\qquad ds^2 = a^2\frac{dX^2+dY^2+(XdY-YdX)^2}{(X^2+Y^2+1)^2},$$

ce qui est pleinement d'accord avec les formules du n° 599.

800. On obtiendrait immédiatement le résultat analogue relatif aux surfaces à courbure négative en changeant, dans la formule précédente, a, X, Y en ai, Xi, Yi; mais on peut opérer directement et sans passer par les imaginaires, de la manière suivante, qui a été indiquée dans un cas particulier par M. Bianchi.

Reprenons, pour fixer les idées, la première représentation conforme, dans laquelle les géodésiques ont pour images des cercles orthogonaux à l'axe des x, la partie réelle de la surface étant représentée sur le demi-plan situé au-dessus de l'axe des x. Si l'on effectue une inversion dont le pôle soit un point quelconque A de l'espace, le plan de la représentation se transformera en une sphère (Σ) passant par A, l'axe des x en un cercle (K) passant également en A, et le demi-plan supérieur se projettera sur l'une des deux calottes dans lesquelles le cercle (K) partage la sphère (Σ). Quant aux cercles qui représentaient les géodésiques, ils se transformeront en des cercles normaux au cercle (K). Nous avons ainsi une représentation géographique de la partie réelle de la surface sur l'une des calottes sphériques limitées par le cercle (K), les géodésiques étant figurées par des cercles normaux au cercle (K). Les plans de ces cercles passeront donc par le pôle P du plan du cercle (K) et, par suite, si l'on effectue, de ce point comme centre, une projection sur un plan quelconque, on obtiendra une représentation de la surface dans laquelle les géodésiques auront pour images des lignes droites. La portion de la sphère qui représentait la partie réelle de la surface se projettera tout entière sur la partie du plan située à l'intérieur d'une conique (C) qui sera la perspective du cercle (K). Les cercles de la sphère, qui représentaient les cercles géodésiques de la surface, se projetteront suivant des coniques doublement tangentes à la conique (C).

Soient M, M' deux points de la sphère (Σ), servant de représentation à deux points m, m' de la surface. Désignons par Q et Q' les deux points où le cercle (K) est coupé par le cercle (D) qui lui est normal et qui contient M, M'. Ce cercle représente la géodésique mm', et nous avons vu que la distance mm' était définie par l'équation

$$mm' = a \log R(M, M', Q, Q'),$$

le symbole R désignant, comme précédemment, le rapport anharmonique des quatre points M, M', Q, Q'.

Joignons ces quatre points au pôle P du plan du cercle (K); les droites PQ, PQ' seront tangentes à la sphère. Le lecteur établira aisément que le rapport anharmonique R(M, M', Q, Q') est la racine carrée du rapport anharmonique formé avec les quatre droites PM, PM', PQ, PQ', c'est-à-dire avec les points μ, μ' qui sont, dans la projection centrale, les projections de M, M' et les points q, q' où la droite $\mu\mu'$ coupe la conique (C) (*fig.* 78). Nous pouvons donc énoncer le résultat suivant :

Dans la représentation, due à M. Beltrami, des surfaces à courbure constante négative, la partie réelle de la surface est représentée par les points du plan situés à l'intérieur d'une conique (C); les points de la conique correspondent à des points à l'infini de la surface. Les géodésiques sont représentées par des droites, les cercles géodésiques par des coniques doublement tangentes à (C). La distance de deux points représentés sur la carte par les points μ et μ' est égale à $\frac{a}{2}\log R$, R étant le logarithme du rapport anharmonique formé par les points μ, μ' et les deux points q, q' où la droite $\mu\mu'$ coupe la conique (C).

Fig. 78.

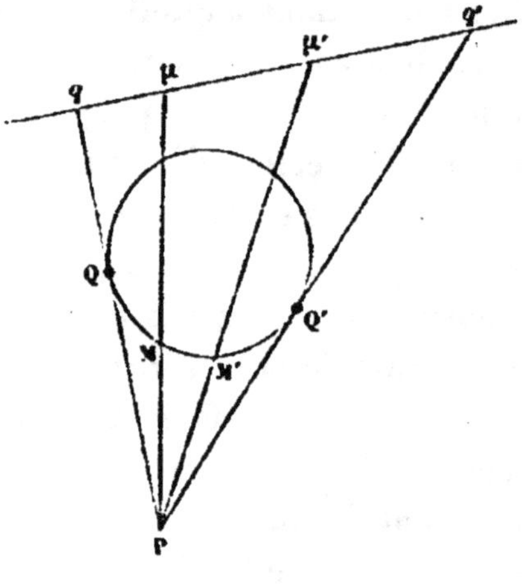

801. Pour trouver d'une manière simple les formules qui permettent de passer de la représentation étudiée au début de ce Chapitre à celle de M. Beltrami, nous supposerons que l'on ait choisi le point A dans le plan (II) passant par l'axe des x et perpendiculaire au plan de la carte. La partie supérieure du plan de la carte se projettera cette fois suivant un hémisphère de (Σ), et il suffira ensuite de projeter orthogonalement les points de cet hémisphère sur le plan (II) pour obtenir la représentation de M. Beltrami.

Soient x et y les coordonnées d'un point dans la carte primitive et soient X, Z les coordonnées du point correspondant dans la représentation de M. Beltrami. Le lecteur établira aisément les relations suivantes

$$(56)\quad \begin{cases} x = \dfrac{X}{1-Z}, \\ y = \dfrac{\sqrt{1-X^2-Z^2}}{1-Z}; \end{cases} \qquad (57)\quad \begin{cases} X = \dfrac{2x}{x^2+y^2+1}, \\ Z = \dfrac{x^2+y^2-1}{x^2+y^2+1}, \end{cases}$$

qui permettent de passer de l'une à l'autre de ces représentations. On en déduit, pour l'élément linéaire donné par la formule (51), l'expression nouvelle

$$(58)\qquad ds^2 = a^2 \frac{dX^2 + dZ^2 - (X\,dZ - Z\,dX)^2}{(1 - X^2 - Z^2)^2},$$

qui concorde entièrement avec la formule donnée au n° 399.

CHAPITRE XII.

LES TRANSFORMATIONS DES SURFACES A COURBURE CONSTANTE.

Résumé des résultats obtenus dans les Chapitres précédents. — Méthode de transformation de M. Bianchi, complétée par M. Lie. — Théorèmes énoncés en 1870 par M. Ribaucour; leur démonstration par la Géométrie. — Conséquences et applications de la méthode de M. Bianchi; on suppose la surface initiale rapportée à ses lignes de courbure. — Système de deux relations du premier ordre entre deux solutions de l'équation aux dérivées partielles du second ordre dont dépend la recherche des surfaces à courbure constante. — Système orthogonal de M. Ribaucour. — Transformation de M. Bäcklund. — Propriétés relatives à la conservation des lignes de courbure. — Les transformations précédentes rattachées à des transformations beaucoup plus générales des équations aux dérivées partielles du second ordre.

---

802. Les résultats que nous avons obtenus dans les Chapitres précédents et dont nous allons faire usage peuvent être résumés de la manière suivante :

1° L'élément linéaire d'une surface (S) à courbure constante négative $-\frac{1}{a^2}$ peut, d'une infinité de manières, être ramené à la forme

$$ds^2 = a^2(du^2 + e^{2u}\,dv^2). \tag{1}$$

Il suffit de prendre pour les lignes de paramètre v les géodésiques qui vont concourir en un point à l'infini de la surface. Lorsque l'on sait déterminer les géodésiques de la surface, on peut, sans aucune quadrature, ramener son élément linéaire à la forme (1); et, lorsqu'on a obtenu cette forme avec un système de variables u, v, on la conservera avec tous les systèmes de variables u', v' définis par les formules

$$e^{-u'} = \frac{e^{-u}}{e^{-2u} + (v-\alpha)^2}, \qquad v' = \frac{v-\alpha}{e^{-2u} + (v-\alpha)^2}, \tag{2}$$

où α désigne une constante quelconque (n° 796).

2° L'élément linéaire de la surface (S) étant ramené à la forme (1), les tangentes aux géodésiques de paramètre v sont aussi tangentes à une deuxième surface (S_1), lieu des centres de courbure géodésique des courbes $u = \text{const.}$; et elles sont normales à une surface (Σ) dont la développée se composera, par conséquent, des deux nappes (S) et (S_1). Désignons par M, M_1 et μ les trois points en ligne droite qui se correspondent sur (S), (S_1) et (Σ); on aura

$$(3) \qquad MM_1 = a, \qquad M\mu = au.$$

Si x, y, z désignent les coordonnées de M relatives à des axes fixes, celles de M_1 seront déterminées par les formules

$$(4) \qquad x_1 = x - \frac{\partial x}{\partial u}, \qquad y_1 = y - \frac{\partial y}{\partial u}, \qquad z_1 = z - \frac{\partial z}{\partial u},$$

et celles de μ par les suivantes :

$$(5) \qquad x_2 = x - u\frac{\partial x}{\partial u}, \qquad y_2 = y - u\frac{\partial y}{\partial u}, \qquad z_2 = z - u\frac{\partial z}{\partial u}.$$

Si l'on pose (nos 749 et 781)

$$(6) \qquad e^u(q\,du + q_1 dv) = dv',$$

q et q_1 désignant les rotations du trièdre (T) relatif au point M de (S), l'élément linéaire de (S_1) aura pour expression

$$(7) \qquad ds_1^2 = a^2(du^2 + e^{-2u}dv'^2),$$

de sorte que (S_1) aura, comme (S), sa courbure constante et égale à $-\frac{1}{a^2}$.

Quant à la surface (Σ), comme ses deux rayons de courbure principaux $M\mu$, $M_1\mu$ ont pour valeurs au et $a(u-1)$, ce sera une surface W pour laquelle la relation entre les rayons de courbure sera

$$(8) \qquad R - R' = a.$$

Réciproquement, toute surface pour laquelle les rayons de courbure seront liés par cette relation sera telle que les deux nappes de sa développée auront même courbure constante $\frac{-1}{a^2}$. Cette proposition, qui a été démontrée au n° 781, résulte aussi immédiatement des formules (10) du Tableau VII [p. 340], qui font connaître la courbure des deux nappes de la développée.

3° Il résulte enfin des propositions données aux n°s 757 et 765 que les surfaces (S) et (S_1) se correspondent, point par point, de telle manière que les lignes de courbure et les lignes asymptotiques soient des lignes homologues.

803. D'après cela, supposons que l'on connaisse une surface (S), à courbure $-\frac{1}{a^2}$, dont on puisse déterminer les géodésiques. Si l'on construit toutes celles de ces lignes qui passent par un même point à l'infini et si on leur mène des tangentes, ces droites seront aussi tangentes à une nouvelle surface (S_1) que l'on déterminera évidemment sans aucune intégration, par exemple à l'aide des formules (4). Cette surface (S_1) aura sa courbure constante et égale à celle de (S); de sorte que l'on pourra ainsi déduire de toute surface (S) dont les géodésiques seront connues une infinité de surfaces (S_1), qui dépendront d'un paramètre arbitraire. Cette remarque fondamentale est due à M. Bianchi et a été faite dans les travaux cités plus haut [p. 387]. M. Bianchi a ajouté que, si l'on peut déterminer les géodésiques sur les surfaces (S_1), on en déduira une double infinité de surfaces nouvelles (S_2), puis de celles-ci des surfaces (S_3), et ainsi de suite, indéfiniment. L'application de la méthode exigera seulement que l'on connaisse les géodésiques des surfaces successives (S_1), (S_2), (S_3), ...

Or, en étudiant la méthode précédente, M. Lie a montré que, *pour chacune des surfaces obtenues, la détermination des géodésiques dépend exclusivement d'une quadrature*. Il suffira évidemment d'établir ce résultat pour les surfaces (S_1), considérées comme dérivant de (S). On pourrait le rattacher à la proposition générale démontrée au n° 764; mais il vaut mieux le démontrer directement de la manière suivante.

Supposons l'élément linéaire de (S) ramené à la forme (1). La surface (S_1) étant déterminée par les formules (4), on pourra calculer son élément linéaire ds_1, que l'on exprimera en u, v, du, dv. Mais, par hypothèse, cet élément linéaire doit pouvoir se ramener à la forme (7) qui donne

$$(9)\qquad dv' = \frac{e^{2u}}{a}\sqrt{ds_1^2 - a^2 du^2}.$$

Portant la valeur obtenue de ds_1 dans cette formule, on obtiendra une expression de dv' de la forme suivante :

$$dv' = P\,du + Q\,dv.$$

Une simple quadrature fera ensuite connaître v'; elle permettra de ramener l'élément linéaire de (S_1) à la forme (7) ou à la forme (1), en changeant le signe de u; alors, d'après les résultats du Chapitre précédent, on pourra obtenir toutes les géodésiques sans nouvelle intégration. Ainsi se trouve établie la remarque essentielle que nous devons à M. Lie.

On voit que l'application de la méthode de M. Bianchi exigera seulement une série de quadratures; et elle introduira autant de constantes qu'on le voudra, une à chaque opération. Nous laissons de côté, pour le moment, la question de savoir si ces constantes sont réellement distinctes.

804. C'est en 1879, nous l'avons dit, que M. Bianchi a fait connaître sa méthode, presque immédiatement complétée par M. Lie; mais, il est juste de le remarquer, les propositions géométriques sur lesquelles s'appuyait M. Bianchi étaient virtuellement connues et avaient été énoncées en 1870 sous une autre forme par M. Ribaucour.

Dans une Note que nous avons déjà citée [p. 352], M. Ribaucour fait connaître en effet le théorème suivant, déjà démontré en partie au n° 762.

Étant donnée une surface (S) *à courbure constante* $\frac{-1}{a^2}$, *les cercles* (C), *de rayon a, décrits dans les différents plans tangents de la surface, des points de contact de ces plans comme centres, sont normaux à une famille de surfaces* (S_1).

Toutes ces surfaces (S_1) *ont aussi leur courbure constante et égale à celles de* (S).

M. Ribaucour s'est contenté d'énoncer cette proposition, sans en poursuivre les conséquences; mais, il est aisé de le reconnaître, les surfaces (S_1) qui figurent dans la proposition précédente sont identiques à celle qu'une première application de la méthode de M. Bianchi ferait dériver de la surface (S). Si l'on conserve en effet toutes les notations des numéros précédents, on voit immédiatement que le cercle (C) de centre M et de rayon $a = MM_1$, décrit dans le plan tangent de (S), sera orthogonal en M_1 à la surface que nous avons désignée par (S_1).

Ajoutons toutefois que la méthode de M. Ribaucour met en évidence un résultat très intéressant et que M. Bianchi a depuis généralisé dans une série de Mémoires élégants : *Toutes les surfaces* (S_1) *normales aux cercles* (C) *constituent l'une des familles d'un système triple orthogonal*. Cela résulte immédiatement de la proposition relative aux systèmes cycliques établie au n° 477.

Il ne sera pas inutile de démontrer géométriquement le théorème de M. Ribaucour. Nous ferons d'abord la remarque suivante.

Considérons une sphère variable dont le centre décrive une courbe et dont le rayon soit une fonction donnée de la position du centre sur la courbe. Elle enveloppera une surface qu'elle touchera suivant un cercle ; et, à chaque instant, la distance p du plan de ce cercle au centre de la sphère sera définie, en grandeur et en signe, par la formule

$$p = -R\frac{dR}{ds}, \tag{10}$$

R étant le rayon de la sphère et s l'arc de la courbe décrite par le centre. Il résulte de cette formule que *le plan de contact ne changera pas si l'on augmente d'une quantité constante le carré du rayon*.

D'après cela, considérons une surface quelconque (S), et soit (K) l'une de ses lignes de courbure ; les centres de courbure principaux associés à cette ligne de courbure formeront une ligne (D) qui sera à la fois une développée de (K) et une ligne géodésique de celle des nappes de la développée de (S) sur laquelle elle est tracée. Si une sphère variable (U), ayant son centre en un point m de (D), touche la surface au point correspondant M de (K), le plan de contact de cette sphère avec son enveloppe sera le plan tangent en M à (S). C'est là une propriété des développantes qui résulte d'ailleurs de la formule (10). Si donc on augmente de la constante a^2 le carré du rayon de (U), on obtiendra une nouvelle sphère (U′) qui coupera le plan tangent en M suivant un cercle (C) de rayon a (*fig.* 79), et l'enveloppe de la sphère (U′) sera, d'après la remarque précédente, engendrée par les positions successives du cercle (C). On peut donc énoncer le théorème général suivant :

Les cercles (C) *de rayon constant* a, *décrits dans les différents plans tangents d'une surface* (S), *des points de contact comme centres, peuvent être distribués de deux manières différentes sur des surfaces enveloppes de sphères. Tous les cercles ayant leur centre sur une même ligne de courbure* (K) *engendrent une enveloppe de sphères et les normales à cette enveloppe en tous les points de l'un des cercles vont concourir au centre de courbure correspondant.*

Soit (*fig.* 79) (C) l'un des cercles, de centre M. Suivant que l'on fera décrire au point M l'une ou l'autre des lignes de courbure qui se croisent en ce point, on obtiendra les deux enveloppes de sphères auxquelles appartient le cercle (C). Les normales à ces enveloppes en un point quelconque M_1 du cercle sont les droites $M_1 m$, $M_1 m'$ qui joignent ce point aux deux centres de courbure principaux m et m'.

Cela posé, supposons que la surface ait sa courbure constante et égale à $-\frac{1}{a^2}$; m et m' seront de part et d'autre de M et l'on aura

$$\overline{MM_1}^2 = Mm' \times Mm.$$

Par suite, les droites $M_1 m'$, $M_1 m$ seront perpendiculaires; *les deux enveloppes de sphères qui contiennent le cercle* (C) *se couperont à angle droit,* et d'ailleurs le cercle (C) sera une ligne de courbure commune à ces deux surfaces. Or on sait que, lorsque les surfaces appartenant à deux familles distinctes se coupent à angle droit et suivant une ligne de courbure commune, elles sont orthogonales, les unes et les autres, à une troisième famille de surfaces (n° 441). Il y aura donc ici *une famille de surfaces* (S_1) *orthogonales aux deux premières, c'est-à-dire aux cercles* (C).

D'ailleurs, ces surfaces auront aussi leur courbure constante et égale à $-\frac{1}{a^2}$; car, si M_1 désigne le point où l'une d'elles (S_1) est normale au cercle (C), il est clair que la droite MM_1 sera normale à une surface W pour laquelle la différence des rayons de courbure sera égale à a. Les deux nappes (S) et (S_1) de la développée de cette surface auront donc une courbure constante et égale à $-\frac{1}{a^2}$. On peut encore invoquer, pour établir ce dernier résultat, le raisonnement du n° 780.

La proposition de M. Ribaucour est ainsi entièrement démontrée.

805. Nous allons maintenant étudier analytiquement les conséquences et les applications de la méthode de M. Bianchi. Comme les lignes de courbure de toute surface W se déterminent par des quadratures (n° 764), nous pouvons supposer que la surface initiale à courbure constante (S) ait été rapportée à ses lignes de courbure. Pour simplifier les calculs, nous admettrons que la courbure soit égale à -1; s'il en était autrement, on pourrait substituer à (S) une surface semblable.

Soit

$$ds^2 = \cos^2\omega\, du^2 + \sin^2\omega\, dv^2 \tag{11}$$

la formule qui détermine l'élément linéaire. Nous avons vu (n° 772) que l'on peut prendre, en conservant toutes les notations du Tableau V,

$$\left\{\begin{aligned} &A = p_1 = \cos\omega, \qquad R = -\cot\omega, \qquad r = \frac{\partial\omega}{\partial v},\\ &C = q = \sin\omega, \qquad R' = \tang\omega, \qquad r_1 = \frac{\partial\omega}{\partial u}.\end{aligned}\right. \tag{12}$$

Le point correspondant M_1 de la surface (S_1) (*fig.* 79) aura pour coordonnées relativement au trièdre (T) du point M

$$\cos\theta, \quad \sin\theta, \quad 0.$$

Les projections de son déplacement sur les axes de ce trièdre seront, par suite,

$$\left\{\begin{aligned} &-\sin\theta\, d\theta + \cos\omega\, du - \left(\frac{\partial\omega}{\partial v}du + \frac{\partial\omega}{\partial u}dv\right)\sin\theta,\\ &\cos\theta\, d\theta + \sin\omega\, dv + \left(\frac{\partial\omega}{\partial v}du + \frac{\partial\omega}{\partial u}dv\right)\cos\theta,\\ &\cos\omega\sin\theta\, dv - \sin\omega\cos\theta\, du.\end{aligned}\right. \tag{13}$$

Pour que ce point M_1 décrive une surface normale au cercle, il faut que son déplacement soit toujours normal à la tangente en M_1 au cercle (C), dont les cosinus directeurs sont

$$-\sin\theta, \quad \cos\theta, \quad 0.$$

Exprimant cette condition, on trouve

$$d\theta + \frac{\partial\omega}{\partial v}du + \frac{\partial\omega}{\partial u}dv - \sin\theta\cos\omega\, du + \sin\omega\cos\theta\, dv = 0.$$

En égalant à zéro les coefficients de du, dv, on sera conduit au système suivant de deux équations

$$(14)\qquad \begin{cases} \dfrac{\partial\theta}{\partial u} + \dfrac{\partial\omega}{\partial v} = \quad \cos\omega\sin\theta, \\[2mm] \dfrac{\partial\theta}{\partial v} + \dfrac{\partial\omega}{\partial u} = -\sin\omega\cos\theta, \end{cases}$$

que devra vérifier θ. Il est aisé de voir qu'elles sont compatibles; car l'élimination de θ, que l'on effectue en prenant la dérivée de la première équation par rapport à v et celle de la seconde par rapport à u, conduit à la condition

$$(15)\qquad \frac{\partial^2\omega}{\partial u^2} - \frac{\partial^2\omega}{\partial v^2} = \sin\omega\cos\omega,$$

qui est vérifiée par la valeur de ω (n° 772).

Donc, comme nous le savions déjà, l'intégration des deux équations simultanées (14) donnera une solution θ contenant une constante arbitraire, c'est-à-dire une infinité de surfaces (S_1). On peut compléter comme il suit ce premier résultat.

Les courbes de (S) qui sont normales aux rayons MM_1 doivent être, nous le savons, parallèles les unes aux autres. On obtient aisément l'équation différentielle de ces courbes, qui est

$$(16)\qquad \cos\omega\cos\theta\, du + \sin\omega\sin\theta\, dv = 0.$$

Mais, comme elles sont parallèles, il doit exister un facteur k qui transforme le premier membre en la différentielle exacte d'une fonction φ satisfaisant à l'équation

$$(17)\qquad \Delta\varphi = 1.$$

Soit

$$k\cos\omega\cos\theta = \frac{\partial\varphi}{\partial u}, \qquad k\sin\omega\sin\theta = \frac{\partial\varphi}{\partial v};$$

en exprimant la condition (17), on trouvera

$$k^2 = 1.$$

On peut donc prendre $k = 1$ et le premier membre de l'équation (16) sera nécessairement une différentielle exacte. C'est ce que l'on peut aisément vérifier en faisant usage des équations (14).

Posons donc

$$(18) \qquad d\alpha = -\cos\omega\cos\theta\, du - \sin\omega\sin\theta\, dv.$$

On aura, pour la surface (S),

$$(19) \qquad ds^2 - d\alpha^2 = (\cos\omega\sin\theta\, du - \sin\omega\cos\theta\, dv)^2.$$

Les théorèmes déjà démontrés nous conduisent aisément à reconnaître que l'on peut déterminer une fonction β par l'équation

$$(20) \qquad e^{-\alpha}(\cos\omega\sin\theta\, du - \sin\omega\cos\theta\, dv) = d\beta,$$

de sorte que l'on trouvera pour l'élément linéaire de (S) l'expression

$$(21) \qquad ds^2 = d\alpha^2 + e^{2\alpha}\, d\beta^2.$$

Les lignes $\beta = \text{const.}$ sont les géodésiques tangentes aux rayons MM_1. Ce résultat est en parfait accord avec ceux que nous avons obtenus en premier lieu.

Examinons maintenant ce qui concerne la surface (S_1) : si l'on tient compte des formules (14), les projections du déplacement de M_1 deviennent

$$(22) \qquad \begin{cases} \cos\theta(\cos\omega\cos\theta\, du + \sin\omega\sin\theta\, dv), \\ \sin\theta(\cos\omega\cos\theta\, du + \sin\omega\sin\theta\, dv), \\ \cos\omega\sin\theta\, dv - \sin\omega\cos\theta\, du. \end{cases}$$

On en déduit, pour l'élément linéaire de (S_1), la double expression

$$(23) \qquad ds_1^2 = \cos^2\theta\, du^2 + \sin^2\theta\, dv^2$$

et

$$(24) \qquad ds_1^2 = d\alpha^2 + (\cos\omega\sin\theta\, dv - \sin\omega\cos\theta\, du)^2.$$

Ici encore, il est aisé de vérifier que l'on peut poser

$$e^{\alpha}(\cos\omega \sin\theta\, dv - \sin\omega \cos\theta\, du) = d\gamma. \tag{25}$$

Nous aurons alors

$$ds_1^2 = d\alpha^2 + e^{-2\alpha} d\gamma^2; \tag{26}$$

et cette expression montre que (S_1) aura aussi sa courbure totale égale à -1.

806. Pour compléter ces vérifications, remarquons que θ peut être considérée comme une fonction de u, v et de la constante arbitraire introduite par l'intégration, constante que nous appellerons w. Alors u, v, w sont de véritables coordonnées curvilignes propres à définir tout point de l'espace. Les surfaces $u =$ const. ou $v =$ const. seront engendrées par les cercles (C) dont les centres décrivent une ligne de courbure de paramètre u ou de paramètre v; quant aux surfaces $w =$ const., ce seront les différentes surfaces (S_1) normales aux cercles (C).

Si nous tenons compte de cette nouvelle variable w, il faudra, dans les formules (13), substituer à $d\theta$

$$\frac{\partial\theta}{\partial u} du + \frac{\partial\theta}{\partial v} dv + \frac{\partial\theta}{\partial w} dw,$$

et les projections du déplacement du point M_1 deviendront

$$(27)\quad \begin{cases} \cos\theta(\cos\omega \cos\theta\, du + \sin\omega \sin\theta\, dv) - \sin\theta \dfrac{\partial\theta}{\partial w} dw, \\ \sin\theta(\cos\omega \cos\theta\, du + \sin\omega \sin\theta\, dv) + \cos\theta \dfrac{\partial\theta}{\partial w} dw, \\ \cos\omega \sin\theta\, dv - \sin\omega \cos\theta\, du. \end{cases}$$

Par suite, l'élément linéaire décrit par le point M de l'espace sera défini par la formule

$$ds^2 = \cos^2\theta\, du^2 + \sin^2\theta\, dv^2 + \left(\frac{\partial\theta}{\partial w}\right)^2 dw^2, \tag{28}$$

obtenue en ajoutant les carrés des trois expressions précédentes. Cette forme révèle un système triple orthogonal dont l'une des familles est formée par les surfaces (S_1) ($w =$ const.); et nous voyons de plus que, pour chaque surface (S_1), les lignes de courbure, qui se trouvent nécessairement sur les surfaces $u =$ const., ou $v =$ const., correspondent aux lignes de courbure de la surface initiale (S). Nous retrouvons ainsi toutes les propositions que nous avions obtenues directement.

807. Voici encore quelques conséquences des résultats précédents.

Puisque, d'après ce qui a été démontré plus haut, et aussi d'après les formules (22), les droites $M_1 m$, $M_1 m'$ sont les tangentes principales de (S_1) (*fig.* 79), il faudra, la relation entre (S) et (S_1)

Fig. 79.

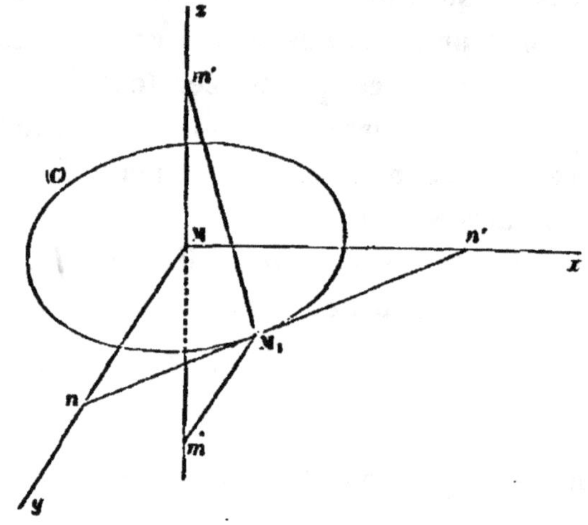

étant réciproque, que les centres de courbure n, n' de (S_1) en M_1 soient sur les tangentes principales de (S) en M. C'est ce que l'on vérifie aisément de la manière suivante.

Les coordonnées relatives du point n, par exemple, sont

$$0, \quad \frac{1}{\sin\theta}, \quad 0.$$

Les projections du déplacement de ce point seront donc

$$(29) \quad \left\{ \begin{aligned} & \cos\omega\, du - \frac{1}{\sin\theta}\left(\frac{\partial\omega}{\partial v}du + \frac{\partial\omega}{\partial u}dv\right), \\ & \sin\omega\, dv - \frac{\cos\theta}{\sin^2\theta}d\theta, \\ & \frac{\cos\omega}{\sin\theta}dv. \end{aligned} \right.$$

Éliminons les dérivées de ω à l'aide des équations (14). Nous trouverons les expressions réduites

$$\cot\theta \sin\omega\, dv + \frac{d\theta}{\sin\theta}, \quad \sin\omega\, dv - \frac{\cot\theta}{\sin\theta} d\theta, \quad \frac{\cos\omega}{\sin\theta} dv.$$

On voit ainsi que, si l'on se déplace sur la ligne de courbure $v = \text{const.}$, le déplacement du point n est bien tangent à la normale de (S_1). De plus, si l'on fait la somme des carrés des trois déplacements précédents, on obtient l'élément linéaire de la surface décrite par le point n sous la forme suivante

$$(30) \qquad ds^2 = (d\cot\theta)^2 + (1 + \cot^2\theta)\, dv^2,$$

équivalente à celle que nous avons obtenue au n° 777.

Nous remarquerons encore que l'on peut transformer la formule (28) en y introduisant les variables déjà employées α et β,

$$(31) \qquad \alpha = \frac{u+v}{2}, \qquad \beta = \frac{u-v}{2},$$

à la place de u et de v. On obtient ainsi l'expression suivante

$$(32) \qquad ds^2 = \left(\frac{\partial\theta}{\partial w}\right)^2 dw^2 + d\alpha^2 + d\beta^2 + 2\cos 2\theta\, d\alpha\, d\beta$$

de l'élément linéaire de l'espace. On voit ainsi que les surfaces de paramètre α ou β coupent à angle droit les surfaces (S_1) suivant des lignes qui sont géodésiques pour les surfaces de paramètre α ou β et qui sont, par suite, asymptotiques si on les considère comme tracées sur les surfaces (S_1).

808. Les propriétés géométriques sont si nombreuses dans la théorie que nous venons d'exposer qu'elles y introduisent peut-être quelque confusion. Il ne sera donc pas inutile de montrer que l'on peut obtenir tout ce qu'il y a d'essentiel dans les résultats précédents en se plaçant à un point de vue exclusivement analytique.

Reprenons le système (14)

$$(33) \qquad \begin{cases} \dfrac{\partial\theta}{\partial u} + \dfrac{\partial\omega}{\partial v} = \sin\theta\cos\omega, \\[2mm] \dfrac{\partial\theta}{\partial v} + \dfrac{\partial\omega}{\partial u} = -\cos\theta\sin\omega, \end{cases}$$

et considérons-le indépendamment de son origine. Mais auparavant, substituons aux variables indépendantes u et v les variables α et β définies par les formules (31). On trouvera aisément

$$(34)\qquad \begin{cases} \dfrac{\partial\theta}{\partial\alpha}+\dfrac{\partial\omega}{\partial\alpha}=\sin(\theta-\omega),\\[2ex] \dfrac{\partial\theta}{\partial\beta}-\dfrac{\partial\omega}{\partial\beta}=\sin(\theta+\omega),\end{cases}$$

et cette forme est peut-être encore plus simple que la précédente.

Cela posé, considérons le système

$$(35)\qquad \begin{cases} \dfrac{\partial\theta}{\partial\alpha}+\dfrac{\partial\omega}{\partial\alpha}=a\sin(\theta-\omega),\\[2ex] \dfrac{\partial\theta}{\partial\beta}-\dfrac{\partial\omega}{\partial\beta}=b\sin(\theta+\omega),\end{cases}$$

qui comprend comme cas particulier le précédent. Si nous prenons la dérivée de la première équation par rapport à β et celle de la seconde par rapport à α, nous trouverons

$$\frac{\partial^2(\theta+\omega)}{\partial\alpha\,\partial\beta}=ab\cos(\theta-\omega)\sin(\theta+\omega),$$

$$\frac{\partial^2(\theta-\omega)}{\partial\alpha\,\partial\beta}=ab\cos(\theta+\omega)\sin(\theta-\omega);$$

d'où l'on déduit, en ajoutant et retranchant successivement,

$$(36)\qquad \frac{\partial^2\theta}{\partial\alpha\,\partial\beta}=ab\sin\theta\cos\theta,\qquad \frac{\partial^2\omega}{\partial\alpha\,\partial\beta}=ab\sin\omega\cos\omega.$$

On voit donc que θ et ω seront des solutions particulières de l'équation

$$(37)\qquad \frac{\partial^2\Omega}{\partial\alpha\,\partial\beta}=ab\sin\Omega\cos\Omega,$$

qui devient identique à l'équation proposée (15) si l'on y suppose

$$(38)\qquad ab=1,$$

ce qui ne restreint pas la généralité.

Cela posé, supposons que l'on connaisse une solution quelconque ω_1 de l'équation (37) : portons-la dans les équations (35), qui peuvent être regardées comme deux équations simultanées de Riccati en $\tang\frac{\theta}{2}$. Ces deux équations, étant compatibles, fourniront pour θ une valeur θ_1 qui contiendra une constante arbitraire et qui, en vertu de la première des relations (36), sera une solution nouvelle de l'équation aux dérivées partielles (37). Substituons maintenant cette valeur de θ_1 dans le système des équations (35), où ω sera regardée comme l'inconnue. Ces équations, qui seront évidemment compatibles, donneront pour ω une solution nouvelle de l'équation (37) ω_2, qui contiendra une nouvelle constante arbitraire; mais, comme elles admettent déjà la solution $\omega = \omega_1$, leur solution générale ω_2 s'obtiendra par de simples quadratures (n° 50). Opérant avec ω_2 comme on l'a fait avec la solution primitive ω_1, et poursuivant l'application de la méthode, on formera une suite indéfinie de solutions de l'équation (37). Le développement des calculs, que nous réservons pour le Chapitre suivant, montrera que chaque nouvelle opération exige seulement une quadrature nouvelle.

Le système (35) est un peu plus général que le système analogue (34), équivalent au système (14) étudié dans les numéros précédents. Mais il s'y ramène immédiatement si l'on effectue la substitution définie par les formules

$$a\alpha = \alpha', \qquad b\beta = \beta',$$

substitution qui équivaut à la transformation de M. Lie (n° 774) si l'on tient compte de la relation (38) entre a et b. Au reste, nous allons retrouver le système (35) dans l'étude d'une question de Géométrie qui se rattache naturellement à celles qui ont trouvé place dans ce Chapitre.

809. Étant donnée une surface à courbure constante (S), traçons, dans chaque plan tangent et du point de contact comme centre, un cercle (C) de rayon constant m. Soit M_1 un point de ce cercle, dont les coordonnées relatives seront

$$m\cos\theta, \quad m\sin\theta, \quad 0.$$

Les projections du déplacement de ce point sur les trois axes du trièdre (T) relatif au point M de la surface seront

$$(39)\quad \left\{\begin{aligned} &\cos\omega\,du - m\sin\theta\left(d\theta + \frac{\partial\omega}{\partial v}du + \frac{\partial\omega}{\partial u}dv\right),\\ &\sin\omega\,dv + m\cos\theta\left(d\theta + \frac{\partial\omega}{\partial v}du + \frac{\partial\omega}{\partial u}dv\right),\\ &m(\sin\theta\cos\omega\,dv - \sin\omega\cos\theta\,du). \end{aligned}\right.$$

Dans la transformation de M. Bianchi, le point M_1 devait décrire une surface (S_1) tangente à MM_1; et, de plus, les plans tangents en M et M_1 à (S) et à (S_1) devaient être rectangulaires. Gardons la première condition, mais généralisons la seconde en assujettissant les deux plans tangents à se couper maintenant sous un angle constant quelconque, suivant MM_1. Nous exprimerons la première condition de la manière suivante :

Projetons le déplacement du point M_1, non sur les axes Mx et My du trièdre (T), mais sur MM_1 et la perpendiculaire MM_2 à MM_1 tracée dans le plan des xy (*fig.* 80). Les projections nouvelles du déplacement sur MM_1, MM_2 et Mz seront

$$(40)\quad \left\{\begin{array}{c} \cos\theta\cos\omega\,du + \sin\theta\sin\omega\,dv, \\ -\sin\theta\cos\omega\,du + \sin\omega\cos\theta\,dv + m\left(d\theta + \dfrac{\partial\omega}{\partial u}dv + \dfrac{\partial\omega}{\partial v}du\right), \\ m(\sin\theta\cos\omega\,dv - \sin\omega\cos\theta\,du). \end{array}\right.$$

Fig. 80.

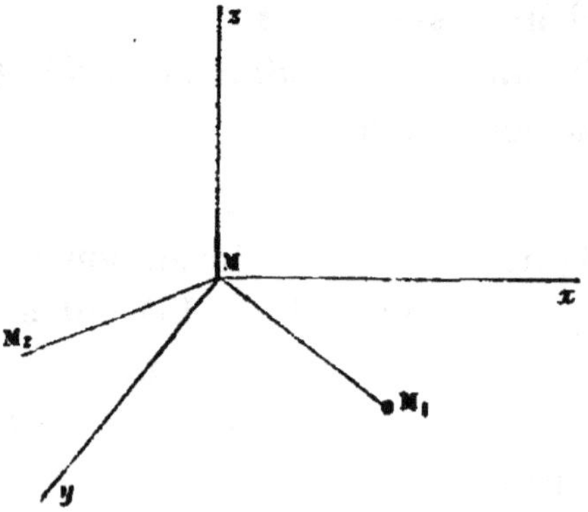

Pour que la surface (S_1) soit tangente à MM_1, il faut qu'il existe des valeurs de du, dv annulant les deux dernières projections, ce qui donne la condition

$$\left[m\left(\frac{\partial\theta}{\partial u} + \frac{\partial\omega}{\partial v}\right) - \sin\theta\cos\omega\right]\sin\theta\cos\omega + \left[m\left(\frac{\partial\theta}{\partial v} + \frac{\partial\omega}{\partial u}\right) + \sin\omega\cos\theta\right]\sin\omega\cos\theta = 0,$$

que l'on peut remplacer par les deux suivantes

$$(41)\quad \left\{\begin{array}{l} m\left(\dfrac{\partial\theta}{\partial u} + \dfrac{\partial\omega}{\partial v}\right) = \sin\theta\cos\omega - \lambda\sin\omega\cos\theta, \\ m\left(\dfrac{\partial\theta}{\partial v} + \dfrac{\partial\omega}{\partial u}\right) = -\sin\omega\cos\theta + \lambda\sin\theta\cos\omega, \end{array}\right.$$

où λ désigne une arbitraire, introduite pour la commodité des calculs. Les trois projections (40) prennent alors la forme plus simple

$$(42)\quad \left\{\begin{aligned} &\sin\omega\sin\theta\,dv+\cos\omega\cos\theta\,du,\\ &\lambda(\cos\omega\sin\theta\,dv-\sin\omega\cos\theta\,du),\\ &m(\cos\omega\sin\theta\,dv-\sin\omega\cos\theta\,du).\end{aligned}\right.$$

Le rapport $\frac{\lambda}{m}$ des deux dernières donne évidemment la cotangente de l'angle μ du plan tangent en M_1 à (S_1) avec le plan des xy, c'est-à-dire avec le plan tangent à (S) en M. Si nous imposons la condition que cet angle soit constant, λ devra être une constante. Nous sommes ainsi conduits à l'étude du système (41), où λ devra être regardé comme constant.

Or, si nous introduisons à la place de u et de v les variables α et β, nous aurons le système

$$(43)\quad \left\{\begin{aligned} &\frac{\partial\theta}{\partial\alpha}+\frac{\partial\omega}{\partial\alpha}=\frac{1+\lambda}{m}\sin(\theta-\omega),\\ &\frac{\partial\theta}{\partial\beta}-\frac{\partial\omega}{\partial\beta}=\frac{1-\lambda}{m}\sin(\theta+\omega),\end{aligned}\right.$$

qui est identique au système (35) où l'on ferait

$$(44)\qquad a=\frac{1+\lambda}{m},\qquad b=\frac{1-\lambda}{m}.$$

Par suite, la relation (38) nous conduira ici à la condition

$$(45)\qquad 1=\lambda^2+m^2,$$

qui fera connaître λ en fonction de m.

En tenant compte de la condition précédente, on trouvera pour l'élément linéaire de (S_1) l'expression

$$(46)\qquad ds_1^2=\cos^2\theta\,du^2+\sin^2\theta\,dv^2.$$

Cette formule, toute semblable à celle que nous avons obtenue dans le cas particulier où les plans tangents à (S) et à (S_1) sont rectangulaires, nous conduit à supposer que, dans le cas général où ces plans tangents font un angle quelconque, les lignes de courbure se correspondent encore sur (S) et sur (S_1). C'est là un point essentiel que le lecteur pourra vérifier en effectuant les calculs que nous allons indiquer.

Les cosinus directeurs, relatifs aux axes du trièdre (T) de la normale à (S_1) se déterminent sans peine. Les projections du déplacement du point M_1 sur les axes de ce trièdre ont pour expressions

$$\cos\theta(\cos\omega\cos\theta + \lambda\sin\omega\sin\theta)\,du + \sin\theta(\sin\omega\cos\theta - \lambda\cos\omega\sin\theta)\,dv,$$
$$\cos\theta(\cos\omega\sin\theta - \lambda\cos\omega\sin\theta)\,du + \sin\theta(\sin\omega\sin\theta + \lambda\cos\omega\cos\theta)\,dv,$$
$$-m\sin\omega\cos\theta\,du + m\cos\omega\sin\theta\,dv.$$

Si donc c, c', c'' désignent les cosinus directeurs de la normale, on devra avoir

$$c(\cos\omega\cos\theta + \lambda\sin\omega\sin\theta) + c'(\cos\omega\sin\theta - \lambda\sin\omega\cos\theta) - c''m\sin\omega = 0,$$
$$c(\sin\omega\cos\theta - \lambda\sin\omega\cos\theta) + c'(\sin\omega\sin\theta + \lambda\cos\omega\cos\theta) + c''m\cos\omega = 0,$$

ou, plus simplement,

$$c\cos\theta + c'\sin\theta = 0,$$
$$c\lambda\sin\theta - c'\lambda\cos\theta - mc'' = 0.$$

Ces deux équations nous conduisent aux valeurs suivantes

$$c = m\sin\theta, \qquad c' = -m\cos\theta, \qquad c'' = \lambda$$

des trois cosinus.

Par suite, les coordonnées d'un point P pris sur la normale à (S_1) auront pour expressions

$$x = m(\cos\theta + \rho\sin\theta), \qquad y = m(\sin\theta - \rho\cos\theta), \qquad z = \lambda\rho,$$

ρ désignant la distance du point au pied de la normale. Si l'on suppose ρ constant, le point P décrira une surface (Σ) parallèle à (S_1) et dont on pourra calculer l'élément linéaire. En effet, les projections du déplacement du point P sur les trois axes du trièdre (T) sont

$$(\cos\omega\cos\theta + \lambda\sin\omega\sin\theta)(\cos\theta + \rho\sin\theta)\,du$$
$$+ (\sin\omega\cos\theta - \lambda\cos\omega\sin\theta)(\sin\theta - \rho\cos\theta)\,dv,$$
$$(\cos\omega\sin\theta - \lambda\sin\omega\cos\theta)(\cos\theta + \rho\sin\theta)\,du$$
$$+ (\sin\omega\sin\theta + \lambda\cos\omega\cos\theta)(\sin\theta - \rho\cos\theta)\,dv,$$
$$-m\sin\omega(\cos\theta + \rho\sin\theta)\,du + m(\sin\theta - \rho\cos\theta)\cos\omega\,dv,$$

et, par conséquent, l'élément linéaire de la surface (Σ), obtenu en faisant la somme des carrés des trois projections précédentes, sera défini par la formule

$$(47) \qquad ds^2 = (\sin\theta - \rho\cos\theta)^2\,du^2 + (\cos\theta + \rho\sin\theta)^2\,dv^2,$$

d'où il résulte immédiatement que u et v sont les paramètres des lignes de courbure de (S_1) et de toutes les surfaces parallèles (Σ). En effet, les lignes de paramètres u et v sont orthogonales, non seulement sur la surface (S_1), mais aussi sur toutes les surfaces (Σ); et l'on sait que les lignes de courbure de (S_1) sont les seules dont l'orthogonalité se conserve, dans le passage à la surface parallèle.

810. Mais, au lieu de poursuivre cette vérification, il vaut mieux employer la démonstration géométrique suivante, qui donnera d'ailleurs des résultats plus complets.

Reprenons le trièdre, que nous désignerons par (T') (*fig.* 80) formé par la normale Mz à (S) et par les droites MM_1, MM_2. Soit de même (T'_1) le trièdre analogue, de sommet M_1, formé par la normale en ce point à (S_1), par M_1M et une troisième droite perpendiculaire aux deux précédentes. Nous remarquerons d'abord que ces deux trièdres sont invariablement liés l'un à l'autre, puisque, d'après nos hypothèses, la distance MM_1 est constante, ainsi que l'angle des faces, appartenant aux deux trièdres, qui se coupent suivant cette droite. Par suite, *les deux trièdres prendront en même temps les mouvements infiniment petits qui se réduisent à de simples rotations.*

Ce point essentiel étant admis, remarquons que le premier trièdre a son plan des xy tangent en M à la surface (S); par suite, son déplacement infiniment petit se réduira à une rotation lorsque son sommet M décrira une ligne de courbure de (S), et dans ce cas seulement (n° 489). Le second trièdre (T'_1) est placé par rapport à (S_1) comme (T') l'est par rapport à (S); par suite, lorsque M décrira une ligne de courbure de (S), le mouvement du second trièdre se réduisant à une rotation, le sommet M_1 de ce trièdre décrira une ligne de courbure de (S_1), et *vice versa*. Ainsi *les lignes de courbure se correspondent sur* (S) *et sur* (S_1).

A ce premier résultat on peut ajouter les suivants. Supposons que le sommet M décrive une ligne de courbure de (S). Nous avons vu au numéro cité que l'axe de la rotation infiniment petite à laquelle se réduit le mouvement de (T′) passe toujours par le centre de courbure correspondant C et se trouve dans le plan principal normal à la ligne de courbure ou, si l'on veut, tangent en C à la nappe (C) de la développée de (S) décrite par ce point.

Comme le mouvement de (T'_1) est identique à celui de (T′), l'axe de rotation passera de même par le centre de courbure C_1 de (S_1) relatif à la ligne de courbure décrite par M_1 et se trouvera dans le plan tangent en C_1 à la nappe (C_1) de la développée de (S_1) décrite par le point C. De là résultent les relations géométriques suivantes :

Soient C *et* D *les centres de courbure principaux relatifs au point* M *de* (S); C_1 *et* D_1 *les centres de courbure correspondants relatifs au point* M_1 *de* (S_1). *Les plans tangents en* C, D, C_1, D_1 *aux quatre nappes des développées décrites par ces quatre points sont respectivement les plans* CDC_1, CDD_1, CD_1C_1, DC_1D_1.

En d'autres termes, les plans principaux de chaque surface vont passer par les centres de courbure principaux de l'autre. Le quadrilatère CDD_1C_1 *est tel que chacun de ses côtés est tangent aux surfaces décrites par ses deux extrémités.*

On peut dire aussi que *les congruences engendrées par les droites* CC_1 *ou* DD_1 *admettent comme focales les nappes* (C), (C_1) *pour la première, et* (D), (D_1) *pour la seconde.*

Ces relations avaient été déjà établies en partie, pour le cas de l'angle droit, au n° 806.

811. C'est à M. Bäcklund que l'on doit la découverte de la transformation que nous venons d'étudier (¹). Malheureusement, elle se ramène, comme nous l'avons déjà remarqué, à une combinaison des deux transformations différentes que nous devons à M. Lie et à M. Bianchi. M. Bäcklund en a rattaché l'étude à celle d'une question très générale, dont nous allons dire quelques mots en terminant ce Chapitre.

(¹) BAECKLUND (A.-V.), *Om ytor med konstant negativ krökning* (*Lunds Universitets Årsskrift*, t. XIX; 1883). Le Mémoire est accompagné d'un résumé en français.

(Σ) et (Σ') désignant deux surfaces distinctes, peut-on établir une correspondance entre un point $M(x, y, z)$ de la première et un point $M'(x', y', z')$ de la seconde, de telle manière que quatre relations données à l'avance

$$F_i(x, y, z, p, q; x', y', z', p', q') = 0 \qquad (i = 1, 2, 3, 4), \tag{48}$$

soient vérifiées identiquement? p, q désignent, suivant l'usage, les dérivées de z considérée comme fonction de x, y et de même, p', q' celles de z' considérée comme fonction de x', y'. Il est aisé de voir que, si une des surfaces est donnée, le problème sera, en général, impossible. Supposons, par exemple, que z' soit une fonction donnée de x', y'. Si l'on élimine x', y' entre les quatre équations précédentes, on sera conduit, en général, à deux équations aux dérivées partielles pour z; ces équations n'auront pas nécessairement d'intégrale commune.

On peut encore remarquer que les équations précédentes peuvent être considérées comme contenant quatre fonctions inconnues de x et de y, savoir z, x', y', z'. On pourrait même exprimer p', q' en fonction des dérivées premières de x', y', z' par rapport à x et à y. Or quatre équations à quatre inconnues forment, en général, un système déterminé. Donc z, considérée comme fonction de x, y, devra satisfaire à une ou à plusieurs équations aux dérivées partielles. Ce sont ces équations qu'il s'agit de former.

A cet effet, différentions les équations (48). Si l'on pose, pour abréger,

$$\left\{\begin{aligned} \left(\frac{\partial F_i}{\partial x}\right) &= \frac{\partial F_i}{\partial x} + \frac{\partial F_i}{\partial z} p + \frac{\partial F_i}{\partial p} r + \frac{\partial F_i}{\partial q} s, \\ \left(\frac{\partial F_i}{\partial y}\right) &= \frac{\partial F_i}{\partial y} + \frac{\partial F_i}{\partial z} q + \frac{\partial F_i}{\partial p} s + \frac{\partial F_i}{\partial q} t, \end{aligned}\right. \tag{49}$$

on aura des relations de la forme

$$\left\{\begin{aligned} &\left(\frac{\partial F_i}{\partial x}\right) dx + \left(\frac{\partial F_i}{\partial y}\right) dy + \left(\frac{\partial F_i}{\partial x'} + p'\frac{\partial F_i}{\partial z'}\right) dx' \\ &\qquad + \left(\frac{\partial F_i}{\partial y'} + q'\frac{\partial F_i}{\partial z'}\right) dy' + \frac{\partial F_i}{\partial p'} dp' + \frac{\partial F_i}{\partial q'} dq' = 0. \end{aligned}\right. \tag{50}$$

Ces équations permettent d'exprimer dx, dy, dp', dq' en fonction linéaire de dx', dy' et nous donnent, par exemple, un résultat de la forme suivante

$$N\,dp' = H\,dx' + K\,dy',$$
$$N\,dq' = L\,dx' + M\,dy',$$

où H, K, L, M, N sont des fonctions linéaires de r, s, t, $rt - s^2$. Or on doit avoir évidemment

$$K = L.$$

Sans cela, p' et q' ne seraient pas les dérivées d'une même fonction. Le calcul de K et de L n'offre d'ailleurs aucune difficulté et nous conduit à la relation

$$\left|\left(\frac{\partial F_i}{\partial x}\right)\quad\left(\frac{\partial F_i}{\partial y}\right)\quad\frac{\partial F_i}{\partial q'}\quad\frac{\partial F_i}{\partial y'}+q'\frac{\partial F_i}{\partial z'}\right|$$
$$+\left|\left(\frac{\partial F_i}{\partial x}\right)\quad\left(\frac{\partial F_i}{\partial y}\right)\quad\frac{\partial F_i}{\partial p'}\quad\frac{\partial F_i}{\partial x'}+p'\frac{\partial F_i}{\partial z'}\right| = 0,$$

où chacun des membres doit être remplacé par le déterminant formé avec les lignes que l'on obtient en donnant à i les valeurs 1, 2, 3, 4. Le développement conduit à la condition suivante, qui a été donnée par M. Bäcklund ([1]),

$$(51)\qquad \left\{\begin{aligned} &(12)[F_3F_4]+(13)[F_4F_2]+(14)[F_2F_3]\\ &+(34)[F_1F_2]+(42)[F_1F_3]+(23)[F_1F_4] = 0.\end{aligned}\right.$$

On a posé, pour abréger,

$$(52)\qquad (ik) = \left(\frac{\partial F_i}{\partial x}\right)\left(\frac{\partial F_k}{\partial y}\right) - \left(\frac{\partial F_i}{\partial y}\right)\left(\frac{\partial F_k}{\partial x}\right).$$

Quant au symbole $[F_iF_k]$, il désigne le crochet jacobien

$$(53)\qquad \left\{\begin{aligned}[F_iF_k] = {} & \left(\frac{\partial F_i}{\partial x'}+p'\frac{\partial F_i}{\partial z'}\right)\frac{\partial F_k}{\partial p'} - \left(\frac{\partial F_k}{\partial x'}+p'\frac{\partial F_k}{\partial z'}\right)\frac{\partial F_i}{\partial p'}\\ & + \left(\frac{\partial F_i}{\partial y'}+q'\frac{\partial F_i}{\partial z'}\right)\frac{\partial F_k}{\partial q'} - \left(\frac{\partial F_k}{\partial y'}+q'\frac{\partial F_k}{\partial z'}\right)\frac{\partial F_i}{\partial q'}.\end{aligned}\right.$$

Ce premier point fondamental étant établi, il peut se présenter deux cas distincts.

1° L'équation (51), jointe au système (48), permet de déterminer

---

([1]) BAECKLUND, *Zur Theorie der partiellen Differentialgleichung erster Ordnung* (*Mathematische Annalen*, t. XVII, p. 285; 1880) et *Zur Theorie der Flächentransformationen* (Même Recueil, t. XIX, p. 387; 1882).

x', y', z', p', q' en fonction de x, y, z, p, q, r, s, t. S'il en est ainsi, il restera seulement à exprimer que les valeurs trouvées vérifient identiquement la relation

$$dz' = p'\,dx' + q'\,dy', \tag{54}$$

ce qui conduira, *en général*, à deux équations aux dérivées partielles du troisième ordre pour z. Toute intégrale de ces deux équations donnera une surface (Σ), *à laquelle correspondra une seule surface* (Σ').

2° Supposons, au contraire, qu'en tirant, par exemple, du système (48) les valeurs de x', y', p', q' et les portant dans l'équation (51), on obtienne une relation ne contenant plus z'. Alors il restera pour z une équation *du second ordre seulement*, linéaire par rapport à $r, s, t, rt - s^2$. Mais, quand on aura trouvé une intégrale de cette équation et, par suite, une surface (Σ), il lui correspondra une *infinité de surfaces* (Σ'); car, si l'on porte dans l'équation (54) les valeurs de p', q', x', y', on sera conduit à une équation aux différentielles totales

$$dz' = A(x, y, z')\,dx + B(x, y, z')\,dy,$$

qui sera intégrable et donnera z' *avec une constante arbitraire*.

812. M. Bäcklund a appliqué sa théorie au système suivant :

$$\left\{\begin{aligned} F_1 &= (x - x')^2 + (y - y')^2 + (z - z')^2 - a^2 = 0, \\ F_2 &= z - z' - p\,(x - x') - q\,(y - y') = 0, \\ F_3 &= z - z' - p'(x - x') - q'(y - y') = 0, \\ F_4 &= 1 + pp' + qq' - b\sqrt{1 + p^2 + q^2}\sqrt{1 + p'^2 + q'^2} = 0. \end{aligned}\right. \tag{55}$$

Alors les deux points M, M' sont à une distance invariable a; les deux plans tangents en M et en M' passent par la droite MM' et font un angle constant. Cette relation entre les deux surfaces est précisément celle que nous avons étudiée au n° 809. Mais, si l'on forme ici l'équation (51), elle exprimera que la courbure totale de (Σ') est constante. En tenant compte de la symétrie des équations (55), on peut donc dire que la relation qu'elles expriment ne peut exister qu'entre deux surfaces à courbure constante.

Nous n'insisterons pas sur cet exemple, parce que nous allons le généraliser. Considérons le système suivant

$$(56)\quad \begin{cases} F_1 = (x-x')^2+(y-y')^2+(z-z')^2-a^2=0, \\ F_2 = z'-z-p\,(x'-x)-q\,(y'-y)-ba\sqrt{1+p^2+q^2}=0, \\ F_3 = z'-z-p'(x'-x)-q'(y'-y)-b'a\sqrt{1+p'^2+q'^2}=0, \\ F_4 = 1+pp'+qq'-c\sqrt{1+p^2+q^2}\sqrt{1+p'^2+q'^2}=0, \end{cases}$$

où a, b, b', c désignent des constantes.

Alors la relation entre les deux surfaces sera telle que les deux plans tangents en M, M′ et la droite MM′ formeront un système invariable; les constantes b et b' seront les sinus des angles des deux plans tangents avec MM′; c sera le cosinus de l'angle des deux plans. On retrouve le cas particulier étudié par M. Bäcklund en faisant $b=b'=0$.

Formons la condition (51); mais, pour éviter les calculs, nous supposerons, ce qui est évidemment permis, que l'on ait choisi les axes coordonnés de telle manière que l'on ait, pour le point M de (Σ),

$$p=q=s=0.$$

Alors les rayons de courbure de (Σ) en M seront

$$R=\frac{1}{r},\qquad R'=\frac{1}{t}.$$

En calculant l'équation (51), on trouvera

$$a^2(1-b'^2)rt-(r+t)a(b-b'c)+1-c^2=0,$$

ou, en remplaçant r et t par leurs expressions en fonction des rayons de courbure,

$$(57)\qquad (1-c^2)RR'-(R+R')a(b-b'c)+a^2(1-b'^2)=0.$$

On se trouve ici dans le cas exceptionnel où z satisfait à une équation du second ordre. Si la relation précédente était identiquement vérifiée, on aurait

$$c=\pm 1,\qquad b=\pm b',\qquad b'^2=1.$$

La droite MM′ serait une normale commune aux deux surfaces (Σ) et (Σ'), qui seraient parallèles.

Écartons cette solution, qui est bien connue; nous voyons que la surface (Σ) doit être une surface W pour laquelle la relation entre les rayons de courbure sera donnée par l'équation (57). Par raison de symétrie, la surface (Σ') sera aussi une surface W, correspondante à la relation

$$(58) \qquad (1-c^2)R_1R'_1-(R_1+R'_1)a(b'-bc)+a^2(1-b^2)=0$$

entre les rayons de courbure R_1, R'_1.

Au premier abord, il semble que les résultats précédents aient une grande généralité; mais on peut remarquer que la relation, telle que nous l'avons définie, entre (Σ) et (Σ') subsistera entre deux surfaces quelconques respectivement parallèles à (Σ), (Σ'), c'est-à-dire que, pour ces surfaces, les plans tangents aux points correspondants et la droite qui joint leurs points de contact formeront un système invariable.

D'après cela, supposons d'abord c^2-1 différent de zéro. Si nous remplaçons les surfaces (Σ), (Σ') respectivement par les surfaces parallèles pour lesquelles les relations (57) et (58) sont privées de leurs seconds termes, ce qui est toujours possible (n° 771), on devra avoir, pour les nouvelles surfaces,

$$b-b'c=0, \qquad b'-bc=0$$

et, par suite,

$$b=b'=0.$$

Alors on retrouve le cas particulier étudié par M. Bäcklund; la droite MM' est tangente aux deux surfaces, qui ont leurs courbures constantes et égales.

Soit maintenant $c^2=1$; on obtiendra des surfaces pour lesquelles les rayons de courbure auront une somme constante. Si on leur substitue les surfaces minima qui leur sont parallèles, il viendra

$$b=-b'c=\pm 1,$$

mais la correspondance ainsi établie n'aura jamais lieu entre deux surfaces réelles. Nous laisserons au lecteur le soin d'étudier toutes les surfaces minima que l'on peut faire ainsi dériver d'une surface minima donnée.

Le résultat essentiel de cette recherche est donc exprimé par le théorème suivant :

Si deux surfaces se correspondent point par point, sans être parallèles, de telle manière que les deux plans tangents en ces points et la droite qui joint les points de contact forment un système invariable, elles sont, l'une et l'autre, parallèles, soit à des surfaces minima, soit à des surfaces pour lesquelles les courbures totales sont constantes et égales.

Nous ferons remarquer, en terminant, que le système (14), à l'étude duquel se ramène toute notre théorie, est compris comme cas particulier dans le système général de M. Bäcklund, car on peut l'écrire comme il suit

$$(59)\qquad \begin{cases} \dfrac{\partial\theta}{\partial u} + \dfrac{\partial\omega}{\partial v'} = \sin\theta\cos\omega, & u = u', \\[2ex] \dfrac{\partial\theta}{\partial v} + \dfrac{\partial\omega}{\partial u'} = -\cos\theta\sin\omega, & v = v', \end{cases}$$

ce qui constitue bien quatre relations de la forme (48).

CHAPITRE XIII.

DÉVELOPPEMENTS ANALYTIQUES SE RATTACHANT AUX TRANSFORMATIONS PRÉCÉDENTES.

Détermination de surfaces particulières à courbure constante négative. — Rappel des surfaces de révolution et des hélicoïdes. — Surfaces à lignes de courbure planes ou sphériques dans un système. — Recherches de M. A. Enneper et de M. H. Dobriner. — Comment on exprime qu'une surface rapportée à ses lignes de courbure a ses lignes de courbure sphériques dans un système. — Application aux surfaces à courbure constante négative. — Intégration des deux équations auxquelles doit satisfaire simultanément la fonction ω qui se présente dans l'élément linéaire de la surface rapportée à ses lignes de courbure. — Propriété géométrique de la surface : les sphères qui contiennent les lignes de première courbure ont leurs centres en ligne droite. — Cette propriété permet de ramener à des quadratures la détermination des trois coordonnées d'un point de la surface. — Comment on exprime qu'une surface a ses lignes de courbure planes dans un système. — Application aux surfaces à courbure constante; si les lignes de courbure sont planes dans un système, leurs plans passent par une droite et, par suite, les lignes de courbure de l'autre système sont situées sur des sphères ayant leurs centres sur cette droite et coupant la surface à angle droit. — Détermination effective de ces surfaces. — Développements analytiques sur les méthodes de transformation de MM. Bianchi, Lie et Bäcklund. — On peut réduire l'application de ces méthodes à de simples calculs algébriques précédés d'un certain nombre de quadratures. — Les deux équations de Riccati qui se présentent dans cette théorie et qui contiennent un paramètre arbitraire. — Véritable origine de ces équations et leur réduction au système qui se présente dans l'application de la méthode de M. Bäcklund. — Théorème général résumant les résultats obtenus.

---

813. Nous terminerons nos études sur les surfaces à courbure constante en indiquant les moyens de déterminer quelques-unes d'entre elles, c'est-à-dire en faisant l'application aux cas les plus simples des méthodes précédentes de transformation.

Différents moyens s'offrent à nous pour trouver des solutions particulières de l'équation

$$\frac{\partial^2 \omega}{\partial u^2} - \frac{\partial^2 \omega}{\partial v^2} = \sin\omega \cos\omega. \tag{1}$$

On peut supposer d'abord que ω soit fonction d'une seule des variables u ou v, ce qui conduit aux surfaces de révolution déjà étudiées dans la première Partie [n° 66, I, p. 79]. Supposons, par exemple, que ω dépende de u seulement. L'intégration de l'équation

$$\frac{d^2\omega}{du^2} = \sin\omega\cos\omega$$

nous donnera

$$\left(\frac{d\omega}{du}\right)^2 = \sin^2\omega + a,$$

a désignant une constante quelconque, et nous conduira à des fonctions elliptiques en général. Si, en particulier, la constante a est nulle, on pourra se borner à prendre

$$(2) \qquad \tang\frac{\omega}{2} = e^u.$$

C'est l'expression qui convient à la surface *pseudosphérique*. En effet, la formule (11) [p. 426] nous donne ici, pour l'élément linéaire de la surface, l'expression

$$ds^2 = \left(\frac{1-e^{2u}}{1+e^{2u}}\right)^2 du^2 + \frac{4e^{2u}}{(1+e^{2u})^2}dv^2,$$

et il suffit de poser

$$(3) \qquad \frac{2e^u}{1+e^{2u}} = e^{u'},$$

pour retrouver la formule déjà donnée [p. 394],

$$ds^2 = du'^2 + e^{2u'}dv^2,$$

qui convient à la surface *pseudosphérique* de rayon 1 rapportée à ses lignes de courbure.

On pourrait obtenir d'autres solutions de l'équation (1) en supposant que ω dépende seulement de la fonction linéaire $au + bv$; mais cette hypothèse, qui conduit aux hélicoïdes à courbure constante, peut être laissée de côté. Les surfaces correspondantes se déduisent, en effet, des surfaces de révolution par la transformation de M. Lie, indiquée au n° 774.

814. Pour obtenir d'autres surfaces à courbure constante, nous allons chercher, avec M. Enneper [1], celles dont les lignes de courbure sont planes ou sphériques. Nous commencerons par le cas le plus général, celui où les lignes de courbure sont sphériques dans un seul système.

Supposons une surface rapportée à ses lignes de courbure et conservons toutes les notations du Tableau V [II, p. 386]. Pour exprimer que les lignes de courbure de paramètre u sont sphériques, nous raisonnerons comme il suit. Les coordonnées du centre de la sphère qui contient cette courbe, prises par rapport aux axes du trièdre mobile (T), sont

$$x_0, \quad 0, \quad z_0,$$

x_0 et z_0 étant évidemment des fonctions de u : car, si l'on désigne par R le rayon de la sphère et par σ l'angle sous lequel elle coupe la surface, on doit avoir

$$(4) \qquad x_0 = \mathrm{R}\sin\sigma, \qquad z_0 = \mathrm{R}\cos\sigma;$$

et l'on sait, d'après le théorème de Joachimsthal, que σ doit conserver la même valeur en tous les points de la courbe, c'est-à-dire être indépendant de v. Exprimons que le centre de la sphère, c'est-à-dire le point $(x_0, 0, z_0)$, ne se déplace pas quand on se déplace sur la ligne de courbure. Nous aurons l'équation de condition

$$(5) \qquad \mathrm{C} + r_1 x_0 - p_1 z_0 = 0,$$

par laquelle nous exprimons que la seule composante du déplacement de ce centre qui ne soit pas identiquement nulle est égale à zéro. Cette condition, qui est nécessaire, est d'ailleurs suffisante, on le reconnaîtra aisément; car elle exprime que l'une des développées de la ligne de courbure se réduit à un point, c'est-à-dire que cette ligne de courbure est sphérique.

Dans le cas actuel, la condition (5) devient, en tenant compte des valeurs (12) [p. 426] de C, p_1, r_1,

$$(6) \qquad \sin\omega + x_0 \frac{\partial\omega}{\partial u} - z_0 \cos\omega = 0.$$

---

[1] Enneper (A.), *Analytisch-geometrische Untersuchungen* (*Göttinger Nachrichten;* 1868, p. 258-277 et 421-443).

Elle est de la forme

$$(7)\qquad 2\frac{\partial\omega}{\partial u} = \alpha e^{i\omega} + \beta e^{-i\omega},$$

α et β étant deux fonctions de u liées à x_0 et z_0 par les relations

$$(8)\qquad 2z_0 = x_0(\alpha + \beta), \qquad 2 = ix_0(\beta - \alpha).$$

Il nous reste à déterminer la fonction ω qui satisfait à la fois aux équations (7) et (1).

815. L'équation (7) fournit, par la différentiation, la dérivée seconde de ω,

$$(9)\qquad 4\frac{\partial^2\omega}{\partial u^2} = i(\alpha^2 e^{2i\omega} - \beta^2 e^{-2i\omega}) + 2\alpha' e^{i\omega} + 2\beta' e^{-i\omega},$$

et l'équation (1) nous permet alors de calculer $\frac{\partial^2\omega}{\partial v^2}$. On obtient ainsi la valeur suivante

$$\begin{aligned} 4\frac{\partial^2\omega}{\partial v^2} &= i(\alpha^2 e^{2i\omega} - \beta^2 e^{-2i\omega}) + i(e^{2i\omega} - e^{-2i\omega}) + 2\alpha' e^{i\omega} + 2\beta' e^{-i\omega} \\ &= i(\alpha^2+1)e^{2i\omega} - i(\beta^2+1)e^{-2i\omega} + 2\alpha' e^{i\omega} + 2\beta' e^{-i\omega}. \end{aligned}$$

Multiplions cette équation par $2\frac{\partial\omega}{\partial v}$, et intégrons par rapport à v; nous aurons

$$(10)\qquad 4\left(\frac{\partial\omega}{\partial v}\right)^2 = (\alpha^2+1)e^{2i\omega} + (\beta^2+1)e^{-2i\omega} - 4i\alpha' e^{i\omega} + 4i\beta' e^{-i\omega} + 6\gamma,$$

γ étant une nouvelle fonction de u introduite par l'intégration.

Nous avons maintenant les deux dérivées de ω; il ne reste plus qu'à écrire la condition d'intégrabilité. En différentiant l'équation précédente par rapport à u, on aura

$$\begin{aligned} 8\frac{\partial\omega}{\partial v}\frac{\partial^2\omega}{\partial u\,\partial v} &= 2[i(\alpha^2+1)e^{2i\omega} - i(\beta^2+1)e^{-2i\omega} + 2\alpha' e^{i\omega} + 2\beta' e^{-i\omega}]\frac{\partial\omega}{\partial u} \\ &\quad + 2\alpha\alpha' e^{2i\omega} + 2\beta\beta' e^{-2i\omega} - 4i\alpha'' e^{i\omega} + 4i\beta'' e^{-i\omega} + 6\gamma'. \end{aligned}$$

En différentiant de même l'équation (7) par rapport à v, on trouverait

$$2\frac{\partial^2\omega}{\partial u\,\partial v} = i(\alpha e^{i\omega} - \beta e^{-i\omega})\frac{\partial\omega}{\partial v}.$$

Égalant les deux valeurs de $\frac{\partial^2\omega}{\partial u\,\partial v}$, nous sommes conduit à la relation

$$[i(\alpha^2+1)e^{2i\omega}+i(\beta^2+1)e^{-2i\omega}+4\alpha' e^{i\omega}-4\beta' e^{-i\omega}+6\gamma i](\alpha e^{i\omega}-\beta e^{-i\omega})$$
$$=[i(\alpha^2+1)e^{2i\omega}-i(\beta^2+1)e^{-2i\omega}+2\alpha' e^{i\omega}+2\beta' e^{-i\omega}](\alpha e^{i\omega}+\beta e^{-i\omega})$$
$$+2\alpha\alpha' e^{2i\omega}+2\beta\beta' e^{-2i\omega}-4i\alpha'' e^{i\omega}+4i\beta'' e^{-i\omega}+6\gamma',$$

qui, simplifiée, devient

$$\begin{aligned}6\gamma'+6\alpha\beta'+6\beta\alpha'+\ &e^{i\omega}[-4i\alpha''+2i\beta(\alpha^2+1)-6\alpha\gamma i]\\ &+e^{-i\omega}[\ \ 4i\beta''-2i\alpha(\beta^2+1)+6\beta\gamma i]=0.\end{aligned}$$

Si cette relation n'était pas identiquement vérifiée, elle déterminerait ω qui serait une fonction de u. Excluons cette hypothèse qui conduit exclusivement aux surfaces de révolution. Nous aurons

$$\begin{aligned}\gamma'+\beta\alpha'+\alpha\beta'&=0,\\ 2\alpha''-\beta(\alpha^2+1)+3\alpha\gamma&=0,\\ 2\beta''-\alpha(\beta^2+1)+3\beta\gamma&=0.\end{aligned}$$

La première équation s'intègre sans difficulté et donne

$$\gamma+\alpha\beta=-\frac{2a+1}{3},$$

a désignant une constante arbitraire. Les deux autres deviennent alors

$$(11)\qquad \begin{cases}\alpha''=a\alpha+2\alpha^2\beta+\dfrac{\alpha+\beta}{2},\\[2mm] \beta''=a\beta+2\alpha\beta^2+\dfrac{\alpha+\beta}{2},\end{cases}$$

et leur intégration est la principale difficulté du problème. Une remarque très simple ouvre la voie qui conduit à leur solution.

816. Puisque les deux équations qui déterminent $\dfrac{\partial\omega}{\partial v}$, $\dfrac{\partial\omega}{\partial u}$ sont telles que la condition d'intégrabilité est vérifiée; elles admettent une solution ω contenant une constante arbitraire. En particulier, les fonctions ω de u définies par l'équation

$$\left(\frac{\partial\omega}{\partial v}\right)^2=0$$

satisferont à l'équation (7). Ainsi, les quatre valeurs de $e^{i\omega}$, racines de l'équation

$$U = (\alpha^2+1)e^{4i\omega} - 4i\alpha' e^{3i\omega} + 6\gamma e^{2i\omega} + 4i\beta' e^{i\omega} + \beta^2 + 1 = 0,$$

donneront des solutions particulières de l'équation (7); et, comme cette dernière se réduit à une équation de Riccati lorsque l'on prend comme variable $e^{i\omega}$ au lieu de ω, *le rapport anharmonique des quatre racines du polynôme* U *doit être une constante.*

On sait que ce rapport est une fonction du quotient $\frac{S^3}{T^2}$, S et T désignant les deux invariants, quadratique et cubique, de U. On est donc conduit à calculer ces invariants

$$(12)\quad \left\{\begin{aligned} S &= (\alpha^2+1)(\beta^2+1) - 4\alpha'\beta' + 3\gamma^2,\\ T &= \gamma(\alpha^2+1)(\beta^2+1) + 2\gamma\alpha'\beta' - \gamma^3 + (\alpha^2+1)\beta'^2 + (\beta^2+1)\alpha'^2,\end{aligned}\right.$$

et l'on constate que non seulement $\frac{S^3}{T^2}$, mais chacun des invariants S et T, est constant en vertu des équations (11). On obtient ainsi deux intégrales premières de ces équations, dont l'intégration est ainsi assurée.

817. Au lieu de suivre cette méthode, on peut encore procéder comme il suit : effectuons la substitution définie par les formules

$$(13)\qquad \alpha = y + zi, \qquad \beta = y - zi.$$

Les équations à intégrer deviendront

$$(14)\quad \left\{\begin{aligned} y'' &= (1+a)y + 2y(y^2+z^2),\\ z'' &= az + 2z(y^2+z^2).\end{aligned}\right.$$

Sous cette forme on reconnaît qu'elles se présenteront dans le problème de Mécanique pour lequel u serait le temps, la fonction des forces F étant exprimée par la formule

$$F = (1+a)\frac{y^2}{2} + a\frac{z^2}{2} + \frac{(y^2+z^2)^2}{2}.$$

On aura donc tout de suite l'intégrale des forces vives

$$(15)\qquad y'^2 + z'^2 = (1+a)y^2 + az^2 + (y^2+z^2)^2 + 2h,$$

et l'on sait que toute la solution sera ramenée à la recherche d'une solution particulière avec une constante arbitraire de l'équation aux dérivées partielles en θ,

(16) $$\left(\frac{\partial\theta}{\partial y}\right)^2+\left(\frac{\partial\theta}{\partial z}\right)^2=(1+a)y^2+az^2+(y^2+z^2)^2+2h$$

Transformons en coordonnées elliptiques, c'est-à-dire substituons à y et z les deux racines ρ, ρ_1 de l'équation en t

$$\frac{y^2}{t-1}+\frac{z^2}{t}=1;$$

nous aurons

(17) $$\begin{cases} y^2=-(1-\rho)(1-\rho_1), \\ z^2=\rho\rho_1, \end{cases}$$

et une transformation bien connue ramènera l'équation en θ à la forme

$$4\rho(\rho-1)\left(\frac{\partial\theta}{\partial\rho}\right)^2-4\rho_1(\rho_1-1)\left(\frac{\partial\theta}{\partial\rho_1}\right)^2 = (\rho-\rho_1)[(1+a)y^2+az^2+(y^2+z^2)^2+2h],$$

ou, en remplaçant y^2, z^2 par leurs valeurs et posant

(18) $$f(\rho)=\rho^3+(a-1)\rho^2+(2h-a)\rho-2k,$$

(19) $$4\rho(\rho-1)\left(\frac{\partial\theta}{\partial\rho}\right)^2-4\rho_1(\rho_1-1)\left(\frac{\partial\theta}{\partial\rho_1}\right)^2=f(\rho)-f(\rho_1).$$

Cette équation admet la solution

(20) $$\theta=\frac{1}{2}\int\sqrt{\frac{f(\rho)}{\rho(\rho-1)}}\,d\rho+\frac{1}{2}\int\sqrt{\frac{f(\rho_1)}{\rho_1(\rho_1-1)}}\,d\rho_1,$$

qui contient la constante arbitraire k; et, par suite, les valeurs de ρ, ρ_1 seront fournies en fonction de u par les formules

(21) $$\frac{\partial\theta}{\partial h}=u-u_0, \qquad \frac{\partial\theta}{\partial k}=k'.$$

Si donc on pose

(22) $$\Delta^2(\rho)=f(\rho)\rho(\rho-1)=\rho(\rho-1)[\rho^3+(a-1)\rho^2+(2h-a)\rho-2k],$$

les deux équations suivantes

(23) $$\begin{cases} \dfrac{\rho\,d\rho}{\Delta(\rho)}+\dfrac{\rho_1\,d\rho_1}{\Delta(\rho_1)}=2\,du, \\ \dfrac{d\rho}{\Delta(\rho)}+\dfrac{d\rho_1}{\Delta(\rho_1)}=0 \end{cases}$$

donneront les intégrales cherchées. On voit que ρ, ρ_1 sont des fonctions ultra-elliptiques de u.

A l'intégrale des forces vives on peut ajouter la suivante

$$z'^2 + (yz' - zy')^2 - z^2(a + y^2 + z^2) = 2k, \tag{24}$$

que le lecteur vérifiera aisément et qui nous permet de calculer les invariants S et T de U. On constate, comme nous l'avons annoncé, qu'ils sont constants et ont les valeurs suivantes

$$\tag{25} \left\{ \begin{aligned} S &= \frac{4}{3}(a^2 + a + 1) - 8h, \\ T &= \frac{4}{27}(a - 1)(2a + 1)(a + 2) + \frac{8h}{3}(1 - a) - 8k. \end{aligned} \right.$$

818. Il nous reste maintenant, y, z, α, β étant déterminés, à obtenir l'expression de ω. On y arrive de la manière suivante.

Remplaçons, dans l'égalité qui sert de définition à U, $e^{i\omega}$ par ξ; nous obtenons un polynôme du quatrième degré dont on peut calculer le Hessien. Si nous le désignons par H, et si nous y remplaçons ξ par $e^{i\omega}$, nous aurons

$$\tag{26} \left\{ \begin{aligned} H = {} & [\gamma(1 + \alpha^2) + \alpha'^2]e^{4i\omega} \\ & + 2i[(1 + \alpha^2)\beta' + \gamma\alpha']e^{3i\omega} \\ & + [(\alpha^2 + 1)(\beta^2 + 1) + 2\alpha'\beta' - 3\gamma^2]e^{2i\omega} \\ & - 2i[(1 + \beta^2)\alpha' + \gamma\beta']e^{i\omega} + \gamma(1 + \beta^2) + \beta'^2. \end{aligned} \right.$$

D'après la théorie des formes biquadratiques [1], on a l'identité

$$U\frac{\partial H}{\partial \xi} - H\frac{\partial U}{\partial \xi} = 2\sqrt{-4H^3 + SHU^2 - TU^3}.$$

D'autre part, si l'on pose

$$H = U\psi, \tag{27}$$

on aura

$$\frac{\partial \psi}{\partial v} = \frac{U\dfrac{\partial H}{\partial \xi} - H\dfrac{\partial U}{\partial \xi}}{U^2}\, ie^{i\omega}\frac{\partial \omega}{\partial v} = i\,\frac{U\dfrac{\partial H}{\partial \xi} - H\dfrac{\partial U}{\partial \xi}}{2U\sqrt{U}},$$

---

[1] SALMON, *Leçons d'Algèbre supérieure*, traduction O. Chemin; 1890.

ou encore, en tenant compte de l'identité précédente,

$$(28)\qquad \frac{\partial\psi}{\partial v} = \sqrt{4\psi^3 - S\psi + T}.$$

S et T étant des constantes, le rapport anharmonique de l'une quelconque des racines de l'équation (27) et de trois racines de U dépend exclusivement de ψ et non de u, d'après la théorie des formes biquadratiques. Donc ψ sera une simple fonction de v et sera, par suite, entièrement déterminée par l'équation précédente, qui introduit cette fois des fonctions elliptiques.

Signalons la relation identique

$$(29)\qquad 4f\left(\psi - \frac{a-1}{3}\right) = 4\psi^3 - S\psi + T$$

entre les deux polynômes du troisième degré qui figurent dans la solution.

On a ici un nouvel exemple d'un problème dans lequel figurent à la fois les fonctions elliptiques et les fonctions hyperelliptiques.

819. L'intégration des équations (14), qu'Enneper n'avait pu effectuer et qui lui paraissait présenter de grandes difficultés, est due à M. Dobriner qui l'a donnée dans un Mémoire publié en 1887 (¹). Nous nous contenterons de montrer ici que la détermination des coordonnées X, Y, Z d'un point de la surface en fonction de u et de v n'exige plus l'intégration d'une équation de Riccati, mais s'effectue au moyen de simples quadratures. Il nous suffira pour cela d'établir que *les sphères coupant la surface suivant des lignes de courbure ont leurs centres en ligne droite.*

Les coordonnées, relatives aux axes du trièdre (T), du centre de la sphère qui contient la ligne de courbure de paramètre u ont été désignées plus haut par x_0, o, z_0. Elles sont liées aux fonctions y, z par les relations

$$(30)\qquad z_0 = x_0 y, \qquad 1 = x_0 z.$$

(¹) H. Dobriner, *Die Flächen constanter Krümmung mit einem System sphärischer Krümmungslinien dargestellt mit Hilfe von Thetafunctionen zweier Variabeln* (*Acta Mathematica*, t. IX, p. 73-104; 1886-1887).

déduites des formules (8) et (13). Lorsque l'on passe d'une ligne de courbure à une autre, c'est-à-dire lorsque u varie, les projections du déplacement de ce centre sont

$$(x'_0 + \cos\omega + z_0 \sin\omega)\,du, \qquad x_0 \frac{\partial\omega}{\partial v}\,du, \qquad (z'_0 - x_0 \sin\omega)\,du.$$

Remplaçons x_0, z_0 en fonction de y et de z, et calculons les cosinus A, B, C, proportionnels à ces trois projections, des angles que fait la tangente à la courbe des centres avec les axes du trièdre mobile. En tenant compte de l'équation (10), nous trouverons les expressions suivantes

$$(31) \qquad \begin{cases} A\sqrt{2k} = z' - z^2 \cos\omega - yz \sin\omega, \\ B\sqrt{2k} = -z\dfrac{\partial\omega}{\partial v}, \\ C\sqrt{2k} = yz' - zy' + z\sin\omega. \end{cases}$$

Or on reconnaît aisément que ces cosinus directeurs vérifient identiquement les relations telles que les suivantes

$$dA = B(r\,du + r_1\,dv) - C(q\,du + q_1\,dv), \qquad \ldots,$$

qui caractérisent une direction *invariable dans l'espace*. La proposition que nous avions en vue est donc établie et *la ligne des centres est une droite*.

820. Prenons cette droite pour axe des X. Rien ne sera plus aisé que de déterminer la coordonnée X. On a, en effet,

$$\frac{\partial X}{\partial u} = A\cos\omega, \qquad \frac{\partial X}{\partial v} = B\sin\omega,$$

et, de ces deux formules, on déduit sans difficulté

$$(32) \qquad X = \frac{z\cos\omega}{\sqrt{2k}} - \frac{1}{\sqrt{2k}}\int z^2\,du.$$

La sphère contenant la ligne de courbure aurait évidemment pour équation

$$(33) \qquad (X-U)^2 + Y^2 + Z^2 = x_0^2 + z_0^2 = \frac{1+y^2}{z^2},$$

où U désigne maintenant une fonction inconnue de u; et il est clair que X — U est la projection sur l'axe des X du rayon de la sphère qui aboutit au point considéré de la surface. Mais cette projection peut être calculée à l'aide des formules (31) et elle est égale à

$$-(Ax_0 + Cz_0) = \frac{-1}{\sqrt{2k}}\left(\frac{z'}{z} - z\cos\omega + \frac{y^2 z'}{z} - yy'\right) = \frac{z\cos\omega}{\sqrt{2k}} - \frac{z'(1+y^2)}{z\sqrt{2k}} + \frac{yy'}{\sqrt{2k}}.$$

On a donc

$$X - U = \frac{z\cos\omega}{\sqrt{2k}} - \frac{z'(1+y^2)}{z\sqrt{2k}} + \frac{yy'}{\sqrt{2k}},$$

ce qui donne

$$U = \frac{z'(1+y^2)}{z\sqrt{2k}} - \frac{yy'}{\sqrt{2k}} - \frac{1}{\sqrt{2k}}\int z^2\,du. \tag{34}$$

Connaissant X — U, nous pourrons déduire de la formule (33) la valeur de $Y^2 + Z^2$

$$Y^2 + Z^2 = \frac{1+y^2}{z^2} - \frac{(A + Cy)^2}{z^2}.$$

Si nous posons enfin

$$Y = \lambda\cos\psi, \qquad Z = \lambda\sin\psi, \tag{35}$$

l'identité

$$ds^2 = dX^2 + d\lambda^2 + \lambda^2\,d\psi^2, \tag{36}$$

où ds^2, X, λ sont entièrement connus, permettra de déterminer ψ par une simple quadrature.

Appliquons cette méthode au cas spécial où l'on suppose

$$y = 0.$$

Alors on doit avoir

$$h = k, \tag{37}$$

$$z'^2 = z^4 + az^2 + 2h, \tag{38}$$

$$\frac{\partial\omega}{\partial u} = -z\sin\omega. \tag{39}$$

De cette dernière équation on déduit

$$\int\frac{d\omega}{\sin\omega} = -\int z\,du + f(v),$$

ou, en donnant à $f(v)$ une forme spéciale,

$$\int \frac{d\omega}{\sin\omega} = -\int z\,du - \int z_1\,dv.$$

Au lieu d'appliquer les formules précédentes, cherchons directement z_1 et ω. De l'équation précédente on déduit

$$(39\ bis) \qquad \frac{\partial\omega}{\partial v} = -z_1 \sin\omega.$$

Pour déterminer z_1, remarquons que l'on a

$$\frac{\partial^2\omega}{\partial u^2} = -z' \sin\omega + z^2 \sin\omega \cos\omega,$$

$$\frac{\partial^2\omega}{\partial v^2} = -z'_1 \sin\omega + z_1^2 \sin\omega \cos\omega,$$

ce qui donne, en substituant dans l'équation (1)

$$(40) \qquad \cos\omega = \frac{z' - z'_1}{z^2 - z_1^2 - 1}.$$

Il ne reste plus qu'à porter cette valeur de ω dans l'équation (39) pour obtenir la condition

$$(41) \qquad z_1'^2 = (z_1^2 + 1)^2 + a(z_1^2 + 1) + 2h,$$

qui définira z'_1. La fonction ω se trouve ainsi directement déterminée en fonction de u et de v. On aura ici

$$(42) \qquad \begin{cases} A\sqrt{2h} = z' - z^2 \cos\omega, \\ B\sqrt{2h} = -z\dfrac{\partial\omega}{\partial v} = zz_1 \sin\omega, \\ C\sqrt{2h} = z \sin\omega, \end{cases}$$

$$(43) \qquad \lambda^2 = Y^2 + Z^2 = \frac{1 - A^2}{z^2} = \frac{z_1^2 + 1}{2h} \sin^2\omega, \qquad \lambda = \frac{\sqrt{1 + z_1^2}}{\sqrt{2h}} \sin\omega.$$

Un calcul facile donnera

$$(44) \qquad d\psi = \frac{\sqrt{2h}\,dv}{1 + z_1^2},$$

d'où il suit que ψ sera une fonction de v. En d'autres termes, les lignes de courbure de paramètre v seront planes; et leurs plans passeront par la droite, lieu des centres des sphères qui contiennent les lignes de première courbure. C'est un résultat qu'il était aisé de prévoir, l'hypothèse

$$y = 0 \quad \text{ou} \quad z_0 = 0,$$

que nous avons faite, exprimant que les sphères contenant les lignes de première courbure coupent la surface à angle droit. Comme elles ont déjà leurs centres en ligne droite, on devait trouver une variété des surfaces de Joachimsthal [nos 92 à 94, I, p. 112 et suivantes].

821. Le cas que nous venons d'étudier est *le seul* dans lequel une surface à courbure constante puisse avoir ses lignes de courbure planes.

En effet, pour que les lignes de courbure, de paramètre v, d'une surface quelconque, soient planes, il faut et il suffit [n° 509, II, p. 394] que leur plan osculateur coupe la surface sous un angle constant. Or, lorsque la surface est rapportée à ses lignes de courbure, la tangente de cet angle est $-\frac{q}{r}$ (n° 507). Il faut donc que l'on ait, en général,

$$(45) \qquad \frac{q}{r} = \varphi(v).$$

Ici cette équation devient

$$\frac{\partial \omega}{\partial v} = f(v) \sin \omega.$$

Aux notations près, elle est identique à l'équation (39 *bis*) qui entraîne comme conséquence l'équation (39). En déterminant les fonctions d'une seule variable z et z_1, on retrouve les hypothèses et les valeurs que nous venons d'étudier. Ainsi,

Quand une surface à courbure constante admet une famille de lignes de courbure planes, les plans de ces lignes de courbure passent par une droite et, par conséquent, les autres lignes de courbure sont sur des sphères qui ont leurs centres sur cette droite.

Pour ce qui concerne le cas général, l'introduction des fonctions Θ à une et à deux variables, nous renverrons le lecteur à l'élégant Mémoire de M. Dobriner.

822. Pour obtenir de nouvelles surfaces à courbure constante, il suffira d'appliquer à celles que nous venons de déterminer les méthodes de transformation de M. Lie et de M. Bianchi. Nous allons donner rapidement quelques indications sur la suite des calculs qu'il y aura à exécuter pour obtenir les surfaces en nombre illimité que l'on peut ainsi faire dériver d'une surface donnée.

Reprenons le système fondamental

$$(46)\quad \begin{cases} \dfrac{\partial\theta}{\partial u}+\dfrac{\partial\omega}{\partial v}= \sin\theta\cos\omega, \\ \dfrac{\partial\theta}{\partial v}+\dfrac{\partial\omega}{\partial u}=-\sin\omega\cos\theta, \end{cases}$$

d'où l'on déduit toute la théorie.

Considérons-y d'abord ω comme donnée et cherchons à en déduire la valeur la plus générale de θ. Si l'on en connaît une solution particulière θ, la solution la plus générale, que nous désignerons par θ', sera définie par la formule très simple

$$(47)\quad \cot\left(\frac{\theta'-\theta}{2}\right)=\beta e^{-\alpha},$$

où l'on a posé, en modifiant légèrement les notations du n° 805,

$$(48)\quad \begin{cases} d\alpha=\cos\theta\cos\omega\,du+\sin\theta\sin\omega\,dv, \\ e^{-\alpha}\,d\beta=\cos\omega\sin\theta\,du-\sin\omega\cos\theta\,dv. \end{cases}$$

Ces quadratures, effectuées avec la plus grande généralité possible, introduiront évidemment une constante arbitraire en facteur dans l'expression de $\cot\dfrac{\theta'-\theta}{2}$.

Supposons maintenant que, considérant θ comme donnée dans le système (46), on veuille avoir l'expression la plus générale de la fonction ω qui satisfait à ces deux équations. Si nous désignons encore par ω une solution particulière et par ω'' la solution générale, nous aurons, de même que précédemment,

$$(49)\quad \cot\frac{\omega''-\omega}{2}=\gamma e^{\alpha},$$

γ étant la fonction introduite au n° 805 et définie par la quadrature

$$(50)\quad e^{\alpha}\,d\gamma=-\cos\theta\sin\omega\,du+\sin\theta\cos\omega\,dv.$$

La méthode de M. Bianchi consiste, nous l'avons vu, dans l'exécution alternative de ces deux opérations. Remarquons que les calculs relatifs à la seconde se déduisent de ceux qui se rapportent à la première, si l'on échange ω, θ, α, β, γ respectivement en θ, $\omega+\pi$, $-\alpha$, γ, β, comme on s'en assure aisément.

Supposons que, partant d'un système de solutions (ω, θ) du système (46), on ait calculé les fonctions α, β, γ. Appliquons la formule (47) pour avoir une solution plus générale et remplaçons θ par θ'. Nous aurons de nouvelles valeurs α', β', γ' de α, β, γ. Les valeurs α', β' se calculent algébriquement par les formules

$$(51) \qquad e^{\alpha'} = \frac{e^{\alpha}}{\beta^2 + e^{2\alpha}}, \qquad \beta' = \frac{-\beta}{\beta^2 + e^{2\alpha}}.$$

Mais, pour obtenir la nouvelle valeur γ' de γ, il faudra effectuer une nouvelle quadrature.

Si, de même, on remplace ω par la valeur ω'' fournie par l'équation (49), on aura de nouvelles valeurs α'', β'', γ'' de α, β, γ. Des formules analogues aux précédentes donneront

$$(52) \qquad e^{-\alpha''} = \frac{e^{-\alpha}}{\gamma^2 + e^{-2\alpha}}, \qquad \gamma'' = \frac{-\gamma}{\gamma^2 + e^{-2\alpha}}.$$

Mais, pour obtenir la nouvelle valeur β'' de β, il restera ici encore à effectuer une nouvelle quadrature.

823. En appliquant successivement les deux opérations que nous venons de définir, on déduira, on le voit, de tout système de solutions des équations (46) un nombre illimité de systèmes nouveaux *contenant autant de constantes qu'on le voudra; et la détermination de chaque système nouveau exigera seulement une nouvelle quadrature.*

Mais ces quadratures portent sur des expressions de plus en plus compliquées contenant les constantes arbitraires mêlées aux variables aussi bien dans les dénominateurs que dans les numérateurs. Il semblait donc que l'application de la méthode était presque impossible et devait être promptement arrêtée dans le cas général. Il y a donc quelque intérêt à signaler le résultat suivant :

Il suffira d'effectuer au début, en dehors de α, β, γ, *un certain nombre de quadratures (inférieur d'une unité au nombre* *des solutions nouvelles que l'on veut obtenir) portant sur des fonctions parfaitement déterminées de u et de v; et ces quadratures une fois effectuées, l'application de la méthode n'exigera que les calculs algébriques les plus élémentaires.*

Voici d'abord quelles sont les quadratures à effectuer; elles sont définies par les formules

$$(53)\quad \begin{cases} b_0 = \beta, \\ db_1 = 2b_0\,d\varepsilon - (\beta^2 + e^{2\alpha})\,d\gamma, \\ db_2 = db_0 + 2b_1\,d\varepsilon - 2b_0\,d\alpha - e^{-2\alpha}b_0^2\,d\beta, \\ \dots\dots\dots\dots\dots\dots, \\ db_n = db_{n-2} + 2b_{n-1}\,d\varepsilon - 2b_{n-2}\,d\alpha \\ \qquad - (b_0b_{n-2} + b_1b_{n-3} + \dots + b_{n-2}b_0)e^{-2\alpha}\,d\beta \\ \qquad + (b_1b_{n-2} + b_2b_{n-3} + \dots + b_{n-2}b_1)\,d\gamma. \end{cases}$$

$$(54)\quad \begin{cases} c_0 = \gamma \\ dc_1 = 2c_0\,d(\beta\gamma - \varepsilon) - (\gamma^2 + e^{-2\alpha})\,d\beta, \\ dc_2 = dc_0 + 2c_1\,d(\beta\gamma - \varepsilon) + 2c_0\,d\alpha - e^{2\alpha}c_0^2\,d\gamma, \\ \dots\dots\dots\dots\dots\dots, \\ dc_n = dc_{n-2} + 2c_{n-1}\,d(\beta\gamma - \varepsilon) + 2c_{n-2}\,d\alpha \\ \qquad - (c_0c_{n-2} + c_1c_{n-3} + \dots + c_{n-2}c_0)e^{2\alpha}\,d\gamma \\ \qquad + (c_1c_{n-2} + c_2c_{n-3} + \dots + c_{n-2}c_1)\,d\beta, \end{cases}$$

où l'on a posé, pour abréger,

$$(55)\qquad d\varepsilon = \beta\,d\gamma + \sin\theta\sin\omega\,du + \cos\omega\cos\theta\,dv.$$

Il résulte des équations (46) que $d\varepsilon$ est une différentielle exacte.

Nous supposerons que toutes ces quadratures soient calculées de la manière la plus générale, c'est-à-dire *qu'on ait ajouté une constante arbitraire après chaque intégration.*

Ces définitions une fois admises, supposons qu'on substitue partout à θ la valeur θ' définie par la formule (47). Les nouvelles valeurs b'_i, c'_i des fonctions b_i, c_i seront déterminées par les formules (51) et les relations très simples de récurrence qui suivent

$$(56)\quad \begin{cases} b'_1 = \gamma, \\ b'_2 = c_1 - \beta\gamma^2. \\ \dots\dots\dots\dots, \\ b'_n = c_{n-1} - \beta(c_{n-2}b'_1 + c_{n-3}b'_2 + \dots + c_0b'_{n-1}) \end{cases}$$

et

$$(57)\quad \begin{cases} c'_0 = \gamma' = b_1, \\ c'_1 = b_2 + \beta' c'_0 b_1, \\ \dots\dots\dots\dots\dots, \\ c'_n = b_{n+1} + \beta'(c'_{n-1} b_1 + c'_{n-2} b_2 + \dots + c'_0 b_n). \end{cases}$$

Lorsque, au contraire, on substituera le système (ω'', θ) au système (ω, θ), les formules que l'on aura à employer pour calculer les nouvelles valeurs de b_i, c_i seront pareilles aux précédentes et s'en déduiront par la substitution des quantités $-\alpha$, γ, β, c_i, b_i à α, β, γ, b_i, c_i respectivement. On aura, par exemple,

$$(58)\quad b''_n = c_{n+1} + \gamma''(b''_{n-1} c_1 + b''_{n-2} c_2 + \dots + b''_0 c_n).$$

$$(59)\quad c''_n = b_{n-1} - \gamma\,(b_{n-2} c''_1 + b_{n-3} c''_2 + \dots + b_0 c''_{n-1}).$$

Cela résulte de la remarque faite plus haut : le système fondamental ne change pas quand on change ω en θ, θ en $\omega + \pi$; mais alors il faut changer le signe de α, échanger β et γ, b_i et c_i, ε et $\beta\gamma - \varepsilon$.

824. On peut établir tous ces résultats d'une manière relativement simple en opérant comme il suit.

Remarquons d'abord que toutes les relations par lesquelles on détermine les fonctions b_0, b_1, b_2, ... peuvent être comprises dans une formule unique à l'aide de l'artifice suivant.

t désignant une variable auxiliaire, considérons la fonction φ de t, de u et de v qui serait définie par le développement suivant

$$(60)\quad \varphi(t, u, v) = b_0 + b_1 t + b_2 t^2 + \dots + b_n t^n + \dots.$$

Multiplions maintenant les équations (53) qui servent de définition à b_1, b_2, ..., b_n, respectivement par t, t^2, ..., t^n, et ajoutons-les. En désignant par $d\varphi$ la différentielle de φ où t serait traitée comme une constante, on effectuera aisément la sommation de tous les termes semblables, ce qui conduira à l'équation

$$d\varphi - d\beta = t^2\,d\varphi + 2\varphi t\,d\varepsilon - 2\varphi t^2\,d\alpha \\ - (\beta^2 + e^{2\alpha}) t\,d\gamma - t^2 e^{-2\alpha} \varphi^2\,d\beta + t^2\left(\frac{\varphi - \beta}{t}\right)^2 d\gamma,$$

que l'on peut ordonner comme il suit

$$(61)\quad (1 - t^2)\,d\varphi = d\beta - t e^{2\alpha}\,d\gamma + 2t(d\varepsilon - \beta\,d\gamma - t\,d\alpha)\varphi + t(d\gamma - t e^{-2\alpha}\,d\beta)\varphi^2.$$

Cette unique équation tient lieu de toutes celles qui sont comprises dans le Tableau (53) : *il suffira donc de démontrer qu'il en existe une solution* φ, *développable suivant les puissances entières et positives de* t, *pour établir en une fois que tous les seconds membres des formules* (53) *sont bien des différentielles exactes.*

Or, si dans l'équation précédente on remplace $d\varphi$ par sa valeur

$$\frac{\partial\varphi}{\partial u}du + \frac{\partial\varphi}{\partial v}dv,$$

et si l'on égale à zéro les coefficients de du, dv dans les deux membres, on a deux équations de Riccati auxquelles on pourra appliquer les méthodes données au n° 48 et l'on reconnaîtra que, pour elles, les conditions d'intégrabilité sont vérifiées. A la vérité, les calculs par lesquels on établit ce résultat sont assez compliqués; on pourrait les présenter sous une forme élégante. Mais le fait essentiel que nous avons en vue sera établi plus loin (n° 829) par une simple transformation de l'équation (61).

Si l'on considérait de même la fonction ψ définie par le développement

$$\psi(t, u, v) = c_0 + c_1 t + c_2 t^2 + \ldots, \tag{62}$$

on verrait qu'elle doit satisfaire à l'équation

$$(1-t^2)d\psi = d\gamma - te^{-2\alpha}d\beta + 2t(\beta d\gamma - d\varepsilon + t\,d\alpha)\psi + t(d\beta - te^{2\alpha}d\gamma)\psi^2 \tag{63}$$

toute semblable à celle qui détermine φ. Nous allons montrer tout d'abord que les équations en φ et ψ se ramènent l'une à l'autre. Si on les ajoute, en effet, après avoir multiplié la première par ψ et la seconde par φ, on trouve

$$(1-t^2)\,d(\varphi\psi) = (d\gamma - te^{-2\alpha}\,d\beta)\,\varphi(1+t\varphi\psi) + (d\beta - te^{2\alpha}\,d\gamma)\,\psi(1+t\varphi\psi),$$

équation qui est identiquement vérifiée quand on fait

$$1 + t\varphi\psi = 0.$$

On passe donc de l'une à l'autre des deux équations par la substitution

$$\psi = -\frac{1}{t\varphi} \quad \text{ou} \quad \varphi = -\frac{1}{t\psi}. \tag{64}$$

Mais, pour bien comprendre la nature de cette relation, il faut remarquer que l'équation en φ a deux espèces bien distinctes de solutions. Les unes sont développables suivant les puissances positives de t et leur développement

$$\varphi = b_0 + b_1 t + b_2 t^2 + \ldots$$

donnera, avec les constantes arbitraires que comportent les quadratures, les fonctions que nous avons désignées par b_0, b_1, b_2, ... Les autres ont un développement

$$\varphi = \frac{A_0}{t} + A_1 + A_2 t + \ldots,$$

qui commence au terme en $\frac{1}{t}$, et ce sont celles-là seulement qu'il faudra porter dans la formule de substitution (64) pour obtenir la solution ψ

$$\psi = \gamma + c_1 t + \ldots,$$

développable suivant les puissances de t.

825. Une fois établie l'existence des fonctions b_i et c_i, voyons comment se transforment ces fonctions lorsqu'on applique la méthode de transformation de M. Bianchi. La première transformation est définie par la formule

$$\cot \frac{\theta' - \theta}{2} = \beta e^{-\alpha}.$$

Elle substitue θ' à θ; les nouvelles valeurs α', β', γ', ε' de α, β, γ, ε sont définies par les équations suivantes

$$(65) \qquad e^{\alpha'} = \frac{e^{\alpha}}{\beta^2 + e^{2\alpha}}, \qquad \beta' = \frac{-\beta}{\beta^2 + e^{2\alpha}}, \qquad \varepsilon' = -\varepsilon, \qquad \gamma' = b_1.$$

Si l'on désigne par φ' la nouvelle valeur de φ, on peut donc, grâce aux formules précédentes, écrire l'équation en φ' qui remplace l'équation en φ (61). Un calcul, que nous omettons, montre que l'on passe de l'une de ces équations à l'autre par la substitution

$$(66) \qquad \varphi' - \beta' = \varphi' + \frac{\beta}{\beta^2 + e^{2\alpha}} = \frac{-1}{\varphi - \beta}.$$

Si donc on tient compte des formules (64), on obtiendra les relations suivantes

$$(67)\quad \begin{cases} \varphi' - \beta' = \dfrac{t\psi}{1+\beta t\psi}, \\ t\psi' = \dfrac{\varphi - \beta}{1-\beta'(\varphi-\beta)}, \end{cases}$$

entre les nouvelles et les anciennes valeurs de φ et de ψ. Ces relations ont été écrites sous une forme telle qu'elles fournissent, comme cela doit être, pour φ' et ψ' des fonctions développables, comme φ et ψ, suivant les puissances positives de t.

Ce point une fois reconnu, si l'on chasse les dénominateurs et si l'on égale dans les deux membres les coefficients des mêmes puissances de t, on obtient les formules de récurrence (56), (57) données plus haut et qui permettent de calculer les nouvelles valeurs b'_i, c'_i des fonctions b_i, c_i. On peut encore employer les formules (67) sans chasser les dénominateurs et effectuer le développement des seconds membres suivant les puissances de t pour obtenir sans intermédiaire les expressions de b'_i, c'_i.

En résumant tout ce qui précède, nous pouvons donc énoncer la proposition suivante :

Toutes les fois que l'on saura déterminer la solution la plus générale de l'une des équations différentielles (61) *ou* (63), *l'application de la méthode de transformation de M. Bianchi n'exigera plus que des calculs algébriques sans aucune quadrature.*

826. Comme application partons de la solution

$$\omega = 0, \qquad \theta = 0,$$

du système (46). On a ici

$$\alpha = u, \qquad d\beta = 0, \qquad d\gamma = 0, \qquad d\delta = dv.$$

Les équations en φ et ψ se présentent sous la forme suivante

$$(1-t^2)\,d\varphi = \quad 2t\varphi(dv - t\,du),$$
$$(1-t^2)\,d\psi = -2t\psi(dv - t\,du),$$

d'où l'on déduira sans peine leurs intégrales, qui seront

$$(68)\qquad \varphi = \sigma(t)e^{2t\frac{v-tu}{1-t^2}}, \qquad \psi = \sigma_1(t)e^{-2t\frac{v-tu}{1-t^2}},$$

σ et σ_1 désignant deux fonctions quelconques, développables suivant les puissances positives de t, dont les coefficients donneront les constantes qui doivent figurer dans b_n et dans c_n.

La première solution dérivée est fournie par les formules

$$\beta = h_1, \qquad \cot\frac{\theta}{2} = h_1 e^{-u},$$

où h_1 désigne une constante. Elle correspond à la *pseudosphère*. On voit ainsi que toutes les surfaces dérivées de la pseudosphère suivant la méthode de M. Bianchi s'obtiendront sans aucune intégration.

827. Les équations de Riccati à deux variables indépendantes en φ et en ψ dont l'intégration ramène à des calculs algébriques l'application de la méthode de M. Bianchi contiennent un paramètre auxiliaire t. Nous avons vu qu'elles se réduisent l'une à l'autre par l'emploi de la formule de substitution

$$t\varphi\psi = -1.$$

Nous allons maintenant montrer qu'on peut les rattacher l'une et l'autre à un système analogue contenant un paramètre arbitraire et déjà rencontré dans cette théorie au n° 808.

Écrit avec les variables α et β qui, au n° 808, désignaient les paramètres des lignes asymptotiques, ce système prenait la forme

$$(69)\qquad \begin{cases} \dfrac{\partial\theta}{\partial\alpha} + \dfrac{\partial\omega}{\partial\alpha} = a\sin(\theta-\omega), \\[2mm] \dfrac{\partial\theta}{\partial\beta} - \dfrac{\partial\omega}{\partial\beta} = b\sin(\theta+\omega), \end{cases}$$

où l'on avait

$$(70)\qquad ab = 1, \qquad \alpha = \frac{u+v}{2}, \qquad \beta = \frac{u-v}{2}.$$

Écrit avec les variables u et v, il deviendra donc le suivant

$$(71)\qquad \begin{cases} \dfrac{\partial\theta}{\partial u} + \dfrac{\partial\omega}{\partial v} = \dfrac{a+b}{2}\sin\theta\cos\omega + \dfrac{b-a}{2}\sin\omega\cos\theta, \\[2mm] \dfrac{\partial\theta}{\partial v} + \dfrac{\partial\omega}{\partial u} = \dfrac{a-b}{2}\sin\theta\cos\omega - \dfrac{a+b}{2}\sin\omega\cos\theta, \end{cases}$$

identique, aux notations près, à celui que nous avons rencontré dans l'étude de la transformation de M. Bäcklund (p. 434) et il ne pourra avoir lieu (n° 808) qu'entre deux solutions de l'équation

$$\frac{\partial^2 \omega}{\partial u^2} - \frac{\partial^2 \omega}{\partial v^2} = \sin\omega \cos\omega.$$

Cela posé, supposons que l'on connaisse une fonction ω solution de cette équation aux dérivées partielles, c'est-à-dire que l'on connaisse l'élément linéaire d'une surface (S) à courbure constante rapportée à ses lignes de courbure. Nous allons montrer que l'intégration complète du système (71), c'est-à-dire la détermination de la fonction la plus générale θ qui y satisfait pour chaque système de valeurs de a et de b, entraîne la détermination sans quadrature des neuf cosinus qui fixent la position du trièdre (T), non seulement pour la surface (S), mais pour toutes celles qui s'en déduisent par l'application combinée de la transformation de M. Lie (n° 774) et de celle de M. Bianchi, ou si l'on veut encore par l'unique application de la méthode de transformation de M. Bäcklund (n° 809).

Considérons d'abord la surface (S); la détermination des neuf cosinus dont dépend la position du trièdre (T) relatif à cette surface exige l'intégration du système (7) [p. 378] qu'on obtient immédiatement en faisant dans le système (71)

$$a = i, \qquad b = -i,$$

et que l'on saura par suite intégrer, d'après l'hypothèse. La détermination de la surface (S) exigera donc seulement trois quadratures. D'autre part, la détermination de la surface (S_1), qui dérive de (S) par la première application de la méthode de Bianchi, exige l'intégration du même système (71) avec les valeurs égales à l'unité de a et de b. Le système étant supposé intégrable pour toutes les valeurs de a et de b, on saura donc déterminer (S_1).

Comme, d'ailleurs, il est évident, d'après les développements du n° 808, que le système (71) conserve sa forme, mais avec d'autres valeurs des constantes a et b, quand on applique la transformation de M. Lie, il est clair que la proposition s'étend à toutes les surfaces qui dérivent de (S) soit par la transformation de M. Lie soit par une première application de la méthode de M. Bianchi ou de celle de M. Bäcklund.

828. Mais on peut la compléter encore en montrant que l'on pourra, sans aucune quadrature, poursuivre l'application de la méthode de M. Bianchi, non seulement à la surface (S_1), mais à toutes celles qui en dérivent par la transformation de M. Lie. Cette nouvelle proposition se traduit analytiquement par le théorème suivant :

Soient θ et ω deux solutions connues du système (71). *Considérons les deux systèmes suivants*

$$(72)\quad \left\{\begin{aligned} \frac{\partial\theta_1}{\partial u} + \frac{\partial\omega}{\partial v} &= \frac{a_1+b_1}{2}\sin\theta_1\cos\omega + \frac{b_1-a_1}{2}\sin\omega\cos\theta_1,\\ \frac{\partial\theta_1}{\partial v} + \frac{\partial\omega}{\partial u} &= \frac{a_1-b_1}{2}\sin\theta_1\cos\omega - \frac{a_1+b_1}{2}\sin\omega\cos\theta_1,\end{aligned}\right.$$

$$(73)\quad \left\{\begin{aligned} \frac{\partial\theta}{\partial u} + \frac{\partial\omega_1}{\partial v} &= \frac{a_1+b_1}{2}\sin\theta\cos\omega_1 + \frac{b_1-a_1}{2}\sin\omega_1\cos\theta,\\ \frac{\partial\theta}{\partial v} + \frac{\partial\omega_1}{\partial u} &= \frac{a_1-b_1}{2}\sin\theta\cos\omega_1 - \frac{a_1+b_1}{2}\sin\omega_1\cos\theta,\end{aligned}\right.$$

où l'on a toujours

$$a_1 b_1 = 1,$$

et où θ_1 et ω_1 sont deux inconnues à déterminer. On passera du premier au second par la substitution

$$\operatorname{tang}\frac{\omega_1-\omega}{2}\operatorname{tang}\frac{\theta_1-\theta}{2} = \frac{a_1-a}{a_1+a},$$

de sorte que, si l'on sait intégrer le premier, on saura aussi intégrer le second.

Le lecteur vérifiera ce résultat. Nous nous contenterons de remarquer que le théorème n'est même pas en défaut pour les valeurs

$$a_1 = \pm a$$

de a_1. Supposons, par exemple, $a_1 = a$. Alors il y a une infinité de solutions du système (72), qui tendent vers θ quand a_1 tend vers a. Soit, en effet,

$$\theta_1 = f(u, v, C, a_1),$$

la solution générale du système (72) où C désigne la constante arbitraire choisie de telle manière que, pour $a_1 = a$ et $C = 0$, on ait

$$\theta_1 = \theta.$$

Alors on pourra prendre pour C une fonction de a_1

$$C = K(a_1 - a) + K_1(a_1 - a)^2 + \ldots,$$

et, si on lève l'indétermination dans la formule

$$(a + a_1)\,\mathrm{tang}\,\frac{\omega_1 - \omega}{2} = \frac{a_1 - a}{\mathrm{tang}\,\frac{\theta_1 - \theta}{2}},$$

on aura

$$a\,\mathrm{tang}\,\frac{\omega_1 - \omega}{2} = \frac{1}{\left(K\frac{\partial f}{\partial C} + \frac{\partial f}{\partial a_1}\right)_0},$$

le dénominateur étant calculé pour les valeurs 0 et a de C et de a_1.

Une méthode analogue s'appliquerait à l'hypothèse $a_1 = -a$.

On peut donc énoncer le théorème d'Analyse suivant :

Considérons le système des relations (71) *qui ne peuvent subsister qu'entre deux solutions* ω *et* θ *de l'équation aux dérivées partielles* (1). *En y considérant successivement* ω *et* θ *comme inconnues et changeant, si l'on veut, chaque fois les valeurs des constantes* a *et* b, *on peut faire dériver de toute solution* ω *de l'équation* (1) *une infinité d'autres solutions. Si, quelles que soient les constantes* a *et* b, *la première application de la méthode n'exige aucune quadrature, il en sera de même de toutes les applications suivantes.*

Géométriquement, nous avons l'énoncé suivant :

Si l'on sait déterminer par de simples quadratures une surface à courbure constante (S) *ainsi que toutes celles qui en dérivent par l'application de la transformation de M. Lie* (n° 774), *l'application successive des méthodes de transformation de MM. Bianchi, Bäcklund et Lie n'exigera aucune quadrature nouvelle.*

Il ne sera pas inutile d'ajouter ici la remarque suivante, qui indiquera comment on a été conduit à prévoir la proposition que nous venons d'énoncer et de démontrer.

Le système (71), identique au système (69), est celui que nous avons rencontré au n° 809 lorsque nous avons défini la transformation de M. Bäcklund. Nous avons vu que, si l'on mène par chaque point d'une surface à courbure constante (S) et dans le plan tangent à cette surface une droite (d) faisant l'angle θ avec l'axe des x du trièdre (T) attaché à (S) et si l'on veut que cette droite engendre une congruence pour laquelle le segment focal soit constant et égal à m, l'angle des plans focaux étant aussi constant et admettant pour cotangente $\frac{\lambda}{m}$, il sera nécessaire et suffisant que θ satisfasse au système (71), où a et b recevront les valeurs suivantes

$$a = \frac{1+\lambda}{m}, \qquad b = \frac{1-\lambda}{m}, \tag{74}$$

la relation

$$ab = 1 \tag{75}$$

entraînant la suivante

$$1 = \lambda^2 + m^2, \tag{76}$$

entre λ et m. Mais il importe de remarquer qu'il existe deux systèmes de valeurs de a et de b satisfaisant à la relation (75) et auxquels ne correspond aucune valeur finie de λ et de m. On a, en effet,

$$\lambda = \frac{a-b}{a+b}; \qquad \frac{\lambda}{m} = \frac{a-b}{2}.$$

Si donc on prend

$$a = i, \qquad b = -i,$$

les valeurs de λ et de m sont infinies. Le segment focal devient infini ainsi que l'angle des plans focaux dont la tangente devient égale à $-i$. C'est un cas limite de la transformation de M. Bäcklund dans lequel l'une des surfaces focales de la congruence engendrée par la droite (d) est rejetée à l'infini. Cette surface focale se réduit donc à une ligne située dans le plan de l'infini et cette ligne est nécessairement une droite tangente au cercle de l'infini puisque, les deux plans focaux faisant un angle infini, l'un d'eux est nécessairement un plan isotrope. Ainsi *la droite* (d) *est alors la section du plan tangent de* (S) *par un plan isotrope parallèle à un plan fixe*. D'ailleurs le système qui détermine θ devient identique, comme nous l'avons déjà remarqué, à celui dont dépend la détermination du trièdre (T) attaché à la surface (S). Ainsi ce système particulier (7), donné à la page 378, correspond à ce que nous appellerons un *cas limite* de la transformation de M. Bäcklund.

Ce point étant admis, supposons qu'on fasse dériver de (S) une surface (S_1) par la méthode de M. Bianchi, ce qui exige l'intégration du système (71), où a et b seraient remplacés par l'unité. Si l'on sait déterminer le trièdre (T) attaché à (S), on saura aussi déterminer le trièdre (T) attaché à (S_1); cela résulte de la définition même de la transformation. En d'autres termes, si l'on sait appliquer à (S) le cas limite de la transformation de M. Bäcklund, on saura l'appliquer aussi à (S_1). Pour vérifier par l'analyse cette proposition, il était naturel de substituer à la transformation limite une transformation quelconque, ce qui devait nous conduire au théorème général qui fait l'objet de ce numéro.

829. Nous n'avons plus qu'un mot à ajouter pour rattacher ces résultats à ceux qui concernent les fonctions φ et ψ. Si l'on effectue dans l'équation en φ la substitution

$$\varphi = e^{\alpha} \cot \frac{\theta_1 - \theta}{2},$$

où θ est la fonction satisfaisant aux équations (46) et, si l'on pose

$$a = \frac{1-t}{1+t}, \qquad b = \frac{1+t}{1-t},$$

elle prendra la forme suivante

$$d\theta_1 + \frac{\partial \omega}{\partial u} dv + \frac{\partial \omega}{\partial v} du = \frac{a}{2} \sin(\theta_1 - \omega)(du + dv) + \frac{b}{2} \sin(\theta_1 + \omega)(du - dv).$$

En égalant les coefficients de du et de dv dans les deux membres, on retrouve les équations

$$\frac{\partial \theta_1}{\partial u} + \frac{\partial \omega}{\partial v} = \frac{a}{2} \sin(\theta_1 - \omega) + \frac{b}{2} \sin(\theta_1 + \omega),$$

$$\frac{\partial \theta_1}{\partial v} + \frac{\partial \omega}{\partial u} = \frac{a}{2} \sin(\theta_1 - \omega) - \frac{b}{2} \sin(\theta_1 + \omega),$$

c'est-à-dire le système (71) où θ serait remplacé par θ_1.

CHAPITRE XIV.

RAPPROCHEMENTS ET ANALOGIES ENTRE LES SURFACES A COURBURE CONSTANTE ET LES SURFACES MINIMA.

Recherche des surfaces (M) telles que deux familles de lignes conjuguées aient pour tangentes des droites qui soient, en même temps, tangentes à une même surface du second degré. — Quand cette quadrique se réduit au cercle de l'infini, on doit retrouver les surfaces minima; mais, quand elle est de la classe la plus générale, la détermination des surfaces cherchées se ramène à la même équation aux dérivées partielles que celle des surfaces à courbure constante. — Signification géométrique des résultats précédents; généralisation des notions de distance et d'angle due à M. Cayley. — Relation avec les définitions données au Livre V, Chapitre VIII. — Les lignes géodésiques dans la Géométrie de M. Cayley. — Leur plan osculateur est toujours normal à la surface sur laquelle elles sont tracées. — Les lignes les plus courtes dans l'espace sont encore des lignes droites. — Généralisation des principales propriétés des lignes de courbure. — Formules analogues à celles d'Olinde Rodrigues et relatives aux lignes de courbure généralisées. — Les surfaces (M) étudiées au début de ce Chapitre ont, dans la Géométrie Cayleyenne, leurs rayons de courbure égaux et de signes contraires; elles sont les seules qui jouissent de cette propriété. — Elles se rapprochent encore des surfaces minima par la propriété de rendre minimum la portion de l'aire cayleyenne comprise dans un contour donné. — Étude d'une transformation qui permet de transporter à la Géométrie euclidienne toute relation entre les angles dans la Géométrie de M. Cayley. — Cette transformation fait correspondre une sphère à un plan et un cercle à une droite. — Généralisation de la théorie des tangentes conjuguées de Dupin. — Propriétés diverses des surfaces (M') qui dérivent des surfaces (M) par la transformation précédente.

---

830. Dans les Chapitres précédents nous avons fait connaître les principaux résultats acquis à la Science en ce qui concerne les surfaces à courbure constante. Nous aurons encore à revenir sur ce sujet dans le Livre suivant; nous allons terminer celui-ci et la troisième Partie de cet Ouvrage en indiquant quelques propositions qui établissent certaines analogies, certains rapports de voisinage entre les surfaces à courbure constante et les surfaces minima.

Nous avons vu (n° 186) que les surfaces minima peuvent être caractérisées par la propriété suivante : *Les deux tangentes de longueur nulle menées par chaque point de la surface doivent être deux tangentes conjuguées.* Il est naturel d'étendre un peu cette définition et de chercher les surfaces telles que, si, dans chacun de leurs plans tangents et par le point de contact de ce plan, on mène les deux tangentes à une surface fixe du second degré, ces deux tangentes soient conjuguées relativement à la surface cherchée. Quand la surface du second degré ou *quadrique* se réduira au cercle de l'infini, la définition précédente coïncidera avec celle des surfaces minima. Si la quadrique se réduit à une conique, la surface cherchée deviendra la transformée homographique d'une surface minima. Si la quadrique (Q) se réduit à un cône, la surface sera la *corrélative* d'une surface minima. Le seul cas réellement nouveau à envisager est donc celui où la quadrique appartient à la classe la plus générale ; nous la désignerons, pour abréger, par la lettre (Q) et les surfaces cherchées seront appelées ici les surfaces (M).

831. Soit alors

$$x^2 + y^2 + z^2 + t^2 = 0 \tag{1}$$

l'équation de la quadrique (Q) rapportée à un tétraèdre conjugué quelconque et considérons, sur la surface (M) cherchée, les deux familles de lignes conjuguées dont les tangentes sont en même temps tangentes à la quadrique. Ces deux familles sont distinctes si nous écartons le cas exceptionnel où la surface (M) se réduirait à une développable circonscrite à la quadrique (Q) ; nous pourrons donc prendre pour variables indépendantes leurs paramètres α et β.

Si l'on mène par un point (x, y, z, t) de (M) la tangente définie par les valeurs dx, dy, dz, dt des différentielles, la condition pour que cette droite soit aussi tangente à la quadrique s'exprime par l'équation suivante

$$\tag{2} \left\{ \begin{aligned} &(x^2 + y^2 + z^2 + t^2)(dx^2 + dy^2 + dz^2 + dt^2) \\ &\qquad - (x\,dx + y\,dy + z\,dz + t\,dt)^2 = 0. \end{aligned} \right.$$

Supposons qu'on ait multiplié les coordonnées homogènes de

chaque point par une fonction telle que l'on ait constamment

$$x^2 + y^2 + z^2 + t^2 = 1, \tag{3}$$

la condition précédente se simplifiera et deviendra

$$dx^2 + dy^2 + dz^2 + dt^2 = 0. \tag{4}$$

On exprimera donc que les tangentes aux lignes de paramètres α et β sont aussi tangentes à la quadrique en écrivant les deux équations

$$\left\{\begin{aligned} &\left(\frac{\partial x}{\partial \alpha}\right)^2 + \left(\frac{\partial y}{\partial \alpha}\right)^2 + \left(\frac{\partial z}{\partial \alpha}\right)^2 + \left(\frac{\partial t}{\partial \alpha}\right)^2 = 0, \\ &\left(\frac{\partial x}{\partial \beta}\right)^2 + \left(\frac{\partial y}{\partial \beta}\right)^2 + \left(\frac{\partial z}{\partial \beta}\right)^2 + \left(\frac{\partial t}{\partial \beta}\right)^2 = 0. \end{aligned}\right. \tag{5}$$

Pour exprimer de plus que les lignes de paramètres α et β sont conjuguées, il faudra écrire que x, y, z, t sont quatre solutions particulières d'une équation linéaire de la forme

$$\frac{\partial^2 \theta}{\partial \alpha\, \partial \beta} = A \frac{\partial \theta}{\partial \alpha} + B \frac{\partial \theta}{\partial \beta} + C\theta, \tag{6}$$

où A, B, C désignent des fonctions inconnues de α et de β. Nous allons montrer en premier lieu que A et B sont nulles.

Pour cela, multiplions l'équation précédente par $\frac{\partial \theta}{\partial \alpha}$ et faisons la somme des quatre équations que l'on obtient en y remplaçant θ par x, y, z, t successivement. Comme on a, d'après les équations (5) et (3),

$$\left(\frac{\partial x}{\partial \alpha}\right)^2 + \left(\frac{\partial y}{\partial \alpha}\right)^2 + \left(\frac{\partial z}{\partial \alpha}\right)^2 + \left(\frac{\partial t}{\partial \alpha}\right)^2 = 0,$$

$$\frac{\partial x}{\partial \alpha}\frac{\partial^2 x}{\partial \alpha\, \partial \beta} + \frac{\partial y}{\partial \alpha}\frac{\partial^2 y}{\partial \alpha\, \partial \beta} + \frac{\partial z}{\partial \alpha}\frac{\partial^2 z}{\partial \alpha\, \partial \beta} + \frac{\partial t}{\partial \alpha}\frac{\partial^2 t}{\partial \alpha\, \partial \beta} = 0,$$

$$x\frac{\partial x}{\partial \alpha} + y\frac{\partial y}{\partial \alpha} + z\frac{\partial z}{\partial \alpha} + t\frac{\partial t}{\partial \alpha} = 0,$$

il viendra

$$B\left(\frac{\partial x}{\partial \alpha}\frac{\partial x}{\partial \beta} + \frac{\partial y}{\partial \alpha}\frac{\partial y}{\partial \beta} + \frac{\partial z}{\partial \alpha}\frac{\partial z}{\partial \beta} + \frac{\partial t}{\partial \alpha}\frac{\partial t}{\partial \beta}\right) = 0,$$

c'est-à-dire, puisque le coefficient de B ne peut être nul,

$$\Gamma = 0.$$

On aura de même

$$= 0,$$

en sorte que la question est tout entière ramenée à la suivante :

Trouver une équation linéaire à invariants égaux

$$\frac{\partial^2 \theta}{\partial \alpha\, \partial \beta} = C\theta, \tag{7}$$

dont quatre solutions particulières satisfassent à la relation

$$x^2 + y^2 + z^2 + t^2 = 1. \tag{8}$$

Sous cette forme le problème est susceptible d'une solution élégante.

832. Comme on trouve, en différentiant deux fois l'équation (8),

$$x\frac{\partial^2 x}{\partial \alpha\, \partial \beta} + y\frac{\partial^2 y}{\partial \alpha\, \partial \beta} + z\frac{\partial^2 z}{\partial \alpha\, \partial \beta} + t\frac{\partial^2 t}{\partial \alpha\, \partial \beta}$$
$$= -\frac{\partial x}{\partial \alpha}\frac{\partial x}{\partial \beta} - \frac{\partial y}{\partial \alpha}\frac{\partial y}{\partial \beta} - \frac{\partial z}{\partial \alpha}\frac{\partial z}{\partial \beta} - \frac{\partial t}{\partial \alpha}\frac{\partial t}{\partial \beta},$$

on aura, en remplaçant les dérivées secondes par leurs valeurs déduites de l'équation (7),

$$C = -\mathrm{S}\frac{\partial x}{\partial \alpha}\frac{\partial x}{\partial \beta}, \tag{9}$$

le signe S désignant une somme étendue aux quatre coordonnées. En tenant toujours compte de ce que x, y, z, t sont solutions particulières de l'équation (7), on déduit de là sans difficulté les équations suivantes :

$$\left\{\begin{aligned} &\frac{\partial C}{\partial \alpha} = -\mathrm{S}\frac{\partial^2 x}{\partial \alpha^2}\frac{\partial x}{\partial \beta}, \qquad \frac{\partial C}{\partial \beta} = -\mathrm{S}\frac{\partial^2 x}{\partial \beta^2}\frac{\partial x}{\partial \alpha},\\ &\frac{\partial^2 C}{\partial \alpha\, \partial \beta} = -\mathrm{S}\frac{\partial^2 x}{\partial \alpha^2}\frac{\partial^2 x}{\partial \beta^2} + C^2, \end{aligned}\right. \tag{10}$$

dont nous aurons à faire usage plus loin. Posons maintenant

$$K = \mathrm{S}\left(\frac{\partial^2 x}{\partial \alpha^2}\right)^2, \qquad K_1 = \mathrm{S}\left(\frac{\partial^2 x}{\partial \beta^2}\right)^2. \tag{11}$$

On aura

$$\frac{\partial K}{\partial \beta} = 2\mathrm{S}\frac{\partial^2 x}{\partial \alpha^2}\frac{\partial^3 x}{\partial \alpha^2\, \partial \beta} = 2\mathrm{S}\frac{\partial^2 x}{\partial \alpha^2}\frac{\partial}{\partial \alpha}(Cx) = 0,$$

et de même

$$\frac{\partial K_1}{\partial \alpha} = 0;$$

K et K_1 dépendent donc respectivement des seules variables α et β et l'on peut écrire

$$K = f(\alpha), \qquad K_1 = f_1(\beta).$$

Il faut écarter l'hypothèse où l'une de ces fonctions serait nulle, le lecteur s'en assurera aisément. On pourra alors, en remplaçant les variables α et β par des fonctions convenablement choisies de ces variables, réduire K et K_1 à l'unité. Nous supposerons donc, dans la suite,

$$(12) \qquad K = 1, \qquad K_1 = 1.$$

Désignons maintenant par u, v, w, p les coordonnées tangentielles, coordonnées dont les rapports mutuels sont déterminés par les trois équations

$$(13) \qquad \mathrm{S}\, ux = 0, \qquad \mathrm{S}\, u\frac{\partial x}{\partial \alpha} = 0, \qquad \mathrm{S}\, u\frac{\partial x}{\partial \beta} = 0.$$

On peut évidemment toujours trouver quatre fonctions A, A_1, H, D telles que l'on ait

$$(14) \qquad \frac{\partial^2 x}{\partial \alpha^2} = A\frac{\partial x}{\partial \alpha} + A_1\frac{\partial x}{\partial \beta} + Hx + Du,$$

et les équations analogues obtenues en remplaçant x et u par y et v, z et w, t et p respectivement. Multiplions l'équation précédente par x et ajoutons-la aux trois équations analogues relatives aux autres coordonnées. En tenant compte des identités déjà signalées, on trouvera

$$H = 0.$$

Opérant de même, après avoir multiplié par $\frac{\partial x}{\partial \alpha}$, on aurait

$$A_1 = 0.$$

Multipliant maintenant par $\frac{\partial x}{\partial \beta}$ et remarquant que l'on a

$$\mathrm{S}\, \frac{\partial x}{\partial \beta}\frac{\partial^2 x}{\partial \alpha^2} = \frac{\partial}{\partial \alpha}\mathrm{S}\, \frac{\partial x}{\partial \alpha}\frac{\partial x}{\partial \beta} = -\frac{\partial C}{\partial \alpha},$$

on trouve

$$-\frac{\partial C}{\partial \alpha} = -AC, \qquad A = \frac{1}{C}\frac{\partial C}{\partial \alpha}.$$

L'équation (14) se réduit donc à la forme très simple

$$(15)\qquad \frac{\partial^2 x}{\partial \alpha^2} = \frac{1}{C}\frac{\partial C}{\partial \alpha}\frac{\partial x}{\partial \alpha} + Du.$$

Si l'on assujettit en outre les coordonnées tangentielles à vérifier aussi la relation

$$(16)\qquad u^2 + v^2 + w^2 + p^2 = 1,$$

l'élévation au carré de l'équation précédente et son addition aux équations analogues nous donneront la condition

$$D^2 = 1, \qquad D = \pm 1.$$

En remplaçant, s'il est nécessaire, α par $i\alpha$, on pourra toujours prendre $D = 1$, ce qui donnera l'équation

$$(17)\qquad \frac{\partial^2 x}{\partial \alpha^2} = \frac{1}{C}\frac{\partial C}{\partial \alpha}\frac{\partial x}{\partial \alpha} + u,$$

à laquelle on peut joindre la suivante, toute semblable :

$$(18)\qquad \frac{\partial^2 x}{\partial \beta^2} = \frac{1}{C}\frac{\partial C}{\partial \beta}\frac{\partial x}{\partial \beta} + u,$$

ces équations étant encore vérifiées quand on y remplace x et u par y et v, z et w, t et p.

833. Si on les retranche membre à membre, on reconnaîtra que les quatre coordonnées ponctuelles satisfont à l'équation linéaire aux dérivées partielles

$$(19)\qquad \frac{\partial^2 x}{\partial \alpha^2} - \frac{\partial^2 x}{\partial \beta^2} - \frac{1}{C}\frac{\partial C}{\partial \alpha}\frac{\partial x}{\partial \alpha} + \frac{1}{C}\frac{\partial C}{\partial \beta}\frac{\partial x}{\partial \beta} = 0,$$

en même temps qu'à l'équation (7), et il est clair que la principale difficulté du problème se réduit à la détermination de C. Or, si l'on multiplie l'équation précédente par $\frac{\partial^2 x}{\partial \beta^2}$ et qu'on l'ajoute aux équations analogues, on trouvera

$$\mathrm{S}\frac{\partial^2 x}{\partial \beta^2}\frac{\partial^2 x}{\partial \alpha^2} - 1 - \frac{1}{C}\frac{\partial C}{\partial \alpha}\mathrm{S}\frac{\partial x}{\partial \alpha}\frac{\partial^2 x}{\partial \beta^2} = 0,$$

ou, en tenant compte des relations (10),

$$(20)\qquad \mathrm{S}\frac{\partial^2 x}{\partial\alpha^2}\frac{\partial^2 x}{\partial\beta^2} = 1 - \frac{1}{C}\frac{\partial C}{\partial\alpha}\frac{\partial C}{\partial\beta}.$$

D'autre part, la première des relations (10)

$$\frac{\partial C}{\partial\alpha} = -\mathrm{S}\frac{\partial x}{\partial\beta}\frac{\partial^2 x}{\partial\alpha^2}$$

nous donne, en différentiant par rapport à β,

$$\frac{\partial^2 C}{\partial\alpha\,\partial\beta} = -\mathrm{S}\frac{\partial^2 x}{\partial\alpha^2}\frac{\partial^2 x}{\partial\beta^2} - \mathrm{S}\frac{\partial x}{\partial\beta}\frac{\partial^3 x}{\partial\alpha^2\,\partial\beta}.$$

Remarquons que l'on a

$$\frac{\partial^3 x}{\partial\alpha^2\,\partial\beta} = \frac{\partial}{\partial\alpha}(Cx) = C\frac{\partial x}{\partial\alpha} + x\frac{\partial C}{\partial\alpha}.$$

En portant dans l'équation précédente cette valeur de la dérivée troisième de x, il viendra donc

$$\frac{\partial^2 C}{\partial\alpha\,\partial\beta} = -\mathrm{S}\frac{\partial^2 x}{\partial\alpha^2}\frac{\partial^2 x}{\partial\beta^2} + C^2,$$

de sorte que l'équation (20) se transformera dans la suivante

$$\frac{\partial^2 C}{\partial\alpha\,\partial\beta} - C^2 = \frac{1}{C}\frac{\partial C}{\partial\alpha}\frac{\partial C}{\partial\beta} - 1,$$

ou encore

$$(21)\qquad \frac{\partial^2 \log C}{\partial\alpha\,\partial\beta} = C - \frac{1}{C}.$$

Telle est l'équation aux dérivées partielles qui déterminera C.

834. Une fois connue C, les coordonnées x, y, z, t seront définies par les équations aux dérivées partielles (7) et (19), qui ne peuvent évidemment admettre que des solutions contenant des constantes arbitraires. A chaque valeur de C correspondent une infinité de surfaces (M); mais toutes ces surfaces se transforment les unes dans les autres par la substitution homographique qui conserve la quadrique (Q), c'est-à-dire la forme quadratique

$$x^2 + y^2 + z^2 + t^2.$$

Si l'on remplace dans l'équation (21) C par $e^{2i\omega}$, elle prend la forme

$$\frac{\partial^2 \omega}{\partial \alpha\, \partial \beta} = \sin 2\omega, \tag{22}$$

qui ne diffère que par les notations de celle dont l'intégration détermine les surfaces à courbure constante.

835. Quand on aura déterminé x, y, z, t, les formules (17) ou (18) feront connaître les coordonnées tangentielles, c'est-à-dire les coordonnées ponctuelles du pôle du plan tangent par rapport à la quadrique (Q). La Géométrie nous montre immédiatement que la polaire réciproque de la surface cherchée (M) par rapport à (Q) donne une seconde solution du problème que nous avons en vue. En effet, dans la transformation par polaires réciproques, *à des tangentes conjuguées de* (M), *correspondent des tangentes conjuguées de la polaire réciproque; et, à des tangentes de* (Q), *correspondent encore des tangentes de* (Q).

On peut vérifier cette proposition par l'Analyse de la manière suivante :

Différentions l'équation (17) par rapport à β; il viendra

$$\frac{\partial u}{\partial \beta} = \frac{\partial^2 x}{\partial \alpha^2\, \partial \beta} - \frac{\partial}{\partial \beta}\left(\frac{1}{C}\frac{\partial C}{\partial \alpha}\frac{\partial x}{\partial \alpha}\right)$$

ou, en tenant compte des équations (7) et (21),

$$\frac{\partial u}{\partial \beta} = \left(C - \frac{\partial^2 \log C}{\partial \alpha\, \partial \beta}\right)\frac{\partial x}{\partial \alpha} = \frac{1}{C}\frac{\partial x}{\partial \alpha}. \tag{23}$$

On trouvera de même

$$\frac{\partial u}{\partial \alpha} = \frac{1}{C}\frac{\partial x}{\partial \beta} \tag{24}$$

et

$$\frac{\partial^2 u}{\partial \alpha\, \partial \beta} = \frac{1}{C}\frac{\partial^2 x}{\partial \beta^2} - \frac{1}{C^2}\frac{\partial C}{\partial \beta}\frac{\partial x}{\partial \beta}$$

ou, en tenant compte de l'équation (18),

$$\frac{\partial^2 u}{\partial \alpha\, \partial \beta} = \frac{1}{C}u. \tag{25}$$

On voit bien ainsi que la polaire réciproque de (M) est une surface de même définition que (M), qui correspond à cette solution de l'équation (21) que l'on obtient en changeant C en $\frac{1}{C}$.

836. Pour indiquer d'une manière complète la signification des résultats précédents, nous allons rappeler la généralisation des notions d'angle et de distance qui est due à M. Cayley (¹).

Cette généralisation a pour point de départ la substitution d'une quadrique quelconque (Q) au cercle de l'infini.

Étant donnés deux points dans l'espace M, M', appelons *distance* de ces deux points la fonction δ définie par l'équation

$$e^{2i\delta} = R, \tag{26}$$

R désignant le rapport anharmonique de M, M' et des deux points où la droite MM' rencontre la quadrique (Q). Si $x, y, z, t; x', y', z', t'$ désignent les coordonnées des deux points et si la quadrique (Q) est définie par l'équation homogène

$$f(x, y, z, t) = 0, \tag{27}$$

on aura

$$\cos\delta = \frac{1}{2}\,\frac{x'\frac{\partial f}{\partial x} + y'\frac{\partial f}{\partial y} + z'\frac{\partial f}{\partial z} + t'\frac{\partial f}{\partial t}}{\sqrt{f(x, y, z, t)\,f(x', y', z', t')}}. \tag{28}$$

La distance de deux points pourra donc être considérée comme nulle quand ils seront sur une même tangente à la quadrique (Q) et seulement dans ce cas.

Si la quadrique (Q) se réduit à une conique, la distance de deux points quelconques devient nulle dans tous les cas, d'après la définition même; mais on peut employer l'artifice suivant.

Supposons, pour fixer les idées, que l'on ait pris l'équation de

---

(¹) *Voir* le Mémoire intitulé : *A sixth Memoir upon Quantics* (*Philosophical Transactions*, vol. CXLIX, p. 61-90; 1859) et *the Collected Mathematical Papers of A. Cayley*, vol. II, p. 561. On pourra consulter aussi un Mémoire de M. F. Klein *Ueber die sogenannte Nicht-Euklidische Geometrie* inséré en 1871 au tome IV des *Mathematische Annalen*, p. 573-625.

En ce qui concerne la généralisation des notions de lignes de courbure, focales, normales, etc., consulter l'Ouvrage déjà cité *Mémoire sur une classe remarquable de courbes et de surfaces algébriques*, Paris, Gauthier-Villars; 1873.

la quadrique sous la forme

$$x^2+y^2+z^2-R^2t^2=0, \tag{29}$$

ou, si l'on veut, que la quadrique (Q) rapportée à des axes rectangulaires soit une sphère de rayon R. La formule (28) nous donnera

$$\cos\delta = \frac{R^2-xx'-yy'-zz'}{\sqrt{(R^2-x^2-y^2-z^2)(R^2-x'^2-y'^2-z'^2)}},$$

en faisant $t=t'=1$.

Si R devient infini, on trouve

$$\cos\delta = 1,$$

et l'on peut prendre $\delta=0$. Mais posons

$$\cos\delta = 1+\frac{\delta'^2}{2R^2} \qquad \delta'^2 = 2R^2(\cos\delta-1), \tag{30}$$

et développons en série, suivant les puissances de $\frac{1}{R}$, il viendra

$$\delta'^2 = (x-x')^2+(y-y')^2+(z-z')^2, \tag{31}$$

les termes négligés contenant tous $\frac{1}{R}$ en facteur. Nous retrouvons à la limite l'expression habituelle de la distance de deux points.

De même, étant donnés deux plans, appelons *angle de ces plans* la fonction V définie par la formule

$$e^{2iV} = \mathfrak{R}, \tag{32}$$

où $\mathfrak{R}$ désigne le rapport anharmonique des deux plans donnés et des deux plans tangents menés par leur intersection à la quadrique (Q). Si

$$\varphi(u, v, w, p) = 0 \tag{33}$$

est l'équation tangentielle de cette quadrique et si u, v, w, p; u', v', w', p' désignent les coordonnées tangentielles des deux plans donnés, leur angle sera défini par la formule

$$\cos V = \frac{1}{2}\,\frac{u'\dfrac{\partial\varphi}{\partial u}+v'\dfrac{\partial\varphi}{\partial v}+w'\dfrac{\partial\varphi}{\partial w}+p'\dfrac{\partial\varphi}{\partial p}}{\sqrt{\varphi(u, v, w, p)\,\varphi(u', v', w', p')}}. \tag{34}$$

Cette définition se réduit, sans qu'il soit nécessaire de faire aucune transformation, à la définition ordinaire quand la quadrique (Q) se transforme dans le cercle de l'infini. Il est clair que, dans la Géométrie de M. Cayley, l'angle de deux plans est égal à la distance de leurs pôles par rapport à la quadrique (Q).

On appellera de même *angle de deux droites qui se coupent* la fonction V définie toujours par l'équation (32), où $\mathfrak{R}$ désignera le rapport anharmonique des deux droites et des deux tangentes menées par leur point d'intersection et dans leur plan à la quadrique (Q).

Deux plans seront perpendiculaires quand l'un contiendra le pôle de l'autre. Deux droites seront perpendiculaires quand l'une contiendra le pôle d'un plan passant par l'autre.

Une droite sera perpendiculaire à un plan quand elle sera perpendiculaire à toutes les droites passant par son pied dans le plan. Elle passera alors par le pôle du plan.

L'angle d'une droite et d'un plan sera le complément de l'angle de la droite et de la perpendiculaire menée au plan par le pied de cette droite dans le plan.

837. Une fois définies les notions d'angle et de distance, les autres définitions de la Géométrie métrique ordinaire subsistent et peuvent être introduites sans aucune difficulté.

Cherchons, par exemple, l'élément linéaire de l'espace et, pour cela, remplaçons dans la formule (28) qui donne la distance de deux points x', y', z', t' par $x + dx$, $y + dy$, $z + dz$, $t + dt$. En développant en série les deux membres, nous trouverons

$$\cos\delta = 1 - \frac{ds^2}{2} + \ldots,$$

$$(35)\qquad ds^2 = \frac{f(dx, dy, dz, dt)}{f(x, y, z, t)} - \frac{1}{4}\,\frac{\left(\frac{\partial f}{\partial x}dx + \frac{\partial f}{\partial y}dy + \frac{\partial f}{\partial z}dz + \frac{\partial f}{\partial t}dt\right)^2}{f^2(x, y, z, t)}.$$

Si, en particulier, on suppose que les coordonnées homogènes aient été multipliées par une fonction telle que l'on ait constamment

$$(36)\qquad f(x, y, z, t) = 1,$$

on aura

$$df = 0,$$

et la formule (35) se réduira à la suivante

$$(37) \qquad ds^2 = f(dx, dy, dz, dt).$$

838. Ces formules conduisent à différentes conséquences. Nous remarquerons d'abord que, si l'on considère différentes directions émanant d'un même point, les angles de ces directions [relativement à la quadrique (Q)] sont ceux que nous avons définis au n° 572 et que nous avons rattachés à la considération purement analytique d'une forme quadratique. Cette forme quadratique est ici celle qui est définie par l'équation (35) ou par l'équation (37) en tenant compte de la relation (36).

Remarquons en effet que, si nous considérons seulement les angles des droites et des plans qui passent par un point déterminé M, on peut, sans changer la valeur de ces angles, substituer dans leur définition à la quadrique (Q) toute autre quadrique inscrite à celle-là suivant la conique (C) d'intersection par le plan polaire du point M; en particulier, on peut prendre cette conique (C) elle-même.

Si l'on a rapporté la surface à un tétraèdre conjugué ayant l'un de ses sommets en M, on pourra réduire son équation à la forme simple

$$x^2 + y^2 + z^2 + t^2 = 0,$$

le point M ayant pour coordonnées

$$x = y = z = 0, \qquad t = 1.$$

Cela posé, considérons deux directions partant du point M et définies par les caractéristiques d et δ; on aura, en assujettissant les coordonnées à vérifier toujours l'équation de condition (36),

$$dt = \delta t = 0,$$

et l'angle $(ds, \delta s)$ de ces deux directions sera donné par la formule

$$(38) \qquad ds\,\delta s \cos(ds, \delta s) = dx\,\delta x + dy\,\delta y + dz\,\delta z$$

tout à fait identique à la formule ordinaire. Cela résulte immédiatement de la remarque précédente, puisque nous pouvons, dans le calcul de l'angle, substituer à la quadrique (Q) la conique définie par les équations

$$t = 0,$$
$$x^2 + y^2 + z^2 = 0,$$

conique qui, avec les notations cartésiennes, deviendrait identique au cercle de l'infini. Or l'angle $(ds, \delta s)$, défini par la formule (38), est bien identique à l'angle de deux directions tel que nous l'avons défini au n° 572, relativement à l'une ou l'autre des formes quadratiques (35) ou (37). Cela se vérifie presque immédiatement.

839. La formule (37) va nous permettre encore de généraliser la propriété des lignes géodésiques d'une surface et de montrer que, dans la Géométrie de M. Cayley comme dans la Géométrie ordinaire, le plan osculateur d'une ligne géodésique est normal à la surface sur laquelle elle est tracée.

Soit, en effet,

$$\theta(x, y, z, t) = 0 \tag{39}$$

l'équation homogène d'une surface (θ) dont on veut déterminer les lignes géodésiques. Il faudra trouver le minimum de l'intégrale

$$\int ds,$$

où ds est donnée par l'une des formules (35) ou (37). En supposant que x, y, z, t vérifient toujours la relation (36), ce qui est évidemment permis, l'application des méthodes du Calcul des variations conduit aux équations différentielles suivantes.

Désignons par x', y', z', t'; x'', y'', z'', t'' les dérivées premières et secondes de x, y, z, t, considérées comme fonctions de s et posons, pour abréger,

$$f = f(x, y, z, t), \qquad f' = f(x', y', z', t'), \qquad f'' = f(x'', y'', z'', t''). \tag{40}$$

Les équations différentielles cherchées sont

$$\left\{\begin{aligned} \frac{\partial f''}{\partial x''} &= -\frac{\partial f}{\partial x} + \mu\frac{\partial \theta}{\partial x}, \\ \frac{\partial f''}{\partial y''} &= -\frac{\partial f}{\partial y} + \mu\frac{\partial \theta}{\partial y}, \\ \frac{\partial f''}{\partial z''} &= -\frac{\partial f}{\partial z} + \mu\frac{\partial \theta}{\partial z}, \\ \frac{\partial f''}{\partial t''} &= -\frac{\partial f}{\partial t} + \mu\frac{\partial \theta}{\partial t}. \end{aligned}\right. \tag{41}$$

Les coordonnées u, v, w, p du plan osculateur à la ligne géodésique sont évidemment définies par les trois équations

$$\mathbf{S}ux = 0, \quad \mathbf{S}ux' = 0, \quad \mathbf{S}ux'' = 0.$$

Les coordonnées X, Y, Z, T du pôle de ce plan s'obtiendront en remplaçant dans les équations précédentes u, v, w, p respectivement par les dérivées relatives à X, Y, Z, T de la fonction $f(\mathrm{X}, \mathrm{Y}, \mathrm{Z}, \mathrm{T})$, ce qui donnera, d'après une identité bien connue, les équations

$$(42) \qquad \mathbf{S}\mathrm{X}\frac{\partial f}{\partial x} = 0, \quad \mathbf{S}\mathrm{X}\frac{\partial f'}{\partial x'} = 0, \quad \mathbf{S}\mathrm{X}\frac{\partial f''}{\partial x''} = 0.$$

Cela posé, multiplions les équations (41) respectivement par X, Y, Z, T et ajoutons-les. En tenant compte des relations précédentes, nous aurons

$$\mu\mathbf{S}\mathrm{X}\frac{\partial\Theta}{\partial x} = 0,$$

et, par suite, μ n'étant pas nul ([1]),

$$(43) \qquad \mathbf{S}\mathrm{X}\frac{\partial\Theta}{\partial x} = 0.$$

Cette équation exprime que le pôle du plan osculateur se trouve dans le plan tangent à la surface (Θ). En d'autres termes, *le plan osculateur de la ligne géodésique est perpendiculaire au plan tangent,* les angles étant évalués par rapport à la quadrique fondamentale.

Il résulte de ce théorème que la ligne la plus courte entre deux points de l'espace est, dans la Géométrie de M. Cayley, la ligne droite qui joint ces deux points. Car la ligne la plus courte réunissant deux points de l'espace sera géodésique sur toutes les sur-

---

([1]) Si μ était nul, les équations (41) ne dépendraient pas de Θ et se réduiraient aux suivantes

$$x + x'' = 0, \quad y + y'' = 0, \quad z + z'' = 0, \quad t + t'' = 0,$$

qui définissent la ligne la plus courte *dans l'espace.* Cette ligne la plus courte est une droite; nous allons le signaler dans un instant.

faces qui la contiendront et, par conséquent, devra avoir son plan osculateur indéterminé. Ainsi

Dans la Géométrie de M. Cayley, les lignes droites sont les lignes les plus courtes entre deux points.

On suppose toutefois qu'en allant d'un point à l'autre on ne rencontre pas la surface (Q), car alors il y aurait discontinuité, la distance de deux points devenant infinie quand l'un d'eux se trouve sur la quadrique fondamentale. Ainsi les deux points doivent être à l'intérieur ou à l'extérieur de la surface (Q).

Il suit du théorème précédent qu'on saura déterminer les lignes géodésiques tracées sur toute surface (S) du second degré. Car la surface développable qui a son arête de rebroussement sur (S) et est en même temps tangente à une quadrique quelconque (Q') inscrite dans la développable $\boxed{(S), (Q)}$ aura précisément pour arête de rebroussement une ligne géodésique de (S). Cela résulte des propriétés bien connues des faisceaux tangentiels de quadriques. Le développement des calculs est identique à celui qui concerne les lignes géodésiques dans la Géométrie ordinaire, comme le montre immédiatement la remarque suivante. Les lignes géodésiques d'une quadrique (S) conservent encore leur propriété d'être géodésiques lorsqu'on substitue à la quadrique fondamentale (Q) toute autre quadrique inscrite dans la développable $\boxed{(S), (Q)}$ et, en particulier, l'une des lignes doubles de cette développable; et, par conséquent, pour les transformer en lignes géodésiques *ordinaires*, il suffit d'effectuer une transformation homographique qui remplace cette ligne double par le cercle de l'infini.

840. Dans la Géométrie de M. Cayley les lignes de courbure peuvent être définies de la manière suivante. Ce sont les courbes telles que les normales à la surface en tous leurs points engendrent une surface développable. Les normales sont les droites qui joignent le point de contact du plan tangent au pôle de ce plan par rapport à la quadrique fondamentale. Mais ici le principe de dualité exige que nous introduisions une autre droite que nous appellerons *seconde normale* et qui sera l'intersection du plan tangent avec le plan polaire du point de contact. La première et la seconde normale sont des droites polaires l'une de l'autre. D'après cela, il est clair que, si les premières normales engendrent une surface développable, il en est de même des secondes normales et *vice versa*.

Nous allons montrer qu'il y a sur toute surface une double famille de lignes de courbure et que, comme dans la Géométrie ordinaire, ces deux familles forment un réseau conjugué.

Soient, en effet, M un point quelconque d'une surface (Σ) et P le pôle de son plan tangent, pôle qui correspond à M sur la surface (Σ') polaire réciproque de (Σ); soient MP, M'P' deux positions infiniment voisines de la droite MP qui engendrent un élément de développable. Pour que l'élément de surface réglée (MP, M'P') soit développable, il faut et il suffit que les droites MM', PP' soient dans un même plan. Mais alors il en sera de même des polaires de ces droites, qui sont, l'une la tangente conjuguée de PP' en P relativement à (Σ'), l'autre la tangente conjuguée de MM' en M relativement à (Σ). On voit donc que, si MM' est, sur la surface (Σ), la direction d'une ligne de courbure, il en sera de même de la tangente conjuguée. Ainsi

Les développables de la congruence engendrée par les normales MP *découpent sur les surfaces* (Σ), (Σ') *deux réseaux de courbes conjuguées qui sont, d'après notre définition, les lignes de courbure de ces surfaces.*

De plus, le pôle du plan principal PMP'M' se trouvant à l'intersection des deux tangentes conjuguées de MM' et de PP', on voit que

Les deux plans principaux seront conjugués, c'est-à-dire normaux, par rapport à la quadrique fondamentale.

Ainsi les développables formées par les normales découpent sur les deux surfaces (Σ), (Σ') aussi bien que sur la quadrique (Q) un réseau conjugué. Il y a, sur toute surface, deux familles de lignes dont les tangentes sont conjuguées à la fois relativement à la surface et à la quadrique fondamentale et qui sont telles que, pour chacune de ces lignes, soit les premières, soit les secondes normales forment une surface développable.

C'est la généralisation aussi complète que possible des propriétés des lignes de courbure dans la Géométrie euclidienne.

841. Il ne sera pas inutile pour ce qui va suivre de retrouver quelques-unes de ces propriétés par l'Analyse et d'indiquer ici un système de formules analogues aux équations d'Olinde Rodrigues (n° 141) et relatives aux lignes de courbure dans la Géométrie de M. Cayley.

Soient toujours x, y, z, t les coordonnées homogènes d'un point M d'une surface donnée, liées par la relation

$$x^2+y^2+z^2+t^2=1, \tag{44}$$

et u, v, w, p les coordonnées du pôle P du plan tangent relativement à la quadrique (Q) dont l'équation sera prise ici sous la forme

$$x^2+y^2+z^2+t^2=0.$$

Nous supposerons ces coordonnées du pôle P liées également par la relation

$$u^2+v^2+w^2+p^2=1. \tag{45}$$

Un point situé sur la normale MP à une distance ρ du point M aura alors ses coordonnées X, Y, Z, T déterminées par les formules suivantes

$$\left\{\begin{aligned} X &= x\cos\rho+u\sin\rho,\\ Y &= y\cos\rho+v\sin\rho,\\ Z &= z\cos\rho+w\sin\rho,\\ T &= t\cos\rho+p\sin\rho. \end{aligned}\right. \tag{46}$$

Exprimons qu'il est un centre de courbure principal, c'est-à-dire qu'il existe un déplacement de la normale dans lequel il décrit une courbe tangente à cette droite. Nous serons conduit à des équations telles que les suivantes

$$dX=\lambda x+\mu u,\qquad dZ=\lambda z+\mu w,$$
$$dY=\lambda y+\mu v,\qquad dT=\lambda t+\mu p,$$

ou encore, en remplaçant dX, dY, ... par leurs valeurs

$$\cos\rho\, dx+\sin\rho\, du=\lambda' x+\mu' u,$$
$$\cdots\cdots\cdots\cdots\cdots\cdots\cdots\cdots$$

Si l'on multiplie ces équations respectivement par x, y, z, t et qu'on les ajoute ensuite, si l'on recommence ensuite la même opération après les avoir multipliées par u, v, w, p en tenant compte des relations (44), (45) et des identités

$$\mathrm{S}\, ux = 0, \qquad \mathrm{S}\, u\,dx = 0, \qquad \mathrm{S}\, x\,du = 0,$$

on trouvera

$$\lambda' = 0, \qquad \mu' = 0.$$

Elles prennent donc la forme très élégante

$$(47) \qquad \begin{cases} dx + \operatorname{tang}\rho\, du = 0, \\ dy + \operatorname{tang}\rho\, dv = 0, \\ dz + \operatorname{tang}\rho\, dw = 0, \\ dt + \operatorname{tang}\rho\, dp = 0, \end{cases}$$

toute semblable à celle des équations d'Olinde Rodrigues.

Si l'on désigne par d et δ les caractéristiques des différentielles relatives aux deux directions des lignes de courbure, on en déduira facilement les identités

$$(48) \qquad \mathrm{S}\, dx\,\delta x = 0, \qquad \mathrm{S}\, du\,\delta x = 0, \qquad \mathrm{S}\, dx\,\delta u = 0, \qquad \mathrm{S}\, du\,\delta u = 0,$$

d'après lesquelles on reconnaît que les directions principales sont à la fois perpendiculaires relativement à la quadrique fondamentale, et conjuguées, dans le sens de Dupin, relativement à la surface sur laquelle sont tracées les lignes de courbure.

842. Si nous voulions poursuivre ces analogies, nous pourrions reprendre ici la théorie tout entière des surfaces. En employant par exemple la méthode de Gauss, nous n'aurions qu'à remplacer les cosinus directeurs de la normale par les coordonnées du pôle du plan tangent relativement à la quadrique fondamentale, et nous serions conduits à la reproduction presque textuelle des formules données au Chapitre III. Le théorème de Gauss, relatif à l'expression de la courbure totale par l'élément linéaire, subsiste dans la Géométrie cayleyenne et l'on peut édifier, relativement aux surfaces dont les rayons de courbure sont fonctions l'un de l'autre, une théorie toute semblable à celle que nous devons à M. Weingarten. Cette étude est loin d'être dépourvue d'intérêt, mais le lecteur pourra aisément la reconstituer à l'aide des indications précédentes. Nous nous contenterons de montrer ici que les surfaces (M), étudiées au début de ce Chapitre, sont les analogues des surfaces minima dans la Géométrie de M. Cayley.

Cela résulte d'abord de leur définition elle-même, les lignes dont les tangentes sont aussi tangentes à la quadrique fondamentale sont aussi, d'après nos définitions, *les lignes de longueur nulle* de la surface dans la Géométrie cayleyenne. Or, ces lignes doivent former un système conjugué, de même que, dans la Géométrie ordinaire, les lignes de longueur nulle des surfaces minima.

843. Plaçons-nous maintenant à un autre point de vue, et cherchons les lignes de courbure d'une surface (M). En appliquant les équations différentielles précédentes et tenant compte des relations (23) et (24), on verra qu'elles prennent ici la forme suivante

$$\frac{\partial x}{\partial \alpha}\left(d\alpha + \frac{\operatorname{tang}\rho}{C}\, d\beta\right) + \frac{\partial x}{\partial \beta}\left(d\beta + \frac{\operatorname{tang}\rho}{C}\, d\alpha\right) = 0,$$

$$\frac{\partial y}{\partial \alpha}\left(d\alpha + \frac{\operatorname{tang}\rho}{C}\, d\beta\right) + \frac{\partial y}{\partial \beta}\left(d\beta + \frac{\operatorname{tang}\rho}{C}\, d\alpha\right) = 0,$$

$$\cdots\cdots\cdots\cdots\cdots\cdots\cdots\cdots\cdots\cdots,$$

et se réduisent, par suite, aux deux équations très simples

$$(49)\qquad d\alpha + \frac{\operatorname{tang}\rho}{C}\, d\beta = 0, \qquad d\beta + \frac{\operatorname{tang}\rho}{C}\, d\alpha = 0.$$

Éliminant ρ, on trouve

$$(50)\qquad d\alpha^2 - d\beta^2 = 0.$$

Cette équation s'intègre aisément. Celle qui détermine les rayons de courbure principaux devient

$$(51)\qquad \operatorname{tang}^2\rho - C^2 = 0.$$

Ainsi *les deux rayons de courbure principaux sont ici égaux et de signes contraires.*

844. Réciproquement, toute surface dont les rayons de courbure sont égaux et de signe contraire dans la Géométrie cayleyenne est une surface (M). Pour le démontrer, désignons par α et β les paramètres des lignes de courbure et désignons par ρ_1 et ρ_2, non plus les rayons de courbure principaux, mais les tangentes de ces rayons de courbure. Les équations (47) nous donnent le système fondamental

$$(52)\quad \begin{cases} \dfrac{\partial x}{\partial \alpha} + \rho_1 \dfrac{\partial u}{\partial \alpha} = 0, \\ \dfrac{\partial y}{\partial \alpha} + \rho_1 \dfrac{\partial v}{\partial \alpha} = 0, \\ \dfrac{\partial z}{\partial \alpha} + \rho_1 \dfrac{\partial w}{\partial \alpha} = 0, \\ \dfrac{\partial t}{\partial \alpha} + \rho_1 \dfrac{\partial p}{\partial \alpha} = 0, \end{cases} \qquad (53)\quad \begin{cases} \dfrac{\partial x}{\partial \beta} + \rho_2 \dfrac{\partial u}{\partial \beta} = 0, \\ \dfrac{\partial y}{\partial \beta} + \rho_2 \dfrac{\partial v}{\partial \beta} = 0, \\ \dfrac{\partial z}{\partial \beta} + \rho_2 \dfrac{\partial w}{\partial \beta} = 0, \\ \dfrac{\partial t}{\partial \beta} + \rho_2 \dfrac{\partial p}{\partial \beta} = 0. \end{cases}$$

Si donc on pose

$$(54)\qquad ds^2 = \mathrm{S}\, dx^2 = \mathrm{E}\, d\alpha^2 + \mathrm{G}\, d\beta^2,$$

on trouvera sans peine

$$(55)\qquad \mathrm{S}\, du^2 = \frac{\mathrm{E}}{\rho_1^2} d\alpha^2 + \frac{\mathrm{G}}{\rho_2^2} d\beta^2,$$

$$(56)\qquad \mathrm{S}\, du\, dx = -\frac{\mathrm{E}}{\rho_1} d\alpha^2 - \frac{\mathrm{G}}{\rho_2} d\beta^2.$$

Ces équations nous seront utiles plus loin. Si maintenant on élimine u entre les deux premières équations des groupes (52) et (53), on aura

$$\frac{\partial}{\partial \beta}\left(\frac{1}{\rho_1}\frac{\partial x}{\partial \alpha}\right) = \frac{\partial}{\partial \alpha}\left(\frac{1}{\rho_2}\frac{\partial x}{\partial \beta}\right)$$

ou

$$\left(\frac{1}{\rho_1} - \frac{1}{\rho_2}\right)\frac{\partial^2 x}{\partial \alpha\, \partial \beta} + \frac{\partial x}{\partial \alpha}\frac{\partial\left(\frac{1}{\rho_1}\right)}{\partial \beta} - \frac{\partial x}{\partial \beta}\frac{\partial\left(\frac{1}{\rho_2}\right)}{\partial \beta} = 0,$$

et de là on déduit, en multipliant successivement par $\dfrac{\partial x}{\partial \alpha}$, $\dfrac{\partial x}{\partial \beta}$, puis ajoutant les équations analogues,

$$(57)\quad \begin{cases} \dfrac{1}{2}\left(\dfrac{1}{\rho_1} - \dfrac{1}{\rho_2}\right)\dfrac{\partial \mathrm{E}}{\partial \beta} + \mathrm{E}\dfrac{\partial\left(\frac{1}{\rho_1}\right)}{\partial \beta} = 0, \\ \dfrac{1}{2}\left(\dfrac{1}{\rho_1} - \dfrac{1}{\rho_2}\right)\dfrac{\partial \mathrm{G}}{\partial \alpha} - \mathrm{G}\dfrac{\partial\left(\frac{1}{\rho_2}\right)}{\partial \alpha} = 0. \end{cases}$$

Ces relations sont tout à fait générales et s'appliquent à toute surface. Supposons maintenant que l'on ait

$$\rho_1 + \rho_2 = 0,$$

elles deviendront

$$\frac{\partial}{\partial\beta}\left(\frac{E}{\rho_1}\right) = 0, \qquad \frac{\partial}{\partial\alpha}\left(\frac{G}{\rho_1}\right) = 0,$$

et l'on en déduira

$$(58) \qquad E = \rho_1 f(\alpha), \qquad G = \rho_1 \varphi(\beta).$$

Les formules (54) et (55) nous donneront donc

$$(59) \qquad \begin{cases} ds^2 = \rho_1[f(\alpha)\,d\alpha^2 + \varphi(\beta)\,d\beta^2], \\ \mathrm{S}\,du\,dx = -f(\alpha)\,d\alpha^2 + \varphi(\beta)\,d\beta^2. \end{cases}$$

Par suite, les lignes de longueur nulle de la surface, définies par l'équation

$$ds^2 = 0,$$

seront bien *conjuguées* par rapport aux lignes asymptotiques, définies par l'équation

$$f(\alpha)\,d\alpha^2 - \varphi(\beta)\,d\beta^2 = 0.$$

C'est ce qu'il fallait démontrer, et l'on voit de plus qu'on détermine les unes et les autres par des quadratures.

815. Une troisième propriété rapproche les surfaces (M) des surfaces minima. Remarquons d'abord que l'aire, dans la Géométrie cayleyenne comme dans la Géométrie ordinaire, a sa définition qui se ramène à celle de la longueur. Si l'élément linéaire d'une surface a pour expression

$$ds^2 = E\,d\alpha^2 + G\,d\beta^2 + 2F\,d\alpha\,d\beta,$$

dans l'une et l'autre Géométrie l'aire sera l'intégrale double

$$\iint \sqrt{EG - F^2}\,d\alpha\,d\beta,$$

étendue à la portion de surface considérée.

Étant admise cette définition de l'aire, les surfaces nouvelles jouissent relativement à l'aire cayleyenne de la même propriété que les surfaces minima, relativement à l'aire euclidienne. C'est un point que l'on établira comme il suit.

Portons sur la normale en un point M d'une surface quelconque (Σ) une longueur $MM' = \varepsilon$. Les coordonnées du point M' seront

$$(60)\quad \begin{cases} X = x\cos\varepsilon + u\sin\varepsilon, \\ Y = y\cos\varepsilon + v\sin\varepsilon, \\ Z = z\cos\varepsilon + w\sin\varepsilon, \\ T = t\cos\varepsilon + p\sin\varepsilon. \end{cases}$$

Si l'on prend comme variables les paramètres α, β des lignes de courbure, les formules (54) à (56) nous permettront d'établir l'identité

$$(61)\quad \mathrm{S}\, dX^2 = d\varepsilon^2 + E\left(\cos\varepsilon - \frac{\sin\varepsilon}{\rho_1}\right)^2 d\alpha^2 + G\left(\cos\varepsilon - \frac{\sin\varepsilon}{\rho_2}\right)^2 d\beta^2,$$

d'où l'on pourrait déduire toute une généralisation de la théorie des surfaces parallèles.

Si l'on suppose que ε soit une fonction infiniment petite de α, β, le point M' décrira une surface (Σ') infiniment voisine de la surface (Σ) et l'aire de cette surface (Σ') sera représentée par l'intégrale double

$$\iint \sqrt{EG}\left(1 - \frac{\varepsilon}{\rho_1} - \frac{\varepsilon}{\rho_2}\right) d\alpha\, d\beta,$$

où l'on néglige le carré de ε. Le calcul est tout semblable à celui que nous avons donné au n° 185.

On voit donc que la variation de l'aire de la surface (Σ) ne sera nulle que si l'on a, en chacun des points de cette surface,

$$\rho_1 + \rho_2 = 0,$$

et nous avons déjà constaté que cette relation entre les rayons de courbure caractérise les surfaces (M).

846. Pour terminer ce Chapitre, nous indiquerons une transformation [1] qui permet de transporter en quelque sorte à la Géo-

---

(1) Cette transformation a été étudiée avec développement en diverses parties de l'Ouvrage que nous avons cité plus haut [p. 479].

métrie des relations métriques euclidiennes, les propositions que l'on a obtenues relativement à la Géométrie de M. Cayley et, en particulier, celles qui concernent les surfaces (M). Comme toutes les définitions généralisées d'angle, de longueur, de distance sont fondées sur la notion du rapport anharmonique, nous pourrons supposer que l'on ait ramené, par une transformation homographique, la quadrique fondamentale à être une sphère (S). Cela nous permettra d'énoncer sous forme plus claire les définitions et les résultats.

A chaque point M de l'espace faisons correspondre l'un des points m, m' qui sont les centres des sphères de rayon nul passant par l'intersection de la sphère (S) et du plan polaire de M par rapport à (S). La transformation ainsi définie jouira des propriétés suivantes.

A chaque point M correspondent deux points m, m'; mais à un point m correspond un seul point M, admettant pour plan polaire le plan radical de (S) et du point-sphère qui a son centre en m.

Les deux points m, m' qui correspondent à un même point M sont *inverses* l'un de l'autre par rapport à la sphère (S) et ils sont sur la droite qui joint le point M au centre de cette sphère.

Voici d'ailleurs les formules qui définissent la transformation.

Prenons pour origine le centre de la sphère (S) qui aura alors pour équation

$$X^2+Y^2+Z^2-R^2=0, \tag{61}$$

et soient x, y, z les coordonnées du point m.

Le plan radical de la sphère (S) et du point-sphère m aura pour équation

$$X^2+Y^2+Z^2-R^2-(X-x)^2-(Y-y)^2-(Z-z)^2=0.$$

Le pôle de ce plan, qui doit être le point M, se détermine donc sans difficulté et l'on trouve pour ses coordonnées X, Y, Z les expressions suivantes

$$\left\{\begin{aligned} X &= \frac{2R^2x}{x^2+y^2+z^2+R^2}, \\ Y &= \frac{2R^2y}{x^2+y^2+z^2+R^2}, \\ Z &= \frac{2R^2z}{x^2+y^2+z^2+R^2}. \end{aligned}\right. \tag{62}$$

Ces formules définissent la transformation. Elle a deux propriétés communes avec l'inversion. D'abord la droite réunissant les points qui se correspondent va passer par un point fixe. En second lieu, le point M ne coïncide avec m que si l'on a

$$x^2+y^2+z^2-R^2=0,$$

c'est-à-dire si le point m est sur la sphère (S).

Mais si l'on veut déduire x, y, z des relations précédentes, les résultats sont plus compliqués. On trouvera

$$(63)\qquad \Omega = R^2-X^2-Y^2-Z^2=R^2\left(\frac{x^2+y^2+z^2-R^2}{x^2+y^2+z^2+R^2}\right)^2,$$

et de là on déduira

$$(64)\qquad \frac{x}{X}=\frac{y}{Y}=\frac{z}{Z}=\frac{R}{R\pm\sqrt{R^2-X^2-Y^2-Z^2}}.$$

847. Au lieu de nous servir de ces formules employons uniquement la Géométrie. Pour abréger, nous désignerons sous le nom de *première* figure celle qui contient les points M et sous le nom de *seconde* figure celle qui contient les points m, m'. D'après la définition même de la transformation, m et m' sont les points-sphères passant par l'intersection de (S) et du plan polaire (P) de M par rapport à (S). Donc *toute sphère orthogonale à* (S) *et ayant son centre dans le plan* (P) *passera nécessairement par les deux points m et m'*.

D'après cela, considérons trois points quelconques M, M_1, M_2 de la première figure et soient (P), (P_1), (P_2) leurs plans polaires par rapport à (S). La sphère (Σ) orthogonale à (S) et ayant pour centre le point d'intersection des plans (P), (P_1), (P_2), c'est-à-dire le pôle du plan MM_1M_2, contiendra nécessairement les couples de points de la seconde figure m, m'; m_1, m'_1; m_2, m'_2 qui correspondent respectivement à M, M_1, M_2. Supposons maintenant que M, M_1, M_2 soient trois points infiniment voisins d'une surface (U) appartenant à la première figure. Alors m, m_1, m_2 d'une part et m', m'_1, m'_2 d'autre part seront trois points infiniment voisins sur les deux nappes de la surface (V) qui est dans la seconde figure l'homologue de la surface (U). Quand les points M_1, M_2 se rapprochent du point M, le centre de la sphère (Σ) toujours orthogonale à (S) devient le pôle du plan tangent en M à la surface (U). Comme m_1, m_2 se rapprochent de m et m'_1, m'_2 de m', cette sphère (Σ) devient tangente en m, m' aux deux nappes de la surface (V). Et de là résulte la proposition suivante, qui constitue la meilleure définition de la transformation :

A une surface quelconque (U) *de la première figure la transformation fait correspondre la surface anallagmatique* (V) *enveloppe de la sphère variable qui est toujours orthogonale à la sphère* (S) *et a son centre sur la polaire réciproque* (U') *de* (U) *par rapport à* (S') (¹).

Supposons, par exemple, que la surface (U) soit un plan, la surface (U') se réduira au pôle de ce plan et la surface (V) deviendra la sphère orthogonale à (S) passant par l'intersection de (S) et du plan. C'est ce que permettent de vérifier les formules données plus haut.

Fig. 81.

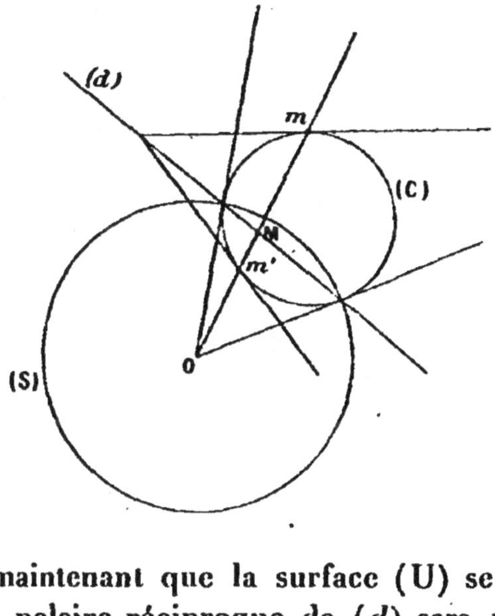

Supposons maintenant que la surface (U) se réduise à une droite (d). La polaire réciproque de (d) sera une droite (d') et les sphères variables qui auront leur centre sur (d') contiendront toutes le cercle (C), orthogonal à (S), passant par l'intersection de (d) et de (S) (*fig.* 81). C'est ce cercle qui correspondra

(¹) *Voir* pour la définition des surfaces anallagmatiques [I, p. 258]. On dit quelquefois que (S) est la sphère directrice et (U') la surface déférente de l'anallagmatique. On pourra consulter sur ce point l'Ouvrage cité plus haut [p. 479].

à la droite (d), comme il est aisé de le vérifier encore par les formules données plus haut.

Comme la tangente en m au cercle va couper la droite (d) en un point qui est évidemment dans le plan polaire du point homologue M de la première figure, on voit que, *si l'on considère dans les deux figures deux courbes correspondantes, les tangentes en* M *et en* m *à ces deux courbes vont couper en un même point le plan polaire de* M *par rapport à la sphère* (S). Pour le reconnaître il suffit de substituer à la courbe décrite par le point M la droite qui passe par deux points infiniment voisins de cette courbe. On déduit immédiatement de là que, si l'on considère non plus deux courbes, mais deux surfaces correspondantes, les plans tangents à ces surfaces en M et m se coupent suivant une droite située dans le plan polaire de M par rapport à la sphère (S).

848. Ces propositions étant établies, nous pouvons démontrer la propriété fondamentale de la transformation : *elle conserve les angles,* c'est-à-dire que les angles de la première figure *mesurés par rapport à la sphère* (S) sont égaux aux angles *ordinaires* de la seconde.

Soient, en effet, Mt, Mt' les tangentes à deux courbes passant en M et soient t, t' les points où elles rencontrent le plan polaire de M. Les tangentes en m aux deux courbes correspondantes seront les droites mt, mt'. D'ailleurs la droite tt' va rencontrer la sphère (S) en deux points a, a'; et il est clair que les deux faisceaux de quatre droites

$$\begin{array}{cccc} mt, & mt', & ma, & ma', \\ Mt, & Mt', & Ma, & Ma' \end{array}$$

ont le même rapport anharmonique R.

Mais les droites Ma, Ma' sont des tangentes à la sphère, puisque M est le pôle du plan (P) qui contient a, a'. L'angle V, mesuré par rapport à la sphère (S), des deux droites Mt, Mt', c'est-à-dire des deux courbes de la première figure, est donc

$$\frac{1}{2i}\log R.$$

De même, puisque m est le centre d'une sphère de rayon nul qui passe par l'intersection de (S) et de (P) et, par conséquent, par les points a, a', ma, ma' sont des droites allant rencontrer le cercle de l'infini; et, par suite, l'angle *ordinaire* des droites mt, mt' est aussi égal à

$$\frac{1}{2i}\log R.$$

La proposition est donc démontrée pour l'angle de deux courbes; elle subsiste évidemment pour l'angle de deux surfaces ou pour l'angle d'une surface et d'une courbe.

849. On peut d'ailleurs la démontrer analytiquement de la manière suivante :

Si l'on applique la formule (35), on verra que la distance de deux points infiniment voisins de la première figure, prise par rapport à la sphère (S), est définie par l'équation

$$(65)\quad d\sigma^2 = \frac{(X^2+Y^2+Z^2-R^2)(dX^2+dY^2+dZ^2)-(X\,dX+Y\,dY+Z\,dZ)^2}{(X^2+Y^2+Z^2-R^2)^2}.$$

Faisons usage des formules de la transformation et substituons à X, Y, Z leurs expressions (62) en x, y, z. Nous trouverons

$$(66)\qquad d\sigma^2 = \frac{-4R^2}{(x^2+y^2+z^2-R^2)^2}(dx^2+dy^2+dz^2),$$

ou plus simplement

$$(67)\qquad d\sigma^2 = -\frac{4R^2}{(x^2+y^2+z^2-R^2)^2}ds^2.$$

Ainsi la transformation a lieu de telle manière que l'élément cayleyen $d\sigma$ de la première figure soit proportionnel à l'élément euclidien ds de la seconde. Or, la définition donnée au n° 572 de l'angle de deux directions évalué par rapport à une forme quadratique montre immédiatement que cet angle subsiste sans modification quand la forme est multipliée par une fonction finie quelconque. Il résulte de là que l'angle de deux directions de la première figure évalué relativement à la forme quadratique $d\sigma$, c'est-à-dire l'angle cayleyen (n° 838), est identique à l'angle des directions correspondantes de la seconde figure évalué relativement à ds, c'est-à-dire à l'angle euclidien.

850. Les conséquences les plus importantes de ce principe de la conservation des angles se rapportent au cas où les angles sont droits et, en nous souvenant que les directions à angle droit dans la Géométrie cayleyenne sont celles qui sont conjuguées par rapport à la sphère (S), nous pouvons énoncer les propositions suivantes :

Si deux courbes de la première figure se coupent et si les tangentes, en leur point commun, sont conjuguées par rapport à la sphère, les courbes anallagmatiques correspondantes se coupent à angle droit.

Si deux surfaces de la première figure se coupent et si les plans tangents en un de leurs points communs sont conjugués par rapport à (S), les surfaces anallagmatiques correspondantes se coupent à angle droit au point correspondant.

Si l'on a, dans la première figure, un système triple formé de surfaces telles que, en tous les points communs à deux surfaces, les plans tangents soient conjugués par rapport à la sphère (S), le système triple d'anallagmatiques correspondant sera formé de surfaces orthogonales.

On peut indiquer encore ce que deviennent, lorsqu'on leur applique la transformation, les propriétés signalées plus haut (n° 839) relativement aux lignes géodésiques dans la Géométrie cayleyenne.

D'après la formule (67), cette transformation fait correspondre aux lignes géodésiques cayleyennes de la première figure les lignes de la seconde qui rendent minimum l'intégrale

$$\int \frac{ds}{x^2+y^2+z^2-R^2},$$

étendue à l'arc euclidien ds pris entre deux quelconques de leurs points. On peut donc énoncer les propositions suivantes, qui ont été développées dans l'Ouvrage déjà rappelé.

Les lignes de l'espace qui rendent minimum l'intégrale

$$\int \frac{ds}{x^2+y^2+z^2-R^2},$$

prise entre deux quelconques de leurs points sont des cercles orthogonaux à la sphère (S) *définie par l'équation*

$$x^2+y^2+z^2-R^2=0.$$

Sur une surface donnée (U) *les lignes qui rendent minimum la même intégrale sont définies par une propriété différentielle, analogue à celle qui caractérise les lignes géodésiques. La sphère qui est orthogonale à* (S) *et qui a, avec la courbe, le contact d'ordre le plus élevé, c'est-à-dire qui contient le cercle osculateur en un quelconque de ses points, doit être, en ce point, normale à la surface.*

851. Examinons en particulier ce que donne notre transformation appliquée aux surfaces (M). Pour cela, il sera nécessaire de rappeler une généralisation très étendue de la théorie des tangentes conjuguées de Dupin ([1]).

Considérons un ensemble de surfaces (F) représenté par une équation de la forme suivante

$$f(x, y, z, a, b, c)=0, \tag{68}$$

qui contient trois paramètres arbitraires a, b, c. Tels sont les plans, les sphères passant par un point fixe ou orthogonales à une sphère fixe, etc.

Si l'on veut que les surfaces (F) soient tangentes à une surface donnée (A), on aura à établir une certaine relation

$$\varphi(a, b, c)=0,$$

qui réduira à deux le nombre des paramètres contenus dans l'équation (68). Supposons, par exemple, que l'on élimine c; l'équation des surfaces (F) qui sont tangentes à (A) prendra la forme

$$\psi(x, y, z, a, b)=0, \tag{69}$$

où a et b seront entièrement arbitraires.

Cela posé, supposons que, lorsqu'on se déplace à partir d'un point quelconque M de (A) dans une direction Mμ, la surface (F)

([1]) *Voir* le *Mémoire sur les solutions singulières des équations aux dérivées partielles du premier ordre* inséré par l'auteur au tome XXVII des *Mémoires présentés par divers savants à l'Académie des Sciences de l'Institut de France*, § 10.

relative au point M soit coupée par la surface (F) relative au point infiniment voisin suivant une courbe admettant en M la tangente $M\mu'$. La relation entre les deux tangentes $M\mu$, $M\mu'$ sera évidemment homographique, mais elle sera de plus involutive; c'est-à-dire que, si l'on se déplace suivant la direction $M\mu'$ (au lieu de $M\mu$), l'intersection des deux surfaces (F) infiniment voisines correspondantes sera tangente à $M\mu$ (au lieu de $M\mu'$).

Admettons cette proposition, pour la démonstration de laquelle nous renverrons au Mémoire cité, et qui donne évidemment la théorie de Dupin quand les surfaces (F) se réduisent aux plans tangents de (A). Nous remarquerons seulement que, par sa nature même, la relation entre deux directions conjuguées ainsi définies subsiste quand on effectue une transformation ponctuelle quelconque, pourvu qu'aux surfaces (F) on substitue les transformées (F′) de ces surfaces dans la transformation considérée.

D'après cela, considérons les surfaces (M′) qui dérivent des surfaces (M) par la transformation que nous avons définie au n° 846.

Nous voyons tout de suite, d'après la formule (67), qu'aux lignes de longueur nulle (cayleyenne) des surfaces (M) correspondent des lignes de longueur nulle (euclidienne) dans les surfaces (M′). Ces lignes étaient conjuguées par rapport à (M); elles le seront aussi sur la surface (M′), *pourvu que, dans la définition des tangentes conjuguées, on substitue aux plans tangents de* (M) *les sphères orthogonales à* (S) *qui leur correspondent dans la transformation*. Voilà donc une propriété géométrique qui permettrait de définir directement les surfaces (M′).

D'autre part, toujours d'après la formule (67), à l'aire prise dans le sens de la Géométrie cayleyenne de la surface (M) correspondra, en laissant de côté un facteur constant, l'intégrale

$$\iint \frac{dS}{(x^2+y^2+z^2-R^2)^2},$$

relative à la surface (M′), dS désignant l'élément d'aire euclidien de cette surface. Les surfaces (M′) seront donc celles pour lesquelles cette intégrale, étendue à toute la portion de surface comprise dans un contour donné, aurait sa variation première égale à zéro.

Nous nous contenterons de remarquer ici qu'en effectuant une inversion dont le pôle serait sur la sphère (S), on pourrait réduire cette intégrale à la forme plus simple

$$\iint \frac{dS}{z^2},$$

z désignant la distance a un plan fixe qui serait l'inverse de la sphère (S).

FIN DE LA TROISIÈME PARTIE

TABLE DES MATIÈRES

DE LA TROISIÈME PARTIE.

LIVRE VI.

LIGNES GÉODÉSIQUES ET COURBURE GÉODÉSIQUE.

CHAPITRE I.

CHAPITRE II.

CHAPITRE III.

CHAPITRE IV.

CHAPITRE V.

CHAPITRE VI.

CHAPITRE VII.

CHAPITRE II.

CHAPITRE III.

CHAPITRE IV.

CHAPITRE VII.

CHAPITRE VIII.

CHAPITRE IX.

CHAPITRE X.

CHAPITRE XI.

CHAPITRE XII.

CHAPITRE XIII.

CHAPITRE XIV.

FIN DE LA TABLE DES MATIÈRES DE LA TROISIÈME PARTIE.

15069 Paris. — Imprimerie GAUTHIER-VILLARS ET FILS, quai des Grands-Augustins, 55.

15069 Paris. — Imprimerie GAUTHIER-VILLARS ET FILS, quai des Grands-Augustins, 55.

www.ingramcontent.com/pod-product-compliance
Lightning Source LLC
Chambersburg PA
CBHW052056230326
41599CB00054B/2995
* 9 7 8 2 0 1 2 6 9 1 0 2 5 *